中国社会科学院创新工程学术出版资助项目

# 穿在身上的符号

## 施洞苗族银饰文化研究

### Cultural Symbols on Finery

#### A Study of *Shidong* Hmong's Silver Ornaments

陈国玲 —— 著

社会科学文献出版社
SOCIAL SCIENCES ACADEMIC PRESS (CHINA)

# 序 言

林继富

我认识陈国玲是在 2011 年，她为了报考我的博士生，提前一年来到中央民族大学旁听我开的与民俗学有关的课程。2012 年，她顺利地通过了考试，成为我的博士研究生，我与国玲共同学习和研究的宝贵经历由此开启。

国玲本科和硕士是中国地质大学（北京）珠宝专业的学生，擅长设计，善于动手。然而，在她看来，艺术作品应该多一些民族文化元素和传统文化含量，民俗学专业恰好满足了她的这个需要，我想国玲立志选择民俗学专业攻读博士学位有这方面的考虑。在博士生学习阶段，国玲认真研习民俗学专业知识，踏实开展田野调查，具备了较强的独立科研的能力。取得博士学位后，国玲进入中国社会科学院民族学与人类学研究所从事博士后研究，因表现优异留在所里工作，这为她热爱的苗族银饰以及文化的研究提供了更为宽广的学术平台。

这本书积累了国玲对苗族银饰文化多年调研的成果和文化阐释。为了深入系统地调查施洞苗族银饰民俗文化，国玲多次长时段地生活在施洞，参与了施洞苗族银饰传承人的一些工作，并开展大量的调查访谈。其间，我前往施洞调查清水江独木龙舟节和银饰文化，国玲陪我沿着清水江两岸进行考察。这种深入细致的调查，使其写作有了参与的体验，为其积累了丰富的资料。国玲在生活参与和情感体验中获取的银饰民俗整体文化形态，不仅帮助她高质量地完成了书稿，而且增强了她在珠宝首饰设计上的文化历史感和现代感。她的动手能力增强了，文化素养提高了。看到她的这些变化，我自然是欣喜的！

施洞是清水江边重要的古集镇，因为在历史上重要的水运码头的地位，施洞又被称为"施洞口""狮洞口"。施洞流传着"苗族的母亲是清江水，她养育了苗家人"的俗语，这足可以看出清水江在苗族生活中的位置。施洞苗族的银饰融会了多民族的智慧，银饰从施洞走向外地离不开清水江。从这个角度上说，施洞银饰的传承发展离不开清水江。本书对清水江、施洞人的生活与银饰的关系做了详细的讨论。

银饰是苗族文化的代表，是苗族重要的传统工艺，具有深厚的历史传承和地域特色，与苗族民众的日常生活联系紧密，是每个区域内苗族创造性的手工劳动和因材施艺的个性化制作。银饰记载着苗族的历史、宗教信仰和情感需求，象征着苗族人对于吉祥和幸福的追求，银饰的图案、花纹以及各种造型饱含象征意义。基于对苗族银饰的历史渊源和当代传承，作者系统考察和分析了银饰成为施洞人的生活方式和生计行为的动力源泉和历史根脉，对施洞苗族银饰的技艺、传承的场域以及象征意涵做了深入系统的分析。本书从施洞苗族的社会历史和现实生产出发，考察了以银饰为核心的服饰呈现的不同社会功能，诸如银饰与财富、婚姻、社会关系、信仰等不同层次的功能表达和实施。这不仅将银饰当作一件装饰品，而且当作具有多项功能的生活现象，包含了丰富的社会历史与情感生活。将具有深层符号意义的银饰还原到施洞苗族的民俗生活中，真实地呈现了施洞苗族银饰的整体形态，呈现非语言的图形、图像和仪式等符号代码信息隐含的施洞苗族生产与生活的秩序、族群社会结构和组织法则，对于理解苗族银饰的内涵及社会文化属性具有显著的学术价值。

为了提升传统工艺的传承和再创造能力，2017年文化部、工业和信息化部、财政部共同印发《中国传统工艺振兴计划》，在振兴过程中遵循"尊重优秀传统文化、坚守工匠精神、激发创造活力、促进就业增收、坚持绿色发展"原则。国玲的著作出版恰逢其时，这对于施洞苗族银饰的发展，以及苗族银饰的工艺传承、文化内涵的挖掘和创造性转化及创新性发展，实现施洞苗族银饰的传统工艺在当代生活中的新的广泛应用具有重要的价值。该书的出版能够进一步推动中国少数民族服饰文化的保护、传承与研究工作，为中国少数民族服饰文化研究注入新的生机和活力。

应该说，国玲这部著作在立意、方法上均将施洞苗族银饰的调查研究推到一个新高度，并且在中国民俗和银饰文化研究上具有重要意义。她对把施洞作为"地方"和把银饰作为"对象"的生活文化进行研究，并且将银饰当作苗族社会历史和施洞苗族民众生活的一部分，从银饰的立场理解作为"地方"的施洞和作为"对象"的苗族银饰，这种学术发现和学术探索是难能可贵的。将调研地点定位于施洞，将调研对象定位在具有典型民族文化特色的苗族银饰，以民俗学、民俗志的研究范式对苗族银饰产生与传承的社会文化语境、表现形态、文化内涵、文化功能等进行了深入而系统的调查和研究，这对保存、保护和传承苗族银饰及银饰文化，对深入认识、认知苗族标志性传统文化表征有重要的现实意义和文化价值。我们有理由相信，这部研究施洞苗族银饰文化的著作不仅对于民俗学，而且对于民族学、艺术学等相关学科的理论建构和发展大有裨益。

国玲勤奋、聪慧，能吃苦，有韧性和耐力，我相信她在未来的学术研究道路上，将会以这部著作为出发点，取得一个又一个新的研究成果！

北京·魏公村

2021 年 6 月 20 日

目 录

# 引　论

苗族是一个有着悠久历史和深厚文化传统的民族。古歌、父子连名制和鼓社祭是苗族男性延续传统和民族文化的主要方式。那么，苗族女性采用什么方式传承民族文化和历史记忆呢？苗族服饰被誉为"无字天书"和"穿在身上的史书"，可以说"一身穿着跨千年"。作为一种民间艺术，银饰在苗族服饰中占有十分重要的位置。智慧的银匠将族群的图腾制作成精美的錾花银饰，巧手的母亲将银饰缝缀成精美的"银衣"，美丽的姑娘穿起"银衣"才可以走进神圣的踩鼓场。银饰成为苗族女性传承本民族优秀文化的主要介质。银饰的微观的单个符号在"银衣"上凝练成宏观的整体的符号系统，承载着苗族的图腾崇拜、历史迁徙记忆、宗教信仰、民俗文化和生活智慧等优秀传统文化，演化为苗族女性穿[①]在身上的民族文化符号。

面对这么丰富的文化遗产，许多研究成果从多个视角对苗族银饰做出研究和探索，积累了珍贵的学术成果。早期研究成果多以图片展示苗族银饰，珍藏了珍贵的苗族服饰图像，如民族文化宫的《中国苗族服饰》[②]、江

---

① 此处用"穿"而不用"戴"更侧重了施洞苗族银饰的佩戴习俗和文化上的整体功能。从穿戴方式来说，单件银饰是戴在头上、手上的，但是苗族的银饰是一整套的银衣，且银衣片、银马花抹额等是缝缀在苗衣或布料上的，需要跟苗服一起穿在身上。从装饰形式来说，苗族银饰繁盛，在以重、多、大为美的装饰风俗影响下，形成了"以银为衣"的服饰盛装风格。从文化功能来说，单件银饰或银饰上的单个符号并不具有确定的文化内涵。能够体现一个人的社会角色的是一整套的银饰，如少女的节日盛装包括了头饰、项饰和银衣等。在仪式场合中穿起银饰盛装就具有了社会性、神圣性。从"穿"的意义宏观地观察苗族银饰的整体符号系统，才能深度阐释苗族银饰的文化功能。

② 民族文化宫：《中国苗族服饰》，民族出版社，1985。

1

碧贞和方绍能的《苗族服饰图志：黔东南》①、吴仕忠的《中国苗族服饰图志》②、李黔滨的《苗族银饰》③、张世申和李黔滨的《中国贵州民族民间美术全集 银饰》④、宛志贤的《苗族银饰》⑤ 等。有的成果从银饰锻制技艺入手，探讨苗族银饰的工艺性，如田特平、田茂军的《湘西苗族银饰锻制技艺》⑥，杨正文的《鸟纹羽衣：苗族服饰及制作技艺考察》⑦ 和郐光忠的《苗族银饰锻造技艺》⑧ 等。有的著述从苗族银饰的形制和纹饰讨论苗族银饰的美学意义，如田爱华的《湘西苗族银饰审美文化研究》⑨，从苗族历史及银饰的发展、符号的寓意、审美文化的内涵、湘西的美学观念、苗族银饰的现代文化价值及发展等方面做理论阐述。有的学者探讨了当代背景下苗族银饰的境遇，如闫玉的《银饰为媒：旅游情境中西江苗族的物化表述》⑩，描写了在当代旅游开发的背景下，西江苗族的银饰"穿戴者""制作者""买卖者"围绕银饰分工协作的苗族社会文化现象。有的学者从人类学、民族学的角度探讨了苗族银饰的文化，如龙光茂的《中国苗族服饰文化》⑪ 和杨正文的《苗族服饰文化》⑫，从民族历史、服饰分类、制作工艺、神话传说、服饰审美及服饰文化等多个角度解读苗族服饰文化。有的学者采用功能论、象征理论等展开讨论，如杨鹍国的《苗族服饰：符号与象征》⑬ 和戴建伟《银图腾：解读苗族银饰的神奇密码》⑭，探讨了苗族服饰的符号学意义。这些研究多是针对整个苗族的服饰而言，没有具体到对苗族的某个支系或地域内的银饰展开针对性讨论，这不适于分支众多的苗族（仅黔东南苗族侗族自治州雷公山周边的苗族银饰就分施洞式、黄平

① 江碧贞、方绍能：《苗族服饰图志：黔东南》，台北，辅仁大学织品服装研究所，2000。
② 吴仕忠：《中国苗族服饰图志》，贵州人民出版社，2000。
③ 李黔滨：《苗族银饰》，文物出版社，2000。
④ 张世申、李黔滨：《中国贵州民族民间美术全集 银饰》，贵州人民出版社，2007。
⑤ 宛志贤：《苗族银饰》，贵族民族出版社，2010。
⑥ 田特平、田茂军：《湘西苗族银饰锻制技艺》，湖南师范大学出版社，2015。
⑦ 杨正文：《鸟纹羽衣：苗族服饰及制作技艺考察》，四川人民出版社，2003。
⑧ 郐光忠：《苗族银饰锻造技艺》，中国海洋大学出版社，2020。
⑨ 田爱华：《湘西苗族银饰审美文化研究》，华南理工大学出版社，2015。
⑩ 闫玉：《银饰为媒：旅游情境中西江苗族的物化表述》，民族出版社，2018。
⑪ 龙光茂：《中国苗族服饰文化》，外文出版社，1994。
⑫ 杨正文：《苗族服饰文化》，贵族民族出版社，1998。
⑬ 杨鹍国：《苗族服饰：符号与象征》，贵州人民出版社，1997。
⑭ 戴建伟：《银图腾：解读苗族银饰的神奇密码》，贵州人民出版社，2011。

式、西江式、革一式、大塘式等类型），也不适于不同文化空间之内的苗族银饰。另外，整体地全面研究某支系的苗族银饰文化的论著较为少见。在非物质文化遗产保护的大环境下，苗族银饰锻制技艺被列入国家级非物质文化遗产名录，这更是引起了对苗族银饰研究的热潮。苗族银饰作为物化形态较具象，易于展开讨论；而苗族银饰赖以生存的苗族传统文化却是隐形的、难以捕捉的。当前对苗族银饰的研究也多从苗族银饰的外在形态入手，侧重了物质遗产而忽视了非物质的文化方面。物质形态是可留存且可以采取保护措施的，而文化形态却是于无形中变化的，难以记录的。在当前苗族社会形态急速变化的情形下，如何透过苗族银饰的物质形态来记录和展现无形的苗族文化是迫在眉睫的工作。

苗族银饰是苗族女性记录族群历史和展示民族文化的符号系统。这个系统建立在特定的文化空间之内。如何透过苗族银饰的物质层面，深入解读其文化内涵，进而探索隐藏其中的民族文化和民族精神，使苗族银饰成为研究苗族传统民族文化的突破口？能否通过保护苗族银饰存在的文化空间，助力苗族银饰的非物质文化遗产建设，助力苗族民族文化的可持续发展？本书选择苗族族群中极具特色的一支——施洞苗族做个案研究，通过对当地银饰民俗文化的调查和研究，希望能够构建起苗族银饰文化的象征符号体系，力求整体记录建筑于施洞苗族传统文化根基之上的苗族银饰文化的全貌。

生活于清水江中游地段的施洞苗族以贵州省黔东南苗族侗族自治州（以下简称黔东南州）台江苗族自治县（以下简称台江县）施洞镇为中心，在江边平坝建立了一个以苗族为主要民族的聚居区，并在此建立了深厚的民族文化和历史传统。施洞苗族银饰以苗族传统纹饰为装饰，具有深刻的民俗象征寓意，且其造型较其他民族首饰更具特色，形成了独特的服饰风格。至今，施洞苗族仍然保留有完整的服饰制作工艺和丰富的服饰礼仪活动，是研究苗族银饰文化的理想地域。虽然民族服饰的生存空间受到挤压是不争的事实，但是在清水江畔的施洞苗族依然以白银为饰。施洞苗族银饰是苗族银饰中最为华丽和富有特色的一种，妇女在盛装时的银饰多达三四十件，有一二十斤重。购买一套银饰盛装需要三四万元（21 世纪初的价格）。施洞银匠加工一套质量上乘的银饰盛装要耗费一年的时间。如此多的资金和时间的投入可以看出银饰在苗族人心中的地位，银饰是施洞苗族穿在身上的精神信仰。

苗族银饰的物质形态和精神形态是密不可分的，苗族银饰的材质、颜色、形制、纹饰等构成了文化的表征，是浅层文化结构，具有符号性特征；银饰承载的民族信仰、文化寓意和价值观，以及哲学、美学、心理学等的意蕴构成了文化的内涵，属于深层文化结构，具有深刻的象征意义。银饰的符号特征和象征意义在民俗生活中结合在一起，构成民众的信仰体系。本书意在透过苗族银饰外在的、显性的表征来分析深层次的文化象征意义，力求整体全面地记录融合于苗族文化之中的银饰文化，摹画出苗族银饰的演变轨迹。本书涵盖以下三个方面的内容。

1. 施洞苗族银饰存在的"文化空间"的构建。施洞的地理环境、人文历史、族群关系，以及苗族银饰的发展进程中的历史与现状是施洞苗族银饰存在的文化生态，民俗中的银饰和银饰锻制技艺是涉及研究对象的本体研究。这需要借助地理、历史与文献研究结合的方法来构拟施洞苗族银饰的过去，用田野调查和民族志书写相结合的方法来记录施洞苗族银饰的现在，以此构筑起历时的活态的银饰文化生态。苗族银饰的存在场域是苗族人民的日常生活和传统节日，因此，不同时空背景下的银饰的存在状态需要深入的民族志书写，以获得施洞苗族银饰的民俗全貌。本书全面搜集和整理苗族银饰的种类和款式，力图对历史和当下的苗族银饰的物化形态做出本真性的记录。作为静态的文化表现形式，苗族银饰的形制和纹饰具有其自身的民俗意义；作为动态的文化因子，银饰和银饰技艺的传承触及苗族的社会内部结构和内部秩序。越完整的资料、越整体的民俗语境，越有助于准确地提取银饰文化的符号及开展后续的讨论。

2. 从苗族银饰的民俗文化中提炼具有代表性的符号，并在相应的"文化空间"范围内对施洞苗族银饰符号的象征意义做出探讨。

将苗族银饰及其形制和纹饰置入苗族文化中来分析其象征意义是对银饰文化研究的深化，史志资料和学者的研究成果有重要的借鉴意义，但是，需要借助大量的田野调查资料反复深入地分析和论证，才可建立起具体的、真实的、有区域特色的苗族银饰文化符号体系。施洞苗族赋予银饰符号以历史的、宗教的、功利的、审美的等诸多层次的内涵，呈现为一种具有多重动因结构的象征符号体系。其中的非语言的图形、图像和仪式等符号代码信息隐含了施洞苗族生产生活秩序与社会的结构和法则。

3. 施洞苗族银饰民俗主体的生活属性及其文化创造力。作为施洞苗族文化传统和生活模式的一个重要民俗物，施洞苗族银饰的民俗内容却常常被研究者忽视。作为苗族文化的符号体系和象征文化的载体，苗族文化聚落中的施洞苗族银饰的形态、民俗文化和社会功能折射出施洞苗族的民俗生活和传统文化的基本面貌。本书将具有深层符号意义的银饰纹饰还原到施洞苗族的民俗生活中观察，追溯施洞苗族银饰的起源和演变动因，讨论施洞苗族人生礼仪和社会生活中银饰纹饰的符号含义，进而分析施洞苗族银饰意涵的原始思维特点，最终实现施洞苗族银饰形态、文化内涵和文化功能的整体描写。

苗族银饰在历史和文化作用下的民俗传统中主动或被动地存在着，传统的塑造离不开创造和传承文化的主体——人。苗族银饰文化中人的因素主要有两种形式：一是银饰的制造者，一是银饰的佩戴者。银饰的制造者赋予了银饰具有传统文化内涵的纹饰；银饰的佩戴者将银饰带入民俗生活，在日常生活和信仰中赋予银饰文化内涵，并在银饰文化的历时性传承中产生符号意义。这又对银饰制造者的制作产生影响。调查苗族银饰的制造者可以发现苗族银饰在不同语境中的形态和功能；调查苗族银饰的佩戴者可以分析苗族银饰在民俗生活中的状态。这两种人群的共力建立起了银饰的符号系统。

民俗事项的象征意义建立在一定的文化空间之上。本书希望通过对施洞苗族民俗文化的田野调查，构筑起施洞苗族银饰文化存在的"文化空间"，并探讨此"文化空间"中施洞苗族银饰的民俗象征意义。本书期望通过田野调查和相关资料的文本分析，尽量全面地记录施洞苗族银饰文化的全貌，并从银饰文化中抽取具有代表性的银饰符号，并在相应的"文化空间"范围内对施洞苗族银饰符号的象征意义做出探讨，并解析其文化原因。本书将通过图像展示、族群口述记忆、民俗文化事项分析和理论分析相综合的方式整体地描绘出施洞苗族银饰文化的轮廓，让人能够整体深入地理解苗族银饰文化，而不仅仅将其看作一种饰品。

苗族银饰文化不仅是苗族民间自我传承的文化事项，还是苗族社会长期发展中约定俗成并流行和传承的民间文化模式，更是苗族表达情感、展现其独特精神面貌和内心世界的象征符号体系。本书试图把苗族银饰解析为承载苗族文化的符号，即围绕苗族银饰建立起一个从属于特定文化的符号系统，因此，笔者认为不能孤立地搜集和整理银饰的形制和纹饰等外在表现形式，而是要建立起银饰与其周边文化的有机联系，将银饰与在同一个文化圈中的各种民俗现象连接为一个密闭的系统，应在特定的民俗环境中，运用结构分析、功能分析和象征分析等方法论指导，对以银饰为中心的各种复杂的民俗现象进行动态分析，揭示深层的象征意义及民俗结构中的文化内涵。

# 第一章
## 施洞苗族银饰传承的文化生境

贵州省黔东南州台江苗族自治县施洞地区（以下简称施洞）的苗族有着深厚的民族文化传统，孕育了独具特色的银饰文化。"为了对人们的生活进行深入细致的研究，研究人员有必要把自己的调查限定在一个小的社会单位来进行。这是出于实际的考虑。调查者必须容易接近被调查者，以便能够亲自进行密切的观察。另一方面，被研究的社会单位也不宜太小，它应能提供人们社会生活的较完整的切片。"[①] 施洞苗族银饰文化的民俗主体不仅局限于施洞镇这个行政区划内的苗族，还包括生活于西起坪寨、东到猫鼻岭的清水江两岸河谷平坝的苗族。这在地域上涵盖了北起施秉县马号乡的金钟山南麓、南至雷公山猫鼻岭周边的广阔范围。以血缘关系为纽带的传统苗族社会结构和以农耕稻作生产为主的生计方式将施洞苗族的生存空间限制在这个特定的地域范围之内。这不仅是施洞苗族所自称的"我方"的范围，也是一个具有共同生活习性和共同传统文化的民俗圈。

"对任何一个民族来说，他一定占有一片特定的自然空间，这片空间中所有自然特性则构成了该民族特有的生存环境，这就是该民族的自然生境。此外，各民族还与其他民族以各种不同方式共存，也还要与其他社会范畴，如国家，以不同方式并存。这些围绕在具体一个民族周围的全部社会实体，又构成了该民族的另一种生存环境，即该民族的社会生境。一个民族的自然生境与社会生境都是特有的，两者的总和合称该民族的固有生

---

① 费孝通：《江村经济》，戴可景译，北京大学出版社，2012，第9页。

存生境。"① 本书所研究的范围在地域上展示如图1-1所示。这个地域范围处于清水江的中游，江水两岸峰峦叠嶂，至施洞渡口形成一片地势较为缓和的平坝。猫鼻岭以上的清水江南岸是施洞镇和老屯乡，金钟山下以南清水江的北岸是双井镇和马号乡。在这个沿清水江中游上下长约50公里、宽约20公里的河谷平坝内繁衍生息的苗族旧时被称为"河边苗"，具体范围包括清水江南岸的施洞镇的街上村、芳寨村、白枝坪村、塘坝村、偏寨村、旧州村、平兆村、巴拉河村、小河村等十几个村寨和老屯乡的老屯村、榕山村等几个村寨，以及清水江北岸的分属于双井镇和马号乡的坪寨、凉伞、铜鼓、寮洞、沙湾、平地营等十几个村寨。以施洞镇为中心散布的大小近50个自然寨共享着清水江中游的这块山间平坝，形成了丰富的传统民俗文化。施洞地区苗族聚居区的人口相对于其他苗族聚居区更为密集，多数人口按宗族聚居于山间平坝或河谷开阔地带，少数散居于山间坡地上。这是择水而居和择耕地而居形成的居住形式。靠近镇上的村庄较为密集，村寨之间的距离小，有的村寨间已经因人口的增长失去界限（如白枝坪与芳寨的民居已经连在一起，失去了明确的分界线）。有的村寨之间

**图1-1　本书研究区域范围**

*该地图由笔者根据调查资料绘制，主要展示施洞苗族村寨的分布情况。

① 杨庭硕、罗康隆、潘盛之著，黔东南苗族侗族自治州地方志办公室编《民族、文化与生境》，贵州人民出版社，1992，第1页。

仅相隔几分钟的步行距离（如塘龙和塘坝）。远离市镇的村寨散落分布，开车沿崎岖的山路需要半个小时路程。

这个地区之所以具有研究价值，首先是因为其在历史上相对封闭的生存环境积累起来的民族文化传统。其次是因为其处于贵州与外界交流的交通驿道之上，是贵州地区与外界文化交往交流的重要驿站。在陆路，施洞经镇远与中原地区相连；在水路，施洞是清水江上最大的码头之一，往来运送物资，商船络绎不绝，文化在此交融。最后，该地域内的苗族坚守自身的传统文化，却也以包容的心态接纳外来文化。施洞苗族一直处于坚守本民族传统文化和吸纳汉族文化的张力之中。明末清初，商人进入古苗疆腹地，将外来文化带入施洞苗族文化圈，施洞苗族服饰受到其他民族服饰文化的影响，出现了一个长期的文化变迁与融合的历程。自给自足"封闭"的社会环境、自我治理的民间组织机构和稳定的族群人际关系支撑起了独立的文化传承体系和民间文化共享系统。这种在封闭的文化空间中传承的族群文化形成了独具特色的"以钱为饰"的民族首饰文化。

## 第一节　施洞苗族银饰的生境

### 一　群山环绕的渡口

施洞①，位于北纬 26°49′～26°52′，东经 108°16′～108°20′，地处台江县县城北 38 公里。施洞坐落于清水江中游南岸，隔清水江与施秉县相望，是台江县重要的古集镇，是区域政治、文化和经济中心。因为其在历史上重要的水运码头的地位，施洞被称为"施洞口""狮洞口"②；又因其为当地重要的集贸市场，施洞在苗语中被称为"展响"（zangx xiangx），意为贸易集市。

施洞位于云贵高原东部苗岭主峰雷公山北麓，清水江中游南岸。境内

---

① 本书以施洞概称研究区域内的几个行政区，因施洞镇位于研究区域的地理中心，也是该地域内苗族的民族文化中心。

② 关于施洞口的来源有这样一个传说：在很久以前，施洞对岸的山上有一头凶猛的狮子，它常危害附近村寨的人畜安全。后来附近的村寨集合人力在施洞中将其捕获，杀死并埋在了山上。因此，狮子洞的洞口正对的这个区域就被称为"狮洞口"，后改称为"施洞口"。

地势较周边平缓，高山、河谷、平坝错落有致，平均海拔约 500 米。在空间生态上，施洞地处云贵高原向湘桂丘陵盆地过渡地带，地面起伏较大，间有河谷盆地，在 108 平方公里的土地上约 83.88% 是山地，仅 7.72% 是耕地。① 耕地是开辟在宽阔地带的泥田，为稻米一熟、油菜两熟产区。施洞镇属于典型的亚热带温和湿润气候，雨季较长，雨量充沛，年降水量约 1801.7 毫米，夏季炎热多雨，冬季阴雨连绵，年均气温 16.5℃。境内自然资源丰富，宜农、宜林、宜畜、宜渔，适于发展农林牧渔等各种产业。土壤肥沃，林木苍翠，森林覆盖率较高，植被保存完整，境内多林木，主要为杉树和松树，针叶林木和阔叶林木交错生长，是贵州主要的林区之一。山中生态良好，金山猴、猕猴、蟒、蛇、穿山甲等珍稀动物在此繁衍生息。水资源丰富，清水江蜿蜒而过，巴拉河在此汇入清水江。水质清澈，盛产鲢鱼、鳜鱼、马口鱼、短头鱼、角角鱼、鲤鱼、青鱼、鲇鱼、长吻鮠等鱼类。江面上有水鸥等鸟类栖息，自然生态良好。

在历史上，施洞是贵州重要的交通枢纽和经济贸易中心，是古苗疆走廊上重要的驿站之一。这里不仅是镇远经古驿道去往贵州各辖区的必经之地，还是清水江上重要的渡口。货船将清水江上游地区的桐油、木材等各种物产沿江运到下游地区，再将粮油、青盐和布匹运往清水江上游沿岸的各个港口，以实现清水江上游地区和西南山区外部的沟通。

施洞是族群的文化中心，历史上曾是周围 9 个鼓社②的集会之地。施洞所属的九股苗地区没有统一的土司政权，而是依靠苗族内部的鼓社制统一管理。鼓社制是苗族传统的民主议事的形式。鼓社组织又称为江略组织，是继以血缘为纽带的氏族组织后兴起的苗族氏族和部落联盟时期的社会组织体制。鼓社制包含"议榔"立法、"理老"司法、"鼓社"执法的制度体系，由多名鼓头分掌鼓社内的生产、礼仪等各方面的事务。苗族古歌中就有"姜央兴鼓社，全疆得共和"的记叙。同一个鼓社内的个体家庭共祭一个祖宗。鼓社制立鼓为社，承担着祭祖、制定乡约民规、礼仪教化、团结村寨、维护社会秩序、组织和管理族群、抵御外来侵略等重大责任。施洞苗族被称为"九股苗"或"九鼓苗"就是因为在被纳入清朝统治

---

① 贵州省台江县志编纂委员会编《台江县志》，贵州人民出版社，1994，第 76 页。
② 鼓社是苗族内部的多个亲族组成的地域性组织单位。

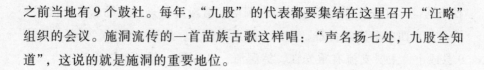

之前当地有 9 个鼓社。每年，"九股"的代表都要集结在这里召开"江略"组织的会议。施洞流传的一首苗族古歌这样唱："声名扬七处，九股全知道"，这说的就是施洞的重要地位。

（一）清水江畔的繁华烟云

依偎于苗岭的北麓，坐落于清水江河畔，施洞镇凭借大山的养育和清水江的滋润成为历史上苗族人烟鼎盛的繁华之地。从地理和历史的角度来说，它具有重要的地位。施洞依附黔东南苗族的母亲河清水江，自古担负着古苗疆与外界来往交通和文化交流的重任。在台拱"雍正十一年（1733年）付平之，建设城于台拱寨，设同知驻其地"之前，施洞在元代至正二年（1342）就被纳入前江等处军民长官司。施洞依清水江而建，因清水江的船运而繁荣，名震一时，是清代西南地区重要的水运码头。清水江沿岸鳞次栉比的吊脚楼是当地繁华的历史见证。清政府"开辟苗疆"[1]之时，将施洞视为遏制"苗疆"的咽喉之地，因其地理环境成为战略要地，清军在施洞地区与苗族义军反复争夺、交战。清军占领施洞后，在此屯重兵驻守，施洞地理位置的重要性由此可见一斑。

施洞流传着这样一句话："苗族的母亲是清江水，她养育了苗家人。"而在历史上，清水江不仅是施洞苗族思乡的母亲河，还是近代施洞苗族的经济来源。黔东南流传的苗族古歌中吟唱了清水江在黔东南苗族心中的地位，古歌讲述了清水江是苗族先民思乡的泪水汇成的，不绝的泪水汇成了滔滔的清水江向东方的故土流去（清水江在湖南境内汇入沅江，然后经洞庭湖流入长江）。在陆上交通不便的时代，清水江是贵州地区人员进出的通道，是商贸往来的交通路线，是文化交融的走廊。而清水江对于苗族银饰具有更为重要的意义：自明代中后期开始的清水江上的木材生意为施洞苗族带来了打制银饰的材料——银圆。

"清水江，盘折苗疆，源出都匀马尾河，经凯里西北，会与重安江，

---

[1]　"苗疆"一词是清政府对苗族居住区的一种称呼，一般指代清朝时期的贵州全境。狭义上则特指包括黔东南、黔东北和黔南在内的整个腊尔山区、苗岭周边和雷公山地区，其中还包括苗族居住的湘西部分地区。

径施洞口，过清江厅，出远口而入湖南。清深可通舟，实沅水之上流。"①
清水江自西向东流经丹寨、麻江、凯里、黄平、施秉、台江、剑河、天柱
9县或市，主要支流有重安江、泸洞河、巴拉河、南哨河、乌下江、八卦
河、亮江、鉴江等。据清《镇远府志》记载："前江，在县城西南，离新
城五里。发源于麻哈州，会平越诸水，为重安江至岩门。又都匀剑水，自
吴家司出凯里，入于江，遇新城界至施秉旧城，谓之'前江'。自下秉，
即胜秉，出横坡经生苗地，谓之'洪江'，历黎平胡耳、赤溪、茅坪至靖
州出黔阳县，谓之'黔江'。其势较沅水为大。"② 这里的前江指的就是位
于施秉境内的清水江。清水江为沅江水系，是贵州省内的第二大河流，一
度是江南、两湖、两广、四川进入贵州的重要水上通道。

历史上，位于边陲蛮荒之地的贵州与外界的沟通较多依靠水运。清水
江水运是历代中央集权国家对包括黔东南在内的贵州统治和管理的"驿
道"。据零星的史料记载可知，在春秋战国时期，沅系水运已经成为进入
贵州的主要通道。当时，位于贵州腹地的清水江也因为优越的地理位置而
得到开辟。虽然清水江的水运③萌芽较早，但受自然条件和水运技术的限
制，仅局限于满足贡赋和沿江居民用盐的运输需求。南北朝时期，"永明
元年至三年（483年—485年）清水江水运兴起，以贡赋运输为主"④。清
水江水运的兴起始于此时的贡赋运输需求。宋代"嘉祐三年（1058年）淮
盐开始由清水江输入，供应湘黔边境"⑤。在盐业归于政府管理的宋代，清
水江水运以满足政府的运输需求为主。

明代永乐十一年（1413）在贵州设行省，贵州屯兵、屯粮和运输木材
的需求使国家开始了对清水江的疏浚。《洪武实录》（卷179）中就记载了

---

① （清）徐家干著，吴一文校注《苗疆闻见录》，贵州人民出版社，1997，第143页。
② 镇远县政协文史资料研究室编，段文浩、王来游校点《镇江府志》，贵州人民出版社，
2014，第75页。
③ 清水江是贵州内河航运中较重要的一条河流。贵州省内河流众多，但是具有航运价值的
较少，能通航的主要有以下几条：经重庆入长江的乌江，经四川合江入长江的赤水河，
经重庆入长江的綦江，经湖南沅江入洞庭湖的清水江，经湖南入沅江的沅水。因河流经
过地表条件不同，各河流、各河段的航运能力存在很大差别。
④ 黔东南苗族侗族自治州地方志编纂委员会编《黔东南苗族侗族自治州志·总述·大事记》，
贵州人民出版社，2000，第18页。
⑤ 黔东南苗族侗族自治州地方志编纂委员会编《黔东南苗族侗族自治州志·总述·大事记》，
贵州人民出版社，2000，第18页。

洪武十九年（1386）国家从湖南经清水江运粮食 20 万石给当地缺粮的驻军。可见，当时清水江的水运已初具规模，且已经成为中央政府对贵州边区统治与管理的辅助手段。

清代在明代 30 条驿道的基础上对贵州的水陆交通线路进行了整治。开辟"苗疆六厅"[①] 之后，都匀经八寨、丹江到古州，清江到古州，台拱到施秉县同知衙门（今台江县施洞对岸），八寨经丹江、台拱到清江，古州到广西怀远 5 条道路相继开通。清代在贵州开辟道路主要是为了战争和统治的需要。交通路线的开辟为贵州的商业贸易提供了便利，贵州各民族的商业贸易在清代进入兴盛期。"士庶一切冠、婚、丧、祭，争趋繁华，风俗日奢。"农业生产开始恢复发展，各种城乡的手工业兴起，成为商业的基础。

清代"雍正七年（1729 年）……云贵总督鄂尔泰令都匀、镇远、黎平 3 府整治都柳江、清水江，至雍正九年（1731 年）三月竣工。清水江航道向上延伸到施洞，粤船首通古州"[②]。治理清水江是清政府治理西南苗疆、沟通水上交通的一项持续多年的工程。清水江的疏浚不仅为清政府将贵州地区纳入统治提供了便利，也为清水江沿岸与东部相邻省区的贸易提供了条件。其中，木材生意是当时清水江水运的主要内容。贵州省内的森林资源丰富，主要分布在黔东南的清水江、都柳江，黔北的赤水河流域和黔东北的梵净山地区。清水江两岸，崇山峻岭，气候温和湿润，具有较厚的土质层，适宜林木生长，历史上一直是优质杉木的产地。此地出产的杉木生长期较短，笔直高耸，且不易腐烂，是优质的建筑用材。历史上的施洞地区树木种类繁多，是天然的林地，且苗族人民具有培育风景林、护寨林、桥头林、寺庙林、学堂林、姑娘林、后生林、路边乘凉林的优良传统。木材出产以杉木和松木为主，历史上就是全国重要的杉木产区之一。清代乾隆年间的《黔南识略》中记载："郡内自清江以下至茅坪二百里，两岸翼云承日，无隙土，无漏阴，栋梁桼桷之材，靡不具备。"[③] 正是如此

---

① "苗疆六厅"，包括六寨厅（今丹寨县）、丹江厅（今雷山县）、台拱厅（今台江县）、清江厅（今剑河县）、都江厅（今三都水族自治县）、古州厅（今榕江县）六个地方行政区划。

② 黔东南苗族侗族自治州地方志编纂委员会编《黔东南苗族侗族自治州志·总述·大事记》，贵州人民出版社，2000，第 34 页。

③ （清）爱必达：《黔南识略》卷 21 "黎平府"条，成文出版社，1968。

丰茂的林地促生了清水江沿岸与外界的商贸，"商贾络绎于道"。施洞段的清水江江面较上游开阔许多，木筏在此可以弯排歇息，四方"苗木"商贾云集于此，成为历来的木商交易之所。外省商人就地雇用苗族人"编巨筏放之大江，转运于江淮间"①，清水江沿岸所产的杉木就经清水江水运源源不断地运往下游。兴旺的江上贸易形成了历史上繁华的施洞口。时任湘军苏元春部书记的徐家干在《苗疆闻见录》中描述他所见到的施洞的繁华景象："施洞口，在镇远府南六十里，台拱辖境。后倚高山，前临清水江，中饶平衍，周数里。八埂峙其西，偏寨附其东，沙湾、岩脚、巴团、平地营蔽其前，九股河依其后，向为苗疆一大市会，人烟繁杂，设黄施卫千总驻之。"② 可见，施洞在当时已经成为邻近区域的经济中心。

施洞地区的林木、土特产等资源吸引了清政府对此地的水运资源进一步发掘，以满足向外运输的需求。木材生意兴起之初，施洞苗族与清水江对岸的镇远和施秉地区的苗族还具有较为明显的"生""熟"的区别。被开辟为贸易市场后，来自湖南、广西等地的商人往来于施洞地区，用青盐和布匹等与当地人交换木材和土特产。施洞苗族被逐步"汉化"。黔东南苗岭地区凭借清水江的水运逐步"熟"化，熟苗的区域逐步扩大。这种"熟"化主要是通过"生苗"与沿清水江到黔东南地区的商人进行商品交易产生的，主要发生在参与交易的苗族男性身上。在这些交易中，苗族人承担了不同的角色：有一些"汉化"较深的成为向导，充当了汉苗之间的中间人；一些在族群中有身份和地位的苗族人负责组织族人向商人出售当地的林木，负责木材砍伐、运输的组织工作，赚取收入；而多数苗族人成为体力劳动的出卖者，承担起林木砍伐和运输的任务。当地的苗族人参与到清水江水运中来，不仅获得了收入，也逐渐由"生"转"熟"，以银为饰的习俗发展起来。依托贸易集市的扩散效果，"熟苗"的区域逐步扩大。清水江水运通达施洞，催生了附近地区的经济贸易，为山高水深的施洞地区带来了与外界交流的机会。施洞慢慢发展为清水江的主要码头之一。

自清代疏浚清水江以来，施洞成为清水江中游的一个重要码头，其货运的重要地位得到政府重视。"民国八年（1919年）春，县公署设巴拉河木植

---

① （清）爱必达：《黔南识略》卷21"黎平府"条，成文出版社，1968。
② （清）徐家干著，吴一文校注《苗疆闻见录》，贵州人民出版社，1997，第75页。

局，征收木捐，充作财政经费。"① "民国二十四年（1935 年）……中央军陈渠珍部由湖南调入台拱、施洞驻防，保护清水江航运安全。"② 清水江不仅为下游地区输送了重要的木材等林产品，还为沿江的居民提供了生活必需品和经济收入。"施洞地区沿江村寨的苗族青、壮年男人，解放前绝大多数都以舟楫运输为副业，也有一些贫寒人家的青、壮年男人专为船主撑船为生的。一些较为富裕的，多自置木船从事商品运输，常为商人运出土特产至洪江，顺便自买一些日用工业品运回出售。所以这里的经济很早就比较繁荣，群众的生活也比较富裕。"③施洞塘龙的老银匠吴通云④说："以前运木材，就是从我们这个河口放到洪江，从洪江再拉到洞庭湖区。在解放前，施洞有很多人去古州（今黔东南南部的榕江）做木材生意，在那里曾经有一条'施洞街'。"施洞地区因清水江水运由"生苗区"转为"熟苗区"，逐步被纳入与东部地区息息相关的经济贸易体制。清水江上的商贸为当地人带来了银币，完全"自给自足"的生产模式瓦解，以货币和实物交换的经济体制逐步确立，因货币积累而出现的贫富差距开始扩大。作为货币主要来源的清水江水运成为当地人获取经济收入的主要形式，清代清水江木材生意和施洞市场的开辟为施洞苗族接触到银圆提供了机会。除了购买日用品等消费外，施洞苗族用农产品交易或从事木材交易所换取的散碎的银子和银圆都转化成了银饰。因此，在清末到民国年间，一个姑娘银饰的数量直接体现了这个家庭的经济状况，银饰的多少也成为影响这个家庭姻亲关系好坏的关键因素。

如今，清水江水运已经成为过去，江上繁荣的商贸和往来的船只已经随着滚滚的江水逝去，淹没于历史的洪流之中，只剩各个村寨渡口上的石碑还无声地诉说着清水江水运的繁华往事。现在施洞镇内的各个渡口已经失去了商船聚集的繁华景象，只留下了各处渡口散泊着的小木舟。每逢赶场的日子，施洞吊桥下的河面排满了附近村寨来的家用小船。继商贸的大船之后，以机器为动力的小船承担起了附近居民运输日用品和运送人畜渡

---

① 贵州省台江县志编纂委员会编《台江县志》，贵州人民出版社，1994，第 12 页。

② 贵州省台江县志编纂委员会编《台江县志》，贵州人民出版社，1994，第 14 页。

③ 贵州省编辑组编《苗族社会历史调查》（一），贵州民族出版社，1986，第 229 页。

④ 吴通云，1938 年生，施洞镇塘龙有名的银匠。

江的任务。现在的清水江平稳而安静，偶尔能见到附近人家的小船划过，划破平静的水面。

（二）施洞场坝

"贵州集市贸易兴于明，盛于清。"① 明清两代对贵州陆路交通和水路运输的治理和疏通为清代该地区的贸易兴盛提供了前提条件。明代时，黔东南地区人口增多，生产得到发展，城镇的兴起，驿道的开辟，这些都为贸易集市的出现提供了条件。即时贸易的地点被称为"场坝"，以十二生肖顺序为集市贸易确定日期，按照固定时间到场坝"赶场"，进行农副产品、手工业品的交换。明代民间集市贸易处于以物换物的初级阶段，较少用金银和钱钞。《贵州通志·食货志》中记录了当时"官厅用银，杂使绵缏、食盐之属，民间殆物物互市"的交易状况。至明代永乐十二年（1414），黔东南地区的平越卫、清平卫、偏桥卫、镇远卫等地区的集市贸易已经较为繁荣，但民间交易仍采用以物换物的形式。集市贸易不用货币而用物物交换是有原因的：明代贵州的商品经济才开始萌芽，只是少数土司手中有少量白银，这些白银多是卫所的官员在向土司购买军马的交易中流入土司手中的。雍正年间，"贵州巡抚张广泗奉旨组织整治清水江河道600 余公里，船只可上至都匀府。清水江沿岸的下司、重安、施洞、清江、王寨、远口等地逐渐成为交易市场"②。"乾隆三年（1738 年）是年，开辟台拱、施洞、革东市场，以地支辰戌、丑未、子午、为场期，外省商人入市交易。"③"道光三十年（1850 年）是年，厅署设巴拉河沿岸木坞，置木植牙行，征收木捐。"④ 依托木材生意的清水江水运至此兴盛起来，并将一些固定的地点设置为贸易集市，定期进行交易。至光绪年间，施洞地区已经出现商会，经济贸易进入一个平稳的阶段。光绪二十九年（1903），"清廷先后颁行《奖励公司章程》、《商会简以章程》、《商人通例》、《公司律》等有关工商管理的法规条令。黔东南府、县所在地及清水江、潕阳河、都

---

① 《贵州通史》编委会编《贵州通史 3 清代的贵州》，当代中国出版社，2003，第 228 页。
② 黔东南苗族侗族自治州地方志编纂委员会编《黔东南苗族侗族自治州志·总述·大事记》，贵州人民出版社，2000，第 35 页。
③ 贵州省台江县志编纂委员会编《台江县志》，贵州人民出版社，1994，第 6 页。
④ 贵州省台江县志编纂委员会编《台江县志》，贵州人民出版社，1994，第 7 页。

柳江沿岸的商业集镇开始建地域性的商业行会或同业性的商会。"① 清水江流域的木材生意的扩张促进了该流域内贸易市场的确立。外来商人的入市沟通了施洞地区与外界的商品交换，施洞市场至此突破地域限制，繁荣发展起来。随着木材生意发展，白银流入施洞苗族手中，促成了该地银饰在清代的大发展。

抗战爆发后，云南和贵州等西南边区成为全国抗战的大后方，携带近代先进技术和先进思想文化的东部企业、学校西迁，对施洞地区社会经济和文化发展起到了积极的作用。东部地区的企业和商贾内迁到西部地区，清水江水运繁盛一时，施洞成为当时清水江中游最大的物资转运基地和码头，每天停泊的船只达到 800 多艘。从建立起市场开始，施洞市场就形成了很大的规模，通常都在万人以上，甚至可达数十万人，台江县城的规模都相形见绌。邻近村寨来施洞赶场最普遍的方式是驾驶自家的小船，载着要出售的农产品或手工艺品等货物，沿江而至。人们在集市上将农产品以物换物，或销售之后购买生活必需品。当时这种盛极一时的货运将施洞的集市贸易扩展开来，产生较大的影响力，奠定了施洞在黔东南贸易集市中的地位。

陆上交通开辟之后，施洞的集市贸易已经不再依靠清水江的货运。施洞新街的开通改变了施洞的生活格局。施洞现有老街和新街两条主干道，平日里，新街上人流要多于老街。在施洞新街的中心地段或者路口，常会见到来自或远或近的山上村寨的、穿着苗族传统便装、挑着蔬菜或者水果的苗族妇女。近些年，年青一代在新街两侧盖起了楼房，底层商用，楼上住人或储物。房子每年加盖一层，新街两旁逐渐挤满了三四层的小楼房，就连原来楼房之间望向房后水田的空隙都被占用了。年轻人在新建的楼房下做起门头生意，有卖建工材料的，有卖家具的，当然还有卖刺绣、服装和银饰的。几家超市也解决了镇子附近村寨对日常用品的需求，镇政府对面街里的农贸市场也为附近居民提供了新鲜的瓜果蔬菜，新街成为日常的小集市。但是，新街上的丰足物资并没有影响老街赶场的号召力。见证施洞繁华历史的老街因为交通取道已经不再是主要干道，现在住老房子的一

---

① 黔东南苗族侗族自治州地方志编纂委员会编《黔东南苗族侗族自治州志·总述·大事记》，贵州人民出版社，2000，第 47 页。

般都是老年人，时常会见到戴着老花镜在门口做刺绣的阿婆。平日里老街一片沉寂，街上往来的行人很少，只留下道路两侧的老房子在默默无语。到了赶场的日子，老街就重现了施洞口往日的繁华景象。自施洞通往凯里和台江的公路通车后，施洞赶场时许多货车就从相对较远的城镇来到这里，销售一些日化用品。方圆百里的人骑着电动车、开着机器船会聚在这个码头。

施洞场坝的购物分区很清晰。清水江边的坝子用鹅卵石铺砌后用水泥灌制成平地，成为农产品、禽类和汉族成衣饰品的交易区。老街上的摊位多是卖民族工艺品的，主要有苗族银饰、苗服①、绣片、用于刺绣的剪纸、彩色丝线等。刺绣材料摊位前挤满了挑选图样的中老年妇女。银饰摊位摆放在从塘龙方向去往老街的入口处。银匠或其家人就在摊床上摆满各种银饰，任由来往的人群挑选。集市上的银饰摊位罗列了施洞常见的全部银饰款式。集市上直接卖出的银饰一般较小，多是戒指、耳环，也有小点儿的头插或发簪。像项圈、银雀簪、龙凤银牛角等较大的银饰需要到银匠家中定做。偏远村寨的人们多在赶场这天比较各家银饰的工艺和价格，然后向银匠定做像银牛角等一些形制较大且具有特殊意义的银饰，再择日上门取货。摊位前挑选银饰的多是年轻女性，她们逐个摊位挑选，选择自己盛装中缺少的小件银饰；也有年长的女性来取定做的银饰的，一般是为自己女儿制作的大件银饰；还有小伙子在母亲陪同下前来为未过门的妻子挑选银饰。在集市上出售银饰已成为施洞最具特色的银饰销售方式。

## 二　施洞苗族源流

"苗族先民发源于华北大平原，后移居于水乡泽国的江淮之间。有的生活于西北黄土高原，有的生活在海岛之上，有的生活在热带丛林，大部分聚居在西南山地。平原之上，江河之滨，高原之顶，寒带、温带、热带，无不留有苗族及其先民生活、战斗的足迹，无不闪烁着苗族文化的光辉。"② 由于历史上苗族历经多次迁徙和辗转，我们已经无从追溯这个民族的准确迁徙路线，只能根据历史典籍、苗族古歌等相关资料去推论。

---

① 苗服，即苗族传统服装。
② 余学军：《笙鼓枫蝶·苗族》，贵州民族出版社，2014，第9页。

苗族源于炎黄时期的"九黎"，尧舜时期的"三苗""有苗"，汉时的"南蛮"等部落联盟。苗族先民主要有"黎"和"方"两大部落，"黎"部落源于古代的"九黎"，最初居住在今黄河下游、江苏滨海一带；"方"部落源于苗族古代的"虎方"，居住在西起今黄淮平原，东至今山东、江苏滨海一带①，之后因为与周边民族的战乱迁徙到黄河以南、长江以北的淮河流域地区。春秋后期，为了避免战乱，淮河流域的苗族被迫从洞庭湖和苍梧地区向人烟稀少的武陵山区迁移。战国时，吴起说："昔者三苗之居，左彭蠡之波，右有洞庭之水，文山在其北，而衡山在其南。"② 由此得知，当时"三苗"的地域大约在今天的江汉、江淮平原和湖北、湖南、江西一带。后三苗兴起，向北扩张势力，经过尧舜的征战，舜对三苗采取了瓦解分化的政策，"窜三苗于三危，分北三苗"，苗族开始了分散迁徙的历程。"根据苗族迁徙的历史及路线，最早进入夜郎地区的氏族或部落，大约在春秋战国以前。他们是'分北三苗'的一部分，从今甘肃敦煌一带向南迁移，经过四川最后进入贵州西部、西北部和云南东北部。"③ 后来，三苗的后裔"荆蛮"势力崛起，成长为楚国的主要居民。秦汉年间，生活在五溪、武陵地区的苗族先民被称为"五溪蛮""武陵蛮"等。东汉王朝自建立至中平三年（25~186），统治阶级多次重兵围剿武陵山区，这又导致了苗族的一次大规模迁徙。其中的一部分南下到达广西融水后，溯都柳江而西上进入云贵川高原地区，后辗转进入清水江流域。西晋到南北朝时期，统治阶级对武陵地区的征伐不断，迫使留居的苗族出逃。其中一部分沿沅江而向云贵川高原迁徙，溯清水江进入施洞周边地区定居。"迁入贵州中南部的苗族，从近几年贵州考古工作者在这一地区发掘的许多苗族岩洞葬的研究中得知，大致始于两晋之时。"④ 新中国成立之后的民族普查工作发现，黔东南苗族采用父子连名制的方式记录族谱，最长的可以向上推溯50多代。这用另一种方式印证了上述考古研究的结果。后期迁入施洞的苗族多是先迁入江西等华南地区，后辗转西进到达贵州。黔东南苗族古歌

①　贵州省台江县志编纂委员会编《台江县志》，贵州人民出版社，1994，第89页。
②　（汉）刘向著，缪文远、缪伟、罗永连译注《战国策》，中华书局，2012，第671页。
③　余学军：《笙鼓枫蝶·苗族》，贵州民族出版社，2014，第14页。
④　杨从明：《苗族生态文化》，贵州人民出版社，2009，第72页。

中的《溯河西迁》多是对这支苗族移民的迁徙经历描述。

"五溪蛮""武陵蛮"分散为多条迁徙路线、经过不同的历程最终到达中国西南部的高原地带。这段时期内，黔东南苗族从长江流域辗转迁徙，最终到达苗岭地区。其迁徙路线为："从淮阳丘陵出发，经江汉一带，到达洞庭湖附近，由此一分为二。第一条迁徙路线是由洞庭湖区逆沅江、清水江而上，抵达黔东南地区。这条路线与庄蹻入滇路线和古西南'丝绸之路'关系密切，甚至可能重合。另一条迁徙线路，是由洞庭湖区出发，逆湘江、潇水、资水而上，到达五岭西部地区，再顺江而下，或经陆路而至都柳江下游，然后逆都柳江而上，到达今天榕江一带。这条线路迁徙来的苗族比较多，他们迁到雷公山腹地一个叫 Dangx Ghed Dlongs Jit（'党果松吉'）的地方后，古歌说'老寨人口多，高山没田开，鱼多没槽容，人多没住处'，生产生活诸多不便，先祖遂杀牛议事，商量分居于黔东南各地。"① 黔东南的古歌对这段迁徙也有记录。古歌通过对迁徙中暂时栖息地的怀念和一路上的行程描述，以连续的地名记录了现台江县辖区内苗族的迁徙路线：台江苗族迁徙始于公元前 26 世纪初。在"涿鹿大战"中，九黎首领蚩尤被黄帝擒杀，其势大衰，余部被迫南渡黄河，辗转西迁。据苗族古诗及巫词记载，迁徙中曾途经"纲方休狃（音译，下同）～粉羊秀寨～纲方细朋～粉羊细乃～翁反翁留～翁整能～八奶达～荣良～最滑～荣广～荣更～荣鹦～荣有～翁有空～仰翁娘堕南～皆养动散～皆养动所～皆养细躲～掌衣蒙～德晒泥～甩西～无西（今榕江境）～方西（今榕江县城）～共丢办（今榕江县沙江六百塘）～娘有娘路（今丹寨境）～九商兄汪、杨英杨苕、枯昂枯菊、羊纠八朵、工堆、翁兄、党固松计（均在今剑河县境）等地定居，过着一段长时期的定居生活，世代进行开山辟土，建立家园。曾出现'挖成旱田一片片，开成水田一弯弯'，子孙繁衍到'地方九千块，村寨七万个'的繁荣景象。逐步进入今台江县境东南部的南宫、交密、东扛、方召、翁脚等乡村；然后向城郊及地势较低的西、北部迁徙"②。其中，因读音变异和地名变换，迁徙早期记录下的地名已经无法与现有地名进行对证或匹配。自迁入黔东南榕江开始，根据苗语变迁和地名

---

① 余学军：《笙鼓枫蝶·苗族》，贵州民族出版社，2014，第 15～18 页。
② 贵州省台江县志编纂委员会编《台江县志》，贵州人民出版社，1994，第 89 页。

的追溯，可以将这些地名与现有地名匹配，推演出苗族在黔东南地区的迁徙路径。

唐宋时期，苗族摆脱与其他少数民族混称的"蛮"的称呼，作为一个单一民族出现在历史中。唐代的《蛮书》、宋代的《溪蛮丛笑》和《宋史》等一些史书中已经使用"苗"这个族称。同时定居于汉水中下游以东到淮河流域地区的苗族已经受到汉文化的同化，出现普遍"汉化"的现象。在稍后的时期内，长江中下游地区和原迁居于江西的苗族开始迁移进入贵州地区。贵州逐步成为国内苗族的分布中心。在以苗岭为中心的贵州群山中，历代迁居于此的苗族休养生息，共生共荣，族群规模和势力得到恢复和发展。这受到了当时统治者的关注，开始着手对其进行管理，并对当地的土司推行招抚政策。在唐代，从晋代开始由大姓谢氏统治的牂柯郡分裂为东西二部，其首领曾先后到唐都城朝拜。《旧唐书·南蛮西南蛮传·东谢蛮》就记录了东谢蛮朝拜的历史。

> 东谢蛮，其地在黔州之西数百里，南接守宫獠，西连夷子，北至白蛮……其首领谢元深，既世为酋长……贞观三年，元深入朝，冠乌熊皮冠，若今之髦头，以金银络额，身披毛帔，韦皮行縢而著履。[①]

唐朝的统治者任命谢元深为其辖区的刺史，将其属地划归黔州都督府管辖。东谢蛮以应州为土司驻地。应州的辖地包括都尚（今贵州省三都水族自治县）、应江（今贵州省榕江县）、婆览（今贵州省三都水族自治县西南）、罗恭（今贵州省雷山县）、隆（今贵州省台江苗族自治县）等几个地区。从东谢蛮的辖地可以大约推测出其族群主要分布在今天的黔东南和黔南一带。当时，东谢蛮的族群尚处于原始社会末期，因居住地域的不同和族群规模的差异，形成了不同的社会形态。在较大的族群聚居区内，父系氏族的鼓社制和农村公社式的议榔制是族群内部的主要基层社会结构，是族群维护内部秩序和议事的组织。在聚居区的边缘地区，势力弱小的族群多受邻近民族奴隶主或封建主的羁縻，受制于外族的管理和统治，这部

---

① 《旧唐书·南蛮西南蛮传·东谢蛮》，中华书局，2000，第3588页。

分地区在史书上被称为"羁縻蛮地"。还有一部分苗族迁徙到了大山深处，或一些凭借自然条件形成的封闭区域之中，他们较少受到外来的影响，一直延续着本族的传统文化，保留了较完整的传统生活方式和民俗文化。他们多以渔猎采集为生，辅以农耕生产，过着完全自给自足的生活，因而被称为"生蛮"或"生苗"。

唐宋以降，随着社会经济的发展和人口的兴盛，苗族在南方的势力和地位一度引起历朝政府的重视。从元明两代到清朝初年，中原封建统治阶级加强对贵州地区的统治和管理，在少数民族聚居区分封少数民族的首领和征剿贵州地区有战功的汉族将领为土司，授予其统治和管理辖地内少数民族的权利。清朝初年，土司势力膨胀，违抗朝廷之事时有发生，统治者逐步在各民族聚居区设置流官管理，以控制区域内的土司，实行土流并治，大力经营西南地区。因此，贵州苗族的情况逐渐为外界所了解。当时，西南地区的经济和文化发展引起区域文化融合，湘西、鄂西和川东地区的苗族受到汉族文化的影响，靠近汉族地区的苗族汉化较早，位于崇山峻岭的贵州作为全国苗族分布中心的地位更加突出。受到大自然天然屏障的保护，聚居贵州的苗族族群发展迅速，逐步形成了支系繁多的状况。汉族典籍中多根据服饰的不同区分不同地区的苗族，因而出现了"百苗"的说法。

近代历史典籍中有关施洞苗族族源的记录渐多但并不详尽。因为施洞镇位于台江县与施秉、镇远、黄平、剑河交界的苗岭东部地区，地理区划在历史上多次变动，且如今居住在施洞地区的苗族，是在不同的年代、沿着不同的迁徙路线迁入此地的。因此，我们必须通过整合宋元以来的《施秉县志》、《镇远府志》、《台拱县志》和《清江厅志》的相关记载来梳理施洞苗族的历史。

清代之后有关施洞苗族的典籍文献多简要概述施洞苗族的族属与生活状况，据此，我们可以得到施洞苗族在成为"熟苗"之前的习俗概况。清水江流域的苗族大部分属于黑苗。《百苗图》"黑苗"条载："在都匀、八寨、丹江、镇远、黎平、清江、古州，族类甚众，习俗各异。衣服皆尚黑，男女俱跣足，陟岗峦，履荆棘，其捷如猿猴。性悍好斗，头插白翎，出入必带镖枪、药弩、环刀。自雍正十三年剿后，凶性已改。孟春，各寨择地为笙场。跳月不拘老幼。以竹为笙，笙长尺余，能吹歌者吹之，跳舞为欢。"① 清水江南岸"沿河以居"的革一、革东、施洞等地苗族又被称为"九股苗"②。《百苗图》博甲本中如此描画"九股苗"："九股苗在兴隆卫凯里司，乃黑苗同类也。此种因武侯南行戮之殆尽，仅存九人，遂为九股苗。散处蔓延，地广而俗繁，性彪悍而喜猎。头戴铁盔，前有护后无遮，披甲及脐而上下用铁链围身，铁片缠腿，健者能左手执挡，右手执标杆，口衔利刃，行走如飞。携带强弩名曰偏架，三人共张矢，无不贯。雍正十年，剿抚兼搜缴甲兵，建城安营设汛焉。"③ 在明代平播一役之前，明朝政府对这个地区的控制只限于舞阳河和清水江的北岸地区，"九股苗在兴隆卫凯里司乃黑苗同类，武侯南行，戮之殆尽，仅存九人，遂为九股，散外蔓延，地广而俗繁，其衣服、饮食、婚姻、丧祭，概于八寨清江等同，而性尤彪悍。"④ 民国八年（1919）的《台拱文献纪要》记录了当时的九股苗的概况："台拱昔为生苗巢穴，相传汉武侯南征，戮其种殆尽，余九人，滋蔓繁衍，分为九，因名九股苗，近丹江者曰上九股，近施秉者曰下九股，寨密人稠，土饶性愚。有邵姬张欧王杨等姓。男子衣服与汉人同，惟妇女面黑齿白，服细褶长裙，无衽，以青布蒙髻，耳垂大环银圈，衣短以色缘□两袖。富者饰以银花。"⑤ 用当地人的称呼方式讲，施洞属于"水边苗"。这多涉及施洞苗族的居住环境、服饰装扮、生活习性和民俗文化等，对施洞苗族"熟化"之前的概况做出了描述。

### 三　交融与互嵌的族群关系

黔东南民间俗语说："苗家居山头，侗家靠水头，客家住街头。"俗语中的这种民族分布的立体结构真实地再现了黔东南地区民族的分布规律，但是也潜在地证明了黔东南地区的族群关系。因为迁居至黔东南的时期不同、族群势力具有差异等，黔东南的各少数民族占据了不同的居住地域。

---

① 李汉林：《百苗图校释》，贵州民族出版社，2001，第58页。

② （清）徐家干著，吴一文校注《苗疆闻见录》，贵州人民出版社，1997，第38页。

③ 杨庭硕、潘盛之编著《百苗图抄本汇编》，贵州人民出版社，2004，第260页，图版贰博甲本　九股苗。

④ （清）鄂尔泰等修《贵州通志》，乾隆六年刻，嘉庆修补本卷七，"苗蛮"条，第120页。

⑤ （民国）丁尚固修，刘增礼纂《台拱县文献纪要》，民国八年石印本，"苗蛮"条。

这种小区域内单一民族聚居和大区域内多民族混居的情形为族群文化的交流提供了条件。在不同的历史时期，从不同区域迁入贵州的多个民族在贵州高原这片土地上交错杂居，经济、政治和文化间的联系日趋紧密，各民族的文化既按照本民族的传统承袭和发展，又受到相邻民族的影响和渗透而出现变异。

（一）施洞的行政变迁

施洞地区被纳入中央政府的管辖是比较晚近的事情，因此清代之前对于这个地区的史料记载也较为少见。由于长期处于中原封建王朝管辖之外，此地的地理环境又导致了交通不便，因此施洞地区与邻近的苗族聚居区在明清之前受外来文化的影响较弱，其民族的传统文化保留了较好的原生形态。早期有关该地区苗族的记录多以黔东南的大型辖区为简略描述的对象。唐宋之前，黔东南地区是苗族、侗族等民族的聚居之地，因其地处偏远，政府管理鞭长莫及，被称为"蛮夷之域"。至"贞观三年（629年）置应州，辖地含今榕江、雷山、台江县"①。《清稗类钞》中提及"黔于汉，属西南夷，明始设府州县，苗族乃日渐繁……"② 明代起，汉族军民频繁进入黔东南地区，与少数民族杂居，在文化上出现互融。

明清时期施洞地区较长时期隶属于镇远府。为了镇守和管理这片化外之地，镇远府将古驿道从镇远修到马号，并沿路设置了苟屯、斑鸠哨、后哨、上水塘、黄东埔、江元哨、响水屯、平定营等哨塘铺，在沿线建立军事机关来治理这个地区。这个时期，镇远府辖地内的苗族多被称为黑苗。"黑苗在都匀之八寨丹江。镇远之清江，黎平之古州，其山居者曰山苗，又曰高坡苗；近河者，曰河边苗，中有土司者为熟苗。无管者，为生苗。衣服皆尚黑，故曰黑苗；妇人绾长发，耳垂大环，银项圈，衣短以色锦缘袖。"③ 长期以来，政府在这个地区既没有安排土官管理，又未曾设置流官统治，是一块相对独立于封建体制之外的苗族聚居区。这里的人民不会说

---

① 黔东南苗族侗族自治州地方志编纂委员会编《黔东南苗族侗族自治州志·总述·大事记》，贵州人民出版社，2000，第18页。

② （清）徐珂编撰《清稗类钞》，中华书局，2010。

③ 杨秀钧主编《贵州省镇远县政府志》，贵州省镇远县政府，2008，第196页。

汉话，与外界交流较少，其经济体制与封建土地所有制管辖下的模式具有较大差异，因此又被称为"生界"。《清史稿·土司四》记载："镇远清水江者，沅水上游也，下通湖广，上达黔、粤，而生苗据其上游，曰九股河，曰大小丹江，沿岸数百里，皆其巢窟。"① 至雍正年间：

> 生苗不籍有司，且无土司管辖，官民自黔之黔、之楚、之粤，皆迁道远行，不得取直道由苗地过。内地奸民犯法，捕之急，则窜入苗地，无敢过问。苗又时出界外剽掠，商旅尤以为苦。界以内弱肉强食，良懦控诉无所，此黔省之大害也。诚能开辟，则害可除。清水江潆洄宽阔，上通平越府黄平州之重安江，其旁支则通黄丝驿，下通湖南黔阳县之洪江，其旁支又通广西。清江南北两岸及九股一带，泉甘土沃，产桐油、白蜡、棉花、毛竹、桅木等物。若上下舟楫无阻，财货流通，不特汉民食德，苗民亦并受其福。此黔省大利也。诚能开辟则利可兴。②

至此，清朝开辟了"苗疆六厅"。雍正四年（1726），清政府认为苗岭山区"广袤二三千里，户口十余万，不隶版图"，当地无土司管理，雍正六年（1728），清政府决定开辟苗疆，镇远知府方显至台拱诸寨招抚苗民，登记户名，赐苗族汉姓，编设保甲。"雍正七年（1729 年）春，镇远知府方显、镇远协副将张禹谟领官军招抚上下九股（今巴拉河）苗民，民畏军威，佯装受抚，承认编户纳粮。"③ "雍正八年开清江同知驻其地，十一年平台拱移清江同知驻焉，设通判驻清江。"④ 清政府于雍正十一年（1733）五月二十五日设置了台拱厅，为"新疆六厅"之一，称为台拱府，隶属贵州省镇远府管辖，由镇远府设理苗同知一员分驻台拱，将施洞地区纳入清政府的管辖范围。施洞因水路和旱路皆通达，"五方簇拱"，清代开始在施洞设屯置堡。后因反抗清政府驻军的欺压和苛捐杂税，施洞苗族多次起

---

① 《清史稿》，中华书局，2020，第 9611 页。

② 贵州省台江县志编纂委员会编《台江县志》，贵州人民出版社，1994，第 722 页。

③ 贵州省台江县志编纂委员会编《台江县志》，贵州人民出版社，1994，第 5 页。

④ （清）鄂尔泰等修《贵州通志》，乾隆六年刻，嘉庆修补本卷三，"建置"条。

义。咸同年间，张秀眉以施洞为据点，率领苗族起义军与清军对峙。清军占领施洞后，在此驻扎，以加强对施洞苗族的控制。清军将领苏元春在施洞驻扎清兵，并在此修建公馆，开始了对施洞地区的统治。

光绪四年（1878），清政府在施洞开设石硐汛渡口，将此开辟为清水江的主要码头之一。民国八年（1919）的《台拱县文献纪要》，将施洞口描述为"场市住户较多"的商贸性质的渡口村寨。分布于此的渡口包括："巴拉河渡，在城北五十里，为达镇远孔道。清光绪四年，同知李道本酌拨公田设船济渡。偏寨全恩渡，在城北五十五里，由县至胜秉分县要道。清光绪四年同知李道本酌拨公田设船济渡。施硐口渡，在城北六十里，为达镇远孔道。清光绪四年，同知李道本酌拨公田设船济渡。"① 当时的施洞，商船云集，徐家干在《苗疆闻见录》里描述施洞口"向为苗疆一大市会，人烟繁杂"。② 由此可见，施洞在当时已经是较为繁华的贸易集市。

在晚清时期，清政府对"苗疆开禁"③，在苗族地区允许汉苗自由往来，自由贸易，以图发展区域经济。当时内忧外患的晚清政府无暇顾及边疆的统治，清朝统治力量弱化，施洞得到了短时期内休养生息的机会，民族文化得到较大复兴。

"民国时期，施洞的行政区划历经多次变动。民国初年（1912年），施洞镇称友助镇，辖十五个堡。"④ "民国二年（1913）九月，改台拱厅为台拱县，隶镇远道，为二等县。置革东、来同（今台雄）、台盘、南省、在浓（今丈浓）、施洞六区。"⑤ "民国四年（1915年），镇远县龙塘（天堂）、偏寨、柏梓坪、八埂溪、施洞口、平地营、石家寨、塘龙等寨拨归台拱县。设中、东、南、西、北区，区下设保甲牌。"⑥ "民国二十一年

① （民国）丁尚固修，刘增礼纂《台拱县文献纪要》，民国八年石印本。
② （清）徐家干著，吴一文校注《苗疆闻见录》，贵州人民出版社，1997，第75页。
③ 开禁是晚清政府对包括新疆、台湾、西藏和苗疆等在内的区域实行的一种调整之前封禁的政策，以解决清末的财政拮据的状况。该政策的主要内容包括：开山抚番、设局抚垦、将番田化为民田进行管理，鼓励农副土特产生产；征收厘金，灾年减免捐税，并鼓励汉番之间的经济贸易往来。
④ 台江县人民政府网，http://www.gztaijiang.gov.cn/pages/Show.aspx? ID=1515，2014年12月21日。
⑤ 贵州省台江县志编纂委员会编《台江县志》，贵阳人民出版社，1994，第32页。
⑥ 贵州省台江县志编纂委员会编《台江县志》，贵州人民出版社，1994，第32页。

(1932 年)，改区保甲制为区乡（镇）间邻制。全县设六区。……第六区公所驻清河（今施洞），辖清河镇、大雅（今偏寨）、鸣凤（今榕山）、明德（今大塘）、尚志（今报效）、维新（今南哨、四新）、蕴经（今方寨、八埂）、开化（今良田）乡。"① 民国三十年（1941），撤丹江县，以丹江河、羊排小溪和东部山脉为界，将东北部地域划入台拱县，更名为台江县。同时调整地域，划拨插花地带。黄平县的革一、冷西、大小黑寨、白岩脚、万人坑（地名）、新寨、后哨、旧司、四新、屯上、革一大寨、田坝、梨树坳划归台江，施秉县的平兆、井洞塘、井洞坳、猫鼻岭、芝麻寨、新寨划属台江。台江县的五岔、川洞、打老、巫门、岩寨、白神、张往、寨章、干俄、屯州、内寨、下岩寨拨归剑河；平地营、施洞堡（今施秉马号）②、甘荫塘划归施秉。③ 这些行政区划和归属的多次变动使得施洞地区与邻近的苗区沟通频繁，产生了族群内部文化的交融。基于族群内部人员流动和文化交流的繁荣，施洞苗族作为区域内经济文化中心的地位得到进一步的提高。

1949 年 12 月 3 日，台江解放。1953 年，中华人民共和国民主建政时期改为施洞区。1958 年 9 月，台江县废区设公社，全县设前进（驻台拱）、旭光（驻南宫）、幸福（驻革一）、清江（驻施洞）、和平（驻革东）5 个人民公社。1958 年 12 月，施洞随台江并入剑河县。1962 年 5 月恢复台江县置。1963 年 1 月，恢复台拱、施洞、革东区。1991 年拆乡并镇，改名施洞镇④，为台江县 9 个乡镇之一（2003 年，革东镇划给剑河），隶属于贵州省黔东南苗族侗族自治州台江县。

据中华人民共和国国家统计局发布的《2013 年统计用区划代码和城乡划分代码》，施洞镇下辖以下地区：施洞社区、街上村、芳寨村、白枝坪村、塘坝村、旧州村、平兆村、八埂村、良田村、四新村、黄泡村、偏寨村、小河村、巴拉河村、井洞塘村、南哨村、岑孝村、猫鼻岭村、猫坡

① 贵州省台江县志编纂委员会编《台江县志》，贵州人民出版社，1994，第 33 页。
② 马号乡与施洞镇隔清水江相望，其沙湾沿山坡而建，俯瞰施洞，一览无余，自清政府管理时期就是掌控施洞的要地。
③ 贵州省台江县志编纂委员会编《台江县志》，贵州人民出版社，1994，第 33 页。
④ 台江县人民政府网，http://www.gztaijiang.gov.cn/pages/Show.aspx?ID=1515，2014 年 12 月 21 日。

村、井洞坳村、杨家沟村。这是在施洞地区的民俗旅游经济未发展起来之前，按照当地的地域环境和农业生产做出的行政划分。

2014 年，为满足民族文化发展和旅游文化产业化的需求，施洞镇的区划有了新的调整。新调整后，施洞镇辖村有井洞塘村、平兆村、小河村、岗党略村、清江村、居委会、白枝坪村、旧州村和良田村，所辖村寨如表1-1所列。新的村寨划分除考虑了地域的因素，还根据村寨文化特色进行了组合。如岗党略村就包括相距一公里的塘坝村和偏寨村。塘坝村是有名的银饰村和刺绣村；偏寨、杨家寨和石家寨是苗族姊妹节的发源地与举办地。将这几个自然寨合并为一个村寨是发展以银饰和刺绣展示为中心的姊妹节的旅游文化的需要。近几年的"苗族姊妹节"期间的"苗族盛装迎宾""苗女剪纸和刺绣大赛"、"苗族盛装游演"、"飞歌伴唱万人踩鼓"、"摸鱼捞虾习俗体验"、民族民间工艺品制作演示及展销、"能工巧匠"大赛、"姊妹节"民俗体验等节日活动就以偏寨村和塘坝村为中心展开，既传承了传统民俗文化，又发展了民俗旅游经济。

表 1-1 2014 年施洞镇新行政区划

| 序号 | 新行政村村名 | 行政村个数 | 原行政村村名 | 自然寨名称 | 自然寨个数 |
|---|---|---|---|---|---|
| | 施洞镇合计 | 9 | | | 45 |
| 1 | 居委会 | 1 | 施洞社区 | 居委会 | 1 |
| 2 | 清江村 | 1 | 街上村 | 街上自然寨 | 3 |
| | | | 芳寨村 | 芳寨自然寨 | |
| | | | 八埂村 | 八埂自然寨 | |
| 3 | 白枝坪村 | 1 | 白枝坪村 | 天堂自然寨、白枝坪自然寨 | 4 |
| | | | 杨家沟村 | 杨家沟自然寨、碓窝寨自然寨 | |
| 4 | 岗党略村 | 1 | 塘坝村 | 塘龙自然寨、塘坝自然寨 | 5 |
| | | | 偏寨村 | 偏寨自然寨、石家寨自然寨、杨家寨自然寨 | |
| 5 | 良田村 | 1 | 良田村 | 良田自然寨、仰芳自然寨、棉花坪自然寨、九寨自然寨 | 12 |
| | | | 岑孝村 | 养兄自然寨、岑屯自然寨、岑孝自然寨、贵寨自然寨、岑斗自然寨 | |
| | | | 黄泡村 | 黄泡上寨、黄泡中寨、黄泡下寨 | |

续表

| 序号 | 新行政村村名 | 行政村个数 | 原行政村村名 | 自然寨名称 | 自然寨个数 |
|---|---|---|---|---|---|
| 6 | 旧州村 | 1 | 南哨村 | 南哨自然寨、屯古自然寨 | 4 |
| | | | 四新村 | 四新自然寨 | |
| | | | 旧州村 | 旧州自然寨 | |
| 7 | 小河村 | 1 | 小河村 | 平敏自然寨、平阳自然寨 | 4 |
| | | | 猫坡村 | 猫坡自然寨、新寨自然寨 | |
| 8 | 平兆村 | 1 | 平兆村 | 平兆自然寨 | 3 |
| | | | 井洞坳村 | 井洞坳自然寨 | |
| | | | 巴拉河村 | 巴拉河自然寨 | |
| 9 | 井洞塘村 | 1 | 井洞塘村 | 养兰自然寨、养炯自然寨、该满自然寨、香啥自然寨、羊屯自然寨、羊带自然寨、芝麻自然寨 | 9 |
| | | | 猫鼻岭村 | 猫鼻岭上寨、猫鼻岭下寨 | |

从施洞的建制历史来看，在清代之前，施洞为生苗之地，与他族接触较少；自清代之后，施洞一直处于"生苗"、"熟苗"和"苗汉"交杂的一个矛盾的位置。相对于施秉、黄平、台拱和清江等较早被清政府屯田和建制的地区来说，施洞较晚被纳入清政府的管辖而较"生"；相对于深居苗岭的高坡苗来说，穿着相同服饰的施洞苗族却被认为较"熟"；相对于自给自足、深居简出的苗族来说，施洞苗族说汉话、穿汉族服饰、从商做生意等行为又较"汉"化。即使穿着相似的苗服、戴着相似的银饰、有着相同习俗的苗族却因银饰的纹饰不同、踩鼓的舞步不同而产生"生""熟"之别。但是正是这种"生""熟"交杂的身份给了施洞苗族与其他民族文化充分交融的机会。施洞这支"水边苗"既较好地保留了浓郁的、具有本民族风貌的苗族民族传统文化，又以自己独有的开放的心态接纳清水江上舶来的他族文化，最终糅合成为多文化元素的独特的施洞苗族文化。

（二）苗汉文化混融

贵州与川、滇、湘、桂四省相邻，位处中国西南边区，远离中原，交通不便，历史上曾分属于邻近各省，是这几个省的边远之区，这在客观上形成了贵州的封闭状态，延缓了贵州历史上的发展进程。

　　自秦汉以来,历朝历代都曾经营边区,驻扎汉军,移入人口,这使少数民族向西、南边区迁徙,也使贵州的少数民族人口不断增加。贵州的汉族是秦汉以后陆续由外地移入的。在元明两代进入贵州的汉族人,受到当地土司的管辖和民族文化的浸染,逐渐"夷"化。明代以前移入的汉人大都"夷化",被称为"宋家蛮""蔡家蛮"等,自明代起,汉族人口骤增,在驿道沿线形成许多聚居点,并不断扩大居住范围。自明代中期以后到清朝时期,流官的管理、交通的整治、经济贸易的滋生等因素引起部分少数民族"汉"化,以致造成"汉多夷少"的局面。"汉族的移入,不但改变了贵州的民族成分,而且对其他民族的政治、经济、文化、习俗产生了巨大影响,是贵州民族关系史上一个不可忽视的力量。"① 在清代开辟苗疆之前,施洞地区虽已有汉民移入,但仍是土司和流官疏于管理的生苗区。施洞凭借清水江的天然屏障,与对岸的施秉分属于生苗和熟苗。自鄂尔泰开辟苗疆并在湖南设立了"苗墙"之后,屯田和编户齐民的政策极大地缩小了生苗区的范围。施洞苗族在苗乱期间受到清政府的清剿和安抚,人口大量流失,汉族的迁入改变了苗汉人口的比例。开辟"苗疆六厅"之后,受到教育和中原儒学的教化,以及清水江上木材贸易与鸦片生意等经济形式的影响,施洞苗族不仅终止了苗族传统中过鼓藏节的习俗②,还被纳入国家设卡收税的体制,逐渐转变为熟苗。这种苗汉民族间的文化交融兴起于明代时贵州社会的变革,在清代苗汉交流的增多更加迅猛和深入。这在多方面有所体现,如贵州的农业较早出现开垦,但是直到实行"屯垦"之后才出现了跳跃式发展;施洞苗族的服饰变革也在清代出现高潮。

　　元明两代到清代雍正年间的"改土归流"前后,封建王朝在贵州地区实行土流并治。在此期间,进入苗区的汉人逐步增多,汉族文化对苗族的传统文化产生影响。"汉族迁入境内在地区上是先入西部革一,北部施洞,东部革东边缘集镇,然后是中南部台拱、南宫地区;时间上是元、明两朝有少数迁入定居,清朝'雍隆'、'咸同'两次苗民大起义失败后,大量屯

---

① 侯绍庄、史继忠、翁家烈:《贵州古代民族关系史》,贵州民族出版社,1991,第33页。

② 在历史上,施洞苗族是过鼓藏节的。由于清朝对于苗族的镇压等原因,鼓藏节在施洞地区消失了。散落在周围山上的藏鼓洞就是此地曾过鼓藏节的最好证明,如偏寨藏鼓洞。有的学者根据调查推测施洞苗族的姊妹节和龙舟节是代替鼓藏节的苗族祭祖形式。

军进入县内中南部地区；光绪中期到民国时期迁入者多为商人。……县北施洞陈氏家族定居已五十代，约始于明朝万历年间。……光绪年间，两湖及江西商人曾先后于施洞、台拱、革东等地集资修建江西会馆和两湖会馆，有的也定居下来。"① 苗族社会的封建化加速，阶级分化日趋明显，社会经济有了发展，出现了集贸市场，促使土地买卖也发展起来。"明万历年间（公元 1573—1619 年）……今黔东黄平、凯里、施秉、镇远等处也出现不少'富苗'。"② 雍正年间改土归流之后，以木材为主的清水江贸易带动施洞地区的经济进一步发展，封建化持续加强，一部分"殷实之户"购买土司、屯军和农民手中的田地，成为封建地主。这些地主多是外来的汉族或其他民族，苗人中除了极个别的经过努力奋斗会成为地主或富农，几乎全部为贫雇农。

改土归流之后，清水江水运将施洞变成当时的大都市。汉族商人往来于施洞，带来了东部的商品。"苗疆"地区的封建地主经济萌芽并迅速发展。经济贸易吸引来的汉族人涌入施洞地区，在此买田置地，或者租地耕种，慢慢定居于此。由于当时清水江水运是湘黔水运的重要组成部分，湖南和湖北的商人沿水而上，到施洞经商，将多彩文化带入此地。在"咸同起义"失败后，清军在施洞派兵驻守，安屯设堡，并移居汉族人至此居住，汉族人更深一步地进入施洞。与汉族的混居使苗汉之间的生活习俗出现交融，苗族的生活习俗出现较大变化，并"渐染汉风"，中原的"除夕守岁""上元观灯""寒食扫墓""端午划龙舟""中秋团圆"等风俗在施洞逐渐流行起来。在经济上，汉族把内地的先进生产技术和经营方式传到施洞地区。

经过清代的"开辟苗疆"，中原文化和经济模式逐步改变了施洞地区的社会形态，在这个时期内，施洞社会的、民间的或地方上的发展和变化都受制于清政府的民族政策。"苗疆开禁"和推行"新政"将施洞的大门向其他民族打开，施洞苗族开始与其他民族正常沟通和交往。这期间，先进的生产工具和劳动技术的引进促进了施洞地区农业经济的发展，其他民族文化知识的传入也对施洞苗族的传统文化产生了不小的影响。经过取长

---

① 贵州省台江县志编纂委员会编《台江县志》，贵州人民出版社，1994，第 139 页。
② 杨从明：《苗族生态文化》，贵州人民出版社，2009，第 74 页。

补短，相互借鉴，施洞苗族的传统文化受到其他民族文化的影响，尤其是汉民族的文化因素，这在苗族银饰上也是有很多体现的。如在当前苗族银饰中，苗族传统的形体多变的苗族龙纹与中原文化威武的龙纹相似就是这个时期民族文化交融的一种遗存。

从清代到新中国成立之前，中原的持续战争使各个政权无暇顾及对西南少数民族地区的管理，给苗族社会文化一定的休整机会，经济进入一个平稳发展的时期。这个时期是施洞苗族文化休整的时期，也是其发展的时期。施洞苗族文化在此期间经历了苗族巫文化、中原文化和西方宗教文化交融的过程，具有不同历史背景和文化背景的文化模式在此发生了相互包容、抵牾的价值取舍和文化交流。

施洞地区文化变迁的最显著特点就是各民族在历史洪流中形成的你中有我、我中有你的民族交融，这以民族间的"夷变汉"和"汉变夷"为主要表现。"夷变汉"主要是通过苗族接纳汉族耕种方式和技术、阅读文字典籍和接受教育、着汉装、习汉俗、说汉话、改汉姓来实现的，也就是施洞苗族的"汉化"过程。雍正十一年，清政府为了统计户口，便于户籍管理，就为苗族"官赐汉姓"。施洞苗族在国家管理体制内使用汉姓汉名，在族群和家族内部沿用父子连名制。后清政府在苗区推行"改装"，以求汉化苗族。这个时期施洞苗族的服饰以"男降女不降"的形式，将苗族服饰的传统文化保留在女性服饰之上。男性的服装简化，并逐步采用汉族服装。"咸同苗乱"之后，清政府将施洞地区的土地、税收等权力收归中央，对此地的经济进行开发。由于苗族男子较多参与清水江上的贸易往来，且在与汉族的交往中也以苗族男子为主，施洞苗族男性的服饰逐步发生变化，直至被汉族同化。而施洞苗族女性较少参与对外的政治、经济和日常交往，且施洞苗族限制女性外嫁，族群内部形成了女性不说汉话、不穿汉服、不嫁外族的习俗，以女性作为族群文化的传承主体。直到今天，我们仍能在施洞苗族女性的服饰上看到较完整的传统文化。现在，施洞街上来来往往的是穿着苗装的中老年妇女、穿着便装的男性，还有着装时髦的年轻男女。其中，年轻的女性，尤其是未婚姑娘的着装打扮已经与城市里的女性无异，她们穿着颜色鲜艳的、用机械缝制的现代成衣，而不再穿自己制作的苗装。街边的音像店里播放着流行歌曲，只在赶场的音像摊上才能欣赏到当地苗歌的演唱。

　　清水江上的贸易是施洞苗族与汉族经济文化交流的媒介，因贸易而产生的经济往来、文化交流、民俗混融和婚姻往来都是苗汉之间的互动方式。《苗疆闻见录》记载："其地有汉民变苗者，大约多江楚之人。懋迁熟习，渐结串亲，日久相沿，浸成异俗。清江南北岸皆有之，所称'熟苗'，半多此类。"① 但是，施洞苗汉间的通婚是极少的。虽然生活在共同的地域之内，民族文化之间存在着交流与交融，但是民族之间的界限是较明晰的。汉苗之间存在较少的通婚就说明了这个问题。施洞苗族认为汉族女性不能做苗衣，没有银饰，是不适合嫁到苗家的。即使嫁入苗家，也因为这个姑娘没有普通苗族姑娘的技能而不能融入苗族家庭。"敬酒的时候她不会唱歌，踩鼓的时候她没有苗衣和银子，慢慢就没有人和她一起了。农忙她不会种稻，农闲她不会做苗衣，娶到苗家做什么？"② 施洞苗族与汉族之间的界限就更加明显了。因屯田或者战争而在施洞区域内设屯的汉族村寨是较少参与苗族的民俗活动的。生活在施洞的汉族虽然与苗族同饮一江水，同走一条路，会用简单的苗语交流，生活中互通有无、互相帮助，但是却不会像苗族一样穿戴起全身的银衣，至多儿童会戴银锁和银手镯。住在施洞老街上的杨姓船家从祖父那一代来到施洞做木材生意，至今已经是第四代了。他认为，佩戴银饰是苗族姑娘的事情，汉族没有那个传统。因为生活习惯的不同，苗族姑娘嫁到汉族的有，但数量极少。

　　清水江流域存在以鼓藏节为主要仪式的祖先信仰。但是施洞地区的村寨已不再举办鼓藏节，成为清水江流域"祭祀圈"上缺失的一环。这种信仰的缺失或许与施洞历史上复杂的人口流动、民族文化交流和商业贸易存在关系。新兴的多族群共同认同的"信仰"取代了原先的祭祀信仰，如土地庙的出现。其他地区的苗族是不祭祀土地神的，而施洞的每个村寨都修建有一个或多个土地庙。每家堂屋内祭祀的祖宗牌位上都书写有"天地君亲师"几个字，这无疑是受道家思想影响的产物。清代修建的两湖会馆和汇集在此的商人给施洞文化带来的冲击，启发了施洞苗族的经济思想。官

---

① （清）徐家干著，吴一文校注《苗疆闻见录》，贵州人民出版社，1997，第163页。
② 访谈对象：刘祝英（施洞镇芳寨人，嫁到杨家寨），访谈人：陈国玲，访谈时间：2013年4月26日，访谈地点：施洞镇芳寨刘永贵家。

邸和会馆的修建影响到施洞苗族传统房屋建筑。到现在，施洞村寨中苗族传统吊脚楼与江南窨子井的交错建筑，以及窨子井与吊脚楼结合体的建筑都是民族文化交融的结果。可见，来自两湖、两广地区的商人带来的文化对施洞的传统文化有着巨大的影响。

历史上的繁华贸易和频繁的人口流动所引起的民族文化交融在施洞的建筑文化中留下了深刻的印记。蜿蜒于清水江畔的施洞老街是保留最为完整的一处。用鹅卵石铺就的花街路面两侧是整洁的民舍，青灰色的砖瓦犹如舒展的胶卷，记录着施洞老街历史上繁盛的贸易和拥挤的人潮。苏元春公馆①、两湖会馆②、张伯修公馆③、龚继昌公馆、刘家祠堂、八大窨子屋（张伯修、肖炳芝、杨和清、张泽之、陈仲英、向世荣、杨秀荣、秦正和等窨子屋）等都是该地文化鼎盛时期的历史遗迹。

在施洞苗族与汉族的文化交融中，学校教育是施洞苗族"汉化"进程中的重要助力。"在人的天生的变化能力和人的实际上的逐步变化之间，文化提供了联接。"④ 教育是施洞文化变迁的一个重要因素。从清代中叶开始，施洞地区受到中原文化的影响，开始进入国家的文字化体系内，尤其是清政府推行的义学教育对此起了很大的推动作用。雍正八年（1730），贵州巡抚张广泗向清政府奏请在台拱等苗寨开设义学，以附近州县老成谨慎、文品兼优的生员为老师，教授苗族子弟学习汉语和汉文化。后来因为

---

① 简称苏公馆，位于芳寨与白枝坪交界处，是一处建于光绪初年的坐南朝北的三进三幢五开间单檐悬山顶木结构的汉式建筑。这里曾经是湘军将领苏元春的官邸。苏元春于同治六年（1867）至十三年（1874）随席宝田入黔镇压张秀眉苗族农民起义，后担任施洞地区的总兵，在此修建公馆，驻兵监管。公馆面临清水江而建，占地1544平方米。1987年，公馆被县人民政府列为县级文物保护单位。1999年，公馆被省政府列为省级文物保护单位。

② 两湖会馆是湖南、湖北在施洞旅居的商贾集资建成的祭祀祠堂。会馆建成于清光绪三年（1877）。贵州军阀提督龚继昌在光绪五年（1879）增建了戏楼、厢房和大殿。

③ 简称张公馆，是孙中山总统府秘书处处长、扬州县县长张伯修及其胞弟国民革命军第二十九集团军第一军军长张卓的故居，也称陆军中将府。1935年初，张伯修回到故乡施洞，暂居苏公馆期间修建了三开间单檐悬山顶四面倒水的两层木结构的张公馆。张公馆坐北朝南，面朝清水江，占地840平方米。张伯修与张卓在此居住直至终老。在土改之后，张公馆被用作施洞区公所、派出所、法庭办公及住宿楼。2003年，县人民政府将公馆列为县级文物保护单位。同年，经台江县人民政府批准，张卓之子张建隆出资维修了公馆的堂屋，在堂屋内悬挂了张伯修和张卓的照片与字画，并立青石碑简介。张家是施洞有名的官宦人家，至今施洞民间仍有"张家的顶子"的说法。

④ 克利福德·格尔茨：《文化的解释》，韩莉译，译林出版社，1999，第65页。

苗民起义，义学被迫废止。到了光绪十六年（1890），同知周庆芝为了改变苗民"由智识浅陋，文字隔膜所致在"之"梗化"，重设义学，并将咸通苗民起义中无人认领的田地充作学田，在各村寨开设义学馆，聘请老师讲授《三字经》《百家姓》《增广贤文》，甚至《四书》《五经》等内容。

"雍正八年（1730年）……始设台拱寨义学，十一年废。"① "乾隆五年（1740年）二月初十日，复设台拱义学。是年，厅署从外县雇工匠教苗民仿制龙骨车。"② "道光十三年（1833年）三月，建立台拱、施洞、革东等地义学五所，复招苗民子弟入学。始建三台书院于厅城西街，供官署、军中士子读书修业。"③ "光绪三年（1877年）是年，三台书院重修，更名为台阳书院。光绪四年（1878年）是年，同知周庆芝用苗民绝产作为教育经费，创办城乡义学三十二馆，招收苗民子弟入学，给各义学划定田丘，例定永做各馆办学经费，台拱义学始有恢复发展。"④ "光绪二十三年（1897年）二月二十日，台拱厅始办私塾，是年发展为十三馆。"⑤ "光绪三十二年（1906年）朝廷废科举，台拱于施洞楚军忠义总祠内开办第一所初等小学堂，张伯修为堂长。次年设高等小学班。"⑥ 这些教育机构的开设为施洞苗族学习汉文化和先进生产技术提供了极大便利。

施洞的教育不仅是汉文化的输入方式，还是改变苗族男性文化接受能力的形式。施洞苗族银匠多为小学毕业水平，有的初中或中专毕业，他们有较强的文化理解能力，能够将本民族女性刺绣、剪纸纹饰进行提炼和整合，装饰到银饰上去。他们汉化的水平较高，对汉族的吉祥纹饰认识较多，苗族银饰中的龙凤纹饰就是他们从汉族的文化中吸纳进来的。汉族的纹饰经过他们的文化消解，然后输入苗族传统文化的血液中，制作出了汉化却具有苗族文化精神的银饰纹饰。

---

① 贵州省台江县志编纂委员会编《台江县志》，贵州人民出版社，1994，第5页。
② 贵州省台江县志编纂委员会编《台江县志》，贵州人民出版社，1994，第6页。
③ 贵州省台江县志编纂委员会编《台江县志》，贵州人民出版社，1994，第7页。
④ 贵州省台江县志编纂委员会编《台江县志》，贵州人民出版社，1994，第10页。
⑤ 贵州省台江县志编纂委员会编《台江县志》，贵州人民出版社，1994，第10页。
⑥ 贵州省台江县志编纂委员会编《台江县志》，贵州人民出版社，1994，第10页。

### （三）施洞苗族与周边少数民族的文化交融

施洞苗族对"我方"具有明晰的地域概念，将一河两岸的河谷平坝看作族群生存的空间。在河流上，施洞苗族将坪寨称作上游，将五河看作下游；在地面上，他们以施秉县马号乡的金钟山为上方，以雷公山猫鼻岭为下方。这个地域范围以外的区域笼统地被施洞苗族称呼为"高坡"、"远方"或者"他方"。在生活中，施洞苗族严格地遵守着这个地理界限。在历史上，虽然施洞苗族与相邻的黄平和台拱苗族的经济生活紧密相连，但是却彼此不通婚、不走客、不一起过节。

施洞的苗族与周边民族的往来也使得各少数民族的特色技术在各民族间相互传播，种植、建筑营造、纺织工具等各种技术在相邻民族间传播。"县内除苗族、汉族外，其他民族迁入的有侗族、壮族。壮族只有黄姓一家，居住的交包村，于民国时期迁入，侗族极少，分散在平兆等村寨。县内壮、侗民族，除保留一些民族传统习俗外，大都融于汉族或苗族，以汉语或苗语为交际语。"① 施洞的其他民族一般是同汉族一样来到施洞做生意，或定居，或租房长久居住。他们多从事酿酒、开杂货店或超市等商业性工作，多聚集在施洞新街中心地段。施洞新街上一家电器店的老板谈到，他的祖籍是湖南沅陵的土家族，其祖辈来施洞做生意，后在此定居。在民族认定时就改成苗族了，但是因为不属于任何一个苗家宗族，也就不参与苗族的节日和活动。如今施洞的流动人口仍然很多，位于镇政府一侧的水果店女老板祖籍是湖南，在此租房做生意。在问及为什么不去踩鼓时，她说自己不是苗族，不能去踩鼓。

## 四　民间传统文化

作为典型的苗族聚居地之一，施洞有着深厚的苗族传统文化积淀和浓郁的民族风情。美丽的清水江从其间穿过，不仅养育了两岸的苗胞，还将这里浸润成苗族的艺术之乡。施洞以其丰富多彩的节日文化和工艺品享誉海内外。这里是节日的故乡，是歌舞的海洋，是艺术的殿堂。在 1994 年，

---

① 贵州省台江县志编纂委员会编《台江县志》，贵州人民出版社，1994，第 143 页。

贵州省文化厅将其命名为"刺绣银饰剪纸艺术之乡"。

施洞的地理位置得天独厚，水路、陆路交通都很便利，是凯里到台江或镇远的必经之路。施洞处在黔东南民族文化的中心，文化底蕴深厚，民风淳朴，民间艺术活跃。这里矗立着清代时建立的两湖会馆和苏公馆，有举世无双的独木龙舟节和东方最古老的情人节姊妹节，还有著名的苗族飞歌、神秘的木鼓舞、艺术气息浓厚的剪纸和刺绣、工艺精湛的苗族银饰。

（一）节日

施洞苗族是喜爱过节的族群，其节日包括了本民族的传统节日和其他民族的一些节日，如元宵节、二月二敬桥节、姊妹节、四月八敬牛节、五月卯日祭秧节、独木龙舟节、七月半、重阳节、小苗年、春。表1-2是施洞苗族主要的节日，围绕这些节日形成了施洞独具地域特色的节日文化。典籍记录中，施洞苗族节日颇多。但是伴随历史的变迁和政治、经济等原因，施洞的传统节日不断变迁。如由于清代封建集权的统治，施洞地区不再过鼓藏节（即苗年），其他传统节日也多因进入集权国家的统治而消失。但是施洞却保留了两个极具地域特色的节日——姊妹节和龙舟节。

表1-2　施洞苗族主要的节日[*]

| 节日名称 | 节日时间（农历） | 过节区域 | 节日内容 |
|---|---|---|---|
| 元宵节 | 正月十五 | 施洞镇、老屯乡、施秉镇双井、马号乡 | 舞龙嘘花、玩龙灯、走亲、打平伙 |
| 敬桥节 | 二月二 | 施洞镇、老屯乡、施秉镇双井、马号乡 | 敬桥、架桥、踩鼓、放牛打架 |
| 姊妹节 | 二月十五至十七 | 良田、四新、平兆、景洞塘、猫坡一带 | 吃姊妹饭、踩鼓、游方[①]、年轻人互赠姊妹饭 |
| 姊妹节 | 三月十五到十七 | 施洞镇、老屯乡 | 吃姊妹饭、踩鼓、游方、年轻人互赠姊妹饭 |
| 敬牛节 | 四月八 | 施洞镇、老屯乡 | 敬牛、吃乌糯米饭 |
| 祭秧节 | 五月卯日 | 部分地区 | 祭秧 |
| 龙舟节 | 五月二十五到二十七 | 施洞镇及清水江对岸村寨、老屯乡 | 祭祀、划龙舟、踩鼓 |

| 节日名称 | 节日时间（农历） | 过节区域 | 节日内容 |
|---|---|---|---|
| 七月半 | 七月十三 | 施洞镇 | 焚香化纸，放河灯 |
| 重阳节 | 九月九 | 施洞镇、老屯乡、施秉镇双井、马号乡 | 看望老人、登高 |
| 斗牛节 | 九月二十七 | 施洞镇良田村 | 放牛打架 |
| 小苗年 | 十一月第二个卯日 | 老屯乡 | 踩鼓、放牛打架、办婚事 |
| 春节 | 十二月三十至正月十五 | 施洞镇、老屯乡、施秉镇双井、马号乡 | 过年节、走亲、踩鼓、玩龙灯 |

＊本表格根据田野调查资料总结，列出了施洞地区具有地域性和族群性的主要节日。

①游方是苗语音译，直译为玩耍，旧时称"摇马郎"。游方是黔东南和黔南地区的苗族青年男女公开地交结朋友、挑选伴侣、以缔结婚姻为目的的社交和娱乐活动。

### 1. 元宵节

元宵节是施洞苗族受汉族习俗浸染而出现的节日。节日期间，施洞苗族延续春节期间的走亲访友、打平伙等交际活动。元宵节期间最热闹、最具特色的活动当数正月十五晚上的舞火龙。舞火龙又称为舞龙嘘花，已经有数百年的历史，是当地元宵节期间独具特色的民俗活动。火龙上装满填充有火药、芒硝、炭粉和铁粉的竹套筒，在点火后由十几个年轻小伙舞动搏击，蔚为壮观。

正月十七，每只龙灯都要举行烧龙送龙神下海的仪式。在清水江岸边，焚香烧纸钱，用酒肉祭奠龙神后，送其归海。仪式过后，龙队请乡邻吃饭，俗称"吃龙肉""喝龙酒"。此后，施洞苗族进入一年的生产生活。龙是施洞苗族的神圣图腾，舞龙灯即是苗族龙崇拜的表现。

### 2. 敬桥节

在苗语中，敬桥节被称为"涛久"（taob jux），又被称为"祭桥节"。敬桥节是施洞苗族祈求子嗣的节日。施洞苗族常在溪沟、河流、山坳等地方架设桥梁，以利通行，修阴积德，以求子孙。苗族笃信桥梁可以帮助子孙的灵魂来到人世。因此每年二月二，族人携带供品前往家族或宗族架设的桥祭拜。

### 3. 姊妹节①

在苗语中，姊妹节被称为"浓嘎良"（nongx gad liangl），因为以"送"和"吃"姊妹饭为主要活动，又被称为"吃姊妹饭"。施洞苗族姊妹节是清水江中游地区在春季举行的传统节日，是当地苗族内部以女性为主导，以男女青年恋爱、缔结婚姻为主要内容的社交活动。按照苗族古歌的记叙，过去在苗族聚居的地方都有过姊妹节的习俗。施洞地区的姊妹节最盛，最具有代表性。五百多行的《姊妹节歌》记叙了姊妹节起源的一个爱情故事：青梅竹马的金丹和阿娇相爱，却因阿娇要"还娘头"② 不能在一起。两人偷偷约会，阿娇每天用装针线的竹篮给金丹带饭吃。经过一番斗争，二人终于结成夫妻。后来施洞地区八百个没有婚嫁对象的女子就效仿阿娇和金丹，邀请大塘的八百个男子吃姊妹饭，终于结成眷属。后来，"吃姊妹饭"就演变成青年男女挑选情侣的节日。

每年农历的三月十五到十七日，施洞苗族的青年男女聚集于杨家寨、偏寨等地，女子身着盛装，手挽盛有五色③姊妹饭的竹篮，邀请青年男子一起"游方"。赠送姊妹饭成为姑娘向年轻小伙儿表达情意的方式，姊妹

---

① 姊妹节在 2006 年被列入国家级非物质文化遗产名录，隶属民俗类别。该名录将其描述为："台江苗族姊妹节是台江县老屯、施洞一带苗族人民的一个传统节日，每年农历三月十五日至十七日举行。届时苗族青年男女穿上节日的盛装，聚集于榕江、杨家、偏寨，欢度这个极富民族特色的传统佳节。台江苗族姊妹节苗语叫'浓嘎良'，它以青年妇女为中心，以展示歌舞、服饰、游方，吃姊妹饭和青年男女交换信物为主要活动内容，节日规模较大，内容丰富独特。苗族姊妹节历史悠久，作为一种民俗、婚恋、社交方式传承至今。吃姊妹饭是这个节日的重要礼仪事项。按本地人的说法，吃了姊妹饭，防止蛀虫叮咬。姊妹饭同时也是姑娘们送给情侣以表达情意的信物，是节日中最为重要的标志。下田撮鱼捞虾是姊妹饭活动之一，一个寨子的姑娘与另一个寨子的小伙子相约，以撮鱼捞虾谈情说爱等风俗活动，寻找意中人。踩鼓是整个社区参与节日活动的重要方式，姑娘们在父母的精心打扮下，身着节日的盛装聚向鼓场踩鼓，从鼓场上可以看出谁的服饰艳丽，谁的银饰既美又多，苗族人以此方式展示自己的服饰文化。晚上青年男女游方对歌，谈情说爱，男方向女方讨姊妹饭，姑娘们在姊妹饭里藏入信物以表达对男方的不同感情。姊妹节同时也是社区内人们走亲访友、文化娱乐、社会交往的活动舞台，是民族内凝聚人心、加强团结的纽带。"参考自"中国非物质文化遗产网·中国非物质文化遗产数字博物馆"，www. inchina. cn/project_details/14964/，2014 年 12 月 24 日。

② "还娘头"是贵州清水江流域苗族的传统婚俗，是指舅家优先娶姑家女儿为媳。如舅家无子、姑家女儿外嫁他人，婚事必须要取得舅舅的同意，且要给舅舅送"还娘钱"。这是在清水江流域苗族在"舅权"思想下形成的补偿性婚俗。

③ 姊妹饭主要有黄色（象征五谷丰登）、绿色（象征施洞的母亲河清水江）、红色（象征寨子兴旺发达）、蓝色（象征富裕殷实的生活）和白色（象征纯洁的爱情）。

饭中包裹的松针、辣椒、竹钩、大蒜、香椿等代表了姑娘对小伙儿的态度。松针代表缝衣针，藏松针就暗示对方以后要回赠女方针和线，施洞女性刺绣工艺精湛，回赠的针和线多做成绣品送给男方。姊妹饭中藏有竹钩就暗示男方用伞酬谢，放几个竹钩就回赠几把伞；如放入两个相互勾连的竹钩则暗示男方以后多与姑娘来往。姊妹饭中放香椿芽或芫荽菜，表示姑娘愿意与小伙儿成婚，苗语中香椿芽被称为"娥扬"，芫荽菜被称为"娥扬奚"，苗语中的"扬"意思为"引""娶"，以谐音词语暗示男方来迎娶。如果在盛姊妹饭的竹篮边挂一只活鸭，则是姑娘希望小伙儿回赠一只活猪崽，由女方饲养，养到明年吃姊妹饭再度联欢杀给大家吃。如果姊妹饭里放入辣椒或者大蒜，就说明姑娘没有看上男方，以辣椒或大蒜暗示以后不再来往。

作为区域内的婚恋节日和社交民俗，姊妹节是清水江中游同一婚姻圈内的走亲访友、青年男女社交的活动舞台，也是展示多姿多彩的苗族歌舞、服饰艺术和丰富厚重的苗族文化底蕴的一个盛会。

### 4. 龙舟节

在苗语中，龙舟节被称为"恰仰勇"（qiab niangx viongx）。每年农历的五月二十四日至二十七日，上起坪寨，下至清水江沿岸的平兆和巴拉河沿岸的榕山等五六十个村寨都过龙舟节，是清水江中游地区苗族人民的一次盛大集会。

龙舟节期间，各村寨都有龙舟下水。龙舟上的成员主要包括：撑篙的船头、负责礼物登记的理事、被称作鼓头的龙船主、掌锣的小锣手、划船的桡手、铳手和舵手。划龙舟的主场顺序为坪寨、塘龙、榕山、施洞，各寨的龙舟均在当天到达相应的村寨水域表演。每到一处，该地的亲戚就带鸭、鹅、猪、牛或礼金等礼物前来接龙。清水江苗族的独木龙舟活动带有浓厚的宗教色彩。在苗家人眼里，一条龙舟就是一个氏族或一个寨子不可侵犯的神圣物。

### 5. 春节

在苗语中，春节被称为"农娘丢"（nongx niangx diel），意思是过客家年。施洞苗族过汉族年是近百年才有的习俗，新中国成立后逐渐盛行。施洞苗族与汉族接触较多，春节习俗与汉族相同，一般包括杀猪、吃团圆

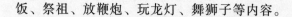

饭、祭祖、放鞭炮、玩龙灯、舞狮子等内容。

（二）歌舞

施洞苗族能歌善舞，每逢节日或接送宾客的日子，施洞苗族的歌舞都不会少。淳朴的苗族古歌、飞歌、盘歌、游方歌培育出了不少歌手，阿泡就是从施洞走出的著名歌手。

1. 木鼓舞

木鼓舞在苗语中被称为"助略姜"，是苗族最为庄严的祭祀性舞蹈。它经历了从自娱至祭祀，模仿劳作、表现人的社会生活、传达表述人内在的情感（即由自娱、娱神到娱人）这样一个形成和发展的过程。木鼓舞缘起于苗族传统的祭祖仪式，因此只能在特定的时间和场合跳。木鼓舞以敲打楠木制作的祖宗鼓为节点，男女围成圆圈形将木鼓围于中间，然后环绕而舞。舞蹈动作多模仿虫、鸟、鱼、兽、禽的动作，头、手、脚活动范围大，舞蹈动作多反映苗族迁徙历程的艰辛。

2. 踩鼓舞

踩鼓舞多为节日期间女性娱乐性集体舞蹈，以敲击皮鼓为节点，舞者以皮鼓为中心环绕数圈而舞。因穿戴盛装，舞蹈动作幅度较小，多以脚步移动搭配简单的甩手和扭腰为主。

3. 情歌

苗族情歌内容非常丰富，曲调也非常优美动听，而且各地有所不同。根据青年男女从接触到相恋、相爱到成婚的过程，有"见面歌""赞美歌""单身歌""青年歌""求爱歌""相恋歌""分别歌""成婚歌""逃婚歌"等不同类型；按曲调分，有多声部歌、夜歌等。

4. 飞歌

身处大山的施洞苗族喜欢在山间旷野引吭高歌，声音高亢飞扬。飞歌是在山岗树林或田间地头演唱的歌曲，这山唱来那山能听到。施洞地区的飞歌是最为优美的一种。飞歌唱词一般较短，在四到六句，音调高昂、旋律起伏较大，结束时常伴以"啊哈"等呐喊声助兴。飞歌的音调高亢，明快嘹亮，多为青年妇女在节日喜庆的场合演唱，表达一些颂扬、感谢之类的心情，即兴发挥，在既有的曲调上现编歌词演唱。

### 5. 酒歌调

施洞苗族喜饮自酿的米酒，每逢客至，都少不了一碗浓浓的米酒。只要喝酒就要唱祝酒歌。酒歌即为酒席中为助兴而演唱的歌曲，一般为五言句式，押调的规则较严格。一般一组有两个乐段组成，构成敬酒人和喝酒人的对答。酒歌还适用于季节歌、劳动歌和婚嫁歌等。

### 6. 游方歌

游方是苗族青年男女交往和恋爱的一种形式，在游方期间男女对唱游方歌作为交流，因此，游方歌又被称为苗族的情歌。游方歌的曲调较为婉转柔美，多以男女相互吐露心声和依恋之情为主要内容，娓娓动听。

### 7. 吹木叶

木叶是苗族最特殊的乐器，使用极为普遍。不论上山做活还是夜间游方，只要摘路边一片木叶即可吹奏。木叶的声音清晰明亮、柔和优美，可用来演奏飞歌、情歌及各种歌曲，还可以模仿人语、虫鸣鸟叫等。在游方的夜晚，施洞苗族小伙多用吹木叶作为暗号，约姑娘游方。

### 8. 丧葬歌

丧葬歌分为孝歌和焚巾曲两种。孝歌是死者亲属祭奠时所唱的哭腔，焚巾曲是苗族巫师送死者魂归东方的唱词。

### （三）民族工艺

施洞是一个工艺文化繁荣的地方，这里的每个人都是具有想象力和制作能力的艺术大师。施洞苗族的女性是剪纸和刺绣的能手，施洞苗族男性是苗族银饰锻制工艺和苗族吊脚楼建筑工艺的能工巧匠。施洞的苗族刺绣和银饰加工已有400多年的历史。在施洞，每个村寨都有几个刺绣能手。在农闲之余，妇女就聚在一起做刺绣。距施洞镇1里的塘坝村就是出名的刺绣村。现许多人家门口悬挂有"台江县一户一技能工程——刺绣示范户"的牌子。而相邻的塘龙寨却是著名的银匠村，几乎家家从事银饰加工制作。

### 1. 剪纸

在苗语中，剪纸被称为"给榜细"（gik bangx xit），意为剪花、描花纸。剪纸是施洞苗族女性在漫长的历史发展过程中创造的一门传统手工艺，它是女性智慧的结晶。施洞的剪纸是刺绣的花纹底样，与刺绣是一对孪生姐妹。也就是说，剪纸是刺绣的蓝本和第一道工序。施洞苗服上所绣出的那些千姿百态的花鸟虫鱼都是以剪纸为底样的。没有剪纸变化万千的造型，也就没有施洞苗族刺绣的绚丽多彩。苗族古歌中就有"姑姑叫嫂嫂，莫忘带针线，嫂嫂叫姑姑，莫忘带剪花"。可见，施洞苗族的剪纸与刺绣具有共生性。施洞苗族剪纸图案丰富多彩，大自然的动植物及苗族人民崇拜的对象在剪纸图案中都有体现。苗族剪纸以台江县境内的施洞和老屯一带的女性剪纸最具有代表性。图案结构大方，形象生动，具有浓厚的生活气息，风格古朴典雅，独具特色（见图1-2）。

图1-2　苗族剪纸（施洞镇街上村刘秀发制作的剪纸）

苗族剪纸采用剪刀剪和刻刀刻的方法，制作了人物、鸟兽、花木、昆虫和器物等几种类型的纹样，多体现苗族的历史传说和民间故事，通过构图整合，塑造了具有苗族自然崇拜和图腾崇拜含义的图形图像，可以说"处处有故事，张张有传说"。变形与夸张是施洞苗族剪纸的魅力之一。剪纸造型中常见半人半兽、人面动物、多种动物合体、动物人化造型、人的兽化造型等各种抽象化的组合形体，表现了施洞苗族奇幻的想象力。剪纸常以人类始祖蝴蝶妈妈、苗族始祖姜央变日月、十二个太阳等苗族神话传说故事，张秀眉凯旋、务冒西征战的苗族人物故事等为主要题材，以各种禽鸟走兽等作为填充纹饰。各种具有神秘色彩的纹饰相互组合和幻化，展现了施洞剪纸艺术的古老情趣和原始审美。剪纸造型多具有巫化色彩：动物与植物间可以出现形体幻化，如鸟背上长出藤蔓植物，藤蔓上长出鲤鱼等；可以在同一构图中展现图中事物的多角度造型，如动物多以正面的头部和侧面的身子组合为一体，具有一种超越透视规律的超现实主义风格。剪纸中的花尾巴龙、螺蛳龙、鱼龙、牛龙、人龙等龙的变体，保留了更多苗族古老的情趣和原始意味。这种变形与夸张的手法表现了苗族精神世界的奇妙幻想和神秘观念，充满了原始的野性美。

　　施洞苗族巫师在祭祀时也有剪纸，多剪成连续的人胜的造型。如图1-3是巫师在作法时常制作的单个人胜，造型明显具有巫化色彩。巫师多将连续的人胜造型的剪纸幻化为无数鬼兵，听从巫师的驱使，去往阴间办事。

**图1-3　巫师剪纸中的单个人胜**

\* 拍摄地点：施洞镇白枝坪村鬼师张师傅家，拍摄时间：2014年6月25日。

## 2. 刺绣

　　刺绣是苗族源远流长的女性手工技艺之一，施洞苗族女性人人能纺织、染布、刺绣。据苗族古歌记载，在三苗时期，苗族开始大迁徙前就有刺绣了。刺绣工艺主要用于制作服饰上的片饰，如制作袖片花、衣角花、衣背花等。苗族刺绣是服饰的重要组成部分，在日常生活中有着不可替代的地位和作用。其精美的图案、独特的工艺、强烈的地域特色和民族特色使之独立化，成为一种独立的艺术形式。施洞苗族的刺绣与其族群生活的地理环境、历史文化、宗教信仰等诸多因素密切相关，从刺绣纹样中我们可以清晰看到苗族的原始图腾崇拜和古风民俗。施洞苗族女性将自己族群的精神信仰和生活追求体现在服饰艺术中，成为展示施洞苗族生存和繁衍历史的主要装饰形式。因此可以说，刺绣是记录施洞苗族历史文化的"活标本"和"活典籍"，是施洞苗族"穿在身上的历史"。

　　施洞刺绣技术的精湛与四大名绣相比毫不逊色，千变万化的图案和深沉的文化内涵将这经年累月绣成的苗装打造成璀璨的艺术品。施洞刺绣以平绣、挑花、破线绣、堆绣等技法为主，以绉绣、辫绣、锁绣、马尾绣、蚕丝绣为辅。这些技法又分不同的针法，如破线绣又有破粗线和破细线之分。整件苗服上下都用密密的苗绣缝制成蝴蝶、龙、鸟、鱼、花草和人物等精美的图案。制作一套精美的破线绣嫁衣需要耗时 2~3 年。

**挑花**　苗语称"gheat gangb"，音译"嘎刚"。挑花又被称为数纱绣，是苗族刺绣中使用较为广泛的一种手法，主要分为平挑花和十字挑花两种。

**平绣**　苗语称"hot daos leel"，音译"贺刀勒"。平绣是在底布上先勾勒好纹饰，或直接覆以剪纸，然后在上边用彩色丝线走平针绣制纹饰的刺绣手法。平绣以单针单线制作，针脚均匀密布，绣品表面纹路平整光滑，色彩对比度大，装饰性较强。

**破线绣**　苗语称"dus hfed hnout"，音译"都胡讷"。破线绣是清水江流域施洞、老屯一带的特色刺绣方法，属于平绣的一种。因制作技艺较一般平绣精致且独特而自成一种技法。破线绣以剪纸的纹饰为底样，将一根丝线破散成几股至十多股，然后以细密的针脚制作纹饰。为防止丝线起毛或拉断，要用前一年秋天采摘的嫩皂角上浆。破线绣制作的绣片异常华丽，是施洞苗族刺绣中的精品。

**辫绣**　苗语称"hot daos"，音译"贺刀"。辫绣是用预先制作好的辫带进行刺绣的工艺方式。辫带是在专用木凳上将 8 根，或 12 根，或 16 根彩丝线分成四组手工编织的条带。在刺绣加工时，把编好的辫带按照底布上剪纸的轮廓由外向内固定成装饰形状。成品上辫带的纹理清晰，具有明显的线形走向，肌理感突出，形成一种华丽的浮雕效果。这种具有粗犷、厚重艺术感的辫绣多被用于制作服饰上的绣片花、肩花和领花。

**绉绣**　苗语称"hot hvek"，音译"贺喝"。绉绣是在辫绣的基础上演变出的一种刺绣技法。其制作方法与辫绣相同，只是在将辫带缝到底布上时，每钉一针之前要先将辫带折成小折，然后用同色丝线固定。这样制作出来的绣片可以形成较高的浮雕效果，立体感较强。绉绣只用作服饰上的袖片花。

**锁绣**　苗语称"hot hsoud"，音译"贺素"。锁绣是一种古老的刺绣种类，分为单针法锁绣和双针法锁绣。锁绣以针脚作为绣片花纹边缘图案或作填图显花，以凸显纹饰造型，使绣品边缘的造型更清晰流畅。所以，锁绣又叫"围边""锁边"，被形象称为"连环针"。施洞苗族女性制作服饰的布匹全部为自织自染。从收棉花到织成布匹，施洞苗族女性经过轧花—弹花—卷花—纺纱—浆纱—络纱—牵纱—背纱—织布等繁杂的工艺才能织成制作苗族传统服饰的布。这些布匹再经过浆布—染色—洗晒—捶布—染色—捶布—浆布—洗晒—浆布—染色—捶布—洗晒等反复的染色工序，才能做成施洞苗族传统服饰需要的"亮布"。

施洞女性从幼年跟随母亲学习各种织布、染布、刺绣技法，苗服做得越好，证明女子越心灵手巧。每个出嫁的姑娘都会准备两三套苗衣和一套银饰盛装作为陪嫁。服饰越多，工艺越精美，说明姑娘的家境越好。剪纸和刺绣的纹饰图案展示了施洞苗族女性的智慧，纹饰写实与写意相结合，一条龙可以长出水牛的犄角，可以具有蜈蚣或蚕的身体，龙的背上可以长出折枝花草纹，龙尾可以幻化成一只凤头鸟。这种将具象与抽象图像相结合的夸张和变异手法赋予剪纸和刺绣更高的艺术造诣。

### 3. 银饰锻制技艺

施洞苗族银饰是由本民族男性银匠手工打制而成的银材饰品。每件银饰的纹饰和造型都是经过深思熟虑的选择，然后经过独具匠心的设计制作而成。即使简单的银饰也要经历包含铸炼、锻打、拔丝、捶揲、錾刻、花丝、焊接、清洗等从设计到制作的30多道工序。

位于施洞镇政府下游500米的塘坝村是黔东南著名的银匠村，由塘龙（dangx vongx）和塘坝（jes xangx）两个自然寨组成。塘龙寨80%的农户从事银饰加工，银饰远销国内外，历史上就是施洞苗族的银饰提供者。坝场寨下的清水江水段是龙舟节的比赛会集地。塘坝村现在主要从事银饰制作，年青一代银匠多去往全国各地，经营银饰制作。塘坝村被贵州省文化厅命名为"银饰艺术之乡"。

### 4. 苗族吊脚楼

苗族吊脚楼是苗族最具特色的建筑艺术形式，是苗族的能工巧匠采用当地的木材自己建造的。吊脚楼就地取材，占地少，整座建筑不用钉铆，全部采用榫卯结构，建筑造型别致，堪称建筑文化中的艺术品。

　　吊脚楼是干栏式建筑的一种形式，它充分利用山地的地形，将楼房与平房结合在一起。吊脚楼多为三层：底层作为牲畜圈饲养间和农具储藏室，主要用于喂养牛、猪等家畜，堆放犁、耙、锄等农具和杂物；第二层为客厅和居室，是家人居住和生活的地方，高起的楼层使人既避免了毒虫猛兽的侵袭，又隔离了地表的潮湿环境；第三层是粮食储存室，主要用于存放粮食。苗族的鼓楼、桥梁、龙舟等建筑工艺也多具特色，在此不赘述。

## 第二节　施洞苗族银饰的历史

### 一　苗族银饰源流

　　苗族自古就是一个爱美的民族，在银饰出现之前，多以植物花叶、贝壳、鸟羽作为饰品。苗族服饰丰富多彩，样式和色调繁多。《淮南子·齐俗训》记载"三苗髽首，羌人括领，中国冠笄，越人劗发。"[1] 髽，以枲束发也。枲是一种麻，也就是说苗族在三苗时期使用麻线盘裹固定头发。早在《后汉书》《晋纪》等典籍中就出现了五溪苗族"好五色衣裳"的记载。宋代，五溪蛮的男女都穿麻质的衣服；未婚男子椎髻，并在头顶插野鸡毛；未婚的女子戴海螺珠穿成的项链。结婚之后，男子卸下野鸡毛，女子开始佩戴银项链。在之后的苗族多支系的历史中，苗族的服饰文化异彩纷呈。苗族服饰的款式多达百十余种，结构样式复杂多变。不论是古老的贯首衣、百鸟衣、雄衣、迷你裙，还是鸡毛头饰、海螺珠饰、银项链，苗族繁多的支系造就了今天苗族服饰文化的多样性。

　　苗族以白银为饰的历史久远。在苗族《换嫁歌》中，男子出嫁时："头插锦鸡毛，衣裙身上套。一只银项圈，胸前闪闪耀。"[2] 这记录了早在久远的母系社会时期，苗族人民就以白银作为首饰材质了。在苗族古歌中，有许多关于苗族银饰的内容。"银子用来打项圈，打银花来嵌银帽，金子拿去做钱花，银花拿来做头饰。"这句歌词清晰地描述了苗族人民把

---

① （汉）刘向著，（汉）许慎注，陈广忠校点《淮南子》，上海古籍出版社，2016，第261页。
② 潘定智、杨培德、张寒梅：《苗族古歌》，贵州人民出版社，1997，第261页。

黄金作为货币、白银作为首饰材质的历史。苗族服饰上华贵精细的银饰闪耀着独特的银色光辉，穿越千年的风雨，向人们展示苗族文化的精髓。这是用苗族人民的智慧和信仰合锻而成的精美银饰。

苗族银饰的久远历史与苗族的金属冶炼史具有很深的渊源。在苗族古歌中，苗族人民将自己民族冶炼金属的历史追溯到天地创立之初。苗族古歌中提及了金、银、铜、铁、锡和一些合金金属，间接地介绍了苗族先民探矿、采矿、冶炼金属等技术和金属的性能、用途等知识，并花费大量的篇幅描绘了苗族先民运金运银、打造出撑天的柱子和日月星辰等伟大业绩，这是苗族较早的与金银有关的民间口头文化，是苗族社会较早发明冶金技术的证明。在古歌中，苗族先民因为原先"撑天用蒿枝，支地五倍树"不是太牢固，因此金柱撑天，银柱撑地，人们才能安居乐业。因为没有太阳和月亮，人们无从正常生活，所以运金造太阳，运银铸月亮，"太阳和月亮，挂在蓝天上，白天暖和和，夜里亮光光；牯牛才打架，姑娘才出嫁，种田又种地，长出好庄稼"。金银是从哪里来的呢？"聪明能干的诺婆婆，又生了金子养了银……一家拿一箩炭来啊，拿去烧山崖啰，山崖里金子好多呦！山崖里银子好多呦！……又用硼砂水来洗，银子的脸变白了……银子的丈夫是硼砂……银子要养儿育女，他的女儿叫什么？他的女儿叫项圈。"① 马学良、今旦译注的《苗族史诗》中根据语句意思将诺婆婆注解为"出产金银铜锡等金属者，即矿山"。由此可知，苗族较早已经掌握金银的开采方法，并习得用硼砂冶炼金银的技术。苗族古歌中的这些歌词构建了一个苗族先民运银西进、打造美好生活的传说，我们联系苗族迁徙的历史可以推测苗族先民早先居住的区域附近是金银矿产的产区。根据白居易的诗《赠友五首》"银生楚山曲，金生鄱溪滨。南人弃农业，求之多苦辛"也可以推知苗族先民早先居住在产银的区域，如当时的湖南桂阳监大银场、江西信州银矿和安徽宣州银矿。后因为在冶炼金属的实践中，苗族人民发现了银熔点低却具有良好的延展性，比重低，易携带，且声音清脆等特点，而将白银作为首饰材料制作成银饰。原先居住地盛产白银是苗族银饰起源的必不可少的条件之一。

---

① 马学良、今旦译注《苗族史诗》，中国民间文艺出版社，1983，第 4、27、31、35、37 页。

据苗族史研究可知，苗族先民最早居住在黄河流域和长江中下游的丰饶区域。据民间传说，苗族冶炼金属已有5000多年的历史。苗族的祖先蚩尤发明冶炼技术应用于制作劳动工具和冶炼兵器时，苗族银饰也应运而生。《世本·作篇》中"蚩尤以金作兵"[①]记录的就是蚩尤冶炼兵器的历史。历代人们都认为蚩尤是金属兵器的创始人，称其为兵主。汉代文献中记录了蚩尤"铜头铁角"与炎黄二帝征战的历史。《龙鱼河图》说："黄帝摄政前，有蚩尤兄弟八十一人，并兽身人语，铜头铁额，食沙石子，造立兵杖刀戟大弩，威震天下。"后蚩尤被炎黄二帝所败，被迫迁徙。在迁徙途中，为了反抗封建王朝的压迫和适应艰苦的环境，苗族制作了大量兵器和生产工具，冶金技术日益提高。为了不忘祖先和故土，苗族在自己的衣饰上制作一系列的图案作为印记，以便寻根祭祖和寻找自己的同胞兄弟姐妹。后来金属的使用和推广使苗族女性佩戴银饰成为一种装饰习俗，苗族银饰进一步发展成为具有特色的民族饰品。

苗族银饰起源于何时是一个尚未发现确凿证据和典籍记录的悬疑问题。较长时间以来，多数学者认同"明代之前苗族没有银饰"的观点。"苗族银饰出现于明代，流行于清代，至20世纪80年代达到一个高潮。"[②]但是，这个观点是不确切的。在以银为饰之前，苗族用金银装饰兵器，"蛮俗衣布徒跣，或椎髻，或剪发，兵器以金银为饰"[③]。现今查阅到的最早的有关苗族银饰的资料是隋唐时期的史料记载。根据《旧唐书·南蛮西南蛮传·东谢蛮》的记载，唐代贞观三年（629），苗族首领谢元深带领部族入朝，"寇乌熊皮冠，若今之兜鍪，以金银络额，身披毛帔，韦皮行縢而著履"[④]。"金银络额"记录了东谢蛮使用银饰的习俗，这是现存的有关苗族银饰的最早的文献记载。唐代诗人刘禹锡（772～842）的《竹枝词九首·其九》[⑤]中"银钏金钗来负水，长刀短笠去烧畬"一句再现了楚荆地区苗族等山民刀耕火种的生产状况。句中女子"银钏金钗"和男子"长刀

---

① （汉）宋衷注，（清）秦嘉谟等辑《世本八种》，商务印书馆，1957，第357页。
② 李黔滨：《苗族银饰》，文物出版社，2000，第14页。
③ （梁）萧子显：《南齐书·蛮列传》，中华书局，1972，第1009页。
④ 《旧唐书·南蛮西南蛮传·东谢蛮》，中华书局，2000，第3588页。
⑤ 全诗为：山上层层桃李花，云间烟火是人家。银钏金钗来负水，长刀短笠去烧畬。这首诗描绘了一幅巴东山区人民生活的风俗画。

短笠"的服饰特征从侧面反映了苗族金银首饰的制作工艺在唐代已经形成特色了，苗族银饰文化最晚在唐代已经出现并有一定发展。从唐代起到今天的苗族文化变迁都可能是构成银饰现状的影响因素。因此，苗族早在明代之前就已经出现了锻造银饰并以之为饰的历史。从当前的苗族习俗来看，三大方言区的苗族都遗留了苗族佩戴银饰的习俗，尤其是在黔东南雷公山周边的雷山、台江、剑河、榕江等地区，银饰已成为蔚为壮观的族群文化符号，这不是短短的两百年的历史就可以造就的。苗族银饰技艺和佩戴历史能够不间断地传承依赖于两个条件。第一个是苗族特殊的迁徙路线（途经有色金属产地）为苗族银饰提供了材料保障；第二个是定居黔东南之后的木材生意和土特产交易为苗族社会换取了充足的银锭，也使苗族银饰锻制技艺得以保存。

到了明代，清水江流域与外界的经济发展和商品贸易往来频繁，银钱作为一般等价物逐步取代了以物换物的商品交易方式。但是，白银在苗族生活中的定位并非单纯的货币，它成为苗族首饰的一种原材料，并逐步取代了其他首饰材质。《炎徼纪闻》中记载："以银若铜锡为钱，编次绕身为饰。富羡者以金环缀耳，累累若贯珠也。"[1] 可见，苗族银饰经历了一段以银钱为饰的历史时期。苗族将经济贸易中的货币作为饰品佩戴于身，这明显有"夸富"的目的。明清以来，贵州地区与外界中原地区的交流日益频繁，苗族的生产和生活有了较大改善，佩戴金银饰品的数量有所增加。郭子章在《黔记》中说："黎平苗与贵州同，其妇女发髻散绾，额前插木梳，富者以金银，耳环亦以金银，多者至五六如连环。"[2] 说明苗族银饰的佩戴已经具有一定的区域影响力，成为一种区域化的装饰文化。

清代，熟苗区逐步扩大，苗族与外界的经济往来增多。苗族人民把与外界交易流通中积攒起来的货币打制成首饰。因为对银饰需求的出现，苗族银匠应运而生，并作为一个独立的行业承担起苗族银饰锻制技艺发展和传承的重任。"通过对古籍的筛查和对苗族老人的访谈，都没有发现在明朝以前有过苗族的银匠出现。……苗族银饰大约出现在400年前，而在施洞、丹江、西江一带苗族银饰最丰盛的地方，苗族银匠的出现是在100多

---

[1] （明）田汝成撰，欧薇薇校注《炎徼纪闻校注》，广西人民出版社，2007，第120页。
[2] （明）郭子章：《黔记》，明万历三十六年刻本，贵州省图书馆复制油印本，1966。

年前。"① 银匠的出现使苗族的银饰文化得到积累、传承和发展。苗族历代冶金技术和首饰加工技术得到整合，银饰工艺逐步形成固定的操作流程。银匠把民族文化中的各种纹饰汇合到银饰纹饰中，银饰的纹饰极大丰富起来。银匠将银饰加工与锻制发展为一个独立的行业，带来了苗族白银制品的繁荣。白银成为苗族首饰的主要材质。因此可以说，苗族银饰是苗族社会经济发展到一定阶段的产物。在明代之后的数百年间，苗族银饰经过民族审美的约束经历了一个以苗族民俗文化为基础的发展与变异的时期。银饰的种类和纹饰跟随民俗文化的前进而被筛选与取舍。同时，在群体审美意识的指导下，银饰的审美意识逐渐从实用意识中剥离出来，人与银饰之间的关系由物质层面的依存关系上升为情感需求的主客体关系。银饰的民族化过程伴随着艺术创新的过程，最终建立起了苗族银饰鲜明的民族个性。

　　清代之前有关苗族银饰的记叙较少，直至"在清代催产出苗族表象文化丰富多样性的特征"②，苗族银饰及其风俗的记载逐渐多起来。清初，银饰在苗族族群内部开始普及，佩戴银饰不仅没有性别的限制，也没有年龄的约束，苗族"邪无老少，腕皆约环，环皆银"。无力购买银饰的也效仿此风，"以红铜为之"。苗族人民开始追求银饰的数量，银饰出现繁复堆砌的装饰审美倾向。"项着银圈，富者多至三四，耳珰垒之及肩。""项戴银圈七八颗，青苗东菜不郎当"③。这种"以多为美"的审美一直延续，至今仍影响着当前的银饰风格和银饰款式，当前流行的数圈的银项圈就是该种审美心理的体现。《百苗图校释》中描述苗族"妇人编发为髻，近多圈以银丝扇样冠子，绾之以长簪，或双环耳坠，项圈数围，短衣，以五色锦镶边袖"④。在这个时期，苗族已经将白银打制成具有装饰效果的银冠、银耳坠和银项圈，作为女性的装饰品。在同一时期，贵州地区的苗族和侗族已经较为广泛和成熟地使用白银制作饰品，成为当时该地区的一种普遍习俗。

① 宛志贤：《苗族银饰》，贵州民族出版社，2010，第3、8页。
② 李黔滨：《苗族头饰概说——兼析苗族头饰成因》，《贵州民族研究》2002年第4期。
③ 转引自贵州人民出版社编《中国贵州民族民间美术全集 银饰》，贵州人民出版社，2007，序言，第12页。
④ 李汉林：《百苗图校释》，贵州民族出版社，2001，第91页。

　　从清代起，银饰开始具有婚恋民俗的功能。《黔南识略》《黔记》《黔南丛书》中都记载了每年春天苗族男女择平地作为月场，举行青年男女参加"跳花""跳月"的社交活动。男女皆盛装，男性吹芦笙在前，女性着银饰盛装随其后，"振银铃"而舞。可见银饰在婚恋中的功能。清代的典籍还记录了花苗男性新婚的时候要佩戴用白银包裹的牛角，与佩戴鲜花装饰的新娘拜堂成亲。至此，银饰作为婚恋中的礼仪环节进入苗族的婚俗。

　　苗族银饰在清代进入了发展历程中的第一个全盛时期，银饰的形制已经不仅限于银冠、耳饰和项圈。同时期的民族融合也使更多商人和文人进入该地区，关于苗族佩戴银饰的记录也逐渐增多和具体起来。"绔富者以绸巾约发，贯以银簪四五枝，上扁下圆。左耳贯银环如碗大，项围银圈，手戴银钏，腿缠青布……其妇女银簪、项圈、手钏行滕皆如男子，惟两耳皆贯银环两三圈，甚有四五圈者，以多绔富。"① 道光年间的《凤凰厅志》记载："其妇女银簪、项圈、手钏、行滕皆如男子，惟两耳皆贯银环三四圈不等，衣服较男子略长。……富者头戴大银梳，以银索密绕其髻……"② 这些描述记录了清代苗族不分男女都佩戴银饰：男子银饰簪发，戴大银耳环、银项圈、银钏；女子银饰形制模仿男子，只是佩戴的耳饰较男子更为繁重。可见，在清代强制苗族统一服饰之前，苗族男女用银饰装饰的风俗十分盛行，且苗族男女穿戴相同的银饰。至清末，苗族佩戴银饰已经出现"以多为美""以重为美"的审美倾向。清同治年间徐家干的《苗疆闻见录》中记载：苗族"喜饰银器……其项圈之重，或竟多至百两。炫富争妍，自成风气"。至此，苗族喜饰银器，且以重、多、大等为偏好的装饰风俗成形。

　　随着历史的推移，苗族佩戴银饰的文化现象并没有衰退，反而经过多次波折延续至今，兴旺发展。尤其是新中国成立以后，少数民族身份被认同和民族政策的实施为苗族银饰的兴旺发展提供了有力的支持和广阔的空

① 吕华明编《清乾隆本〈凤凰厅志〉笺注》，湖南人民出版社，2017，第 111 页。
② （清）黄应培、孙均铨、黄元复修纂《道光凤凰厅志》，岳麓书社，2011。

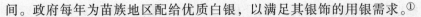

间。政府每年为苗族地区配给优质白银，以满足其银饰的用银需求。①

随着时代的推移，苗族银饰在演变过程中出现一些与时俱进的变化，这些变化表现在银饰的形式和内容等各个方面：白银作为银饰主要材质与白铜、白铝等替代金属共存；加工技艺逐渐融入相邻民族的技术；出现新的图案和花色等。

## 二 施洞苗族银饰

杨鹍国在其《苗族服饰：符号与象征》一书中这样讲述清水江流域苗族银饰的起源。

> 清水江流域苗族女性头上喜戴各种造型的银角、椎髻……苗族女性崇尚木质牛角形木梳、髦首，则似乎可以追溯到四、五千年前的蚩尤身上。……据苗族老人讲，戴银、木牛角饰，穿绣花"雄衣"的缘由，是母系氏族社会的遗风。相传古时是男子嫁到女家去，出嫁时，须把出嫁男子打扮得漂亮和威武一些，怎样才漂亮呢？他们一方面把自然界的鸟虫兽精工绣绘到衣襟中开的服装上，制成花彩斑斓的"无北"——雄衣，即男人的衣服；另一方面觉得动物中的水牯牛壮实魁伟，力大无比，且配有两只犀利刚劲的犄角，十分威武雄壮，就把水牛的犄角绑到出嫁男子的头髻上，以示男子像牛一样勇武雄健，能御强敌。后来男子取得了社会的统治地位，出嫁对象改变了，但这种古老的装饰却在女性身上沿袭不衰。只不过随着历史的进步，人们觉得天然牛角太笨重，就改用神树枫木模拟牛角作饰；待铜和银出现后才逐渐改用铜或银铸打成的象征性的银牛角，所以现在苗族服饰是枫木牛角梳、银质牛角梳并用的。②

---

① 苗族聚居的黔东南矿藏主要为铁、金、锌、锡、铜等有色金属，白银产量较少。苗族迁徙到贵州之后，远离了白银的产区。清代时，苗族银饰多用贸易货币银圆或散碎的银毫打制而成。历史上多次出现假冒白银的事件。《黔东南苗族侗族自治州志·总述·大事记》中记载，"道光七年（1827年）因不法木商在白银中混溶进铝，降低白银成色。黎平府即出示禁止低色毛银货币在清水江一带流通使用，此为历史上有名的'白银案'"。新中国成立后，政府根据苗族的民俗需求，每年低价供给优质白银。

② 杨鹍国：《苗族服饰：符号与象征》，贵州人民出版社，1997，第77～78页。

　　根据对施洞银匠调查资料的分析，我们可以看出施洞苗族银饰的近代发展轨迹。在施洞苗族银饰的来源这个问题上，施洞镇塘龙的老银匠吴通云说："施洞这个地方外来的汉人很多，侗族人也有，听祖上说苗族银饰的工艺是从外边汉族人那里传来的。"芳寨的刘永贵师傅①也认为："苗族的文化在银饰上。苗族的银饰都是用片片儿做成的，是平的，我在上面做上花，他们就买去戴。我们这里人爱热闹，女娃娃穿起银饰去踩鼓，去游方。我去北京的时候到故宫看了，它有一本书，上边好多皇帝家的银子。汉族的是立体的，都是单件的，所以（文化）就连不起来了。苗族银帽上有很多动物，有蝴蝶、龙、凤，还有牛角、螳螂、小鸟，有没有银帽是这家有没有钱的标志，没有钱的人家是打不起银帽的"；"以前人们喜欢做八仙，小孩子帽子上都缝着八仙，现在不喜欢了。以前的牛角很简单，没现在这么大，只有龙，没有凤。现在为了好看，有龙也有凤，有的还要求做仙人骑着凤。慢慢的牛角就变得样数多了。有钱的就打大点的，花（样）多的，钱少点就做花（样）简单点的。"可见，施洞苗族银饰与汉族的银饰文化有着千丝万缕的联系，却并未照搬汉族的银饰装饰形式。苗族的银匠将苗族文化注入银饰的制作、造型和纹饰中，形成了现在苗族银饰的特色风格。

　　银饰生成于苗族社会内部，受到迁徙和分散居住、各自发展等因素的影响，苗族银饰的地区个体文化和族群整体文化之间存在较大的差异。清水江中游地区的苗族，以施洞为代表，具有盛装银饰的习俗，这是苗族传统文化和族群历史综合作用的结果。"银饰是台江苗族的主要装饰品。在盛大节日或其他隆重的场合中，佩戴银饰多的重量将达三百两。但是这些银饰，都是妇女所用，男的在多数地区都已不用，有时也偶尔见到男子戴上一根银链或一只手钏，但大都不是为了装饰，而是与迷信结合的一种避邪品。"② 在这段文字的注中避邪品被解释为：当地习惯，小孩常常生病或身体虚弱，父母就打制一根银链给小孩佩戴，他们认为这样就可以锁住小

----

① 施洞镇芳寨的银匠师傅，擅长苗族银饰制作的錾刻技艺和花丝工艺。刘永贵师傅曾多次到北京服装学院、清华美院教授银饰锻制技艺，对汉族地区的银饰有所了解。

② 中国科学院民族研究所贵州少数民族社会历史调查组、中国科学院贵州分院民族研究所编印《贵州省台江县苗族的服饰》（贵州少数民族社会历史调查资料之二十三），1964，第1页。

孩的魂魄，免得魂魄到处游荡，小孩可免除疾病。成年人如果常常生病，或软弱无力时，有的就认为是魂魄去找死去的老人（如父母等）去了，也会去打制一根银链或一只手钏来戴上，有的穿一只耳洞戴上小耳环。他们说这样就能系住魂魄，人就可以恢复健康了。

在乾隆年间的《贵州通志》中，"黑苗……衣服皆尚黑，故曰黑苗。妇人绾长簪，耳垂大环银项圈，衣短以色锦缘袖"。《百苗图》（刘丙本）中也记载了黑苗男女皆佩戴银饰的习俗："黑苗性狡犷，衣尚黑，□摽白羽，男女皆椎髻插簪项圈耳环，穿锦背甲，用竹为笙，长数尺，孟春择地为笙场跳舞……未婚者名马郎，妇人短衣花绣，额勒银花"①。可见，施洞苗族的长簪、耳环、银项圈、银花抹额等银饰款式在清代就已经出现，并是当时主要的首饰形制。

在清代之前，施洞地区一直属于"生苗"区，清水江成为守护他们族群生存空间的天然屏障。因此，施洞苗族在清代之前一直保留有完好的民俗文化和服饰传统。从清代初期鄂尔泰"开辟苗疆"之后，施洞苗族开始接触到"汉人"②，但是即使在张广泗的武力扫荡和招降政策的压力之下，施洞苗族的服饰传统也未发生急遽的变化。直到清朝开辟"苗疆六厅"后，依托清水江而繁荣起来的商贸带来了施洞苗族服饰的"汉化"。尤其在咸同年间，施洞引起清政府重视。清政府正式将这片生苗区划归中央管辖，将土地、税收和法律的管理权力收归中央。在清军占领并重兵驻扎施洞的时期，清政府实行较为严酷的统治。为了杜绝"苗乱"，清政府下令禁止大规模集会。因此，像鼓藏节这样人员集中的民族节日就被迫停止了。而龙舟节和姊妹节这样的娱乐性质的节日出现并兴盛起来。鼓藏节的消失导致族内主持节日的男性佩戴银饰的习俗逐步消失，而娱乐性节日中女性佩戴银饰的风俗逐步形成，并发展成为习俗。施洞苗族的男性因为要在商贸中与汉族沟通交流，逐步开始学汉话，穿汉族衣服。这个时期的服饰"汉化"形式主要是"男降女不降"，男性的服饰逐步简化，并以汉族

---

① 杨廷硕、潘盛之编著《百苗图抄本汇编》，贵州人民出版社，2004，第111页图版柒　刘丙本　黑苗。

② 这里的汉人不是单纯指的汉族人，而是指在清初进入施洞地区经商的人群，其中大部分是沿清水江而上做木材生意等各种商贸的商人，还有清政府派去的官员和驻兵。开辟"苗疆六厅"之后，才有农民进入施洞地区开垦种植。

服饰为主；女性服饰继承了苗族服饰的主要精髓。在当时，以至近代，苗族一直隔绝女性在婚姻中外流，而逐步形成女性不说汉话、不学汉文、不嫁汉族、不穿汉族服饰的习俗。① 这些措施使施洞苗族女性成为当地传统文化的"最终防线"和"生苗"传统的沿袭者，施洞苗族银饰的文化得以留存至今。在当时苗汉的频繁交往中，苗族服饰受到汉族文化的影响，苗族银饰吸纳了汉族的传统纹饰，现在苗族银饰中的龙凤纹饰、仙人乘瑞兽纹饰、银菩萨纹饰等都是来源于汉族的吉祥纹饰。

民国年间至新中国成立之前，施洞苗族地区从事商业贸易和从军的人数众多，社会习性有所变动。但是，在此期间，施洞苗族文化脱离了统治阶级的约束，出现恢复和蓬勃发展的态势。银饰文化也回到以传统文化为主的轨道上。整体来说，这个时期的施洞苗族女性服饰未曾出现大的改动。

新中国成立后的"破四旧""文化大革命"等活动限制了银饰的生产。地主、富农家的银饰被收缴，普通苗族家庭只佩戴发簪等功用性银饰，银匠的生产也受到很大影响。多数银匠停止生产，加入劳动队伍。少数技艺精湛的银匠继续生产，按照工分计算工资。这个时期银饰的形制和纹饰趋于简单，并出现了具有时代印记的银饰纹饰，如"文化大革命"期间的银饰上出现了五星、红旗、毛泽东头像、红色标语等特色纹饰。女孩开始接受教育，其佩戴银饰的场合仅限于隆重的节日期间。但是，父母从小为女儿攒银饰的习俗没有变，女性佩戴银饰的习俗也未受到影响。

据调查，在20世纪50年代，新中国成立之初，黔东南苗族地区的经济尚不发达，当时一套银饰盛装的制作耗时近一年，用银300多两，花费近千元，制作费时费工，属于较为奢侈的物品。每逢节日庆典，能够穿戴一套银饰盛装的姑娘并不多。一个村寨能够凑出两三套盛装就很不容易了，而且这两三套盛装还都会缺少某些银饰种类。如图1-4展示了20世纪50年代施洞苗族女性的服饰样式。当时女性的服饰与现在的较为类似，只是刺绣纹饰比现今的苗服纹饰更复杂、精致，银饰却少得多。到20世纪70年代末，伴随着全国经济的腾飞，苗族地区的经济也有所好转。国家的

---

① 新中国成立前，除了少数家庭贫困者嫁给汉族外，施洞苗族不与汉族通婚。

扶持和外出务工的收入为苗族姑娘的银饰增加了经济支持，单套银饰盛装

**图 1 - 4 20 世纪 50 年代施洞苗族女性服饰**

* 图片来源于贵州省台江县志编纂委员会在 1994 年出版的《台江县志》。左图为 1950 年施洞苗族姑娘赴京参加国庆周年庆典回筑合影，右图为 1950 年 10 月 3 日施洞苗族姑娘阿泡、阿谷在怀仁堂演唱苗族歌曲。

的银饰数量和重量逐年增加。继藏族研究热潮之后，兴起于 20 世纪末期的少数民族文化热潮也将苗族文化、东巴文化、纳西文化等作为热衷对象。少数民族文化的符号热将苗族银饰定义为苗族的标识。各苗族聚居区和旅游景点将银饰作为招牌和旅游商品，这催动了施洞苗族银饰的繁荣与兴旺。现在施洞每个未婚的姑娘在节日期间都能够穿起满身的银衣去往踩鼓场。原先从小积攒到婚前才勉强凑足一套盛装的情况已经被经济大潮冲淡，几岁的小女孩都能穿起满身的银饰，如图 1 - 5 所示。当前银饰的多少已经转化成审美内容的外化形式，佩戴的银饰越多越美。以多为美、以多为富成为施洞姑娘装饰的时尚目标。

20 世纪 90 年代，施洞开发为旅游城镇后，银饰已不仅仅是当地人自产自销的首饰。施洞的银匠与雷山县控拜村和台江县排羊村的银匠存在区别，他们基本固定生活于施洞这个区域，为当地苗族制作银饰，在定向加工之外，剩余银饰销往全国。施洞的银匠受到外部文化的影响相对较少，如施洞芳寨的老银匠刘永贵。刘永贵师傅是芳寨村的老银匠，打制银饰的技艺在他的家族中已经传承了 5 代。刘师傅从七八岁开始跟随其父亲刘昌德制作银饰，花丝工艺和錾刻工艺都是刘师傅的拿手绝活。他制作的"黄平苗族银凤冠"曾经获得"第七届中国工艺美术大师作品暨工艺美术精品博览会"金奖。他在 2000 年曾在清华大学工艺美术学院教授学生银饰锻制技艺。教学回来后，他仔细钻研从北京带回来的一些汉族宫廷花丝饰品

**图 1-5 施洞苗族幼女银饰**

*拍摄地点：马号乡沙湾村张东英家，拍摄时间：2013 年 4 月 25 日。

的照片，并将这种技艺加入他后来的银饰制作中。他对当前苗族银饰出现的现代加工方式和新鲜的图案和纹饰持接受的态度。他认为只有适应当前的旅游文化，苗族银饰才能够更好地传承下去，才能为当地带来经济效益。但是他也担心苗族银饰会失去自身的特点。因此，他为当地群众制作的银饰多秉持父辈传承下来的手艺和纹饰。施洞多位银匠与刘永贵师傅一样：既对外来首饰文化持接受态度，又担心民族银饰工艺和文化的消失。这种复杂的心态反映了施洞苗族银饰在当前发展中的窘境：苗族银饰热掀起的苗族手工艺热潮扩展了银饰发展的空间，也为施洞苗族带来了巨大的经济效益；但是外来文化的冲击和经济利益驱使下的粗制滥造也给银饰发展提出挑战。当前，施洞苗族银饰上传统纹饰的丢失引起的民族文化的流逝是一个值得担忧的问题。

除去银饰制造者引起的银饰文化变迁，银饰佩戴者生活习俗的变化也是引起银饰文化出现变异的原因。自改革开放至今，经济浪潮涌向全国，施洞苗族的年轻人多去往外地打工。受到现代社会经济和文化的影响，他们多已改穿现代成衣。除了传统节日返乡，他们已经很少穿戴苗服和银饰盛装。另外，在少数民族文化受到热捧的潮流下，传统的苗族服饰逐步变成一种表演服饰，成为展示苗族文化的一种形式。施洞苗族的龙舟节、姊妹节等传统节日已成为发展施洞旅游文化的招牌。在这些节日里，盛装的人们按照节日组织者安排的时间到固定的地点做民俗表演。失去民俗本真性的文化表演成为一种文化展演，银饰符号的仪式性功能就不复存在了。上述两种状况并不仅仅发生在施洞苗族身上，而是发生在整个西南少数民族文化中。

# 小　结

位于贵州省东北角的施洞地区，历史上一直是中原地区与云贵高原交往交流的交通要塞。这个气候温和、动植物资源丰富的高原区域，虽然自古与外界山水相隔，却孕育了辉煌的史前文明和夜郎文化，接纳并养育了施洞苗族的传统文化，以平和的心态面对西南丝绸之路上的人来人往，以兼收并蓄的精神容纳明清以降的他民族文化，驻足于特色的区域文化发展，形成了古朴浓郁的民族风情。施洞苗族保留有较好的本民族文化，丰富的族群文化和绚丽多彩的民族服饰为这片古老的土地的民风民俗增色生辉。

施洞的地理位置对施洞苗族银饰文化的生成和发展具有直接的影响。依山傍水、交通便利的优越地理环境不仅为苗族人民的生息提供了便利，也为施洞苗族文化的发展带来得天独厚的条件，奠定了发展银饰的经济基础。清水江上往来的商贾将白银源源不断地交到当地人的手中，苗族银饰才成为"有米之炊"。浓郁的传统文化奠定了苗族银饰的民族风格基调。邻近的西江苗族和黄平等地的银饰文化与施洞的银饰文化互通有无，相互借鉴，催生出了施洞苗族银饰文化的多样性。

独特的自然环境和动植物资源是施洞苗族银饰的纹饰宝库。施洞苗族居住于苗岭北麓的清水江中游地区，他们世代在此开垦水田，种植水稻，捕鱼狩猎。受制于高原的地理环境和长期迁徙的历史因素，施洞苗族银饰多采用鸟兽虫鱼和花草树木为图案，有的还借用了苗族的神话传说和民族英雄的故事，将苗族银饰打造成人与自然的恋歌。施洞苗族银饰的许多动物形态，如鸟、蝴蝶、鱼、蛙等是施洞苗族依山傍水的生活环境的反映。施洞苗族的小米手镯仿照小米穗的形态编制而成，真实地模仿了小米穗的结构形态和肌理效果。银花帽上的蜻蜓、蝴蝶、银雀是施洞苗族银匠师承大自然的创意之作。按照文化生态学的观点，文化形态首先是人类适应环境的结果，当然，施洞银饰也离不开施洞这片地域独特的地理环境。施洞苗族银饰是典型的传统农耕社会的手工艺范畴，是民间原始艺术的传承。

在清水江的哺育下，以稻作文化为主的施洞人在雷公山麓下的平坝发展出了特色的族群文化。从采集、渔猎的早期经济生活到以农业种植和家畜畜养为主的原始农业经济文化，直到当前以牛耕和犁耕为主的传统农业模式与多种经济形式相混合经济模式，多种经济形态塑造出的施洞苗族传统文化具有以传统文化为主线，多元文化兼收并蓄的特征。这种多元文化结构下的施洞苗族银饰以璀璨的样貌展示了施洞苗族的民俗文化和精神信仰。

# 第二章
## 民俗生活中的施洞苗族银饰

　　苗族没有文字，因此苗族内部没有本民族对传统服饰形态和民俗的记录。被确认为苗族遗迹的考古发现较少，服饰的出土就更少了。清代之前的汉族文献对苗族的服饰记录过于简单，寥寥几句话无法摹画出苗族服饰的风采。自清代起，《百苗图》等各类"苗图"，以及《黔记》《黔南识略》等一批史料中有零星的对苗族服饰的描述，记录了苗族男女同服，男子椎髻，女子绾髻，多喜戴银饰的特点。《黔南识略》中记载了清水江的黑苗"男女皆挽髻向前，绾簪戴梳，衣服以青为色……女子银花饰首，耳垂大环，项戴银圈，以多者为富，其所绣布曰苗锦"。这段文字概括地描述了黑苗的服饰特点，绾髻、戴梳、服色尚青、佩戴银饰、身穿苗锦，这与当今清水江边的施洞苗族女性的服饰形制颇多相似。但是论及细部，服装的剪裁样式、"苗锦"的花纹，银饰的形制、纹饰及如何为"多"，这些都没有详细描述，我们只能得到一个简约的轮廓。这使我们无法撩起掩盖施洞苗族早期服饰形态的面纱。但是我们得到一个确切的信息，女性的服饰形制基本保留了原来的特点，男性的服饰发生了巨大的变化。

　　从苗族"三苗鬊首"到清代的"尚银"，苗族服饰发展缓慢，银饰的出现和变化是主要变化之一。从明清两代开始，苗族服饰出现了一系列的变化。这些缓慢不同的变化既有主动的，也有被动的。苗族与外界越来越频繁的接触吸引苗族服饰从内部主动变化，尤其像施洞这样与外来文化接触较多的地区。封建王朝的移民、屯兵、屯田，以及苗汉间的经济文化交流导致苗族不自觉地受到汉族等民族服饰文化的影响，引起服饰从文化内部的主动变迁。在清朝末年至民国初年，雷山地区掀起一次服饰改革，效仿汉族新式的紧袖上衣和长裤成为日常便装和劳动时的服装，大襟绣花衣和百褶裙成为节日、婚庆和走客时的盛装。这种服饰改革迅速推进到清水江流域和巴拉河流域，对施洞的服饰产生很大影响。从20世纪开始的民族文化热潮也引导施洞苗族服饰进入一个发展的高潮。另外，政府推行强制苗族改装的同化政策，这是近代施洞苗族服饰被动变迁的主要原因。清政府的"剃发留头"政策使得自嘉庆元年之后，"男皆剃发，衣帽悉仿汉人，惟项戴银圈一二圈，亦多不留须者"。男性开始穿仿照满族旗装改制的长衫，这种长衫在今天施洞节日中尚存在。女性的服饰也多"满服化"，形制简单的贯首服、"短衣窄袖"、"以裙蔽下体"等改制成今天常见的右衽"花衣"，下身着百褶裙。

历代苗族银饰的记录多注重描述形制，较少提及纹饰。当前施洞苗族的银饰形制多仿照明清两代汉族首饰造型，纹饰也较多源自汉族传统吉祥图案。如银压领就仿自汉族民间的长命锁，纹饰也多采用双龙戏珠、狮子滚绣球等汉族纹饰。所以说，施洞苗族银饰在近代的变化还是显而易见的，没有哪个民族的文化不受时代影响，永远原地踏步。本章将按照当前施洞苗族民俗生活中的服饰状况做出描述。

苗族银饰种类繁多，形制各异，只有按照特定标准划分类别才能更好地研究它所承载的民俗文化。根据苗族分布区域的不同，苗族东、中、西部三大方言区的银饰存在较大差异。苗族西部方言区佩戴银饰数量较少，但是银饰具有浓厚的巫文化色彩，纹饰多是充满奇幻色彩的巫化图形；苗族中部方言区佩戴银饰最盛，是苗族银饰传统文化保留较好的区域；东部方言区的银饰受到汉族文化的影响，是苗汉文化交融的结晶。前人对苗族银饰的研究涵盖了整体苗族和区域苗族族群银饰的研究，分类的依据也各有不同。《贵州省台江县苗族的服饰》按照"不同性别的服饰""不同年龄的服饰"（分为"幼儿时代""儿童时代""青壮年""老年"四个年龄段）、"不同季节的服饰"（分为"炎热""温暖""寒冷"三个时节）、"不同场合的服饰"（分为"平时""走亲、陪客、赶场""盛大节日""出嫁""新婚期""寿衣""特殊服装"）、"不同阶级、阶层的服饰"（"库豆""欧计呢""银冠"）等不同的标准对台江苗族的服饰做出了简单描述。① 有的研究根据银饰佩戴位置的不同将其分类。杨正文将银饰分为头部银饰、颈部银饰、胸部银饰、手部银饰和银衣及其他银饰等种类②；宛志贤"从银饰的装饰部位来划分，可以分为头饰、颈饰、胸背饰、腰饰、手饰、脚饰。主要的部位的饰品又按支系、片区分为不同的类型"③。有的研究还根据佩戴银饰的多少和苗服刺绣的疏密程度分为盛装和便装，并细化为头等盛装、二等盛装和便装。如周梦认为"民族传统服饰按基本的穿着场合划分，可以分为日常穿的便装和在节日、婚礼等特殊场合穿着的盛装。而根据更加细化的穿着目的，一些民族的盛装又可以分为盛装和二等盛装。盛装是所有服装中最复杂、华美的一种，主要以制作及刺绣等工艺手段所花费的时间以及技艺的优劣来衡量"④。在这个问题上，不同的研究者从不同的角度对苗族银饰做出了分类。在此，本章将施洞苗族银饰置入民俗生活中做出较为细致的分类。首先，根据佩戴银饰的性别分为女性佩戴的银饰和男性佩戴的银饰两大范畴，并对银饰分类解析。其次，根据两性在不同的年龄段具有不同的社会角色而出现的服饰差异以及银饰与苗服之间的搭配组合，将施洞苗族的服饰做出分类和阐释。

## 第一节　施洞苗族女性的银饰

苗族的饰品经历了从原始的植物花卉和岩石贝壳，到近代的璎珞鸟羽，再到白银制品的一个漫长的发展过程。苗族服饰文化伴随着苗族社会的历史进程被传承下来，形成了当下苗族银饰的基本造型和相对稳定的纹饰内涵。苗族饰品在自身发展过程中吸纳苗族传统文化的精髓，经过族群传统文化的筛选，形成了苗族银饰的特色装饰形式和文化模式，成为苗族文化的经典载体之一。

---

① 中国科学院民族研究所贵州少数民族社会历史调查组、中国科学院贵州分院民族研究所编印《贵州省台江县苗族的服饰》（贵州少数民族社会历史调查资料之二十三），1964，第 1~7 页。

② 杨正文：《苗族服饰文化》，贵州民族出版社，1998，第 154~165 页。

③ 宛志贤：《苗族银饰》，贵州民族出版社，2000，第 3 页。

④ 周梦：《试论苗族盛装的文化策划及其实现》，载《周梦民族服饰文化研究文集》，中央民族大学出版社，2009，第 117 页。

施洞苗族女性的苗服分为便装和盛装两种，均为右衽①上装。

施洞苗族女性的苗服便装是日常生活和劳动时的装扮，制作工艺简单，穿着较方便。便装上装是施洞苗族特色的少量绣花或素花的蓝色右衽衫，下穿黑色长裤。民国以前，便装与盛装同为上衣下裙的制式。后来，受到雷山服装改革的影响，施洞苗族将便装中的裙子换为黑色长裤，以方便山地行走和日常劳作。着便装时，发髻盘于头顶，插银簪，用木梳在发髻后部下方固定，并用花格帕覆额将头部包裹起来。便装整体端庄、简洁，便于劳作和行动。

施洞苗族女性的苗服盛装保持了传统女性服装上衣下裙的结构，制式较为复杂。盛装由精工制作的苗服上装、黑色百褶裙、绣花鞋和华丽的银饰组成。

苗服盛装的上装是施洞苗族剪裁自制土布"亮布"②成衣，并装饰刺绣绣片做成的传统服饰，为右衽交襟上装，无纽扣，衣襟前长后短，前摆长约80厘米，后摆长约60厘米，两侧在左右底端开衩。苗服左右衣襟在身前经前后相掩后，用衣襟末端的花带在身体后部打结固定。在上衣的衣袖、肩部、衣摆、前襟、后襟等位置用彩色绣片和织锦花带装饰。绣片采用平绣、锁绣、绉绣、散绣、堆绣等工艺制作，以破线绣（破细线绣法可将一股丝线破成四股到十六股用于刺绣）工艺最为精致。绣片上的花样图案以花鸟虫鱼兽图案、苗族传说故事、苗族英雄人物为内容。织锦花带多为丝质，装饰图案多是几何纹，花朵和缠枝纹等植物纹，龙、凤、鱼、鸟等动物图案。

根据年龄不同，施洞苗族女性盛装苗服分为"亮衣"和"暗衣"两种，分别为未生育成年女性和已生育女性的最华丽的服装。"亮衣"和"暗衣"都是在土布"亮布"上装饰绣片制作而成，二者的区别在于绣片的颜色。"亮衣"又称为"花衣"，是未生育成年女性盛装时的服装。未生育成年女性的"花衣"用紫红色亮布制作上衣，并在衣袖、肩部、衣摆、

---

① 右衽是指服装左前襟向右掩向右腋下系带，将右襟掩覆于左襟之内的服装形制。古代中原汉族以"右衽"谓华夏风习，是华夏系服装（汉服、和服、韩服、越服、琉装）的典型特征。

② 亮布是施洞苗族的一种家织布，是将一块自织纯棉土布经过植物染色剂和牛皮浆的多次染制，并反复捶打做成的一种呈现暗紫红色的布，浆染次数越多，捶打时间越久，做出来的牛皮布就越有光泽。

前襟、后襟等位置装饰绣片。绣片的刺绣以红色为主色调，色彩亮丽，这种衣服在施洞当地被称为"欧涛"（苗语直译为"红衣"，意为"花衣"），是施洞苗族女性最豪华的礼服。"暗衣"也是在紫红色亮布做成的上衣的衣袖、肩部、衣摆、前襟、后襟等位置装饰绣片而成。"暗衣"上的绣片以蓝紫色为主，颜色较为素雅。这种衣服被施洞苗族称为"欧莎"（苗语直译为"黑衣"，意为"暗衣"），是已生育女性的盛装苗服（见图2-1）。

**图2-1　施洞苗族女性的"亮衣"与"暗衣"**

＊拍摄地点：马号乡沙湾村张东英家，拍摄时间：2017年6月13日。

盛装时的下装为褐色亮布做成的百褶短裙。百褶裙造型简朴，褶间细密，卷起存放时外形如南方的油纸伞。在施洞民间传说中，百褶裙的造型是一位老妈妈上山砍柴时看到树林中生长的蘑菇而受到启发，回到家中制作出了苗族的百褶裙。百褶裙分为三层，上层为无褶腰部，中间层与底层用一条深红色丝线分为两层（以前百褶裙"在上下段相连处还嵌锡片，并用深红色丝线插围一路"[①]）。底层较短，约有15厘米长，有夹层，底层裙褶比中间层的裙褶略宽。百褶裙的制作工艺较为费料耗时。一条百褶裙要用60尺布。制作时需要先按照裙长将机织布裁开，并连成所需要的长度；用皂荚把布敷硬后捆绑在一个木桶上；用水将裙布湿润后，手工叠出细细的褶皱，用木槌敲打成型；然后将裙片用多道绳子捆在木桶上用炭火烘干，最后用线逐层将褶皱缝起固定。

年轻姑娘盛装时还要穿手工制作的绣花鞋。绣花鞋有蓝色和黑色两种底色，鞋面左右分别绣有蝶恋花和凤穿牡丹。绣花鞋穿时不提起鞋后跟，

----

① 中国科学院民族研究所贵州少数民族社会历史调查组、中国科学院贵州分院民族研究所编印《贵州省台江县苗族的服饰》（贵州少数民族社会历史调查资料之二十三），1964，第53页。

鞋后跟踩在脚下，拖着绣花鞋走。据说这是为了让精心绣制有花朵的袜跟露在外边。绣花鞋只在少女盛装的节日穿，平时便装时不穿绣花鞋。婚后已育女性多穿黑色布鞋（新中国成立前多打赤脚，后改穿黑色方口布鞋。近些年，年轻的已婚妇女多穿各种款式的高跟鞋）。

盛装除了要穿精美的苗服之外，银饰是必不可少的饰品。苗族谚语中的"无花无银不成姑娘"说的就是银饰在苗族服饰中的重要性。在黔东南地区，苗族银饰异彩纷呈，典型的银饰亚型就存在施洞式、黄平式、西江式、革一式和大塘式等类型。施洞苗族的银饰是公认的该地区"造型最为华丽、工艺最为精湛"的苗族银饰的代表。由于历史上的政治、军事和经济等社会原因，以及河流、地形等自然原因的影响，施洞苗族形成了独具地域特色的服饰文化。从形制、结构、纹饰和审美倾向上来看，施洞苗族银饰是苗族银饰文化中最具有特色的一支。施洞苗族银饰以大为美，以多为美，以重为美。在节日里，年轻的姑娘盛装银饰，头顶银牛角，脖子上层层叠叠的项圈几乎高过鼻梁，如图2-2所示。一套盛装累计三四十件之多，据说一身银饰重的有二三十斤，轻的也有十多斤。银角、银帽、银项圈、银响铃，周身散发着银色光芒，踩鼓场上是一片银色海洋。施洞苗族

图2-2 节日的盛装

*拍摄地点：施洞镇偏寨村新踩鼓场，拍摄时间：2014年4月15日。

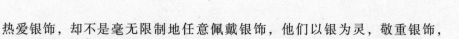

热爱银饰，却不是毫无限制地任意佩戴银饰，他们以银为灵，敬重银饰，银饰佩戴有着严格的区分和风俗规约。

## 一　女性服饰中银饰种类

施洞苗族女性服饰较为繁美，款式复杂多变，较注重服装与配饰的搭配和穿戴层次。施洞苗族女性服饰以手工加工制作的苗服和精工锻制的银饰构成。从总体上看，施洞苗族服饰保留有中国民间服装染、织、绣、挑的传统工艺技法和民间首饰加工模式化的特点。从内容上看，服饰图案多取材于日常生活中的自然事物形态和精神世界中的神化形态，具有表意和识别族群、支系与身份的重要作用。从装饰形式上看，施洞苗族服饰可以分为盛装和便装两种。盛装是节日、礼宾和婚嫁时的装扮形式，佩戴银饰较多，尤其是青年女性的服饰，可谓"银装素裹"，代表了苗族服饰最高的艺术水平。便装的样式和佩戴的银饰比盛装素雅、简洁，银饰数量较少，便于日常行走和劳作。盛装和便装根据穿戴人群的年龄和性别存在较大差别。苗族银饰以其繁多的种类和精美的造型形成了独特的极具审美情趣的银饰艺术风格。

若要全面系统地分析施洞苗族女性在不同年龄、场合佩戴的银饰，就要将这些形态万千的银饰做出分类。根据不同的特点，施洞苗族女性佩戴的银饰有不同的分类方法。按照佩戴部位不同，施洞苗族女性佩戴银饰重视头饰和身上的银饰装饰，脚饰较少，主要分为头饰、项饰、手饰、衣片饰和配饰等种类。按照制作工艺的不同，施洞苗族女性常佩戴用花丝工艺和錾刻工艺制作而成的银饰。形体较小的单件银饰多采用单一的工艺制作完成，如花丝工艺制作的铜鼓手链、银雀耳坠等；形制较大的单件银饰多采用錾刻工艺制作，如施洞特色的龙凤银牛角，就是采用精湛的錾刻工艺将龙凤的纹饰造型制作成浮雕的装饰形式；还有一些银饰采用花丝工艺和錾刻工艺结合的工艺方法，如造型较为复杂的精工发钗等。根据工艺制作的精细程度，这些银饰还可以被分为细作件和粗作件。细作件和粗作件是根据银饰用料来区分的。一件花丝制作成的银饰多采用 0.26～1 毫米的银丝，錾刻工艺制作的银饰浮雕纹饰装饰细致，这些都是精细工艺完成的银饰造型，因此也被称为细作件。细作件制作不需要耗费太大的体力，需要掌握娴熟的技巧和合适的力度。而粗作件制作的多是纹饰较少、以几何形体塑形的银饰，如常见的六棱银手镯、银泡项圈等。粗作件使用的银材多为银条，制作较需要力度。根据佩戴银饰的场合来分，施洞的银饰又存在节日银饰、日常银饰和仪式性银饰等。

为了较为全面和系统地介绍施洞的银饰形制，本节按照佩戴部位来分别介绍施洞苗族银饰的形制，将银饰分为头饰、耳饰、项饰、手饰、银衣片、银饰配件及坠饰几个主要部分。

（一）头饰

施洞苗族银饰"重于头"，头饰艺术的较高造诣代表了施洞银饰最精湛的工艺。龙凤银牛角、牛角银凤冠是盛装时头饰的主角，素有龙头凤尾的美称。银饰盛装的头饰做工复杂，单种类就有十几种，每件头饰的小部件有精有繁，牛角银凤冠单小件饰品就有接近两百件，可见其工艺水平与艺术造诣之高。龙头簪、花苞发簪和发针是施洞苗族女性便装时的经典银发饰。便装头饰多造型简洁，却具有独特的首饰形制和纹饰。

**1. 龙凤银牛角**

龙凤银牛角是施洞苗族银饰中最具有地域代表性的头饰，它的造型不同于雷山苗族大牛角的具象造型，是施洞地区特有的银饰形制。龙凤银牛角又被称为"牛角银扇"，因其两只牛角之间均匀分布的四片耸起的银片类似扇骨而得名。

施洞的龙凤银牛角是用纯银打制的装饰有浮雕银片的头饰，分前后两片。大牛角在发髻上正面向前装饰；小牛角正面向后，立于大牛角的后下方。二者相背对插于发髻上方，呈高耸状，图2-3展示的就是施洞龙凤银牛角实际佩戴时的效果。施洞龙凤银牛角的造型较为夸张，视觉效果奢华。

龙凤大银牛角宽度约30厘米，高度40~50厘米，重400克左右，如图2-4左图。龙凤银牛角是在较薄的片形牛角形底片上攒焊浮雕的龙、凤等造型而成。底片以牛角造型作为外形，形成上部开口，左右和底部闭合的U字形状，顶端各装饰有一枚镂空桐子花片饰。中间焊接有两组四条不等长的条形银片，中间两条略微高于两边的，两角顶端装饰有立体錾花蝴蝶纹饰件。蝴蝶呈飞翔的仿生态，花纹制作细致，有的还在蝴蝶头部添加

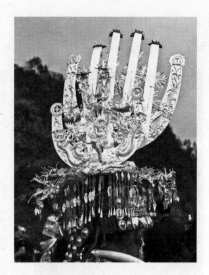

**图 2 - 3 龙凤银牛角的前后效果**

* 拍摄地点：施洞镇偏寨村新踩鼓场，拍摄时间：2014年4月15日。

坠饰，以增加佩戴时的灵动感。有些龙凤银牛角的四条银片的顶部装饰具有变化，高的两条饰有蝴蝶饰件，矮的两条用錾花珠宝纹银片装饰。整件头饰最精致的部分当数装饰于底片上的龙凤纹饰。牛角上的龙凤纹饰以底部的双龙戏珠和中间的凤翔于天，以及穿插于其间的动物纹造型组成，各纹饰都以左右对称的形式布局，纹饰大小穿插，错落有致。双龙戏珠又被称为"双龙抢宝"，是该件头饰上最吸引人目光的装饰部件。两条龙以半立体浮雕的工艺手法表现，龙身的浮雕高度略低于龙头的高度。龙头用银片錾刻成高浮雕的立体形态，两只龙头部沉于宝珠略下，做争抢宝珠状，龙尾向上扬起，游弋于空中，两个龙身呈对称的S形。龙身上的各个局部用各种錾刻手法制作，龙鳞片片可数，髭须可见，活灵活现。中间的宝珠有全部用银片打制而成的，也有中间用圆镜装饰的①，宝珠周围用对称的火纹银片浮雕装饰，底部有孩童将其托起。在双龙戏珠之上是六只翱翔的凤鸟，也是用錾刻成型后焊接于底片上的。双龙戏珠和凤鸟之间一般装饰有蝴蝶等纹饰填充空白区域。

装饰在发髻后边的小牛角形制略小，宽度大约有30厘米，高度为30~

---

① 通过访谈可以得出如下推测：用圆镜装饰可能是受到了汉族戏剧的影响，也有可能是西南少数民族在门楣上悬挂圆镜祛除恶鬼和灾难的信仰风俗的转化。

40 厘米。底片由牛角和两条条形银片支撑，在上边焊接有双龙抢珠和对凤，图案造型也较为精简，如图 2 - 4 右图。

**图 2 - 4　施洞龙凤银牛角（左为大牛角，右为小牛角）**

＊拍摄地点：马号乡沙湾村张东英家，拍摄时间：2013 年 4 月 25 日。

施洞苗族原先并不佩戴银牛角，后来苗族文化受追捧，苗族银牛角的符号化引导施洞苗族将牛角造型添加进头饰。施洞苗族受汉族文化浸染，因此将汉族文化中的龙凤纹装饰在牛角上，构成了施洞独一无二的龙凤银牛角。

与邻近的雷山苗族、舟溪苗族等苗族支系的银牛角相比，施洞苗族龙凤银牛角的纹饰更为精致，制作工艺也存在较大差别。施洞银牛角在平面的片形上装饰各种纹饰的浮雕，立体效果较好，这又与雷山苗族镂空装饰的银牛角形成了不同的装饰效果，成为施洞苗族银饰的一个特色银饰种类。

**2. 牛角银凤冠**

牛角银凤冠由银牛角、银雀和银花帽组成。牛角银凤冠的牛角并不像龙凤银牛角一样模拟牛角形态，它主要是由顶部"落"有银蝴蝶的长条形银片组成。这四条银片可以是光素无纹，也可以在靠近蝴蝶的上部装饰一点较浅的浮雕纹饰。据施洞的多位老人讲，施洞早期的龙凤银牛角出现得较晚，并不像现在这般奢华。施洞最早的头饰只是插四条银片，这四条银片就是现在牛角凤冠中的银牛角。四条银牛角以中间两条略微高于外边两条的状态散落于发髻上的银花帽之间（见图2-5）。

**图2-5 施洞牛角银凤冠**

*拍摄地点：施洞镇偏寨村新踩鼓场，拍摄时间：2014年4月15日。

银花帽由大量银花组成，簇拥繁密。这些银花有龙、凤、蝴蝶、花朵、鸟雀等造型。银花中间立有一支高耸的银雀簪，伸展翅膀荫护于花簇上或翔或踞、形态逼真的银质蝴蝶、螳螂、蜻蜓等昆虫造型（见图2-6）。

**图2-6 银花帽**

*拍摄地点：施洞镇芳寨村刘永贵家，拍摄时间：2014年6月22日。

### 3. 银雀簪

银雀簪有大小不等的多种形制，大的可有 30 厘米高，接近 40 厘米长，宽 20 多厘米。小的银雀簪也有十几厘米高，接近 20 厘米长，重约 100 克。银雀抬头挺胸，头顶冠子，伸展开硕大的翅膀，拖着多条长长的凤尾。凤尾长度不等，有的只有 10 多厘米，有的却可羽长及腰。背上装饰有可活动的六只银蝴蝶。银雀的翅膀和蝴蝶都是采用窝卷的银丝与雀身相连，因此，略微活动银雀，银雀的翅膀就上下微微扇动，蝴蝶也轻微颤动，活灵活现。在制作工艺上，银雀簪根据形体大小精细程度略有差异（见图 2 - 7）。有的制作讲究的银雀簪在各个部分都细致化，甚至脖子上的羽毛都用极细的银丝制作成仿生状，背上的蝴蝶触须和翅膀都用细银丝做成活动结构。极细的加工工艺制作出的鸟类羽毛的羽绒感和动态结构赋予了银雀簪一种栩栩如生的生命感。

从施洞苗族的传统文化来看，施洞地区传说故事中将这只银雀看作替蝴蝶妈妈孵蛋的鹡宇鸟，因此，银匠在制作的时候将蝴蝶妈妈的造型骑乘于凤背之上，以反映二者的亲密关系。[①] 单从造型特点来说，这只银雀的造型与汉族凤凰的造型（鸡头、燕颔、蛇颈、龟背、鱼尾）相近，无疑是受到了汉族文化的影响。

**图 2 - 7 施洞银雀簪**

*拍摄地点：施洞镇芳寨村刘永贵家，拍摄时间：2013 年 4 月 24 日。

---

① 这也是在此将这种簪子称为"银雀簪"而非"凤簪"的原因，就是考虑到了雀鸟在苗族传统文化中的相关传说。

### 4. 银马花抹额

银马花抹额①是施洞苗族独具特色的传统头饰之一。银马花抹额是以一块多层的红色围帕为底，上边缝缀有用桐子花和蝴蝶坠围饰的14组人骑马造型，长约45厘米、宽10~15厘米、重180克（见图2-8）。银马花抹额中间饰有一颗围饰火焰纹的宝珠，宝珠一般用一个圆形的镜片填充。②在宝珠左右横向排列总计14个人骑马的纹饰，两组骑马将士相向而驰。人骑马纹饰均用錾刻工艺制作成浅浮雕的装饰形式，工艺精细，连马身上的毛都细致可见。骑马人头顶"椎髻"，身着"戎装"，手持"兵器"，雄赳赳地坐于马背上。马匹造型饱满骁健，动态十足。人骑马造型之上装饰有一排桐子花，桐子花的边缘被剪成细细的芒状，犹如一个个圆圆的月亮发出柔和的光芒，具有较强的视觉吸引力。在人骑马纹饰的下部垂有多个蝴蝶饰片连接银吊花片的坠饰。

**图2-8　银马花抹额**

\*拍摄地点：马号乡沙湾村张东英家，拍摄时间：2013年4月25日。

---

① 抹额是束在额前的巾饰，多在额前装饰珠玉宝石，或用精美的刺绣装饰，又称额带、眉勒、头箍等。抹额最早的形式是北方少数民族为头部保暖所制作出来的御寒装饰。在《续汉书·舆服志》注中，曾用胡广的言论解释抹额："北方寒冷，以貂皮暖额，附施于冠，因遂变成首饰，此即抹额之滥觞。"唐宋时期，抹额类似于当时男子所佩戴的幞头及内里所衬的巾子；抹额的颜色、材质和工艺因官阶不同而存在差异。明代，不论尊卑，妇女佩戴抹额成为一种流行。银马花抹额的装饰形式极有可能是中原地区抹额与苗族文化融合的演化形式。

② 这里宝珠以镜片填充与龙凤银牛角上双龙戏珠中以镜片替代宝珠的形式相同。

这组骑马人物纹的来源在施洞有两种说法，一些人①认为这是对苗族先民西迁途中金戈铁马、英勇征战的描绘，是对苗族先民一路艰苦奋战、携族人多次迁徙的历史的真实反映。还有一些人认为这是描绘张秀眉（也有人说是务冒西）②及其将士奋勇征战的场景。靠近雷公山居住的施洞苗族把这些"人骑马"的银饰造型看作苗王带领部族征战的场景，即九黎集团的首领蚩尤和他的"弟兄八十一人"的形象。

### 5. 龙头银发簪

龙头银发簪是具有施洞苗族女性特色的一种节日头饰。龙头银发簪主要由龙头装饰和单股方形发针组成，长度约在30厘米，重80克左右。根据制作的精细程度和繁简不同，龙头的造型存在些微的差别（见图2-9）。龙头的造型基本仿照汉族龙的形态，先用银片錾刻成左右对称的平面形状，然后左右对向向后窝卷，用工具调整成型；再用花丝工艺制备表面的纹饰和坠饰，焊接装饰到表面；最后与发针攒焊到一起。龙颈的制作有两种形式：一种是用花丝制作成形似飘逸的马鬃；另一种是将方形发针上端錾刻出鱼鳞的形态。

**图 2-9　龙头银发簪**

*拍摄地点：施洞镇芳寨村刘永贵家和旧州村龙老杂家，拍摄时间：2013 年 4 月24 日、2014 年 6 月 25 日。

---

① 这些人多是会唱古歌的男性银匠，如在 2013 年采访塘坝银匠吴智时，他说："这是老祖宗在西迁，在杀敌。"
② 男性较多认为是张秀眉，女性多认为是务冒西。如刘秀发就认为："这个是务冒西和她的部队。务冒西很勇敢，给（姑娘）戴到头上就什么都不怕。"

施洞龙头银发簪的龙头造型极具汉族龙的形态（宽阔突起的前额、鹿角、牛耳、虎眼圆睁、狮鼻、马齿、鱼鳞、蛇身）。汉文化中龙的形态有较多的说法，《尔雅翼》云：龙者鳞虫之长。王符言其形有九似："头似牛，角似鹿，眼似虾，耳似象，项似蛇，腹似蛇，鳞似鱼，爪似凤，掌似虎，是也。其背有八十一鳞，具九九阳数。其声如戛铜盘。口旁有须髯，额下有明珠，喉下有逆鳞。头上有博山，又名尺木，龙无尺木不能升天。呵气成云，既能变水，又能变火。"① 还有两种说法，龙具有"嘴像马、眼像蟹、须像羊、角像鹿、耳像牛、鬃像狮、鳞像鲤、身像蛇、爪像鹰"的形态；龙具有"头似驼、眼似鬼、耳似牛、角似鹿、项似蛇、腹似蜃、鳞似鲤、爪似鹰、掌似虎"的形态。将这些描述与图 2-9 中施洞龙头银发簪的造型相比较可以发现，施洞龙头银发簪上龙的形象与汉文化中龙的形象十分吻合。这种文化融合的形式反映了施洞苗族银饰，尤其是龙头银发簪超越了民间工艺承载社会历史文化的直接转化形式，而进入了以审美为主导的人类精神需求的层次。苗族在历史进程中受到汉文化的影响是不可避免的事情，尤其是明清以来西南地区的民族交融和经济交流。汉文化中的龙的造型经过苗族银饰技艺的转化，与具有苗族特色的头饰一起佩戴，就成为苗族银饰独特的装饰形式。

施洞苗族普遍认为该发簪造型与施洞的龙舟节有关。他们认为整个发簪就是一条龙船。将发簪戴在头上就会给自己带来吉祥。

### 6. 蝶凤银花发针

蝶凤银花发针长约 18 厘米，最宽处约有 4 厘米。其簪头以蝴蝶和银雀绕花飞翔为主要装饰图案（见图 2-10），双层六瓣花为中心，其上沿发针方向两只蝴蝶对向上下而飞，左右两只银雀沿发针方向飞翔。整个图案构成水滴形外形。

蝶凤银花发针具有固定发髻和装饰的作用。在佩戴时，与龙头发簪组合装饰发髻。发髻盘好后，从侧面簪入龙头发簪，在发髻后面垂直插入蝶凤银花发针，并将簪头向下弯曲，别住并固定头发，如图 2-11 所示。

---

① （宋）罗愿撰《尔雅翼》，商务印书馆，1939，第 297 页。

**图 2 - 10　蝶凤银花发针**

＊拍摄地点：施洞镇芳寨村刘永贵家，拍摄时间：2013 年 4 月 24 日。

**图 2 - 11　蝶凤银花发针佩戴方式**

＊拍摄地点：施洞镇坪寨江边，拍摄时间：2012 年 7 月 12 日。

### 7. 花苞银发簪

花苞银发簪的造型极具建筑风格，其顶端以形体大小渐变的方形延伸成长方柱形，上端有以旋涡纹装饰的花苞造型。简单的几何形体组合出极具艺术气息的发簪（见图 2 - 12）。花苞银发簪的造型较为固定，各银匠打制出的这枚发簪除了工艺的精细程度不同，在造型和纹饰上几乎没有差别。

**图 2 - 12　花苞银发簪**

＊拍摄地点：施洞镇旧州村龙老杂家，拍摄时间：2014 年 6 月 25 日。

花苞银发簪有大、小两种形制，二者造型相同，仅在形体大小上存在差别。传统款的花苞银发簪受制于施洞当时较为落后的经济水平和较低的消费能力，形制略微短小。其长度约有 20 厘米，重量在 0.7 两左右。后来，受到经济改革和民族文化发展的影响，苗族银饰在当地范围内的消费出现繁荣发展状态，施洞苗族银饰越来越奢华起来，花苞银发簪就渐渐地制作得较大一点。现代款花苞银发簪长度有 30 厘米左右，重量在 1 两以上。无论是在田间地头，还是在集市巷弄，当前施洞女性便装的发簪都已换作大款的现代款花苞银发簪。原先传统款的花苞银发簪因为形制小而被施洞苗族女性淘汰，仅摆放在银饰店铺的柜台内向外来游客展示和出售。

### 8. 蝶恋花发针

蝶恋花发针由錾刻的簪头和片形的发针焊接而成，长度大约有 18 厘米。簪头采用苗族银饰錾刻技艺模制而成，描绘了蝴蝶在花丛中飞翔的图像（见图 2 - 13）。

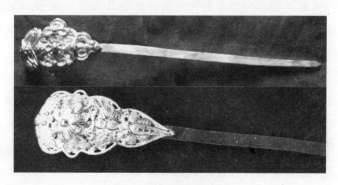

**图 2 - 13　蝶恋花发针**

*拍摄地点：施洞镇旧州村龙老杂家，拍摄时间：2014 年 6 月 25 日。

在錾刻成型的蝶恋花银发针出现之前，一种素身的片形银发针是其前身。这种银发针用厚度约有 2 毫米的银片做成，银片一端压薄，然后切割成型。如图 2 - 14 下图以平面的形式展示了银发针的外形。在佩戴时，银发针要从脑后由下向上插入发髻，并将底部弯曲以固定住发髻，如图 2 - 14 上图。这种发针的造型以实际的功用性为主，几乎光素无纹，有纹饰的款式也只是在较厚的一端用圆形錾子在表面凿刻出圆形印记，连贯成纹饰，但纹饰大多是简单的几何纹饰。

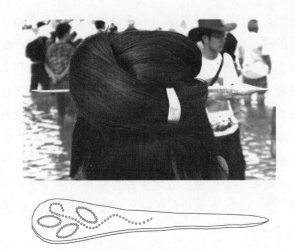

**图 2−14　早期银发针**

\* 拍摄地点：施洞镇坪寨江边，拍摄时间：2012 年 7 月 12 日。

以花苞银花发簪和蝶恋花发针为组合的银头饰是施洞苗族年长女性便装时的主要银饰款式。在平日里，穿着蓝色便装的施洞苗族女性可以不佩戴其他任何银饰，却唯独少不得这两件头饰。

### 9. 蝶恋花头插

蝶恋花头插是施洞苗族年轻女性装饰于发髻前面的一种头饰。蝶恋花头插多以蝴蝶和花的组合为主要纹饰。蝴蝶或单或双，造型简单，蝴蝶的翅膀多制作成花瓣的形状；花朵一般有三到五朵，且按照主次位置，各朵花的大小和工艺复杂程度存在差别；蝴蝶和花的中间多穿插有简单的叶子造型；中心花朵的下部坠有可活动的垂饰。该款蝶恋花头插具有多种造型，银匠根据花和蝴蝶的位置和不同数量组合制作出各种同款发插，如图 2−15 就展示了施洞地区常见的蝶恋花头插的款式。蝴蝶和花是装饰部分，将头插固定于头上的发针却被巧妙地隐藏在背后。银匠在用花丝将各装饰部件制作好攒焊在一起后，在图案背后的中轴线上焊接一条两端磨尖的发针（见图 2−16）。在佩戴时，发针两端向后弯曲成 U 形，然后插入发髻中固定，具有极好的装饰作用。

**图 2 - 15 蝶恋花头插**

*拍摄地点：施洞镇芳寨村刘永贵家，拍摄时间：2013 年 4 月 24 日。

**图 2 - 16 蝶恋花头插及发针**

*拍摄地点：施洞镇芳寨村刘永贵家，拍摄时间：2014 年 4 月 24 日。

**10. 银雀头插**

银雀头插是以单个银雀造型为主装饰纹饰的发饰，它主要装饰于女性发髻前面。

因制作方法不同，银雀头插有两种形制。一种是采用錾刻工艺制作的，另一种是采用錾刻工艺和花丝工艺结合制作的。錾刻工艺制作而成的银雀头插如图 2 - 17 左图。它主要使用錾刻工艺分件制作出银雀的头部、身体，以及尾羽、发针，然后窝卷成型并焊接到一起。如图 2 - 17 右图中间所示的银雀头插是采用錾刻和花丝工艺相结合的方式制作的。在制作之初，先用錾刻工艺制作银雀的头部和身子，然后用花丝工艺制作其尾翎，攒焊成型。

图 2 – 17　银雀头插

　　＊拍摄地点：施洞镇芳寨村刘永贵家和施洞河畔，拍摄时间：2014 年 4 月 5 日、16 日。

### 11. 银梳

　　银梳是用银片将木梳梳背包裹起来做成的月牙形或半圆形的集实用与装饰为一体的银发饰。如果说施洞老年女性发髻后斜插的木梳比较常见和惹人注目的话，银质发梳在当前确实不常见。但是，银梳却在施洞银饰中具有多种存在形态。这要从银梳的发展轨迹说起。

　　佩戴银梳的最本源形态是以梳篦绾发（如图 2 – 18①所示）。到目前，施洞女性在日常便装时还会直接用梳子将头发盘于头顶。后来，银饰的出现催生了包银发梳（如图 2 – 18②所示）。这种除梳齿外用银饰包裹的梳篦除了具有基本的梳理头发的功能外，还具有装饰功能，因此用白银打制成的梳背多制作出各种装饰纹饰，如尖锥、乳丁或者浅浮雕纹饰等。为了避免脱落，梳背两端设计有连接银针的银链，将银梳插入头发固定后，可以再用银针别住头发，避免银梳丢失。现在施洞老年妇女佩戴的木梳上系有的白色丝线即是原先银链的替代品。早期苗族居无定所，多在山中走动，生活条件也较险恶，在银梳的梳背装饰尖锥结构多受巫术文化的影响，认为这种银质的尖锥具有驱邪护身的功能。苗族进入定居生活后，梳背的装饰渐趋平化，尖锥装饰逐渐变得短小圆滑，且只在梳脊位置有装饰。梳背两边的平面用浅浮雕装饰，较为精致（如图 2 – 18③所示）。当前，这种银梳在施洞镇上已不多见，但在边远的几个村寨和老屯乡还散落存在。至 20

世纪末，苗族银饰进入一个繁荣发展的阶段，各种款式的银饰层出不穷，银梳也被用各种纹饰装饰起来，梳背上焊接了各种银花（如图2-18④所示），发齿的功用不再是梳理头发，而是将银梳固定于发髻之上。银梳几乎丧失了梳理头发的实用功能，而成为一种装饰。发齿梳理头发的功能弱化后，其多齿的结构在后来的加工制作中被简化而出现了一种新的银饰种类，即下文提到的龙头发钗。因为银饰种类的增加银梳逐渐在年轻女性中失宠，退化回具有功用性的梳篦的原型，但却保留了代替银链具有加固作用的塑料丝线（如图2-18⑤所示）。当前施洞老年女性的便装头饰中，在花格帕包起的发髻之上装饰系有塑料丝线的木梳和蝶恋花发针是最常见的形式。

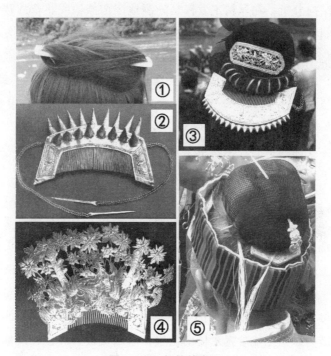

**图2-18　银梳的变迁**

＊拍摄于2014年龙舟节期间。

施洞曾存在一种银梳（见图2-19），通体采用纯银制作，梳脊以11组牛角的造型装饰，梳背两面錾刻花草纹装饰，在花草间的空白区域用线形排列的鱼鳞纹填充，造型较简洁。在梳齿的两端边缘有两个小孔，用以串联发针固定。这曾经是施洞女性便装时的一种头饰，近来已经较为少见。

图 2 – 19　银梳

### 12. 花丝精工发钗

花丝精工发钗是施洞地区较为精致的发簪种类，多用于盛装银饰佩戴。根据结构分析，花丝精工发钗是施洞地区苗族银匠将苗族传统的银梳进行创新制作出的一种银饰种类。从结构演化过程来看，龙头发钗是银梳的一种变化形式。后来更进一步简化后，梳背就演化成弯月形或半圆形的花丝衬板，蝶恋花发钗和凤鸟银花发钗就都以花丝衬板为中心结构制作。因此可以说，龙头发钗、蝶恋花发钗和凤鸟银花发钗都是银梳的演化形式。

根据主纹饰的不同，花丝精工发钗分为龙头发钗、蝶恋花发钗、凤鸟银花发钗等。具体分析如下。

（1）龙头发钗

龙头发钗是指在中心簪头纹饰下悬垂吊铃和花片的发簪种类，类似汉族的"步摇"，稍微活动则形成摆动，极具立体装饰效果。簪头的装饰纹饰以龙为主造型。龙头发钗长度（含发针）约 18 厘米，宽约 12 厘米，主要由发针、银梳背、龙形部件（多个）和垂饰组成。根据龙头发钗的银梳背结构，可以确信其是由银梳的装饰形式转化而来，见图 2 – 20。图中标示的盒状结构原是银梳放置木梳的位置，后木梳被双股发针所取代，逐渐变成这款发钗。

龙头发钗有多条龙蜿蜒盘踞于银梳背上。根据龙的制作方法和组合形式的不同，这款发簪主要分为两种（如图 2 – 21 所示）：上方两图为两组片形龙相向游动的纹饰，而下左图中的发簪则以盘曲的银丝做成的多条圆柱形龙头为主要装饰。发簪的垂饰较长，与多条龙的组合构成奢华的风格。

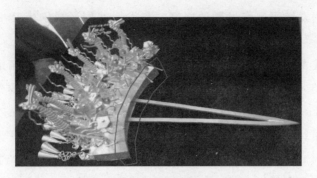

**图 2 - 20　龙头发钗的银梳背结构**

\*拍摄地点：施洞镇芳寨村刘永贵家，拍摄时间：2014 年 4 月 13 日。

**图 2 - 21　龙头发钗**

\*拍摄地点：施洞镇芳寨村刘永贵家和施洞偏寨鼓场，拍摄时间：2014 年姊妹
节期间。

（2）蝶恋花发钗

蝶恋花发钗的造型较为复杂，主要由花丝蝴蝶、花丝银花、花丝衬
板、垂饰和发针构成，长度（含发针）16～30 厘米，宽 16～20 厘米。花
丝衬板是发钗的中心结构，它的外圆弧边缘可以等距打孔悬挂垂饰和花
片，内半弧中心连接发针，上平面焊接多条长度不等的银丝，在银丝的另
一端连接有花丝蝴蝶、花丝银花和各种花丝动物。它一般装饰于发髻的左

右两侧，用发针固定在发髻的底部，与发髻共同形成饱满又华丽的装饰效果。

蝶恋花发钗存在多种不同款式，根据制作工艺和图案的精细程度，可以分为两类。一类是花朵和蝴蝶图案个体较大、形体较清晰的款式，如图2－22左图，这种款式的花纹造型与蝶恋花头插的图案类似，以蝴蝶和花朵为主，布局较均衡，该类别多以花丝工艺制作而成；另外一类以豪华的视觉效果为追求，纹饰布局较密集，款式形制较大，长度多达到25厘米以上，簪头宽度接近20厘米，但工艺相对简单，多为在底片上用麻花丝摆出图案的外形后剪切而成单个图案，然后攒焊到底饰片上而成，如图2－22右图。该类别的装饰图案造型较丰富，除了常见的蝴蝶和花的造型，还被巧妙地安排了银雀、老鼠、兔子、牛、马、象、螳螂等动物造型，详见图2－23中的示例。

**图2－22　蝶恋花发钗**

*拍摄地点：施洞镇芳寨村刘永贵家银饰作坊内，拍摄时间：2014年4月13日。

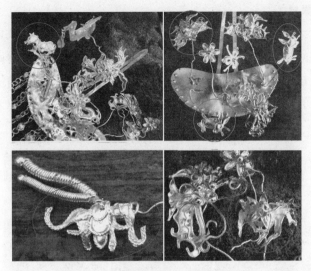

**图 2 - 23 蝶恋花发钗中的多种动物造型**

＊拍摄地点：施洞镇芳寨村刘永贵家银饰作坊内，拍摄时间：2014 年 4 月 11 日。

（3）凤鸟银花发钗

凤鸟银花发钗的装饰纹饰多样，多以龙、凤、银雀、蝶恋花等为主纹饰，穿插牛、鼠、马、兔等各种动物和植物花朵纹饰。除了主纹饰不同外，各种花丝精工发钗与蝶恋花发钗的组合形式类似，只是纹饰布局更密集，如凤鸟银花发钗、双龙戏珠发钗、双凤锦鸡发钗等，工艺制作更精致（见图 2 - 24），在此不赘述。

**图 2 - 24 凤鸟银花发钗**

＊拍摄地点：施洞镇偏寨村踩鼓场，拍摄时间：2013 年姊妹节。

### 13. 银飘尾

银飘尾是施洞银饰盛装的组件之一，不能单独佩戴。银飘尾是在红色布条上缝缀两到三排银泡，然后在底端垂饰银响铃（有的将银响铃缀于半圆形蝴蝶饰片上再缝到银飘尾底部），如图2-25中左边两图。也有不装饰银泡而用方形银衣片做成的，如图2-25右图就是用四片银衣片缝缀而成的。

**图 2－25　银飘尾**

*拍摄地点：施洞镇偏寨村踩鼓场，拍摄时间：2013年姊妹节。

银飘尾上端缝有布条，用于将其在头部固定；也有直接将银飘尾与银马花抹额的系带相连的。该头饰形制遗留了苗族历史上"盘瓠蛮""织绩木皮，染以草实，好五色衣，裁制皆有尾"的遗风。

### 14. 童帽饰

苗族将白银看作辟邪之物，因此清水江流域的苗族有在童帽上装饰银饰、保佑幼童健康的习俗。施洞的童帽主要装饰的银饰有银菩萨（也称银八仙）、双龙、麒麟、蝴蝶、鱼、虎、牛龙等纹饰（如图2-26）。受汉族文化影响的"福禄寿喜""长命富贵"等银字装饰也较为常见，一般造型较小，大多为2~3厘米，采用薄银片做成，分量较轻，适于婴幼儿佩戴。

**图 2 - 26　童帽饰**

＊上排和右下两张图片来自唐绪祥、王金华《中国传统首饰》，中国轻工业出版社，2009；左下两张图片为笔者拍摄。

　　童帽一般是虎头帽，不分男女，通常有双耳和拖尾。如图 2 - 27 帽子的前额缝制成虎头的样子，在额前帽檐并排缝缀上九枚银菩萨。施洞苗族认为这九枚银菩萨就是八仙，居中的较大的一枚是八仙的老师"老神仙"（太上老君）。这九枚银菩萨可以保护儿童驱邪免灾，平安长大。帽顶和脑后则用五色布和五彩线做成云状花纹，模拟虎身和虎爪，脑后还坠有 11 个银响铃；帽耳下垂坠有彩色流苏，靠近耳朵的部位坠饰有直径三四厘米的半圆弧形的蝴蝶形状银片饰，下坠枫叶形银吊花。虎头帽的正面形似虎

**图 2 - 27　虎头帽**

＊拍摄地点：台江县秀眉广场，拍摄时间：2013 年 4 月 23 日。

头，而侧面和背面所悬挂的流苏和蝴蝶垂饰看起来像翩飞的蝴蝶翅膀，可以说是"虎头蝶尾"。这种虎头帽从新生婴儿到三四岁幼儿都可以佩戴。

　　新生儿一般会戴缝有菩萨和蝴蝶妈妈的虎头帽。但是，因为施洞苗族对龙的崇拜，有一些人家给幼儿准备的是牛角龙头帽，而不是虎头帽。牛角龙头帽因为帽的顶端制作成长牛角的龙头的样子而得名。龙头帽上缝缀的银饰有牛角和对龙、对凤，如图 2 - 28 上图。牛角龙头帽上的银饰多是极薄的片形錾刻银饰，如图 2 - 28 下图。

**图 2 - 28  龙头帽**

*拍摄地点：老屯乡上稿仰村（上）、施洞镇旧州村龙老杂家（下），拍摄时间：2014 年 4 月 14 日、6 月 25 日。

## （二）耳饰

银耳饰是施洞苗族女性的必备首饰。施洞苗族认为耳垂越长越美，这也是施洞耳饰款式偏大的原因。传统上，为了能够佩戴银耳柱，女孩出生后一两岁就要用针线穿耳，在耳朵上养出耳洞。从六七岁开始，要用糯米草往耳洞内插，并逐渐增加，以将耳洞撑大后佩戴约有四两重的银耳柱。耳洞越大，佩戴的银耳柱直径就越大，就证明家庭越富有，以致有人的耳洞被耳柱拽豁。

近些年，为了方便，年轻女性不再佩戴沉重的银耳柱，而是佩戴形制和款式较大的花丝款银耳坠，银耳柱就成为老年妇女的专有饰品。施洞的耳饰造型较丰富，有蚕形、灯笼形、花朵形等；但结构相对较为单一，多为细长的银丝悬挂硕大的花饰。

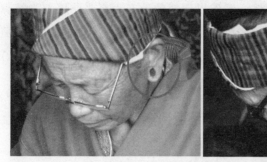

**图 2 - 29　被银耳柱拉长的耳垂**

＊拍摄地点：马号乡沙湾村，拍摄时间：2012 年 7 月 21 日。

### 1. 银耳柱

银耳柱侧视呈现"工"字形状，两端圆径一大一小，大圆直径约 3 厘米，大小略有差别，高度约有 1.5 厘米，实心，重 50 克左右。银耳柱的大小存在差别，因此，重量也存在较大差异。银耳柱的传统造型以同心圆的水涡纹表现，外形简洁大方。耳柱的前部形体表面以密密的拉丝纹装饰，增添了细腻的质感。银耳柱是施洞地区较为传统的一种耳饰，现在常见佩戴者为老年女性。

在近代，银耳柱出现了以铜鼓为装饰面的做工细致的款式，耳柱的装饰面被用花丝制作成铜鼓的形态，内里中空，直径 2 厘米，重约 14 克。这种设计不仅增强了装饰度，而且减少了重量，减轻了妇女在佩戴时的不适感，如图 2 - 30 右图所示。

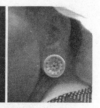

**图 2 - 30　银耳柱**

＊拍摄地点：施洞镇芳寨村刘永贵家（左和中）、施洞镇巴拉河村张书记家（右），拍摄时间：2013 年 4 月 24 日、2014 年 6 月 16 日。

### 2. 银雀耳坠

银雀耳坠是施洞年轻女性耳饰中做工较为精细的一款。该耳饰以花丝精工制作的银雀为装饰形体，银雀以展翅的动态和夸张的尾羽为特点，形态丰满，极具吸引力。该款式以花丝细工制备坯件后攒焊而成，尾羽分作三到四层，各层之间为活动结构，戴在耳上，摇曳生姿（见图2-31）。

图2-31　银雀耳坠

*拍摄地点：施洞镇塘坝村吴智家（左）、芳寨村刘永贵家（右），拍摄时间：2012年7月16日、2013年4月24日。

### 3. 蝶恋花耳坠

蝶恋花耳坠以线形耳针、蝴蝶饰片、花朵纹饰和银线垂饰组合而成，是近代出现的一种以"蝶恋花"为主题的耳饰。蝴蝶和花朵是耳饰的主要装饰纹饰，皆采用在银片上用极细的银丝盘出外形后，微火焊接，然后用剪刀将纹饰剪下后窝冲出表面起伏变化的工艺流程制作。整体的纹饰视觉效果复杂，但是制作工艺相对简单（见图2-32）。

与蝶恋花耳坠制作工艺类似的款式还有喜鹊登梅圆形耳坠、银花耳坠等（见图2-33）。

图2-32　蝶恋花耳坠

*拍摄地点：施洞镇芳寨村刘永贵家，拍摄时间：2014年4月5日。

图 2 - 33　其他银丝耳坠

*拍摄地点：施洞镇芳寨村刘永贵家，拍摄时间：2013 年 4 月 24 日。

#### 4. 桐子花耳坠

桐子花耳坠是近代耳饰的新款式，是以施洞地区常见的桐子花为造型，以花丝盘卷成圆形，中间以银珠装饰，有的在底部垂饰瓜片。整体造型饱满，用银量少，却具有较好的视觉效果。

图 2 - 34　桐子花耳坠

*拍摄地点：施洞镇坪寨，拍摄时间：2012 年龙舟节期间。

#### 5. 龙头耳坠

龙头耳坠是錾刻工艺和花丝工艺的结合品。錾刻成型的龙头造型细致且夸张，龙头部的五官、发须、龙角等造型精致，栩栩如生，这与仅用花丝扭曲而成的龙身形成繁简对比。该龙头的做工非常考验银匠的水平。

这款耳坠与施洞的龙舟节有着莫大的关系。便装和节日盛装时较多佩戴以银雀、蝴蝶和花为造型的耳饰，在龙舟节期间，年轻女性佩戴龙头耳坠去清水江边观龙舟。

图 2 - 35　龙头耳坠

*拍摄地点：施洞镇芳寨村刘永贵家，拍摄时间：2014 年 4 月 5 日。

（三）项饰

项饰是施洞苗族银饰中一种具有夸张视觉效果的银饰。项饰堆叠的厚重感、款式的繁复、纹饰的复杂程度使之成为施洞苗族银饰极具视觉冲击力的装饰形式。施洞的项饰有圈形项圈、链形项圈和链圈合一式项圈。在此将三者分别称为银项圈、银项链和银压领。

1. 银项圈

银项圈长度约 55 厘米，宽 30 厘米，项圈直径约 30 厘米。银项圈是黔东南地区较为流行的圆环形带垂饰项圈。项圈呈圆形，是在平滑的底片上焊接錾花工艺精致、凸起的环状银饰片，装饰片以镂空花草纹为基础纹饰，在前边较宽的位置贴焊有二龙戏珠的立体浮雕饰片，项圈下坠有多条由蝴蝶、叶片和银响铃组成的吊穗，工艺精制，纹饰生动（见图 2 - 36）。

图 2 - 36　银项圈

*拍摄地点：施洞镇塘坝村吴智家（左图）、偏寨踩鼓场（右图），拍摄时间：
2013 年姊妹节期间。

## 2. 银项链

施洞苗族银项链款式多样，长度多为 95 ~ 110 厘米。为了显示富有，施洞苗族女性常佩戴 2 ~ 3 种银项链。盛装银饰时，银项链的种类越多越好，形制越大越好。如图 2 - 37 所示，左图为梅花银项链，右边两个图分别为带有"8"字形银项链和银泡项链。这些项链用银较多，重量多在一斤左右。

图 2 - 37　银项链

*拍摄地点：施洞镇河坝，拍摄时间：2012 年龙舟节期间。

梅花银项链的做工较为烦琐，但制作工艺相对简单。项链用银坯卷成圆筒并组合成梅花的样子，然后用银环将朵朵梅花连缀到一起。相对于其他实心银项链，梅花银项链的重量略轻。

"8"字形银项链在当地被称作猴链。它的制作工艺极为简单，仅需要将银条弯曲成收腰的环形，并逐个串联焊接到一起就可以了。"8"字形银项链为实心，根据链条的粗细不等，重量有较大差异，最重的约有16两，轻的也在12两左右。

银泡项链用31个环形银圈扭结相扣而成，工艺较为简单。

### 3. 银压领

银压领，因佩戴后可以平贴衣襟而得名，也被称为长命锁、银锁，是施洞苗族银饰中的精品之一，当前湘西和清水江流域的苗族服饰中也存在相似形制的款式。

从造型上来看，银压领是从清代的如意云头锁变形而来的，但是与原型相比变化较大，体积增大数倍，纹饰更加丰富和具象，制作工艺更为复杂精致。银压领分为花压领和无花压领两种。花压领下悬挂垂饰，较为奢华，重15两左右；无花压领没有垂饰，重10两左右（见图2-38）。

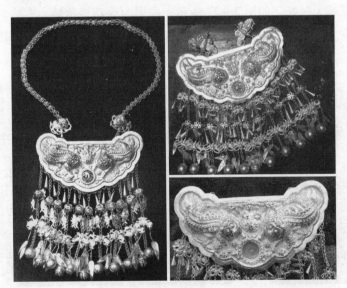

**图 2 - 38　银压领**

＊拍摄地点：施洞镇芳寨村刘永贵家的银饰作坊，拍摄时间：2014 年 4 月 11 日。

银压领主体为外形呈如意云纹的银锁，压领上的环扣连缀蝴蝶片饰后与银链相连。银压领的正面以模制制作出浮雕的对龙或对麒麟戏珠的纹饰。浮雕纹饰上花纹细部錾刻精致，周围以蝴蝶、鱼等纹饰环绕。空白处装饰成鱼子地。① 锁体边缘留有素面边线，与周圈的连珠纹②将纹饰环绕起来。锁体下垂有银蝴蝶、银吊花、银瓜片、古钱和银响铃等。行走起来，垂饰沙沙作响。施洞姑娘从小就佩戴银压领，意为祈求平安吉祥，直到出嫁后才能摘下。

### 4. 银泡项圈

银泡项圈最大外径约 30 厘米，内径 18 厘米。项圈用两股方形银条扭成缠绕的藤状，在后端用银丝密匝地盘卷起来，顶端制作有钩和圈形的活口结构，以方便佩戴和摘取。

施洞的银泡项圈是一套三件的组合形式，盛装时按照大件在下、小件在上的顺序戴足三件，一般节日可以戴一圈或两圈。如果按照佩戴身份来说，一般是未婚女性盛装时佩戴三圈银泡项圈，婚后的女性就只能戴一圈。

**图 2–39　银泡项圈**

\* 拍摄地点：施洞镇塘坝村吴智家，拍摄时间：2014 年龙舟节期间。

银泡项圈形制大、实心，重量较大，佩戴起来层叠堆积于脖颈上，将下巴埋没于银圈之中。这是典型的施洞苗族银饰"以大为美""以重为美"的代表款式。

（四）手饰

施洞苗族的银手饰主要包括银戒指和银手镯两个类别。

根据加工方式不同，戒指主要分为錾花戒指、镂空戒指和花丝戒指。同时佩戴的戒指多为同一类别，如同时佩戴四枚錾花戒指。戒指的佩戴不限数量，可戴一枚，也可带三五枚。盛装的时候，双手除了拇指外要戴齐八枚戒指，极具奢华的感觉。

① 以重复的小圆圈密集排列所形成的像鱼子一样的表面肌理纹。
② 连珠纹，又作联珠纹、圈带纹，是一种由一排连续的圆形或球形沿直线或曲线排列的古老的几何纹饰。银饰中的联珠纹有两种形式，一种是用多颗银珠按照一定线形规则排列成装饰纹，一种是在银饰上錾刻沿线排列的圆形。

施洞苗族的银手镯款式较大方，妇孺皆可佩戴。施洞苗族赋予银手镯驱邪祛病的巫化色彩，常在幼时打制保命手镯长期佩戴，直到婚后才摘下。施洞苗族的银手镯形制大、款式夸张，主要有花丝类、錾刻类、空心筒类、绞丝厚重类等：花丝类具有细腻精致的仿生纹饰；錾刻类手镯以连枝纹或绵延的龙纹居多，纹饰制作凹凸别致；空心筒类多延续来源于施洞神话传说中具有巫化色彩的传统纹饰形象；绞丝厚重类多光素无纹或少纹饰，硕大沉重，造型粗犷。手镯的纹饰复杂多变，多以蝴蝶、花朵、鱼、牛等为装饰。这些极具民族和地域色彩的手镯反映了施洞苗族对银饰的独特审美风格。此外，施洞苗族佩戴手镯的方式也极具特色，手镯的佩戴不以一对为限，在盛装时多佩戴四到五对，排列于腕间，类似古代士兵与铠甲配套的护腕。这种佩戴方式极似唐代北方少数民族女性佩戴的"跳脱"（又称为臂钏）。

### 1. 錾花戒指

錾花戒指是采用錾刻工艺在银片上成型的一种手饰。戒面外形为六边形，将一对角延长成为戒圈（如图2-40左中所示），是施洞地区较有特色的戒指款式。界面六边形内除留一条约2毫米的装饰边外，全部用錾刻花纹填满。其花纹样式主要有花朵、蝴蝶、兽面、龙首等单独纹饰，有的

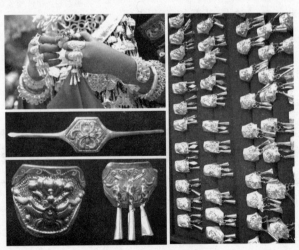

图2-40　錾花戒指

*拍摄地点：施洞镇芳寨村刘永贵家，拍摄时间：2014年4月13日。

还在纹饰中间焊接一个或三个喇叭形垂饰。錾花戒指是银饰盛装时最常佩戴的手饰款式，每个手指都可佩戴，有的甚至一双手戴齐八只戒指。

**2. 镂空戒指**

镂空戒指的戒面纹饰主要是呈对称结构的花朵。整枚戒指是由一朵菱形花朵和活圈的戒脚构成，塑造出了以花心为中心向外发散的扩张动势。花心上焊接三到五片叶片形垂饰，以增加奢华感。

**图 2 - 41　镂空戒指**

＊拍摄地点：施洞镇偏寨村踩鼓场，拍摄时间：2013 年 4 月 25 日。

**3. 花丝戒指**

花丝戒指使用极细的银丝盘曲出各分部件，然后攒焊到用三到五条银丝圈成的戒圈上做成。用较粗的花丝窝出外形，用较细的单股银丝或麻花银丝填充其间，形成密集的极具装饰性的纹理。

花丝戒指的纹饰较多，常见的有以花朵、蝴蝶单独纹饰造型装饰的戒面（见图 2 - 42）。花丝戒指外形简单，制作工艺较为精致，常以条形银丝制作出外形后，用细银丝在外形内填充各种盘卷的银丝形状，制造一种反复的纹理效果。

铜鼓戒指属于花丝戒指的一种款式，以花丝盘成同心放射纹的鼓面形状，是施洞苗族祖先崇拜文化中祖宗鼓的变形（见图 2 - 43）。施洞苗族将佩戴铜鼓造型的首饰看作获得祖先神灵保佑的一种方法。

图 2 - 42　花丝戒指

＊拍摄地点：施洞镇芳寨村刘永贵家，拍摄时间：2014 年 4 月 13 日。

图 2 - 43　铜鼓戒指

＊拍摄地点：施洞镇芳寨村刘永贵家，拍摄时间：2014 年 4 月 13 日。

### 4. 小米手镯

小米手镯是施洞独有的一种花丝手镯。小米手镯是用极细的 12 根银丝模仿小米谷穗的肌理编织而成的（见图 2 - 44）。多股极细的银丝被搓成花丝后，沿两头细中间粗的木制模型外围盘绕编织成空心圆柱形，然后将两端分别与一根六棱柱形银条焊接，并将银条交叉缠于对边。手镯外围直径 9 厘米左右，内径 6.5 厘米。工艺较细致，造型别致，极具苗族首饰以大为美的审美特点。

图 2 – 44 小米手镯

*拍摄地点：施洞镇塘坝村吴智家，拍摄时间：2013 年 4 月 25 日。

　　为了日常佩戴舒适，银匠将小米手镯制作成多种小而精致的款式，如图 2 – 45 所示是两款日常佩戴的小米手镯。

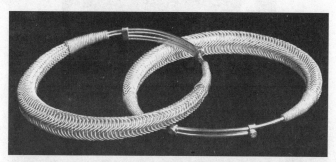

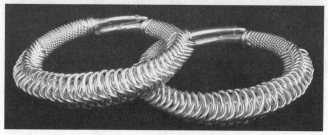

图 2 – 45 小米手镯日常款

*拍摄地点：施洞镇塘坝村吴智家，拍摄时间：2012 年 7 月 21 日。

## 5. 六棱银手镯

手镯外围直径约 9 厘米，内径约 6.5 厘米，成人款与儿童款的大小存在差别（见图 2 - 46）。该手镯用实心六棱形银条打制而成。不同的性别佩戴此款手镯具有不同的意义。女性佩戴多为一种财富的象征；男性佩戴则不只代表家庭富有，还具有"添寿"的吉祥寓意；家中男孩出生后，经鬼师①"过阴"测算，如果缺寿的话就要向房族中十二位福寿的长者每人索求一钱二分银子，加上父母添加的银子一起打制成六棱银手镯，以给其添福添寿，保佑其健康成长。这种讨银子"添命"、做保命手镯的民俗与汉族的百家保锁具有类似的意义，是父母希望多福多寿的人赠送的银子上的福气保佑幼童健康成长。

**图 2 - 46 六棱银手镯**

*拍摄地点：施洞镇塘坝村吴智家，拍摄时间：2012 年 7 月 21 日。

## 6. 錾花手镯

该款式多为等宽条状或渐窄的长条状外形，边棱向正面凸起，避免中间纹饰遭磨损。錾花手镯采用模制工艺，正面多为蝶恋花、连枝纹、龙戏珠、凤穿牡丹等纹饰。纹饰表面经錾花工艺细致刻画纹饰的肌理，做工较为精致（见图 2 - 47）。

---

① 黔东南苗族将本民族的巫师称为鬼师。鬼师熟悉苗族的历史、神话、传说故事和各种歌谣等口头文学，也掌握苗族医药、天文历法等。他们为苗族社会主持村寨祭祀仪式，也为民间举办祈福、求医、求子等活动。

图 2 – 47　錾花手镯

*拍摄地点：施洞镇芳寨村刘永贵家，拍摄时间：2014 年 4 月 5 日。

### 7. 铜鼓手镯（链）

铜鼓手镯分为镯形和链形两种款式，分别如图 2 – 48 和图 2 – 49 所示。以花丝做成的圆形铜鼓被镶嵌到条形边框内，或被银环穿起；以铜鼓为题材的银饰与苗族的鼓文化有着很深的渊源。

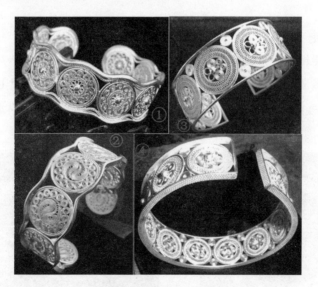

图 2 – 48　铜鼓手镯

*拍摄地点：施洞镇芳寨村刘永贵家，拍摄时间：2014 年 4 月 5 日。

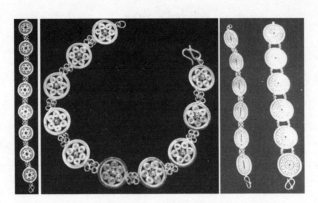

**图 2 - 49　铜鼓手链**

*拍摄地点：施洞镇塘坝村吴智家，拍摄时间：2012 年 7 月 21 日。

### 8. 绞丝银手镯

绞丝银手镯形制有大、小两款：大款外径约 9.5 厘米，一对重约 280 克；小款外径约 8.5 厘米，内径约 6 厘米。手镯主体用银丝编制缠绕而成，末端用银丝紧密缠绕固定（见图 2 - 50）。粗丝的花丝制作难度较大，但不易变形。

### 9. 银泡手镯

银泡手镯用方形银条沿圆柱形体盘成紧密的弹簧形状，然后用平嘴钳子矫正成盘曲的树藤形状。后将方形银条的后端用方形银丝盘卷固定（见图 2 - 51）。该款手镯形制较大，造型简单大方，是苗族银饰以重为美的代表款式。

**图 2 - 50　绞丝银手镯**

*拍摄地点：施洞镇塘坝村吴智家，拍摄时间：2012 年 7 月 21 日。

**图 2 - 51　银泡手镯**

*拍摄地点：施洞镇塘坝村吴智家，拍摄时间：2012 年 7 月 21 日。

### 10. 龙纹扭丝银手镯

龙纹扭丝银手镯是施洞传统款式的手镯。手镯为活口结构，镯口为双龙头造型（见图2-52）。直径约6.5厘米，一对重约120克。龙头借用银材原有的条形，焊接有突起的银珠作为眼睛，用银丝扭结成旋涡纹并焊接银珠装饰成龙角。条形镯体沿等分线切割开，扭结成两条龙相连接的身体作为镯圈。

**图2-52　龙纹扭丝银手镯**

*拍摄地点：施洞镇芳寨村刘永贵家，拍摄时间：2014年4月13日。

龙纹扭丝银手镯的造型在施洞有一个传说。在很久以前，苗族出现了一种无法治愈的怪病，连苗族的始祖姜央也束手无策。姜央的结拜兄弟双头龙向天神祈祷，愿意牺牲自己，救活姜央的子孙。天神应允。双头龙就舍身跳下了"蚩尤井"。蚩尤井的水化成了怪病的解药。人们用井水洗澡后，病就痊愈了。为了感谢双头龙舍身救命之恩，施洞苗族就将手镯做成双头龙的样子戴在手上，以便时时刻刻怀念他。这是施洞苗族龙文化的一个渊源传说。在施洞苗族的精神世界和物化的造型艺术中，龙的造型千变万化，且各种物种都可以神化为龙，动物、植物都可以转化为龙，连一些用具也可以"龙化"。常见的龙的形态有牛龙、蛇龙、蜈蚣龙、人首龙、鱼龙、蚕龙、花龙、草龙、簸箕龙等。各种物种与龙的转化形象地表达了该物种的"龙化"，即具有了神灵般的能力。该款手镯也是将双头龙的故事物化而制作出的具有巫术色彩的银饰。

### 11. 蚕龙手镯

蚕龙手镯为中空、活口、双龙头造型。该款式手镯用长条形薄银片錾刻出表面的纹饰后窝卷成中空的手镯形状，在内圈的龙腹部沿中线焊接成中空形体。镯口两端为龙头造型，不同于苗族银饰中常见的汉化的龙。龙头顶部有凸起的圆柱形的单只犄角和尖锥形的双耳，以对称的凹凸形作为龙的面部，龙身用凸起的五排乳丁纹装饰。这两条龙都是独角双耳无龙须，面部形体虚化，龙嘴呈凸出的圆柱状。整体来看，更像长刺的蛇或蚕，施洞苗族将其称为蚕龙。图2-53所示的这个手镯与龙纹扭丝银手镯一样是来自双头龙舍身救姜央族人的传说。

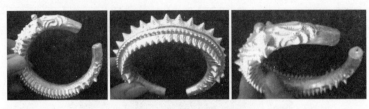

图 2 -53　蚕龙手镯

＊拍摄地点：施洞镇芳寨村刘永贵家，拍摄时间：2014 年 4 月 13 日。

### 12. 蝶恋花花丝手镯

蝶恋花花丝手镯用花丝制作出蝴蝶和花朵造型后，攒焊于条形边框内而成。蝶恋花花丝手镯造型多样，有条形、环形和手链的款式。纹饰以手镯中间的花纹为中心，两边装饰翩飞的蝴蝶，极具美感（见图 2 - 54）。

图 2 -54　蝶恋花花丝手镯

＊拍摄地点：施洞镇芳寨村刘永贵家，拍摄时间：2014 年姊妹节。

### 13. 鸟羽手链

鸟羽手链长约 22 厘米，重约 35 克。手镯链体是以花丝工艺精工制作成的两方连续纹饰，中间是花丝制作的花朵（见图2－55）。这种鸟羽的造型有同款式的耳饰，这与苗族的鸟崇拜有着关联。

图2－55　鸟羽手链

＊拍摄地点：施洞镇芳寨村刘永贵家，拍摄时间：2014年4月13日。

### 14. 凤穿牡丹手镯

该题材的手镯有多种加工形式，但以花丝和錾花工艺较为常见，重量根据手镯的宽窄和工艺存在差别，主题纹饰是鸟纹和牡丹纹的组合。常见纹饰组合有对称式（如图2－56左图）和均衡式（如图2－56右图）。

图2－56　凤穿牡丹手镯

＊拍摄地点：施洞镇芳寨村刘永贵家，拍摄时间：2014年4月13日。

### 15. 乳丁纹手镯

乳丁纹手镯分为一排乳丁纹手镯、两排乳丁纹手镯和三排乳丁纹手镯三种。图2－57所示的是三排乳丁纹手镯，直径约8.5厘米，重约280克。镯体是将银片四周向上卷边，中间镂空出长条空格的槽状结构，镯面用排列的宝塔状的掐丝乳丁纹装饰，两个镯口用菊花纹装饰，制作极为精致，耗时较长。

图 2 –57　乳丁纹手镯

＊拍摄地点：施洞镇芳寨村刘永贵家，拍摄时间：2014 年 4 月 13 日。

### 16. 掐丝菊花纹银手镯

周长 23 厘米左右，宽 5 厘米。该手镯将厚银片上中间裁剪出四条条状空白，在空白处用窄银片掐丝制作出两排"8"字花纹和两排花朵纹饰后焊接固定。镯口位置用银丝掐丝成重瓣菊花装饰，并用银珠做成乳丁状花心。该手镯的设计保持了施洞苗族喜爱的形体的特点，但是在镂空处减轻了重量，并做出了精致的纹饰装饰。

图 2 –58　掐丝菊花纹银手镯

资料来源：唐绪祥、王金华：《中国传统首饰》，中国轻工业出版社，2009。

### 17. 双鱼纹手镯

鱼纹是施洞苗族银饰上的常见纹饰，一般以对鱼出现，常以莲花纹或水纹作为陪衬（见图2-59）。

图2-59　双鱼纹手镯

*拍摄地点：施洞镇杨家寨刘祝英家，拍摄时间：2014年4月16日。

### 18. 水牛纹手镯

该手镯以盘卷的花丝为底纹，在手镯中线装饰了同向的九个牛的造型，牛的造型各不相同，装饰方式也存在差别，有的牛以简约的线条刻画其健壮，有的用细致的錾刻摹画其细部（见图2-60）。这种对牛形象的细致刻画是苗族这个农耕民族在与牛长时间接触中捕捉到的。

图2-60　水牛纹手镯

*拍摄地点：施洞镇芳寨村刘永贵家，拍摄时间：2014年4月13日。

### 19. 银铜混绞手镯

施洞常见的混绞手镯所使用的材质有三种，铜、铁、银。施洞苗族认为银能辟邪，铜可驱魔，铁能消灾。佩戴这三种金属混绞的手镯就能祛除带来病痛的恶鬼，解除厄运（见图2-61）。

图 2 – 61　银铜混绞手镯

*拍摄地点：施洞镇河坝，拍摄时间：2012 年 7 月 13 日。

### 20. 水涡纹银手镯

水涡纹银手镯是在花丝盘成的 S 形螺旋上焊接银丝花朵和银珠做成的（见图 2 – 62）。传说蝴蝶妈妈与水泡恋爱，产下 12 个卵，孵出了苗族祖先姜央、雷公以及其他动物。

### 21. 桐子花手镯

桐子花手镯重约 27 克，多采用花丝窝卷而成，与桐子花耳饰为套装（见图 2 – 63）。

图 2 – 62　水涡纹银手镯

资料来源：唐绪祥、王金华：《中国传统首饰》，中国轻工业出版社，2009。

图 2 – 63　桐子花手镯

*拍摄地点：施洞镇芳寨村刘永贵家，拍摄时间：2014 年 4 月 13 日。

（五）银衣片

施洞苗族的银衣以其装饰在背部的银背牌为中心，周围围绕多圈或圆或方的银衣片，呈现出施洞苗族银饰大气繁复的审美特色。银背牌的形制多样，有的直接采用银衣片或银衣角饰组合缝制而成，如图 2-64 中第四幅图；也有的单独以龙形图案制作的龙纹银背牌。龙纹银背牌有两种形式：一种是将对向两片半圆或一片整圆形银片用錾花工艺做成直径 10 余厘米半圆形龙纹，主要纹饰为两条游弋的龙。龙身体蜿蜒曲折，龙头居圆心略下，龙尾高高扬起，周身环绕云雾纹，精湛的制作工艺将整条龙制作得活灵活现，如图 2-65 所示。另一种是用錾花工艺制作一对龙纹或以仙人乘龙为主题纹饰的银片饰，如图 2-64 左起第一到第三幅图。

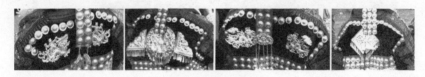

**图 2-64　银背牌**

\* 银背牌的图片汇集了 2012 年至 2014 年的田野摄像资料。

**图 2-65　龙纹银背牌**

银背牌周围用银衣片和银泡围绕。银衣片主要有圆形和方形两种，如图 2-68 至图 2-72 所示。银衣片的中心采用錾刻工艺锻制的较为精致的纹饰，主要包括龙凤、银雀、蝶恋花、麒麟、虎捕羊、牛、仙人骑瑞兽等纹饰，周边为一圈素面边缘，凿有小孔以备用针线缝制于衣服上。

银衣片的种类繁多，纹饰以龙凤、蝶恋花、银雀、麒麟和仙人骑瑞兽为主要类别。在缝制银衣片时可以根据自己的喜好和装饰形式选择不同的纹饰，龙纹银背牌多固定在后背部的上方，圆形和方形的银衣片与银泡组合成银衣。如此，施洞苗族女性的银衣就有了千变万化的纹饰组合。

**图 2 - 66　以蝶恋花为纹饰的圆形银衣片（第一排）、以银雀为纹饰的圆形银衣片（第二排）**

　　＊银衣片包括圆形银衣片和方形银衣片两种，在此展示的图片汇集了多次拍摄的资料，主要包括 2012 年龙舟节期间在施洞镇塘坝村吴智家、2013 年 4 月 25 日在马号乡沙湾村张东英家、2014 年姊妹节期间在施洞镇芳寨村刘永贵家等地点拍摄的资料。

**图 2 - 67　以龙纹为纹饰的圆形银衣片**

图 2 – 68　以麒麟等瑞兽和仙人骑瑞兽为纹饰的圆形银衣片

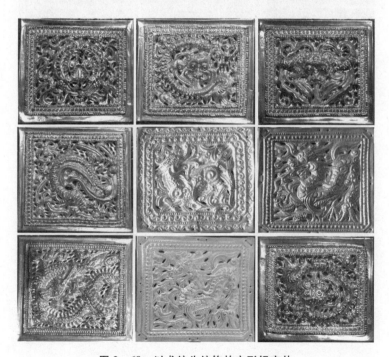

图 2 – 69　以龙纹为纹饰的方形银衣片

图 2 - 70　以银雀和仙人骑瑞兽为纹饰的方形银衣片

图 2 - 71　以麒麟为纹饰的方形银衣片

图 2 - 72　以动物纹为纹饰的方形银衣片

（六）银饰配件及坠饰

1. **蝴蝶垂饰**

蝴蝶垂饰由蝴蝶饰片、枫叶银吊花和银响铃组成。传说古枫树被砍倒后，从树心孵出了蝴蝶妈妈。"枫木—蝴蝶"是苗族最为崇拜的图腾。枫树和蝴蝶同时具有生殖和繁衍的象征意义。蝴蝶垂饰一般缝缀在织锦花带上，或缝缀在女性盛装上衣的间隙或下部边缘（见图 2 - 73）。

图 2 - 73　蝴蝶垂饰

2. **银响铃**

银响铃是常见的银饰垂饰的一种，它由两片半圆形錾花片焊接而成，上片焊有银环与银饰或银泡连接，下片中间有开口，内里含有金属粒。多颗银响铃点缀在一起，不仅制造了一种奢华的装饰美感，而且走起路来发出沙沙的声响，极为悦耳。古时，施洞苗族人生活在大山之间，常在山间行路，佩戴银饰可以驱邪，银响铃的声音还可以驱散毒虫猛兽。

施洞苗族老银饰上还留存有以花卉图案装饰的银响铃，银响铃的上半球用环形重复的花萼装饰，下半球刻画出花朵的纹饰，腰部常用双股麻花丝遮掩焊接的痕迹，如图2-74左图。造型借助银响铃的结构，因形施技，浑然天成却又形象。这种银响铃的造型厚重，纹饰刻画深入且细致，连花萼和花瓣的纹理都用錾刀刻出浅浅的虚线装饰，工艺精湛。

当前施洞银饰上的银响铃以薄银片制作，仍采用传统的两个半球的制作方式，先将薄银片用模具冲压成斗笠形，然后将下半球开槽，后焊接两半球于一体。这种制作模式纹饰较浅，形体简单，工艺机械重复。银响铃的下半球用模具压制出几条纹饰，如图2-74右图所示，纹饰简单却抽象。有的银匠师傅认为这是原先花朵形状的银响铃的简化，也有的银匠师傅认为是饕餮纹，将这种银响铃挂在身上，行走在山间时，饕餮发出的声音可以驱除一切妖魔鬼怪。

图2-74　银响铃

### 3. 银吊花

银吊花的造型简繁各异。施洞传统银吊花的造型如图2-75右图所示，直接采用了吊花的圆锥造型，边沿裁切成半圆形五瓣花。在花朵表面以缠枝花装饰，花朵以鼓起的乳丁纹成型。银吊花自身既是一朵花，其表面又长有一枝花，纹饰变幻又写意。图2-75左图中的枫叶银吊花也是传统造型，其外形为菱形棱锥，又像含苞待放的花朵，伸展开来是一枚枫叶的造型。枫叶银吊花多以银片剪裁，并錾出排列整齐的乳丁纹后对折而成，在其上方打孔后悬挂到银链上。现在还有一种银吊花的简单形式，如图2-75中间图片，这种圆锥筒形的银吊花是直接用三角形银片搓卷而成的，工艺简单，较适用于短时间内制作垂饰多的苗族银饰。

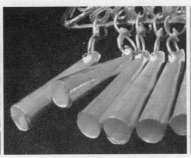

图 2 - 75　银吊花

### 4. 瓜片

瓜片是银饰上最简单的垂饰形式，多制作成倒水滴的形状。从工艺上来说，瓜片有片状和花丝状，片状又分为平片和錾花片，如图 2 - 76 所示。

图 2 - 76　瓜片

### 5. 银泡

银泡是常见的银饰配件，它一般作为银饰的装点。银泡是用银片在窝冲中冲制而成，单个形体为礼帽形。银泡有两种装饰形式。一种是作为固定结构，这种银泡在半球顶部钻刻有眼，将银丝穿过就可以悬挂银质垂饰。如连接蝴蝶垂饰，可以缝在织锦花带上作为男性腰带的装饰；或钉在女性盛装上衣的下角作为点缀。还有一种银泡在边缘有对称的锥眼，将其按照需要钉于衣服上就形成装饰，如图 2 - 77 就是用银泡装饰的银飘尾

图 2 - 77　银泡

局部。银泡多成排装饰于衣服的边角或银饰的空隙中，如衣角、男性的五彩腰带等。

### 6. 银毛毛虫

全长约有40厘米。银毛毛虫是采用银丝编织而成的，一段用银丝编织弯成环形扣，一段在环形扣上安装银针，以插入头发固定。银毛毛虫较少单独佩戴，一般装饰于银饰盛装时的银牛角与银发钗之间，如图2-78左图所示。

图2-78　银毛毛虫及其佩戴

上述为施洞苗族女性在日常生活和节日或仪式中佩戴的银饰的主要款式。这些分属于不同年龄段和不同身份的银饰款式并不是单件孤立佩戴的，而要按照佩戴者的身份和佩戴场合依据民俗习惯佩戴。

## 二　"总角"之年①的银饰

婴儿出生后，外婆家就会送来母亲在娘家时做好的新生儿的用品，这

---

① 古代幼童将头发在头顶盘成左右两个发髻，形状如角，因此以总角之年指人的童年时期。这里的总角之年特指施洞苗族幼女从出生到可以穿戴银饰盛装之前的年龄范围。这个时期的结束是以幼女经过逐年蓄发至能够盘髻、戴银帽为表征。

些用品包括童衣、童帽和背扇①。童帽常为虎头帽或龙头帽②，帽檐饰有银菩萨（罗汉）或双龙、双凤饰片，两耳和脑后坠有蝴蝶状、鱼纹状、麒麟状银饰片，下坠枫叶形银吊花（详见本章第一节）。施洞苗族幼儿戴虎头帽的习俗有一个传说。

在很久以前，施洞这边还有老虎的时候，有家办满月酒。有三个媳妇提着糯米饭去吃酒。一路上三个人摆龙门阵，结果后边那个女的掉进了老虎洞。里边有一只母老虎，问她："你来洞里做哪样？"妇女怕得要死呀，说："我来吃满月酒。"母虎顿时高兴起来，原来她的崽那天刚好满月。住了两天，妇女就想办法回家，但找不到出路，就对母虎说："我得回家了，回去忙活路。"母虎说："以后有事情就叫我们帮忙。"然后就让公虎把她驮出洞了。后来，妇女的娃也满月了，结果一不注意被豺狼叼走了。老虎知道后就去追豺狼，讨回了崽。后来妇女给孩子做了虎头帽，豺狼就不敢来家里了。别人家也学她家，给娃娃做虎头帽，免得娃娃受伤害。③

背孩子的背扇是母亲与孩子的纽带。婴幼儿期，母亲就将幼儿用背扇裹在背上，形影不离。施洞苗族的背扇也多用银衣片、银泡、蝴蝶垂饰沿边沿装饰起来。背扇上装饰银饰与虎头帽、虎头鞋、五毒肚兜等具有同样的巫术意义。银饰对儿童的守护作用在施洞苗族的心中起着不可忽视的巫术灵验效用。

婴幼儿时代的男女服饰，差异较小，一般都穿母亲亲手织、缝的条纹布或青布右衽长服（盖过膝部），近来也有用市场上购买的花布制作衣服的；下穿开裆裤，头戴绣花帽，脚穿绣花鞋。在花帽上还钉有银菩萨、银响铃等。围片、背扇都刺绣有精致的纹饰，相当讲究。男女幼儿均剃发。

---

① 背扇，俗称背带，背儿带。在贵州少数民族中，背扇是妇女将孩子固定在背上的必备之物。背扇是儿女的护身符，也是母亲与儿女的生命纽带。当儿女长大，母亲要把用旧的背扇清洗干净并收藏起来，作为纪念。

② 按照苗族其他族系的习俗，儿童多戴狗头帽，是祖先盘瓠的一种崇拜形式。施洞苗族受汉文化影响，多戴虎头帽或龙头帽。

③ 访谈对象：刘秀发（62岁），访谈人：陈国玲；访谈时间：2012年7月21日晚；访谈地点：施洞镇刘秀发家。

幼儿的外婆和舅舅还会为他（她）准备坠有响铃的银手镯，以保佑其健康平安。在舅权为大的施洞苗族生活中，舅舅给的护身符当然也就具有更大的效力。在幼年期间若出现病弱或灾难，都会向舅舅家讨取"保命银"打制成银手镯佩戴。

两三岁的幼女就开始穿耳，并用一根线穿过眼孔打个死结，免得眼孔封闭。[①] 施洞的银耳坠形制较大，因此女童从五六岁开始就用多根糯米草插入已经长好的耳洞，并逐渐增加数量，以将耳洞扩大，直到能够佩戴施洞特有的银耳柱。3 岁左右，女童开始蓄发，并弃置虎头帽，戴通顶的帽子。蓄发先从头顶开始，当头顶的一簇能扎成朝天辫了就再将外圈的留起来，就这样一圈圈逐年留起。12 岁以下的女孩只能在头顶盘一个小的发髻，可以在发髻前装饰银雀头插。到十四五岁时，少女的整头长发全部留好，梳成一拢盘起，就可以戴上银帽了。少女从此就可以参加游方了，也就是进入了婚嫁期。

施洞苗族的女孩在五六岁之后开始穿裙子。[②] 女童婴幼儿期的虎头帽上的银饰多被拆下来，缝缀到一种手工缝制的外穿的蓝色马甲上。随着年龄的增长，父母逐年为女童添置银饰，一般从银饰片开始，缝到马甲上，马甲上的银饰片已经远远多于虎头帽上的银饰。马甲上的银饰包括新添置的在后背中心的或圆或方的银饰片（这种银饰片可以与年轻姑娘盛装时的饰片相同，有些经济条件较好的人家购买或打制龙形饰片，在女童成年后再请银匠重新制作成圆形银饰片），马甲的下端缀满一排蝴蝶垂饰，并在下部垂坠钱纹和银吊花（见图 2-79）。

**图 2-79　幼女的服饰**

\* 拍摄地点：施洞镇杨家寨河坝，拍摄时间：2014 年姊妹节期间。

① 中国科学院民族研究所贵州少数民族社会历史调查组、中国科学院贵州分院民族研究所编印《贵州省台江县苗族的服饰》（贵州少数民族社会历史调查资料之二十三），1964，第 2 页。
② 施洞苗族女性在民国时期（约 20 世纪 30 年代）开始将日常裙装换为裤装，只在节日时穿裙装。

　　每个有女孩的家庭都逐年为其添置银饰。年幼的女孩多添置银衣片，缝缀于上衣上。到五六岁，一些富裕的家庭已经为女孩打制银项圈或银压领，但形制略小（也有在女孩三四岁的时候为其打制轻便一点的项圈的，如图 2 - 79 所示的小女孩佩戴的片形的项圈）。10 岁左右，家里要为女孩准备银簪、银耳坠和手镯等。12~16 岁是购置银饰最多的年龄。在女孩可以游方的年龄之前，家中的父母要尽力为她准备好龙凤银牛角和银衣这些少女的银饰，好让她走在游方场上的时候不比别人逊色。许多家境不太好的无力一次性置办这么多银饰，一些较重的银饰可在以后逐年补齐。

### 三　"待字"之年①的银饰

　　待字闺中的少女时代穿戴最繁盛和复杂的服饰是全世界各民族的共性。但是没有哪个民族像苗族这样如此重视青年女性的服装。施洞苗族的女盛装采用手工缝纫，耗时之长难以想象。一套头等苗服需要耗费 400 多天缝制，即使是花纹图案略少的老年苗服也需要一年时间。且每人的苗服不止一套，家里男性的衣服、童衣、背扇等全部要用手工织布、浆染、剪裁和刺绣，是一项浩大的工程。制作一套银饰盛装也要耗费银匠一年的时间。苗族将服装看得如此重要和神圣皆因其特殊的文化内涵。

　　苗族妇女青壮年时期的服饰体现了施洞苗族服饰最高的艺术成就。"妇女服饰的着重讲求，是在青壮年时代。以这点来说，苗族与其他民族是完全一样的。在这时期，她们正在选择对象，都想找到一个合意人，当母亲的也常为选择一个好女婿而焦心。这时来讲究服饰，就成为很自然的事了。有些地方，少女们每逢佳节，把新衣重重迭迭地穿在身上来炫耀于人，一则表示富有，一则表示手巧能干，这都是吸引异性的有利条件。"②因此，施洞苗族少女在婚前会寻找一切机会将最精美的服饰穿戴于身。在施洞苗族中，谈婚论嫁年龄段内的未婚女性非常重视银饰的佩戴，因为佩戴银饰的多寡与其以后的婚姻有着直接的关系。未婚女性在不同场合佩戴

---

①　待字之年指女子成年待嫁的年龄，主要指女性的少女时期。这里将少女的年龄范围设置为从十五六岁穿起银饰盛装的年龄到婚后生育之前，主要是女性可以游方的年龄段。

②　中国科学院民族研究所贵州少数民族社会历史调查组、中国科学院贵州分院民族研究所编印《贵州省台江县苗族的服饰》（贵州少数民族社会历史调查资料之二十三），1964，第 3 页。

的银饰都有约定俗成的款式和形制。根据银饰佩戴的不同场合和佩戴者的不同身份，施洞苗族少女的传统服饰主要有姊妹节盛装、传统节日盛装、家外便装、家内便装四种形式。

（一）姊妹节盛装："花衣"与银饰盛装

施洞地区一年一度的姊妹节是清水江中游苗族青年男女谈婚论嫁的重要社交节日。每年的姊妹节期间（农历三月十五日到十七日），适值婚龄的年轻姑娘就会穿起雍容华贵的盛装，邀约可"开亲"① 的苗族男青年，大家聚在一起吃姊妹饭、游方。姊妹节盛装由"花衣"和银饰盛装组成，是少女在姊妹节期间游方、踩鼓和婚嫁时的服饰，是施洞地区服饰工艺的典型代表。姊妹节期间，施洞苗族少女穿起一年之中最繁盛的服饰："花衣"内衬白色衬衫和蓝色便衣，下着百褶裙，穿绣花鞋，佩戴施洞特色的龙凤银牛角银饰、大银压领和最丰富的银饰，如图 2－80 所示。姊妹节盛装是施洞苗族服饰中最为华丽的一种，主要以苗服上的刺绣工艺和佩戴银饰的数量以及精细程度来衡量。因其奢华和仪式性，许多学者又将其称为"头等盛装"②。

"文化藏在身上，史书从头读起。"施洞少女的盛装以满身的银饰引人注目，尤其以繁重的头饰、项饰和银衣为盛。头饰主要包括大小龙凤银牛角各一件、银马花抹额一副、龙头银发簪一枚、龙

**图 2－80　姊妹节盛装**

＊拍摄地点：施洞吊桥，拍摄时间：2013 年 4 月 14 日。

---

① 台江地区苗族将结亲、订婚称为开亲。
② 为了与下文传统节日中的服饰称谓相区别，借鉴《贵州省台江县苗族的服饰》、唐绪祥老师的《贵州施洞苗族银饰文化》等多个研究，将姊妹节盛装命名为"头等盛装"。

头发钗两枚、花丝精工发簪一枚、蝶恋花发钗一枚、银飘尾一件、绢花一朵和耳饰一对。项饰包括银泡项圈 2～3 件、银压领一件、银项圈一件，还可根据个人喜好添加银项链；手镯 2～5 对，一般包括小米手镯、银泡手镯、绞丝手镯或龙纹扭丝手镯。戒指可任意数量，但越多越好，多按照单一种类佩戴，如錾花戒指或镂空戒指。银衣是指在苗服的后背、前襟、袖口和下摆等不装饰刺绣的地方用錾花银衣片、银泡、银响铃等装饰的"花衣"。如图 2 - 81 所示，在"花衣"两肩位置，在衣领与肩部绣片之间，以及肩部多片绣片的间隔和外侧都装饰有直径 2 厘米的成排银泡。袖口位置缝缀一排或两排银泡，下面的一排银泡用长 3 厘米左右的银链悬挂蝴蝶垂饰和银花片。上衣的前襟用三排錾花银衣片装饰。为了装饰效果，每排银衣片的大小和纹饰不同。第一、二排银衣片为四片直径 6 厘米的方形錾花饰片（历史上第一排银衣片的外形为圆形）；第三排银衣片为三片直径约为 10 厘米的方形錾花饰片。每一排银衣片的纹饰为同一主题，分别涉及植物、动物、仙人、瑞兽等题材。相邻两排银衣片之间和整体外围用成排的银泡装饰。最底部的一排银泡悬挂着由蝴蝶垂饰、枫叶银吊坠和银响铃组成的垂饰。穿着后底襟露在外面的位置也用錾花银衣片装饰，并同样用银泡围饰。银衣的后背装饰效果如图 2 - 81 右图所示。上背部以直径 10～12 厘米的圆形双龙背牌为中心，左右以三角形的如意纹衣角饰装饰。下背部用三排直径约为 10 厘米的方形錾花银饰片装饰，间隔以成排的银泡。最底部的一排同前襟一样装饰有银垂饰。这是施洞当前较为流行的头等盛装中的银衣款式，是较为奢华的一种。其中银泡使用数量不计，越多越精

**图 2 - 81　施洞苗族银衣**

美，越符合施洞苗族的银饰审美。盛装上下被银饰包裹，就连手绢也在四角缝制上蝴蝶垂饰（见图2-82）。据银江反映，施洞传统的银衣并没有这样铺满银饰，银衣一般包含18个圆形银衣片和13个方形银衣片[①]，数量可多不可少。近些年，施洞苗族生活改善，有更多的钱购买银饰，他们就将"花衣"发展到现在这种缝满银衣片的形式。

图2-82　手绢

　　姊妹节期间穿戴的头等盛装是施洞苗族少女专属的服饰。龙凤银牛角和银衣只能是未生育的进入婚龄的女性佩戴，如果未到年龄或已经生育，就不能佩戴龙凤银牛角。要穿银衣必须有"欧涛"，"欧涛"绣上银饰片才能称为银衣，其他的苗服不能装饰银饰片。年轻一点的姑娘银衣上的银饰片略微少些，一方面是因为其身体未成熟体型略小，所穿的"花衣"也较小，不能够安排下成年女性的银衣片数量；另一方面是，因为其年龄小，未能够积攒起足够多的银饰。随着年龄的增长，少女成年后就能够穿起成年女性的"欧涛"；母亲为其逐年添置银饰，逐渐攒起了一套头等盛装。这些银饰就被重新缝到为少女新制作的"花衣"上。等这套银饰盛装攒足了，姑娘也到了婚嫁的年龄。

　　只有亲历施洞苗族姊妹节，才能真正见识到施洞苗族银饰以"多"为美的繁盛：头上银角高耸，颈间项圈没过下巴，银衣片铺满"花衣"，有

---

① 2014年3月与施洞镇芳寨村刘永贵师傅访谈得知。

的姑娘还在银衣之下层叠穿上多件苗服。每逢姊妹节等盛大节日，"父母在平时为她们备制的各种各样的银饰也都完全佩戴起来。有的衣服穿到十几件，银饰戴二百多两到三百两。但这些佩戴的银饰，往往不完全是自己的。在苗族妇女中，有互相借用的习惯。我们在访问中，许多老人经常对我们说：'谁也不会制得齐全啦！就是过去的大地主家，也经常有几样是向人家借来的'"。①

传统上，除了姊妹节这种地域性的婚恋节日，施洞苗族女性很少有机会穿起头等盛装。每年的姊妹节，在节前三五天，年轻的女孩或她的母亲就将银饰和银衣送到银匠那里洗白②，然后重新缝缀到"花衣"上。如果之前的"花衣"破旧了，就要更换新的"花衣"。

包括每年一次的姊妹节在内，施洞苗族的婚礼是女性穿戴最繁盛头等盛装的机会。施洞苗族女性在婚礼中并没有特殊的结婚礼服，头等盛装即是少女的新娘服，"花衣"制作得最为精细，银饰堆叠得将整个人包裹起来。如果自己的银饰不够多，还可以向家族内的姐妹们借，力求将这一生一次的盛装打造得最繁华。在结婚当天，新娘身着头等盛装去往男方家里。婚后，头等盛装仍旧收藏在女方娘家。在"坐家"期间，新娘仍可穿起头等盛装去游方、踩鼓，直到怀孕生子后，头等盛装由娘家送往婆家。至此，新娘就不再有资格穿盛装了，服饰就更换为已婚妇女的装扮。

（二）传统节日盛装："欧涛"与银项圈

传统节日盛装是施洞苗族未婚女性在除姊妹节之外的各种民俗节日期间走亲戚、陪客时的服饰，或新娘过门后的一段时间在一些节日性的礼仪场合穿戴。因为少了施洞特色的银牛角和银衣，传统节日盛装又被称为二等盛装。在不同的场合和不同年龄的苗族女性，节日盛装佩戴银饰的数量

---

① 中国科学院民族研究所贵州少数民族社会历史调查组、中国科学院贵州分院民族研究所编印《贵州省台江县苗族的服饰》（贵州少数民族社会历史调查资料之二十三），1964，第5页。
② 苗族爱白银的洁白，但是时间久了，银饰表面会氧化而失去光泽。因此长时间保存之后，在佩戴前一般要找银匠将其"洗白"。银匠不但负责银饰加工，还要负责清洗银饰，俗称"洗银""洗白"。一般是给银饰涂硼砂水后过火，然后放进紫铜锅里的明矾水中煮沸，再在清水中用铜丝刷清理干净。

和种类也存在一些差别。

**图 2 - 83　传统节日盛装**

*拍摄地点：台江县苗疆姊妹广场，拍摄时间：2013 年 4 月 23 日。

　　施洞少女的节日盛装也是以传统的"花衣"为外衣，内穿衬有白色衬衫的蓝色便装，图 2 - 83 为未婚女性的传统节日盛装。节日盛装上裳下裙，脚穿黑色布鞋。相较于姊妹节盛装，"花衣"上不再缝缀银衣片，只是在衣领和袖口的位置缝缀有银衣吊（即银泡上坠有蝴蝶垂饰的衣角饰），在背上双肩部位装饰有双龙银背牌。除此之外，不再缝缀其他银饰。姑娘身上佩戴的银饰也减少许多，只保留了几件头饰（主要包括龙头银发簪、蝶凤银花发针、蝶恋花头插、银雀簪、花丝精工发钗等）、银项圈和姑娘日常佩戴的耳饰、银镯和几只戒指。节日盛装中最具有符号性的饰品就是坠有枫叶、蝴蝶垂饰的银项圈，"枫叶—蝴蝶"的组合搭配银响铃是苗族巫文化思想的载体。

　　（三）家外便装：绣花苗服与银项圈

　　少女的便装衣裙与盛装形制类似，仍旧是上裳下裙，穿黑色布鞋。上衣与"花衣"款式相同，都是右衽交襟，无纽扣，衣襟前长后短，两侧在

**图 2 - 84　少女的家外便装**

*拍摄地点：施洞镇偏寨村踩鼓
场，拍摄时间：2013 年 4 月 25 日。

左右底端开衩，衣襟有花带系于身后。蓝
色苗服是施洞苗族女性用自织的一种蓝色
布料做成的服装，前襟交叉掩胸，左右衣
襟有花带系于腰后，是主要的便装上衣
（见图 2 - 84）。蓝色苗服分为两种形式，
一种只在衣领有极少的刺绣纹饰，是最简
单的日常便服。另外一种在袖口和衣襟边
缘绣有五色的条状花边，并在衣襟刺绣花
朵图案，是家外便装的形式。

在家外便装的装扮上，银项圈是最惹人
瞩目的，身上其他银饰就比较简单了。发髻
常用几束假发掺于真发中间绾起，用龙头发
簪盘起，多绾髻于发顶，发髻两边绾成两个
圆圈形，称为"鹰眼髻"。发髻前面用银雀
发钗装饰，并在发髻右侧别有一朵绢花。发
髻后用银梳或龙头发钗固定。耳朵戴有耳
坠，手上一般戴一到两对手镯，戒指的佩戴
较为随意。家外便装主要在少女赶场、外出
走动的时候穿着。

（四）家内便装：蓝色苗服与银发簪

家内便装即日常便装，是施洞未婚女性平时最朴素的服饰形式。刺绣
花纹极少的蓝色苗服是施洞中青年女性共用的一种便装形式。与家外便装
相比，家内便装少了银压领。为了行走方便，日常便装为上裳下裤的形
式，服装上的其余装饰相同。普通便装主要是农事劳动和做家务时的日常
穿着，为了活动方便只留了具有功能性的银饰和极少的几件装饰性银饰。

当前，因为地域间的沟通频繁，施洞的苗族少女成为接受汉服饰文化
最快的人群之一。她们日常服饰已经完全"汉化"，多已脱去苗服，穿现
代成衣。但是仍盘发，戴银雀发簪，佩戴耳坠、手镯。

### 四 "坐家"[①]期间的银饰

施洞苗族女性婚后有"坐家"习俗。婚礼的当天或第二天,新娘即返回娘家居住。她在娘家的地位同婚前一样,基本没有变化,仍要参加家里的劳动,仍可以与娘家的姐妹一起游方、踩鼓。

坐家期的女性服饰与婚前并无大异,只是较未婚女性更为讲究。在新婚期,"作新媳妇的时候,穿着上是比较讲究的。即使是在劳动时,也穿上新的或半新的头等便装,经常戴银梳、耳环(耳柱)、银链、手钏等,与走亲赶场没有多大区别"[②]。"坐家"期间,逢年过节或农忙的时候,新郎会接新娘回去小住几天。新娘会按照节日盛装的服饰穿着(见图2-85),一般穿饰有银泡的或新或旧的"花衣",戴银项链和手镯等。

**图2-85 新妇的日常装**

＊拍摄地点:施洞镇踩鼓场,拍摄时间:2014年4月25日。

"坐家"期间,新媳妇在夫家是一个客人,虽然参与日常家务,但是挑粪一类的重活是不需要做的。诸如烹饪等杂事也较少做,甚至添饭等也要别人帮忙,不许碰触锅灶和饭甑。如果新媳妇在夫家开始"煮饭",就说明她要结束"坐家",长住夫家了。结束"坐家"期之后,新媳妇在夫家逐渐开始穿日常便装。与此相呼应的是,结束"坐家"的初期,新媳妇回娘家就要穿起节日盛装,不能在娘家再参加"游方"等社交活动。在娘家较少从事家务劳动,尤其是

---

① "坐家"是指苗族等少数民族的女性在婚后久居娘家的婚俗。坐家期少则一两年,多则五六年,直到女性怀孕待产,才会结束坐家期,到婆家居住。在"坐家"期间,已婚女性的日常生活和节日的习俗与未婚女性无异。

② 中国科学院民族研究所贵州少数民族社会历史调查组、中国科学院贵州分院民族研究所编印《贵州省台江县苗族的服饰》(贵州少数民族社会历史调查资料之二十三),1964,第6页。

不能做饭。对于结束"坐家"这个关键性的仪式，新媳妇的娘家和夫家是较为重视的，须选吉日并祭祖后才能进行。

### 五　"老人"之年①的银饰

施洞女性怀孕临产之时就要结束"坐家"，开始在夫家的生活。施洞苗族妇女在生儿育女之后就可以自称为"老人"了。与身份转换相对应，新媳妇升格做母亲后要进行一系列的"换装"。

第一次为人父母的人必须按照其生活群体内的规范约束自己的服饰，改变自己的服饰符号，以显示自己的身份。施洞苗族对第一次生育是较为看重的，因此，相应的服饰更换也较为明显。为人母亲后，施洞妇女就不再穿少女的头等盛装了，龙凤银牛角和银衣就被收藏起来，在以后的正式场合就要穿起中年女性的"欧莎"盛装了。这种标志女性已经生儿育女、长住夫家的服饰具有明显的符号意义。除去标志身份的符号含义之外，"欧莎"盛装还具有约束穿戴者和异性行为规范的功能，生育后的女性不再具有与丈夫以外的异性自由交往的权利。

按照施洞的习俗，生育后的女性就不能如婚前一样任意梳理头发了。生儿育女后，一般这段婚姻就已经固定。新任母亲将自己的头等盛装从娘家搬进婆家，不再有穿起盛装的机会，因为她们的身份变了，服饰形制也要发生变化。首先要改变发式，她们要梳成施洞特有的一种发髻样式——"鹰眼髻"，在发髻上用龙头簪固定，在正面装饰蝶恋花发针，在背面用木梳或银梳装饰固定。然后，要用施洞当地特色的一种长方形花格帕将盘好的头发覆额包起（花格帕要折三四折，叠成约两寸宽的长条形，将一端置于额头，由前额向顺时针方向沿头部包裹一圈多，在两端交叉的位置将末端折插进额前固定），这种花格帕是用红、绿、蓝、白、青等多色棉纱掺丝线织成的横条纹机织花布做成的。花格帕除了起到固定头发的作用，其五彩的颜色还有很好的装饰功能。

从第一次生育开始，随着年龄的逐渐增加，她们佩戴的银饰逐渐减

---

① 施洞苗族已婚育的成年男女均可自称为"老人"。这里专指已生育的女性，即已为人母的女性。本书将"老人"之年设置为一个女性从第一次生育到成为祖母之间的处于中年的年龄段。

少。等过了 30 岁，银饰也就逐渐减少了。① 与银饰搭配的衣服也产生变化，服装整体的颜色逐步变暗，大红等鲜艳的颜色逐渐减少，衣服上绣片的颜色也由红色逐渐变成蓝色或紫色等较暗淡的颜色。施洞苗族妇女所佩戴的花格帕极可能是抹额的一种演化形式。抹额最早是北方少数民族头部御寒的装饰，多用貂皮、绒、毛毡等制作。后传入中原地区，发展成为抹额，常见用绸缎、丝帛、纱罗等制作，并镶嵌珠玉宝石，成为一种装饰。唐宋时期，抹额即当时男子所佩戴的幞头及内里所衬的巾子。到明代，抹额成为妇女的流行装饰，多用方一尺左右的额帕两幅，分别折成约有一寸宽的条形，以内外叠加的形式束于额上。后为简化佩戴形式，直接用乌绒、乌纱等夹衬锦帛，根据头围剪裁制作成头箍。施洞妇女所佩戴的这种花格帕的形式较类似于明代早期妇女所佩戴的双层的抹额。

（一）节日仪礼盛装："欧莎"与银项链

在施洞，只有已经生育后的女性才能主持人生仪礼。如幼儿的诞生礼、年轻人的婚礼和逝者的葬礼，未婚育的女性可以参加，但不承担角色。在这些仪式中，中年妇女（已婚育的妇女）也会精心细致地打扮自己。在一些传统节日中，如姊妹节的踩鼓仪式和龙舟节的"送礼""打平伙"等仪式中，她们也会穿起盛装参加。图 2 - 86 所展示的是施洞中年女性最为豪华的一种服饰。图中展示了中年妇女较未婚女性服饰的变化：服装上的刺绣增多，出现满绣的状态；银饰减少，头饰和银项链成为佩戴在身的最主要的银饰。

中年妇女的上衣也是由亮布制作，绣片装饰的位置与未婚女性的服装相同，但是绣片多用蓝色和紫色等暗色调。中年妇女下装一般为长裤，外罩围腰帕。围腰帕是一种长 70 ~ 75 厘米、宽 60 ~ 65 厘米的三片绣片拼接做成的片形饰布。围腰帕有不同的款式（如图 2 - 86 所示）。第一种为左、中、右三幅绣片皆为刺绣工艺做成，中间一幅为红底，刺绣有龙或凤的纹

---

① 中国科学院民族研究所贵州少数民族社会历史调查组、中国科学院贵州分院民族研究所编印《贵州省台江县苗族的服饰》（贵州少数民族社会历史调查资料之二十三），1964，第 3 页。

**图 2-86　中年女性的节日仪礼盛装**

*拍摄地点：施洞镇偏寨村踩鼓场，拍摄时间：2014 年 11 月 19 日，摄影者：
刘祝英。

饰；左右两幅黑底，以鸟、蝴蝶、鱼、狮或鼠等图案搭配装饰，整幅围腰
色彩较为鲜艳，为年轻母亲的装饰。另外一种为织花围腰。织花围腰中间
一幅是以黑或白线为经线，彩色丝线为纬线，用自制的木制织机纺织而
成。左右两幅多用蓝色或绿色缎子或土布为底，刺绣颜色亮丽的纹饰。织
花围腰上的图案介于写真图案与几何图形之间，图案多以龙凤为中心，四
周用花鸟虫鱼围绕，形成由中心向外伸展的动势。织花围腰的刺绣紧密，
少妇以鲜艳的红色系为主，中年妇女以紫色系为主，老年妇女以深蓝色系
为主。

　　围腰帕用织锦花带固定于腰部。织锦花带是施洞女性用五彩的棉线和
丝线编织而成的，一般宽度 3~6 厘米，长 100~150 厘米。花带常用不同
的色彩编织出"双龙抢宝"、"六耳格"、各种花鸟图形和几何图形等纹饰
作为装饰。织锦花带有一个美丽的传说。苗家的一位姑娘露娜被妖怪变成

了一条毒花蛇，爱恋她的小伙子为了救她与妖怪同归于尽。为了铭记小伙子的救命之恩，恢复人形的露娜就用五彩线仿照花蛇的样子做了一条腰带绑在腰上。别的姑娘见了也来学习织花带。编织花带是施洞姑娘必须掌握的一种手艺。花带常用作背扇的背带、衣服的系带、袜带、裤带等。男女婚恋时，织锦花带是女生送给男生的信物。在节日和婚礼的"讨花带"活动中，姑娘会将花带送给钟情的小伙子作为定情信物。在以后若有一方反悔，则必须退回织锦花带，以表示以前的感情和誓约一笔勾销。男盛装时的腰带也是织锦花带的一种。

中年妇女服饰中的银饰随着年龄的增长而逐渐减少。母亲脱下的银饰（包括大小银牛角、银压领、银项圈等）就这样逐年地添加进女儿的盛装中了。银饰数量减少，但是单件银饰的重量却超过了未婚女性。如单条银项链最重的达到16两。中年妇女佩戴的银饰数量和银饰表面的装饰纹饰逐渐减少，这是与服装上的纹饰的增加成反向的。中年女性精工刺绣的围腰帕与未婚女性奢华的银衣的风采具有异曲同工之妙，是展示施洞苗族女性的两种形式。

中年妇女的盛装与少女的盛装相比较，不但数量存在巨大差距，可使用的银饰款式和形制也存在不同。成为母亲后的妇女的服饰主要存在如下变化。头饰弱化，中年妇女不再佩戴龙凤银牛角和花丝精工发钗等装饰性强的银饰，一般是用龙头银发簪绾起"鹰眼髻"，左右用发钗装饰。特别隆重的场合在发髻顶部装饰银雀簪。耳饰由各种银耳坠换成银耳柱。不再佩戴银项圈、银压领和银泡项圈，开始佩戴各种款式的银项链。手镯减少为一到两对，或不戴。戒指可根据个人喜好，戴或不戴都可以。

（二）家外礼服：刺绣苗服与银项链

家外礼服是施洞中年妇女走亲待客、参加社交活动时的装束。家外礼服也可以是参加一些简单的人生仪礼场合的服饰。在年轻时，儿女未长大，家中需要操持的事情较少，妇女们较喜欢在节日期间走亲、陪客和赶场。"遇到这种活动，一般都穿二等盛装、头等便装或新便装，戴一两根银链，三四对手钏，耳环或耳柱是不可少，包有头帕，发髻上插银针以至戴上银梳。"①（见图2-87）家外便装上衣为手工制作的蓝色绣花右衽交襟的常服，讲究一些的衣襟上绣有花朵图案。下装为黑色长裤，脚穿黑布鞋。但现在苗族女性较多购买汉族地区流行的高跟鞋代替了黑布鞋。

**图2-87　中年妇女的家外便装**

*拍摄地点：老屯乡老屯寨，拍摄时间：2013年龙舟节。

着家外便装时，用龙头发簪盘发髻，发髻前饰银雀头插，后部用蝶凤银花发针固定。耳饰戴耳柱或简单款式的耳坠。着便装走客时，多戴银泡项链和"8"字项链各一条，也有人把梅花项链作为二者之一。戒指和手镯的佩戴，根据个人情况存在不同。

中年妇女平时赶场、陪客时，常只戴银质发簪和耳环或手镯；年轻的妇女则至少发髻上插有银雀簪子，戴耳环、银压领。随着年龄的增长，"妇女们到了生过三、四个孩子，40来岁以后，一切都不大讲究了，穿戴

① 中国科学院民族研究所贵州少数民族社会历史调查组、中国科学院贵州分院民族研究所编印《贵州省台江县苗族的服饰》（贵州少数民族社会历史调查资料之二十三），1964，第5页。

上也逐渐地素净起来……佩戴银饰也相应地减少。三十到四十岁，佩戴一根或两根银链，而40来岁以后，银饰就不用了，通常只是戴耳柱，有的地区戴耳环，另有一对或两对身姿比较细小的手钏[①]。"妇女的银饰多已重新打制，戴到接近成年的女儿身上。

（三）家内便装：蓝色苗服与银发簪

施洞中年女性在平常日子和劳动时着普通便装。普通便装上装为或新或旧的蓝色右衽交襟常服，下装为黑色裤子，脚穿黑色布鞋。普通便装的银饰较为简单，一般包括发簪和银耳饰（见图2-88）。

**图2-88 普通便装**

*拍摄地点：施洞镇偏寨村踩鼓场，拍摄时间：2013年4月25日。

---

① 中国科学院民族研究所贵州少数民族社会历史调查组、中国科学院贵州分院民族研究所编印《贵州省台江县苗族的服饰》（贵州少数民族社会历史调查资料之二十三），1964，第3页。

### 六　老年女性的银饰

#### （一）旧"欧莎"与银耳柱：老年礼服

在盛装或便装时，施洞老年女性佩戴银饰的种类和数量没有太大差别。她们一般常年以年轻时的"欧莎"为外衣，下身穿黑色裤子，有时会外穿暗色围腰帕。在节日、家族祭祀或走亲时，头饰用花苞银发簪，发髻后用木梳固定；头裹暗色花格围帕；较少人还会在胸前戴一到两条银项链。如图2-89所示，即使在踩鼓等节日场合，施洞老年妇女的服饰也较为简化，衣服多为年轻时的旧苗衣，银饰也佩戴得较少。

银耳柱是施洞老年妇女最具特色的服饰。沉重的银耳坠还是延续了施洞苗族"以重为美"衡量银饰的标准，是施洞苗族老年女性身份的象征。

**图2-89　老年女性的盛装**

\* 拍摄地点：施洞镇石家寨，拍摄时间：2012年7月18日。

#### （二）老年常服：旧"欧莎"与花苞银发簪

老年女性的便装比盛装更为简化，身穿年轻时旧的"欧莎"和黑色长裤。有些年轻时制备的盛装苗服较少或已经穿破旧的，她们也会穿蓝色苗服。平时穿旧便装，戴一两对手钏，耳柱（耳环）和头帕可用可不用。银饰较少，多在发髻右边横插一根花苞形的银簪，发髻内插有银发针。髻后插一把木梳或银嵌木梳（见图 2 - 90）。到了六七十岁，佩戴的银饰就只剩了花苞银发簪和银耳柱了。在日常或劳作时，有的老年女性直接用长簪绾发，并用毛巾包裹起头发。

**图 2 - 90　老年女性的便装**

*拍摄地点：施洞镇集市，拍摄时间：2017 年 6 月 13 日。

综合以上对不同年龄阶段和不同身份的女性服饰的描述可得出表 2 - 1。

**表 2 - 1　施洞苗族女性服饰类别**

| 分期 | 服饰形式 | 特色银饰 |
|---|---|---|
| 总角之年 | 逐年积累银饰 | 银雀头插，银压领，少量银衣片等 |
| 待字之年 | 姊妹节盛装："花衣"与银饰盛装 | 大、小银牛角，牛角银凤冠，银雀簪，银马花抹额，龙头银发簪，蝶凤银花发针，蝶恋花头插，花丝精工发钗（龙头发钗、蝶恋花发钗），银飘尾，银毛毛虫，银泡项圈，银压领，银项圈，银衣，双龙背牌，各种耳饰，银戒指和银手镯等 |
| | 传统节日盛装："欧涛"与银项圈 | 银项圈，龙头银发簪，蝶凤银花发针，银手镯，蝶恋花头插，银戒指，银背牌，银衣吊等 |

续表

| 分期 | 服饰形式 | 特色银饰 |
|---|---|---|
| 待字之年 | 家外便装：绣花苗服与银项圈 | 银项圈，银雀发插，龙头发簪，蝶凤银花发针，少量几枚银手镯和戒指 |
| | 家内便装：蓝色苗服与银发簪 | 银雀发簪等，或已汉化不再盘发髻 |
| "坐家"期间 | 可延续婚前服饰类型，但出现变化 | 与未婚少女类似 |
| "老人"之年 | 节日仪礼盛装："欧莎"与银项链 | 银雀簪，龙头银发簪，蝶凤银花发针，各种银项链，银手镯等 |
| | 家外礼服：刺绣苗服与银项链 | 龙头银发簪，银雀头插、蝶凤银花发针，一到两条银项链等 |
| | 家内便装：蓝色苗服与银发簪 | 花苞发簪，蝶凤银花发针，银耳柱，银手镯 |
| 老年女性 | 老年礼服：旧"欧莎"与银耳柱 | 花苞银发簪（或龙头银发簪），银耳柱，偶尔会带银项链 |
| | 老年常服：旧"欧莎"与花苞银发簪 | 花苞银发簪，银耳柱 |

通过表2-1可以较容易地归纳施洞苗族女性一生中服饰变化的轨迹。年轻时，施洞苗族女性佩戴的银饰形制大，工艺制作精细，具有较强的可观赏性。各种银饰多采用银片或银丝加工制作而成，用复杂的工艺制作出片形的银饰形体。这种轻薄而工艺精致的银饰将女性的全身上下包裹起来，形成豪华的装饰效果。年轻女性在穿戴银饰盛装时必须与精致的手工制作的苗服（如精工刺绣而成的"花衣"）搭配。如施洞苗族少女在佩戴银饰盛装时，必须穿颜色鲜艳的"欧涛"（即"花衣"）。而用薄银片制作成的银衣片必须缝制到"欧涛"的衣摆上，制作成银饰盛装，作为少女参加姊妹节的入场服饰。伴随着年龄的增长，施洞女性婚后佩戴的银饰逐渐减少。其银饰减少的过程与其生育年龄的早晚和生育女孩的数量有一定关系。生育子女后，施洞妇女会经历一次人生的"换装仪式"，其服饰较生育之前发生较大变化：在节日期间不再佩戴银牛角、银项圈，不再穿银衣，而是在发髻之上插银雀簪，戴各式银项链，穿刺绣繁密的苗服。育有女孩的妇女会随女儿成长分阶段地将自己的银饰转给女儿佩戴，或将自己的银饰重新打制成新的款式逐年添加到女儿的服饰中去。生育多个女孩的妇女就将自己的银饰逐年平均分配给自己的每个女儿。如果生育的女孩

多，其到老年所剩的银饰就很少了。相对于银饰数量的减少，老年妇女佩戴的银饰种类只保留了银发簪、银发针、银耳柱和银镯子，银戒指等都已经很少佩戴。这些银饰虽然数量和形制上都远远逊色于年轻女性的银饰，但是其多具有较大的重量。单只银耳柱形体略大于一个矿泉水瓶盖，其重量可达 50 克。

银饰制作的形制和纹饰的复杂程度是婚前女性和婚后女性所佩戴的银饰的主要区别之一。如以施洞婚前和婚后女性的银发簪为例，施洞婚后女性的发簪分龙头银发簪和花苞银发簪两种。如图 2－91 所示，左图中龙头银发簪配蝶凤银花发针是年轻妇女节日中发饰的组合形式；右图中的是中老年女性常用的发饰。龙头银发簪配蝶凤银花发针组合采用精细的花丝工艺制作而成，造型上以多层次的纹饰部件组合成为龙头、蝴蝶、鹈宇鸟和花朵，形态逼真；花丝做就的精细纹饰用银量少而精致，重量小。花苞银发簪配蝶恋花银发针主要借助简洁的錾刻工艺做成，这两种款式的发饰都是在实心银坯上用模冲—錾刻工艺饰以精细花纹。这两种发饰组合在工艺、造型和重量上具有较大差别，二者的差别就代表了年轻女性和年长女性的银饰塑型特点。

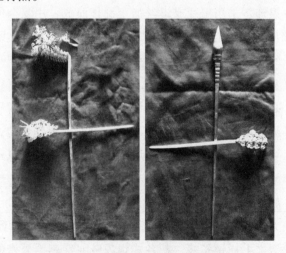

**图 2－91　施洞女性发簪的佩戴组合**

＊拍摄地点：施洞镇旧州村龙老杂家，拍摄时间：2014 年 6 月 25 日。

年长妇女服饰中的银饰空白被刺绣所填补，成为婚育前和婚育后女性服饰的又一区别。婚前女性多用银衣片点缀苗服上的刺绣空白区域。而中年女性佩戴银饰减少后，衣服上多装饰大面积的刺绣纹饰或绣片。银饰简化，但服饰中刺绣的面积却增多了。这可能是因为她们婚后不再游方，将主要精力放于家庭和养育子女，在家的时间更多，有闲散时间就用于制作传统服饰。

　　现今，随着生活条件的改善和外来文化的影响，日常生活中，苗族女性的服饰也开始汉化，尤其年轻女性的服饰已经被都市化的成衣和高跟鞋占据了主要位置。但是施洞苗族女性在节日期间依旧会穿起具有浓郁民族气息和厚重的历史文化底蕴的苗服，以自己独有的、代代传承的开放心态接受外来的文化。这种苗汉服饰共存的状态体现了施洞苗族多种文化元素的混合与渗透，是文化融合的一种方式和展示形式。

## 第二节　施洞苗族男性的银饰

　　总体来说，施洞苗族服饰具有男装简朴、女装繁复的特点。施洞苗族老年男性与中青年男性的传统服饰形制类似，均为上衣下裤结构。男性上衣服饰材质与女性相同，同为手工织染的"亮布"做成。男性传统服饰是布扣对襟的"亮布"上装，裤为蓝色直筒长裤。腰间装饰在右前相系的宽约两寸的彩色织锦腰带，丝带两头留出半尺长的缨须自然下垂。织锦腰带上连续排列有十枚左右的方形银衣片，银衣片上垂饰有枫叶、蝴蝶银吊花，十分精美。六七十岁以上的老年人以"亮布"长衫套黑色小褂为盛装。幼童盛装配有刺绣虎头帽（龙头帽）、刺绣口水兜、背扇等，虎头帽上用银泡和银菩萨装饰。

### 一　苗族男性的传统饰品

　　据史料记载，苗族男性的服饰也曾经像女性服饰一样繁复。据《凤凰厅志》记载："苗人惟寨长剃发，其余皆裹头椎髻。去髭须，短衣，跣足，以红布搭色系腰，着青布衫。绔富者以绸巾约发，贯以银簪四五支，上扁下圆。左耳贯银环如碗大，项围银圈，手带银钏。"[1] 可见，在清之前，苗

---

　　[1]　吕华明编《清乾隆本〈凤凰厅志〉笺注》，湖南人民出版社，2017，第111页。

族男性装扮与女性类似：男性椎髻，穿装饰刺绣的衣服，佩戴银发簪、银项圈、银手钏等银饰。

在历史发展的长河中，施洞苗族男性的服饰发生了一系列较明显的变化，直到今天，施洞苗族男子的服饰与汉族男子已无太大区别。明清时期，随着汉族史料中苗族文化的增多，我们获得了苗族男性服饰的基本资料。如"男椎髻，着短衣，色尚浅蓝，首以织花布束发"，"男子批草衣，短裙"。在《苗蛮图册》中，"九股苗"的男子装束为椎髻束发，长衣短裤，裤长到膝部，小腿用绑腿包裹，赤足，服色青黑，且穿戴"头戴铁盔，前有护面，后无遮肩，用铁皮围身，铁片缠腿"的狩猎装束。这是施洞苗族男性在保留"生苗"文化时的装束，当时虽然受到清朝之前各种他族文化的影响，但是这时的男性服饰还保留了传统服装的特点。从清代雍正年间推行"改土归流"之后，统治者下令"服饰宜分男女"；同时，在几次苗族起义被镇压之后，清政府在施洞地区屯兵，并迁江西等地人口至施洞地区置田开垦，大量商人涌入该地经商贸易。受到政策、经济和人口流动的影响，施洞苗族男性服饰的民族性逐步弱化，老年男性穿长衫，年轻男子穿对襟短衣、长裤，缠头帕，打绑腿，后逐步与汉族男性服饰同轨，银饰也逐渐减少。

## 二 近现代苗族男性的银饰

### (一) 幼童

到了五六岁，男孩仍可戴虎头帽，帽上仍旧钉有银菩萨和银响铃。在节日期间也可戴银马花抹额。这可能是受汉族重男轻女思想影响，将男孩装扮成女孩而使鬼怪认不出，就可以逃过劫难。男孩在手上戴有响铃的手镯，并在脖子上戴起长命锁或银项圈，这与汉族的习俗相近。施洞传统风俗中，男孩的长命锁要一直佩戴到结婚时才取下。经常生病的孩子要在请示过鬼师意见后，佩戴银手镯、银链，或者佩戴银、铜、铁混绞的手镯，以求驱邪保安康。这种习俗源于施洞苗族认为银能辟邪、铜可驱魔、铁能消灾的观念。戴银手镯把作怪的恶鬼驱走了，病也就好了。因此，银、铜、铁混绞的手镯不仅能祛除病疫，更能消灾解难，保佑幼儿健康成长。

施洞一带，凡体弱多病的人，尤其是幼儿，都会戴上银、铜、铁丝混绞的手镯，直到成年才可摘下。这种银、铜、铁对鬼的威慑力量，就如在丧葬礼中不能用铜质的东西随葬是一样的，施洞苗族俗语说"（墓葬内）埋铜埋铁，全家死绝"，这是共通的说法。

（二）成年男子

受到清水江上商贸经济的影响、清朝政府"改装"政策的压力和汉族文化的渗透，施洞男子的传统服饰形制逐步淡出历史舞台，现代成衣成为他们的主要服饰。银饰在服饰中的使用也渐渐弱化。现在，只有在传统节日或者婚礼中才能见到施洞男性的传统服饰，但是也已经失去了苗族男性服饰的传统特色。这种传统服饰留存有清朝统治的印记，如老年男子的右衽长衫源自满族的满装，经苗族的手工染织和剪裁，成为具有苗族风格的民族服装。青年男子的对襟上衣就更是清统治之后的装束了。

在传统节日、婚礼等仪式中，苗族中青年男子会穿起传统服饰。男性服装较为简朴，上衣是紫红色长袖对襟①双层夹衣，多用较硬、较平滑光亮的紫红色手打"亮布"裁剪制作而成。上衣前襟下端左右各有一个衣兜，胸前有或五或七或九副不等的直排布纽扣，下着蓝色大筒长裤。

施洞苗族男性的银饰较为简单，即使在仪式中的盛装，男性佩戴的银饰数量也远远少于女性。施洞男子偶尔戴银项圈，但近年已少见。未婚男子常戴幼时的银、铁、铜三丝混绞手镯。耳环已经不戴。当前，男子传统服装中的银饰主要集中在腰部，包括衣角花和织锦腰带两种（见图 2－92）。衣角花一般钉在上衣底端的衣服两侧。三角形衣角花外形为如意纹，用连珠纹勾边，中间装饰蝴蝶或花鸟纹浅浮雕。三角形衣角饰底部悬挂一排圆锥形银吊花。织锦腰带上装饰有以鱼纹或折枝花纹为主要图案的长方形银饰片。银饰片下分别垂饰一排圆锥形银吊花。在同一条织锦腰带上要用六片折枝花和六片鱼纹衣角花穿插装饰。三角形衣角饰和银饰片皆采用模冲工艺制作出纹饰轮廓后，再用錾花工艺雕琢纹饰的细部线条和纹理，做工较为精致。

①　施洞男装分对襟或大襟右衽上衣两种。中青年男子多穿着对襟上衣，老年男子多穿右衽长衫。

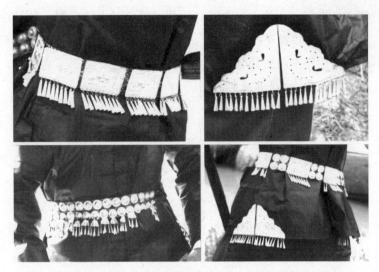

图 2 - 92　中青年男性传统服饰

现在施洞苗族男性服装已经汉化，男子的便装与汉族无异，多穿由市场购买的成衣，与现代都市男子着装并无差异。

（三）老年男性

在早些年，施洞老人习惯剃发，然后在头部包青色土布头帕，穿着长便衣，左襟向右掩并用布扣相系；冬天在小腿缠以布条。

在正式场合，施洞老年男子多头戴礼帽，身穿紫红色手打"亮布"做成的右衽长衫，穿长裤、皮鞋，有的还在外罩穿蓝色马甲（见图 2 - 93）。这种仿照清朝时期旗装的服饰装扮成为节日中老年男子的统一装扮。由此可见，这种装束是施洞纳入清朝中央统治之后，与汉族等中原文化共融，实行"改装"而形成的服饰形制。

平日，施洞老年男性多穿现代成衣，主要以中山装①为主。

现在，施洞男性的服饰已经与东部地区男性的服饰没有什么区别，都

---

①　施洞老年男性穿中山装与施洞的两个历史人物有很大关系，这两个人就是张伯修和张卓。张伯修，施洞人，年轻时筹办施洞高初两等学堂，后弃教从政，拥护孙中山革命主张，反对袁世凯复辟，曾出任孙中山秘书，民国 24 年回乡闲居至病故。张卓，张伯修胞弟，参加北伐起义，后任国民党将领，1948 年回乡居住至病故。至今施洞仍保留有张伯修、张卓故居。

**图 2 - 93　老年苗族男性传统服饰**

*拍摄地点：施洞镇偏寨村踩鼓场，拍摄时间：2014 年龙舟节期间。

以现代成衣为主。这是施洞苗族男性服饰汉化的结果。

### 三　龙舟上的银饰

　　龙舟节是施洞地区的一个特色节日，是每年农历五月二十五日至二十七日清水江中游沿岸的苗族村寨举行的以划龙舟为主要活动内容的盛大集会。施洞苗族龙舟节期间的龙舟是杉木制作的独具特色的独木龙舟。直径约 70 厘米，长约 20 米的母舟居中，两侧各固定一条直径约 50 厘米、长约 15 米的子舟。平日里，母舟和子舟被拆开搁置在清水江边专门为龙舟搭建的龙舟棚里，只有在每年龙舟节的前几天，母舟和子舟才与龙头组合成龙舟，放入江中。龙头是用水柳木精雕而成，如图 2 - 94。龙头长有鹿角、羊角和大水牛角，两只白色水牛角左右分别写有"国泰民安""风调雨顺"八个汉字。龙眼、耳、鼻、舌、牙齿雕刻仔细，口含白珠，颔下垂有长须。龙颈装饰有红、黄、绿、白等色的鳞，色彩斑斓，栩栩如生。

图 2 − 94　施洞龙舟及龙头

　　关于龙舟节的起源，施洞民间流传着一个耳熟能详的故事。在很久以前，清水江边住着一个叫保公的苗族老人。一天他带着自己的儿子九保去江上捕鱼。突然水中跃出一条龙将九保叼走了。老人很着急，就潜到水中救儿子。找来找去找到龙洞里，看见龙正枕着儿子的尸体睡觉。老人很愤怒，回家拿了柴火就把龙洞给烧了。恶龙被烧死了，可是烟雾却遮天蔽日，几天几夜都没有散去，倾盆大雨冲毁了刚栽种的秧苗，水牯牛也躲在圈中没有草吃。人们只能躲在家里，什么都不能做。有一天，一个妇女摸黑去河边洗衣服。她的小孩淘气，就拿着捶衣棒在河中搅来搅去，还跟着水声和着"咚咚哆，咚咚哆"的声音。说来奇怪，乌云散开了，天空就晴了。江面上浮着一条花花绿绿的龙。附近的人们都来抢龙肉吃。那天晚上，龙给附近村寨的寨老们托梦，说自己害死了保公的儿子，但是自己也遭了报应。它希望沿河的村寨用杉木做成与龙一样形状的独木舟，每年农闲的时候在清水江划上几天，它就保佑大家风调雨顺，五谷丰登。人们就按照龙所说的制作了龙舟，敲锣打鼓到清水江游弋。具体划龙舟的时间按照各寨吃到龙肉的部位决定。胜秉分到龙头，排在农历五月初五；坪寨分得龙颈，排在五月初六，但是那会儿正值农忙，就商量后改在农历五月二十四日到五月二十七日分期举行，坪寨为农历五月二十四日，塘龙二十五日，榕山二十六日，施洞二十七日。[①]

龙舟节的仪式活动以龙舟竞渡和姑妈接龙舟送礼为主要内容。各村寨的龙舟下水后去往每日主场的寨子，沿路上在有亲戚的村寨表演并靠岸，亲朋好友就会前来接龙舟，送上鸭、鹅、猪、牛和现金做成的条幅、锦旗等。鸭、鹅和彩旗挂在龙舟脖子上，挂的礼物越多越好。龙舟节期间，女性不能靠近龙舟，只能在岸上的平地举行盛装踩鼓等仪式性活动。男子是龙舟节的主角，他们负责划龙舟、接龙舟、送礼物，在龙舟上进行祈求丰收的仪式性活动。

现代施洞男子服饰是较为汉化的，极少佩戴银饰。但是在这个以男性表演为主的龙舟节中，一个较有特色的情节就是龙舟上戴银饰的男子。龙舟上的男性主要有三种着装方式。

第一种是舟上的男性老人担任的鼓头。苗语称鼓头为"嘎纽"，就是"鼓主"的意思。"纽"是"鼓"的意思。以鼓来称呼龙舟的主办者可能是划龙舟与苗族的"鼓社祭"存在联系。[②]鼓主身着夏布长衫，长衫外罩镶边的红色或青色马甲，头戴宽边大草帽，脖子上戴的大银压领是最吸引人目光的装饰（见图2-95）。鼓头手提皮鼓背对龙舟头而坐，面向龙舟上的其他成员。

---

① 根据多次访谈录音整理而成。主要包括对以下五个人的访谈：吴智（塘坝寨银匠，访谈时间：2012年7月16日，访谈地点：施洞镇塘坝村吴智家）、刘秀发（刺绣能手，访谈时间：2012年7月23日晚，访谈地点：秀发民族刺绣工艺品店）、刘昌乾（施洞文化站站长，访谈时间：2013年7月6号）、刘永贵（施洞镇芳寨村银匠，访谈地点：施洞镇芳寨村河坝，访谈时间：2014年4月17日）、张支书（巴拉河村支书，访谈地点：巴拉河寨口，访谈时间：2014年6月15日）。

② 由鼓主的称呼方式可推测，苗族龙舟节可能是鼓社祭的一种形式，或者最早的龙舟节是由主办鼓社祭的人主持的。

图 2 – 95　龙舟上鼓头的装扮

＊拍摄地点：施洞镇河坝，拍摄时间：2014 年 6 月 22 日。

第二种是佩戴银饰最盛的大约 10 岁的男扮女装的小锣手（见图2 –
96）。小锣手离鼓头 1 米多对面而坐，身旁的小龙头上挂着一面铜锣。小
锣手头戴银抹额，项戴银压领，身穿银衣，银饰华丽。

第三种就是舟上的年轻男性担任的撑篙①、理事②、桡手③、火铳手④、

---

① 苗语称"纽富"，由鼓头请的力气大、水性好、善撑篙的男性来担当。
② 理事，又称管账。他负责在每个村寨的亲朋好友送来礼物时做记录，以便鼓头将来参照
　还礼。
③ 每只子舟上有 16 个桡手，每仓站 4 个人。桡手都是由寨子里年轻力壮、熟识水性的男性
　担任。在舟上，桡手采取站姿，比赛时略微弓步划船。他们在舟上忌讳卷起裤腿。因为
　划龙舟目的是祈雨，祈求风调雨顺，挽起裤管就有害怕打湿的意思，不利于求雨。
④ 火铳手主要负责在龙舟进入村寨时、龙舟开始滑动时或龙舟比赛时以火铳助兴。

图 2 - 96　龙舟上锣手的装扮

*拍摄地点：老屯乡河坝，拍摄时间：2012 年 7 月 14 日。

舵手①等船上的其他成员。他们统一穿施洞特色的紫红色长袖对襟上衣，衣角坠饰有带垂饰的三角形衣角花，腰系用方形银饰片装饰的五色织锦腰带，穿蓝色长裤。服饰形制与男子传统服装相同，只是多戴一顶饰有银质尾饰的马尾斗笠（见图 2 - 97）。马尾斗笠用竹篾、白马尾、白铜丝制作而成。马尾斗笠上的尾饰在接近帽檐的位置装饰有浮雕的蝴蝶或宝珠纹，尾端分为三瓣或四瓣（见图 2 - 98）。马尾斗笠是黄平、施秉、台江、凯里、麻江等地区苗族姑娘的陪嫁物。姑娘婚后夏秋在夫家干农活时佩戴马尾斗笠遮挡阳光，一般可用十余年，损坏不再添置。除去

图 2 - 97　龙舟成员的装扮

*拍摄地点：施洞镇坪寨渡口，拍摄时间：2012 年 7 月 12 日。

①　舵手，又称为艄公，苗语称"达带"。舵手要由水性好、头脑机灵的人担任。他主要负责用手中的长桡片掌握龙舟前进的方向，一面采用向下蹲坐的方式将龙舟尾下压，并发出调节桡手划桨节律的号令，龙舟就一起一伏快速前进了。

施洞地区龙舟节时船上男子佩戴之外，未婚姑娘和男性不佩戴。施洞苗族认为马尾斗笠的银尾饰就是龙船的尾巴。据施洞老人讲，以前划龙舟时，船上每个人都头戴纸糊的斗笠，身穿蓑衣。那时的装扮可能是为了祀龙祈雨。

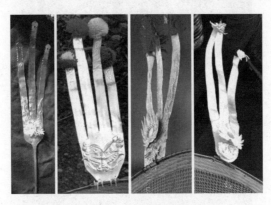

图 2 - 98　桡手帽饰

龙舟上男性佩戴的银饰混合了施洞苗族男性与女性的银饰形制，出现了一种"女饰男用"的装饰形式。这主要体现在龙舟上的鼓头与小锣手所佩戴的女性银饰。二者都佩戴了苗族少女的专用银饰银项圈，小锣手还佩戴了少女盛装中的银马花围帕。这种男扮女装的形式具有仪式展演的性质，有着深厚的民俗文化内涵。

## 第三节　"场"上的银饰

在古代，苗族的婚姻多是男女双方通过唱歌建立感情，自主自愿结为夫妻。宋时，地处古五溪地区的湘西、黔东地区，男女对歌建立感情后，在端午节时男方将女方接去家中成亲，直至生子后，夫妻关系才能确立。元明时期，苗族青年男女主要也是通过唱歌建立感情，选择配偶，父母包办是次要的。其过程是男女双方通过"跳月"、"跳花"、唱歌建立感情后，由男方向女方通媒妁、议聘资，最后择日婚娶。聘资多少，依女方俊美程度决定。如清代田雯《黔书》记载，铜仁、松桃苗族妇女之俏者，聘资往往需要数十至百头牛。[1] 清代开始，受汉族礼仪的影响，青年男女见面的

---

① 张民主编《贵州少数民族》，贵州出版社，1991，第 8 页。

场合受到约束，开始出现一些特定的节日等场合。这个时期，苗族青年男女多通过节日活动认识，或通过赶场、走亲访友等形式结识。施洞地区以"游方"作为青年男女结识异性的主要形式。村寨都设有"游方场""游方坡""游方坪"等固定的供青年男女谈恋爱的场所。青年男女游方要在农闲时节在固定的游方场所进行，并遵守一些风俗习惯，否则将会受到惩罚。结婚日期多选在十月秋收完成后，或第二年的正月、二月间等农闲时节。新婚后，新娘不常住婆家，只有农忙或夫家有事才会派人来接，如此两三年之后，有的直到诞下新生儿后，才开始在婆家长住。

许多民族对婚恋期的青年男女服饰有规定，就如中国传统的冠礼和笄礼，达到一定年龄就以服饰标志自己的身份。苗族也一样，青年男女进入恋爱婚姻阶段后都会佩戴符合身份的装饰。宋代五溪地区苗族"男子未娶者，以金羽插髻，女子未嫁者，以海螺为数珠挂颈上"[①]；明代《贵州通志》记载苗族"未娶者以银环饰耳，婚则脱之"；"未娶者以银环饰耳，号曰马郎，婚则脱之"[②]。到了清代，苗族"未嫁者额发中分结辫，垂以锡铃、乐珠为饰"[③]。由此可见，苗族早就存在以饰品标志成年身份的服饰风俗。进入婚恋期的施洞苗族姑娘穿戴的银饰盛装具有更普遍、更明显的服饰文化符号功能。

游方场是苗族男女青年谈恋爱的场所，这个场所狭义上是村寨专门为男女青年在寨角设立的谈情说爱的地方，广义上却具有广阔的天地。以年轻人为主的游方展现的是施洞苗族绵延一辈子的情感，是施洞苗族生活的一个重要部分。施洞苗族青年男女游方的主要形式有：农闲时节平日里的隔窗夜谈和晚间聚会、以姊妹节为主的节日里的"坡会"。平日的隔窗夜谈是在姑娘卧室窗边的游方聚会，姑娘在屋内，男孩在屋外，隔着窗户谈话或者对唱情歌，或者以女方在吊脚楼上、男方在吊脚楼下的形式。晚间聚会多是寨子内的年轻姑娘聚在有火塘的一家的堂屋内，或者家里的前院或家附近的小坡，等邻寨的男孩前来游方。三五个男青年来到可开亲的村寨，以吹木叶、拍手掌、唱游方歌的形式邀请寨子里的姑娘游方，相互对

---

①　（宋）陆游：《老学庵笔记》，中华书局，1979。

②　（明）郭子章：《黔记》，万历三十六年刻本，贵州省图书馆复印油印本，1966。

③　（清）黄应培、孙均铨、黄元复修纂《道光凤凰厅志》，岳麓书社，2011。

歌。这种平日的游方一般穿节日盛装或便装,带少量银饰。在非平日间的游方聚会,青年男女则要装扮得隆重些。最被施洞姑娘期待的游方是每年春天的"姊妹节",姑娘以最隆重的头等盛装去参加年轻男女在坡上的对歌和谈情聊天。与姊妹节相类似的以青年男女借助吃饭而进行的游方形式还有秋后姊妹饭和打平伙姊妹饭。秋后姊妹饭与姊妹节相互关联,在春天姊妹节期间,寨子里的姑娘请婚姻圈内其他寨子的男青年吃姊妹饭、游方。秋后姊妹饭是在姊妹节期间商量好的、男青年出钱购买鸭子或猪喂养、姑娘提供仪式性场合、男女青年吃姊妹饭和游方的社交活动。打平伙姊妹饭即由男女青年共同出资买鱼和肉,从家中带酒与米等烹煮后带到坡上吃喝,然后到寨子外边的高坡去游方的活动。

　　游方是年轻人聚会在空间上的拓展,日常游方以家屋和家屋附近为范围,节日游方则由家屋延伸到寨子附近的游方场,延伸到寨外的高坡,这种由内而外的延伸和青年男女活动自由性的拓展具有空间上的意义。晚间青年男女聚会多选在家屋内的火塘边。火塘是苗族房屋内的神圣空间。传统上,火塘是施洞苗族家人、亲人和客人平时吃饭、聊天的空间,家中过节或办事(指生老病死和娶亲等仪式)都是在堂屋内请客宴饮,家内对祖先的祭祀等都是将往生的各代"公"和"婆"从堂屋的神龛上请下来吃饭。堂屋白天作为家人的生活空间和祖先寄居的神圣火塘和神龛的存在处,夜晚成为青年男女的"游方场"。将有火塘的堂屋设定为青年男女游方的场所,使游方也具有了神圣性,这源于族群繁衍的重要性。节日的游方场地变得较为开阔,姑娘与游方的男孩脱离了家屋的限制,在寨内的游方场或寨外的高坡游方。家外的游方地点大都是特设的游方场或山坡。平常,除了偶尔有人晒米谷,较少有人在游方场游玩,只有节日的白天会有青年男女去游方。寨内的游方场多有大枫树或水杉供人乘凉歇息。枫木是苗族的祖先树,在枫木的荫庇下游方也是苗族对青年男女自由恋爱的认可。除此之外,节日期间的游方,青年男女都盛装银饰。银饰不仅是财富的展示,银饰上的许多纹饰都象征了祖先对自己子孙后代的保护。除此之外,银饰还可以避邪,夜晚游方的青年男女凭借佩戴的银饰驱除恶鬼,并获得祖先的保佑。

　　经过对歌进行一定了解后,可选择中意的人到僻静处单独倾吐情意。

若男女双方经过一段时间的游方后情投意合，就以银手镯、银戒指、织锦花带或其他银饰物件作为定情信物相互交换。之后征求父母同意就可以请媒人说亲，认定婚约。在施洞苗族民间，如若交换了银饰信物以后，一般就代表婚姻确立，如若反悔，就要用对方要求的财物换回。被作为定情信物的银饰就被赋予了佩戴者的灵魂，成为女身的象征。因此，银饰在这里就具有了见证婚姻的功能。

在传统节日的踩鼓场和游方场上，年轻小伙凭借着姑娘身上佩戴的银饰来寻找合适的结婚对象。不同的族支或族系，姑娘佩戴的银饰是有区别的，这主要体现在银饰的形制和纹饰上。这些形制和纹饰是由具有特殊的家族内的象征寓意的图案装饰成的。在节日期间，姑娘也极力盛装银饰去踩鼓。"施洞一带节日的芦笙场上，一套环珮（佩）叮当的银妆便等于一张取得资格的入场券。否则，再漂亮的姑娘也不能入场去踩着悠扬的芦笙一展舞姿，只有旁观的份儿。"[①] 在踩鼓仪式中，姑娘和身上的盛装成为一种被观赏和选择的对象，评判的标准就是美貌与财富。周围的具有选择主动权的人群根据习俗对此做出评价。姑娘具有主动展示自我技艺和家庭财富的权利，却只能被动接受在苗族传统社会的婚恋习俗中被男性挑选。这与苗族的婚姻缔结形式有很大相似之处。施洞苗族的青年男女具有自由恋爱的权利，游方活动就是青年男女婚前自由恋爱的最主要方式。施洞苗族女性可以自由选择与哪个男子游方，但是却不能自由选择与哪个男子结婚。

# 第四节　"换装"仪式中的银饰

## 一　诞生礼和葬礼中的银饰

施洞苗族民间认为，一个人从诞生到死亡的过程是一个灵魂经历从阴间投胎人间，再由人间返回阴间的一次循环，是一个魂魄经历的生与死的过程。在这个过程中，一个魂魄要经历两次在人与鬼、阳世与阴界的转

---

① 李黔波、孙力：《中国苗族银饰纵横谈》，《贵州文史丛刊》1994 年第 4 期。

换。每次转换都涉及生与死，因此，在这四次交接嬗变的过程中，要做好各种保护灵魂的仪式，才能保证不出差错。

诞生礼是位于人生四大礼仪之首的重要仪式，是人从"彼世"来到"此世"时必须要进行的一个重要仪式。它涉及了与妇女产子、婴儿新生相关的民俗事象和礼仪规范等人类社会的众多文化现象。这在苗族服饰上也是有很明显的表现的。施洞苗族认为，刚出生的婴儿刚从阴间来到阳世，其尚处于阴阳交界的位置，其灵魂半人半鬼，十分不稳定。为了能将新生儿的魂魄留在人间，从其降生的那一刻开始，其家人就要用一系列的民俗化仪式和符号化的服饰将其保护起来。如苗族的婴儿降生后，他（她）的胎衣要埋在自家堂屋的枫木中柱下，既不能埋得太深，也不可太浅。埋深了，孩子长大后沉默寡言；若埋得太浅，孩子长大后会多言好动。新生儿必须用一幅绣有蝴蝶妈妈的土花布做成的襁褓包裹起来，让这位苗族的始祖保护孩子脆弱的灵魂。在接到婴儿出生消息后，外婆家要给婴儿送去母亲"坐家"期间就置备好的缝有银饰的背扇、童衣、童帽等。在舅权为大的施洞苗族社会，舅舅为新生儿添置银手镯也是必不可少的保护婴儿的方式。有的孩子生下来，如果经鬼师卜算命少了（一般是婴儿身体瘦弱），就要准备红公鸡和带尾猪腿肉去舅舅家讨银子来"添命"。舅舅家一般给银子或钱帮助外甥"添命增力"。讨来的银子要选择吉日吉时送到银匠那里打制成保命手镯，或保命银锁，或保命项圈。银饰打制好以后，还要请鬼师念长寿语后再给婴儿佩戴。"百日之内，凡来贺的亲朋，男子送一元买寿钱给孩子打长命锁，女子则送鸡、蛋、糖、糯米及衣物等。"[①] 施洞苗族深信白银具有保命的功能，"家里娃娃生下来都戴虎头帽，也戴狗头帽，上边缝上银蝴蝶，缝上银菩萨。娃娃刚生下来，灵魂还不稳当，很容易就带走了。蝴蝶妈妈是祖先，可以保佑娃娃的灵魂。银菩萨是可以挡鬼的"。[②] 因此这种保命银饰一般戴到婚后才摘除，也有的人会佩戴一辈子。如果身上佩戴的银饰变黑了就证明这个人身体有病，或者身上有恶鬼，一般佩戴银饰一段时间后，银饰恢复光泽了，这个人的脸色也就好

---

① 黔东南苗族侗族自治州地方志编纂委员会：《黔东南苗族侗族自治州志·民族志》，贵州人民出版社，2000，第137页。

② 施洞镇塘坝吴家阿姨讲述。

起来了，他身上的病或恶鬼就被银饰驱除了。

在两周岁之内，婴儿也一直穿绣有蝴蝶妈妈图案的土花布衣服。有的人家还在婴儿襁褓和衣服的边角绣上枫叶图案。新生儿诞生之初的一系列民俗仪式，包括胎衣的处理和用襁褓包裹，实际上是完成婴儿在人世的"第一次换装"。这次"换装"以丢弃彼界带来的旧衣服、穿上今世的新衣服为主要形式，多具有安定新生儿魂魄、欺骗鬼神的目的，以婴儿的穿衣仪式实现"人鬼分界"，将婴儿的魂魄留在人世。

无论是给新生儿穿戴"新衣"，包裹绣有苗族始祖的襁褓，还是佩戴驱鬼的银饰，都是一些具有互补意义的象征仪式。丢弃或埋葬来自彼界的胎衣，就如切断了灵魂与那个世界的联系，换上母亲做的装饰有祖先图像的银饰或绣有宗族标识的童衣，就建立起了与人世间的家庭宗族之间的联系。这象征着向天地人鬼神昭示了新生儿的身份，也就不怕他的灵魂没有归属而脱离躯体了。无论是婴儿衣服上的蝴蝶妈妈图案，还是衣服上悬挂的蝴蝶形银坠饰和枫叶银吊花都是施洞苗族借祖先的神力保护幼儿的方式。戴在新生儿身上的银饰就是拴住灵魂的"枷锁"，是祖先对其认同并提供保护的证明，是给新生儿一个人间名分的标记。

为什么施洞苗族认为穿戴有蝴蝶妈妈和枫树图案的服饰就能保佑新生儿平安呢？新生儿与苗族始祖"蝴蝶妈妈"和枫树有什么关联呢？施洞镇上的刘秀发阿姨是这样解释的："这是为了让枫树公公和蝴蝶妈妈晓得家里又添子孙了，要他们晓得保护娃娃，让他扶梁抱柱、长大成人，以后好成家立业。"

苗族神话记录了胎衣埋枫木柱下的渊源。传说远古时候，地上是没有人类的。白枫树被砍倒之后，树心生出妹榜妹留，树梢变化成鹡宇鸟。后妹榜妹留与水泡恋爱产下12个蛋，被鹡宇鸟孵化出苗族始祖姜央和各种动物。因此，施洞苗族认为枫木能生人，所以有将胎衣埋到枫木柱下的习俗。

葬礼是人生的最后一个仪式。葬礼是在一个人生命终结时，由亲属、邻里和生前好友进行哀悼的仪式，同时也是殡殓祭奠的仪式。施洞苗族相信人死后有三个灵魂：一个经祖先居住的东方老家去往月亮之上；一个留在山上的坟墓；还有一个住在家里堂屋内的祖先牌位上。月亮上的魂魄与祖先团聚，多在族群祭祖时祭祀；山上的多为近世祖宗的魂魄，多在清明节等前去挂青祭拜；家中的神龛上祭祀的多是上一两代的至亲，如图2-99所示，逢年过节、家有喜事都要向其禀告，讲究的人家在每天饭前都要上香，请祖宗共食。

**图2-99 设于堂屋中的祖宗牌位**

*拍摄地点：施洞镇塘坝村吴智家堂屋和家屋的正屋，拍摄时间：2014年6月22日。

在人死亡这个问题上，施洞苗族将其分为两类，一类是"死好"，一类是"死丑"。"死好"是指正常死亡的人，如因年老而去世的人。在亡人从此界到达彼界的过程中，诸事处理得当，亡人的灵魂就能返回祖先生存的东方，最终魂归月亮之上。这样祖先的灵魂完成了正常的轮回，就可以保佑在世的子孙，荫庇后代。如果亡人的灵魂在彼界的回归之路不顺利，其灵魂不能回到祖先生活的老家，则成为无家可归的游魂，就会徘徊于阴阳两界寻找栖身之所，会留恋在人间时子孙环绕的幸福生活而周旋在家里不肯离去，会造成在世子孙的生活不安，甚至灾祸。

"死丑"是指意外死亡的人，这种人是不能埋葬于家族墓地的，他们因无处容身而成为游魂野鬼。"死丑"的人死后遗体不得入家，其遗体要经过火化，要由鬼师带领送到后山埋葬，并进行驱除灵魂的仪式。其排位也不能摆放于家内堂屋，只能在房屋外面的墙上制作一个龛位（见图2-100）。

**图 2 － 100　家外的牌位龛**

\* 拍摄地点：施洞镇白枝坪村街口，拍摄时间：2014 年 6 月 22 日。

　　基于对灵魂的这些认识，施洞苗族对葬礼特别谨慎，整个仪式特别讲究。施洞苗族在老人去世后要放声大哭，邻里听到哭声就会前来助丧。堂屋内要架设起简易床架，上面铺草席，把死者平放在席上。同性的亲属为死者洗身、剃头或梳发，并为死者穿上寿衣（苗语音译为欧漏）、寿鞋。为死者洗身的水以井水为净，一般由鬼师去往井边买少许银子象征性地买水。买水的时候，鬼师要把取水用的杉木块直插在河边或者井边，下面放一小片银子，表示买水。回家后，买水的那一小片银子交还给死者家属。男性死者的寿衣与常服一样，由子女为其置备；女性死者的寿衣一般是年轻时的盛装，若盛装已破旧的，可在晚年置备一套，陪葬用的银饰很少，至多是一对耳环（耳柱）和对把手钏（有的地区甚至没有用，如方排等）[1]。《苗疆闻见录》记载了官府对苗族农民强征暴敛以致苗民掘祖坟的银饰上缴赋税："六厅之地，本无钱粮，而衙门公私等用则皆以差徭采买

---

①　中国科学院民族研究所贵州少数民族社会历史调查组、中国科学院贵州分院民族研究所编印《贵州省台江县苗族的服饰》（贵州少数民族社会历史调查资料之二十三），1964，第 6 页。

为例，常有产业已入汉奸，而陋规仍出于苗户，秋冬催比，家无所出，至有掘祖坟银饰以应之者。"① 可见，苗族本来有以银饰陪葬的习俗。但是在对施洞苗族的采访中，多数老年人反映，以前是要把老人生前佩戴的银饰陪葬，现在已不再使用银饰陪葬。死者寿衣的穿衣方法与活人相反，以此表示人鬼有别。施洞服饰是右衽上衣，死时就要穿左衽上衣。寿衣忌用棉衣和呢、绒制品，因为苗族传统服饰中都是以家织布为材料，如果穿了外来制品做的寿衣，死者的灵魂就不能被祖先认出，也就不能归于祖先所在的老家，不能归宗。黔东南苗族有在死者入棺之前放几钱碎银子在死者口中的习俗，"凿齿后，在死者口中放入一银粒或银片，意取口含金银，荣耀归宗"②。紫云、罗甸等地要用银圆放在死者衣袋里，松桃、铜仁是用钱纸放在死者手中，作为死者灵魂回东方故土的"路费"，称为买水钱。③ "苗家老人死了，已分家的儿子和出嫁的女儿，每人要送一幅'垫尸布'或几钱纯银做殉葬品。……殉葬品有银首饰、瓷器等，忌铁，尤忌铜。棺上有疙瘩，须用银子封上。"④ 陪葬品除银制品之外不能用其他金属材质，尤其是铜器和铁器。如果不小心放入，死者的灵魂就不能安息，而且会对子孙的生活造成影响。"在停丧期间还要请祭祀给死者'开路'，交代亡魂去处。从开天辟地讲到伏羲兄妹造人烟，历述祖先来源和迁徙经过，要亡魂随着祖先迁来的路线按站逆行，回到本民族发祥地的东方故土，和祖先亡灵欢聚。"⑤ 这种对灵魂谨慎的态度，皆出于苗族民众对彼世（阴间"鬼界"）和灵魂的畏惧心理。

下葬挖掘墓穴之前，巫师要先买地。巫师把银子放在选定地方的中心点上，周围放酒杯、糯米饭和烤肉，焚香化纸，念"买地"巫词，手打竹卦，若是顺卦，地就买到了。在下葬之时，巫师要在墓穴的四角撒上银屑，以向地里的神灵买地，请求神灵允许死者的魂魄在此安居。现在一般

① （清）徐家干著，吴一文校注《苗疆闻见录》，贵州人民出版社，1997，第218页。
② 黔东南苗族侗族自治州地方志编纂委员会：《黔东南苗族侗族自治州志·民族志》，贵州人民出版社，2000，第139页。
③ 张民主编《贵州少数民族》，贵州民族出版社，1991，第32页。
④ 黔东南苗族侗族自治州地方志编纂委员会：《黔东南苗族侗族自治州志·民族志》，贵州人民出版社，2000，第141页。
⑤ 张民主编《贵州少数民族》，贵州民族出版社，1991，第32页。

在墓穴的四角放入四个坩埚（苗族银匠冶炼银子的容器），而不再撒银屑。这是借向神灵买地的象征仪式缓解死者占用土地的一种形式。在黔东南的整个雷公山地区，能够农业耕种和栽植树木的土地是有限的，在河间平坝修水田和沿山坡开采梯田是施洞苗族的主要土地来源。苗族的洞葬、树葬等丧葬形式有节约土地的因素在内。施洞苗族在土葬时采取买地仪式，多是为了缓解死人与活人争地的矛盾。在寸土寸金的状况下，只能用苗族最珍贵的白银来实现交换。这也从侧面反映了施洞苗族对银饰的珍视，也就能够理解男子得土地、女子得银饰的这种财产继承制度了。

## 二　成人礼与婚礼中的银饰

对于施洞苗族的婴幼儿来说，银饰具有镇邪驱鬼的功能；对于幼女来说，银饰在某种程度上具有明确指定"禁区"的符号作用。一旦到了青春期，幼女成长为少女，施洞的女性就要穿戴起银饰盛装。这次"换装"就预示着限定于幼女身上的一些禁忌被消除了。不管实际上她生理是否成熟，她的族人或亲人就会按照施洞苗族女性的服饰习俗为其更换服饰装扮。在施洞的传统习俗中，到了十二三岁，少女就可以将发髻绾起，佩戴龙凤银牛角，戴发钗，穿银衣，即穿起少女的头等盛装。多数女孩在姊妹节这天第一次穿起父母为其积攒下的银饰盛装，跟随家族内的姐姐们去踩鼓场参加自己成年后的第一次踩鼓，去参加自己人生的第一次游方。这就是施洞年轻女性的成年礼。从这次"换装"仪式中可以看出，施洞女性从幼女到少女的"换装"仪式是少女"性解禁"的宣示。从此以后，少女就可以自由地参加青年男女的婚恋活动了。而将女性"性解禁"宣告给他人的方式就是穿起"花衣"和银饰盛装。

成人礼的"换装"仪式是施洞女性社会化过程中的一个重要环节，也是社会或神灵、祖先对其行为规范化和符号化的过程。穿上银饰盛装就意味着向他人宣示少女已经性成熟，进入了婚恋期。在踩鼓场和游方场上，身着盛装的姑娘向他人展示的不仅是家庭的财产和经济能力，更是将"吾家有女初长成"的消息公布于众。穿戴盛装不仅是为了美观、展示财富和吸引异性的青睐，还具有寻求祖先或神灵赐予其成年女性必需的生育能力的意图。银饰上的鱼纹、蝴蝶纹、蛙纹等都具有生殖繁衍的民俗寓意。将这些纹饰錾刻于银饰，戴在族群内部将要承担起繁衍种族任务的少女身上，是具有特殊的内涵和用意的。对施洞苗族的男女青年来说，通过穿戴施洞苗族的银饰盛装而实现的成人仪式对生理的成熟仅是一种标示，更重要的是，这是施洞男女青年族群身份的一种转变，是他们由"自然人"变成"社会人"在文化上或者说是信仰上的一种标记。这次换装把少男少女纳入族群婚姻圈的候选人群，盛装所展示的少女支系信息可以屏蔽婚姻圈外男青年的择偶，而向本婚姻圈的男性发出暗示。穿盛装这个仪式在青年男女的心理上也起到了潜在的提醒作用，这有利于他们对自我族群的认同和对自身所肩负的族群使命的认同。

穿戴银饰盛装踩鼓，就借助银饰"巫"的力量向祖先传达了子孙成人的信息，这对巫文化根基深厚的施洞来说是很重要的一个仪式。没有经过"换装"仪式，没有佩戴起绘有象征祖先符号的银饰，施洞苗族就认为这个人的灵魂在死后不会得到祖先的承认，不能回到祖先居住的东方，就会成为无处可归的孤魂野鬼。施洞老人对这种思想的解释就是，这种魂魄没有衣服和银子上的印记指路，找不到路去祖先居住的东方，也没有归宿可去，就会赖在熟悉的地方不走，给家人或村寨里的人带来灾害。村寨里的人只能将其遗体烧掉，以破坏其灵魂依赖的躯体，然后埋在背向村寨的山坡，让鬼师驱逐他去别处，免得他回到村寨作恶。这些魂魄没参加过游方，不知道规矩，姑娘小伙子戴银饰游方才能避开这些魂魄。这种未成年而死的人的牌位也不能进入堂屋受到家人的祭奠，而只能在房屋外的侧墙做一个小的神龛存放牌位。这与苗族人的"死丑"具有相同的后事处理方式。可以说，施洞苗族在巫文化的熏陶下形成了一种不"换装"就不成人的认识，没有佩戴银饰，没有更换成年的服装，这个人就不能算作正式的"人"，也就不具有族群内的社会身份。因此，在民俗生活中，不佩戴银饰、不穿盛装就不能踩鼓、游方。

施洞苗族的婚姻圈基本限于方圆50公里的范围内，也就是施洞苗族观念中的"我方"，即本书研究的地域范围，亲缘关系较为复杂。施洞苗族自古对婚姻有着严格的规定，通常是与旁姓开亲，同宗不通婚，姨表兄妹不通婚，不同辈分不通婚。同姓之间若非直系亲属也可开亲，同一房族或家族内是严禁联姻的。结婚年龄一般在16岁到23岁，男性婚龄稍微大于女性。施洞民间缔结婚姻的传统形式主要有三种。一是娘头亲，即姑表亲，是表亲婚的一种。按照苗族古规，姑妈家的女孩必须优先许配给舅爷家的男孩，女方若不同意，须得赔偿舅家十几元到几百元的"娘头亲款"，称为"你姜"（Nix Diangb）。二是媒妁婚姻，即男方请媒人到女方家中说媒而成。三是自由婚姻，即男女双方通过游方等社交形式而结成的婚姻。

施洞苗族的结婚是一个漫长的过程，从订婚到新娘结束"坐家"，这段婚姻才算正式缔结，这一般需要三四年的历程。这个过程包括了婚礼和"坐家"两个阶段。婚礼多在冬日农闲的时候举行，一般选取收完稻谷的农历十月，也就是在苗年期间，这是苗族传统的习惯。在举行婚礼之前，准新郎带准新娘到男方家中，请本族的男性成员到家中进行"杀鸡看眼"仪式①，若砍下的鸡头双眼圆睁，就喝酒订婚。第二天，男方就请本族中较有威信且能歌会道的两位老人提着鸭子、糖和酒去往女方家中说亲。若女方父母同意，就在家中准备一桌宴席，并请男方两位老人挨家认亲，然后就选定结婚的日子。接亲当天早上，新娘穿头等盛装，与兄弟道别，由房族内的姐妹陪同、在男方亲属的带领下步行去往新郎家。男方家族的妇女着新装在寨门口等候和迎接新娘。接到后，女方姊妹将新娘交给男方的女眷后，盛装的新娘由两个中年女性拉着两只手，在震耳的鞭炮声中走进村寨，走入新郎家。举行完入门仪式②后，新娘祭拜男方的祖宗，吃在新郎家的第一顿饭，即"媳饭"，主要是新郎家准备的糯米饭和鱼。然后新娘回自己家，将银饰盛装交给母亲保管。午饭前，新郎的堂姐妹来新娘家接新娘与新郎房族内的所有未婚嫁的姊妹吃饭，然后一起去新郎家水田里抓鱼。新娘将抓来的鱼和新郎姐妹带来的米煮成晚餐，与新郎的姐妹们分食。第二天，盛装的新娘在新郎房族内的女性老少的带领下（年轻女性都身着盛装）去往家族使用的水井，挑水回家。迎娶当天和第二天的下午到

---

① "杀鸡看眼"是苗族订婚的主要仪式。有的人家将订婚和结婚分开，提前择日在男方家"杀鸡看眼"，然后再准备婚礼。近二三十年，外出打工的青年人多选择在汉族年期间回乡结婚，订婚仪式多与接亲仪式合二为一。在迎娶女方的当天凌晨，新郎与堂兄弟一起去女方家接新娘。到达女家后，需要先举行"杀鸡看眼"的仪式，若砍下的鸡头双眼圆睁，女方的父母才准许女儿出嫁。

② 新娘在进新郎的家门前需要先跨过新郎叔伯母点燃的糯米梗才能进门。

晚间，新郎家接待姻亲来送礼，并宴请他们。第三天，新郎家送新娘回门，并将姻亲的礼物（主要是钱和布）、带尾猪大腿、鸡、猪和酒送到新娘母家。在第七天或第九天，新娘母家退回全部或部分礼物。至此，婚礼的第一阶段结束，新娘开始"坐家"，只在农忙时节、岁时节日和家族祭奠时才由新郎接去小住几日。① 在"坐家"期间，新娘在娘家与婚前生活并无变化，穿着打扮与婚前无异，仍然可以穿头等盛装去游方。但是在新郎家短住期间，新娘不能参加新郎村寨的游方。

施洞苗族的婚礼具有如下几个相互对应的仪式：女家嫁女—男家娶媳，新娘回门、送"新娘财"② —新娘母家退还"新娘财"，这些仪式都处于女方由姑娘到新娘、婚姻由缔结到坐实的范围之内，是一个漫长的过渡期。直到怀孕临产，新娘才开始长住夫家。在婴儿出生后，新娘便慢慢地将自己的物品从母家拿到夫家。直到母亲将头等盛装交给新娘带到夫家，这段婚姻才算正式成立。

我们可以发现，头等盛装在婚礼中的两个关键象征仪式中出现。第一次在迎娶仪式中，新娘盛装步行至新郎家，并去新郎家的水井挑水。这是一个展示性的仪式过程。苗族的婚礼是不对外透漏婚期的，有的家人也只是提前几天知晓。新娘盛装穿过村寨，挑水回新郎家，这是向寨内乡邻宣告的一种仪式，是新娘在新郎家族内获得和确立身份的仪式。这个仪式向寨内父老宣告了新人的婚礼，同时实现了新郎和新娘的家族身份和社会角色的转换。头等盛装在结婚中第二次出现是第一次生育后的新娘将自己的头等盛装从娘家转移到婆家。这次并没有任何公开性或仪式性的操作。新娘只需像平常回娘家一样，略微带点酒或肉等礼物，征得母亲的允许，将头等盛装带到婆家。因为已经为人父母，新娘不能再穿头等盛装，将盛装作为自己的私房物品收藏起来。头等盛装原初由新娘的母亲保存，在新娘出嫁的当天，母亲将头等盛装备好，供新娘出嫁穿戴。在新娘生育后，母

---

① 按传统婚俗，新娘回娘家后，每三年男方才去喊来一回，九年喊三回，才完成婚礼。

② 施洞苗族新郎送到新娘母家的钱财并不是新郎家准备的彩礼，而是新郎家姻亲所赠的礼金和礼物，因此在这里用"彩礼""聘礼"等词并不能表达准确的意思，所以借用人类学"bride wealth"的概念，用范围更大的"新娘财"一词称呼新郎的姻亲家族共同承担的财物。这些财物主要包括钱和布。布主要用于新娘"坐家"期间，新娘的母亲给新娘制作苗衣之用。

亲又将盛装准备好，让新娘带到婆家。这两次盛装的出现都是得到了母亲允许的，其实也就是得到了新娘父母的允许。也就是说，苗族女性婚前具有自由恋爱的权利，结婚却是要听从父母的命令。如果违背父母的意愿，未得到父母允许出嫁也就没有银饰盛装，没有银饰盛装的新娘在婆家是非常没有地位的。

　　在整个结婚过程中，钱、布、苗衣、银饰的流转实现了男家与女家婚姻关系的缔结。在苗族的婚礼中，并未出现聘礼或嫁妆。钱和布分别是新郎家族男性和女性在迎娶当天赠送给新郎家的礼物，在新娘回门时由新郎送到新娘母家，这具有"新娘财"的意义。钱多被退回，布匹用作新娘母亲为新娘做苗服。新娘带往婆家的苗衣是母亲制作的，银饰部分是母亲的嫁妆，还有一部分是用家内男性的经济收入置办的，这些是新娘的嫁妆。钱和布的赠送代表了新郎家族对这段婚姻的认同，苗衣和银饰的转接象征着新娘家族对这段婚姻的赞同。这实际上确立了新郎和新娘双方家族的姻亲关系。从迎娶到生育儿女结束的结婚过程多长达三四年，其中的生育目的十分明确。一旦生儿育女，施洞苗族的婚姻几乎就牢不可破了。可以说，女方具有的生育能力是决定婚姻能否维持下去的关键因素。

## 第五节　苗族银饰锻制技艺

　　苗族饰品从原始的以植物花卉、树叶为饰发展到以贝壳、鸟羽护身，直到近现代的金银饰品，经历了一个缓慢发展的演化过程。历代传承的苗族银饰制作工艺发展成为现存的苗族银饰锻制技艺和基本定型的银饰形制和纹饰，历史悠久且不断革新。根据苗族的民间传说和一些中原地区的典籍资料可以推测，苗族在蚩尤时期就已经掌握了冶炼金属的技术，不仅将其用于农耕狩猎，还将冶炼金属用于制造兵器和制作战服。传说中蚩尤"铜头铁角"就是当时将金属冶炼成兵器的形象描述。苗族较早就掌握了较为成熟的冶铁技术，唐宋时期已能冶铸金银铅锌，并能铸铜为鼓[1]，著

---

① 侯绍庄、史继忠、翁家烈：《贵州古代民族关系史》，贵州民族出版社，1991，第22页。

名的"苗刀"①就是冶铁技术的代表作品。因为苗族长期处于被追剿和迁
徙的战争环境中，锐利的武器是苗族男子必备之物，因此制作"苗刀"的
技术在黔东南苗族中十分盛行，以至成为一种社会例规。至今，月亮山一
代男子在盛装时还佩戴银质头箍，凯里附近的苗族也保留有铁甲护身的习
俗。施洞苗族继承了苗族祖先开创的冶炼技术，将银饰锻制技艺发展成为
施洞苗族民间工艺的代表种类之一。

施洞苗族的银饰工艺精湛，造型精美，且具有悠久的历史，施洞苗族
银饰文化折射了施洞苗族的历史和变迁，堪称"无字史书"。苗族银饰品
类繁多，银牛角、银花帽、银发簪、银钗、银插针、银梳、银耳柱、银耳
坠、银项链、银项圈、银压领、银手镯、银戒指、银衣片、银响铃等，无
不具有施洞独特的审美文化；纹饰的内容也较为广泛，龙凤、蝴蝶、鱼、
鸟、花叶等，形态百变，且多以苗族的神话、传说和图腾崇拜的对象为纹
饰内容，体现了与苗族人民生产和生活息息相关的巫术信仰、生态文化意
识和生存智慧。

从传统上来说，施洞苗族银饰加工全部是本民族的男性银匠在家庭作
坊内打制而成，由本民族女性佩戴、展示和传承。银匠将银条或银圆熔
炼、压制成银片、银条或银丝等材料，经过盘、掐、压、刻、錾、攒、花
丝、镂空、焊接等技艺制作出单个纹饰形体，然后焊接或编织成型。整套
的银饰有百件之多。

表2-2是据贵州少数民族社会历史调查组在新中国成立初期1957年
前后的资料统计，可见施洞苗族银饰形制复杂，款式多样，加工耗时、耗
力。一个银匠打制一套盛装至少需要一年的时间，造价较高。而且这份资
料展示的是新中国成立初经济困难时期的施洞苗族银饰的款式、种类以及
加工制作的时间和费用。当前施洞苗族银饰盛装已经远远超过那个时期的
银饰数量和质量，其耗费的时间和金钱就更多了。

---

① "苗刀"是指用铁打制成的一种锋利的砍刀。当苗族第一个男孩生满三朝时，亲戚各送一
块铁来祝贺。铁被汇集后交给专门的匠人打成一把刀埋入土里，以后每年取出冶炼一次
再埋进土里，直到男孩16岁时再冶炼一次，将刀柄处做成碗大的铁环，缠上生牛皮，因
此又被称为"环刀"。

表 2 - 2　施洞苗族银饰种类和成本统计

| 部位 | 品名 | 简况 | 重量（两） | 加工费（元） | | 金额（元） |
|---|---|---|---|---|---|---|
| | | | | 工时 | 工资 | |
| 头部装饰 | 银角① | 形状像牛角，中间有十来根银片向上伸展 | 15 | 8 天 | 8.00 | 35.00 |
| | 插头花 | 三角形状，花朵如香椿菜 | 4 | 8 天 | 8.00 | 15.20 |
| | 花银梳② | 以银片包住木梳。梳背焊有许多银花向外张开 | 5 | 8 天 | 8.00 | 17.00 |
| | 簪子 | 形式多样，各地区不大一样 | 0.7 | 1 天 | 1.00 | 2.26 |
| | 银梳 | 木梳的外壳包银，刻有花纹 | 1.4 | 2 天 | 2.00 | 4.52 |
| | 马帕 | 以十匹小银马片结成，长一尺左右 | 5 | 7 天 | 7.00 | 16.00 |
| | 银雀 | 以一只银雀或三只银雀列成一排 | 4 | 7 天 | 7.00 | 14.20 |
| | 前围 | 半圆形，以许多花朵构成，下吊许多瓜片 | 1.3 | 3 天 | 3.00 | 5.34 |
| | 后围 | 装饰于发髻后部的垂饰 | 0.4 | 3 小时 | 0.30 | 1.02 |
| | "桑里" | 笔架形状，以银片构成 | 2 | 1.5 天 | 1.50 | 5.10 |
| | "都干" | 以许多银螳螂列成一排，中间高，两边低 | 3.5 | 4 天 | 4.00 | 10.30 |
| | "向后" | 外围用二龙抢宝式，中间竖立四根银片向外伸展 | 7 | 12 天 | 12.00 | 24.60 |
| | "加板" | 三角形状，以二十枝银花构成，每只花上有银蝶一只 | 4 | 12 天 | 12.00 | 19.20 |
| | 小插头针 | | 1 | 2 天 | 2.00 | 3.80 |
| | 耳柱 | | 2 | 1 天 | 1.00 | 4.60 |
| | 耳环 | | 1 | 1 天 | 1.00 | 2.80 |
| | 银冠 | | 35 | 30 天 | 30.00 | 93.00 |
| | 银牌 | | 3.5 | 2 天 | 2.00 | 8.30 |
| | 合计 | | 95.8 | 109.8天 | 109.80 | 282.24 |
| 胸部装饰 | 猴链 | | 16 | 3 天 | 3.00 | 31.80 |
| | 扭丝项圈 | 以四方银条扭转结成 | 18 | 2.5 天 | 2.50 | 34.90 |
| | 六方项圈 | 以一根六方的粗银条挽成 | 18 | 1.5 天 | 1.50 | 33.90 |
| | "勋泡" | 以四根方银丝扭结成 | 25 | 6 天 | 6.00 | 51.00 |
| | 雕龙项圈 | 扁圆状、空心，刻有龙 | 6 | 5 天 | 5.00 | 15.80 |
| | 响铃项圈 | 扁形，刻有龙，外圈悬有许多响铃 | 12 | 12 天 | 12.00 | 33.60 |
| | 花压领 | 扁状半圆形，刻有龙凤，下悬响铃和花片 | 15 | 15 天 | 15.00 | 42.00 |
| | 无花压领 | 形状同上，没有花片和响铃 | 10 | 12 天 | 12.00 | 30.00 |
| | 戒指项圈 | 用一根粗银条串着二十来个像顶针一样的圆扣 | 15 | 10 天 | 10.00 | 37.00 |

续表

| 部位 | 品名 | 简况 | 重量（两） | 加工费（元） 工时 | 加工费（元） 工资 | 金额（元） |
|---|---|---|---|---|---|---|
| 胸部装饰 | 牙签 | 以细丝结成链子，下端悬有牙签、耳瓢 | 5 | 6 天 | 6.00 | 15.00 |
| | "书泡" | 用银丝扭结成 | 5 | 2 天 | 2.00 | 11.00 |
| | 银锁链 | 链的下端悬吊一把银锁 | 4 | 2.5 天 | 2.50 | 9.70 |
| | 合计 | | 149 | 77.5 天 | 77.50 | 345.70 |
| 手部装饰 | 六方手镯 | 以一根六方银条挽结成 | 10 | 1 天 | 1.00 | 19.00 |
| | 空心手镯 | | 1 | 2 天 | 2.00 | 3.80 |
| | 扭丝手镯 | 以六根银丝扭结成 | 6 | 3 天 | 3.00 | 13.80 |
| | 圆手镯 | 圆银条挽结成 | 5 | 1.5 天 | 1.50 | 10.50 |
| | 竹节手镯 | 形如竹节，空心 | 1.5 | 1.5 天 | 1.50 | 4.20 |
| | 扁手镯 | 扁形，刻有花纹 | 5 | 1.5 天 | 1.50 | 10.50 |
| | 翻边手镯 | | 5 | 2 天 | 2.00 | 11.00 |
| | 扭转手镯 | 以二条银条扭结成 | 7 | 1.5 天 | 1.50 | 14.10 |
| | 蜈蚣手镯 | | 3 | 3 天 | 3.00 | 8.40 |
| | 空心扭转 | | 1.6 | 1.5 天 | 1.50 | 4.38 |
| | "送甘尼" | 以十二根银丝扭结成 | 7 | 3 天 | 3.00 | 15.60 |
| | "送泡" | 以细银丝钳成，中央凸出三路银珠 | 2 | 2 天 | 2.00 | 5.60 |
| | 龙头手镯 | | 4 | 3 天 | 3.00 | 10.20 |
| | "送边行加生" | 以细银丝扭成 | 7 | 8 天 | 8.00 | 20.60 |
| | 四方戒指 | | 0.15 | 1 小时 | 0.20 | 0.47 |
| | 马鞍戒指 | | 0.1 | 1 小时 | 0.20 | 0.38 |
| | 四连环 | | 0.4 | 1 天 | 1.00 | 1.72 |
| | 合计 | | 65.75 | 35.9 天 | 35.90 | 154.25 |
| 其他 | 银衣 | 以各种形式刻有花纹的银片和响铃等钉在衣服上 | 25 | 30 天 | 30.00 | 75.00 |
| | 合计 | | 25 | 30 天 | 30.00 | 75.00 |
| 总计 | | | 335.55 | 253.2 天 | 253.20 | 857.19 |

①施洞地区的银角较小，一般只有 10 两重，需工 6 天，但为方便起见，它的合计仍以 35 元计算。

②施洞地区的只有二两重，需 5 个工，价值 14 元。

资料来源：根据贵州少数民族社会历史调查资料之二十三《贵州省台江县苗族的服饰》中的资料整理得来。该表格统计资料为新中国成立初期 1957 年前后。银两价格按照新中国成立初期每两 1.8 元计算。每天工资以 1 元计算，每个工按照 10 小时计算，每小时 0.1 元。

2006 年，苗族银饰锻制技艺被列入第一批非物质文化遗产名录，属于非物质文化遗产下的传统技艺类别，编号Ⅷ–40。在该项的申报说明中是如此描述苗族银饰锻制技艺的：

银饰是苗族最喜爱的传统饰物，主要用于妇女的装饰，品种多样，分为头饰、面饰、颈饰、肩饰、胸饰、腰饰、臂饰、脚饰、手饰等，彼此配合，体现出完美的整体装饰效果。

银凤冠和银花帽是头饰中的主要饰品，也是整套银饰系列之首，素有龙头凤尾之美称，其制作较为复杂，使用的小件饰品少则一百五十余件，多则达两百余件，价值昂贵。苗族银饰精致美观，以贵州省雷山县和湖南省凤凰县的制品为代表，其中雷山县的银匠主要集中在西江镇的控拜、麻料、乌高。

银饰锻制是苗族民间独有的技艺，所有饰件都通过手工制作而成。银饰的式样和构造经过了匠师的精心设计，由绘图到雕刻和制作有 30 道工序，包含铸炼、捶打、焊接、编结、洗涤等环节，工艺水平极高。

苗族银饰制作技艺历史悠久，先后经历了从原始装饰品到岩石贝壳装饰品、从植物花卉饰品到金银饰品的演进历程，传承延续下来，才有了模式和形态基本定型的银饰，其品种式样至今还在不断地翻新，由此形成的饰品链条成为苗族社会演进的象征之一。

苗族银饰具有丰富多彩的文化内涵，从品种、图案设计、花纹构建到制作组装都有很高的文化品位。在对外交往中，苗族人民把银饰作为礼品赠送友人，和藏族的哈达、汉族的珠宝一样珍贵。

苗族银饰的创制技艺充分体现了苗族人民聪明能干、智慧机巧、善良友好的民族性格。银饰洁白可爱、纯净无瑕、质地坚硬，正是苗族精神品质的体现。

苗族银饰长久以来都是在苗族地区流传，改革开放后，其开发前景看好。但是，银饰锻打技艺一般是在家庭内部承传，无法择优而授，原有艺人多已年老，真正能继承银饰锻造这一精湛工艺的并不多，所以这门特色技艺的发展前景不容乐观，有必要加强保护工作。①

## 一　施洞苗族银饰锻制技艺的工序

银饰锻制技艺是苗族民间独有的传统手工艺。银饰的款式和样式均由本民族的银匠精心设计和手工加工制作而成。苗族银饰锻制技艺的工艺流程较为复杂，一件银饰的制作包含选材、熔金、制坯、锤打、拔丝、模制、錾刻、花丝、吹焊、攒焊、清洗等30多道工序，工艺水平极高。在工艺和图案的组合上，可以衍生出许多不同的造型。如相同的图案采用不同的工艺制作，相同的工艺制作不同的图案，这就催生了苗族银饰的丰富多彩。苗族银饰全部采用手工制作，因此即使相同造型的两件饰品也会具有不同的意境。

### （一）苗族银饰锻制技艺的准备工作

#### 1. 工具

工欲善其事，必先利其器。工具的制备是苗族银饰锻制技艺的重要准备工作。苗族银饰锻制工艺需要八大类总计80余件制作工具。熔金焊接类、剪裁类、锤子类、錾刻类、模具类、花丝类和辅助工具类等，包括火炉、风箱、坩埚、熔金槽、铁锤、牛角锤、铁砧、錾刀、冲具、铅坯模具、松香板、拔丝板、镊子、钳子、剪刀、油灯吹管、铜锅、计量器具，等等。这些工具都是由苗族银饰艺人自己制造。

#### 2. 选材

在银饰工艺制作之前有一道影响全局成败的工序，那就是选择银材。银材的纯度与质量是银匠凭借多年经验来区别鉴定的，主要通过检测白银的比重、硬度、色泽。经验丰富的银匠将银子拿到手就可以估出银子的纯度。质量高的银子色泽洁白，且延展性较好，有利于加工制作出精美的银饰。

---

① 《苗族银饰锻制技艺》，中国非物质文化遗产网，www. ihchina. cn/project_details/14330/，2014年12月22日。

### 3. 熔金

熔金主要是指将银材熔炼后制作成银条的过程。银材选好后，根据制作银饰的形制和大小裁取适量的银材（传统上，银材主要指碎银、银圆或旧银饰），先把所需的银两称足，然后按照工艺步骤分批地将这些银子放入"银窝"（坩埚）内，上覆木炭，并放到土炉中。将炉膛点火后，用风箱掌控火候。加热至银材熔化为液态后，将其倒入长方形的熔金槽内固化成型。熔化银材能反映一个银匠的技艺水平，也是影响银材加工性能的工序。如果加热的火候不够，白银熔化不够充分，制作出的银条会不平整；如果过度加热，银液老化，做出的银饰品颜色会较暗淡无光。

### 4. 备料

苗族银饰多使用银片和银丝做成。熔金后的银坯将会根据需要被加工成银丝或银片。银液凝固成型后趁热锤打。先将银坯锤打为截面为正方形的长条状，然后根据需要进一步制作。如果要制作片形银饰，则需要将银条打制成银片，银片的制作较为精细，工艺要求高，且较为耗时。一般银条会被打制成大张稍厚的银片，使用时根据需要裁取并进一步打制成需要的厚度。如果银饰是用花丝制作，银条将被打制成细圆条，然后将一端磨成尖锥状，用拔丝板拉丝成所需银丝。拔丝板是有粗细、方圆不同眼孔的拔丝工具，通过利用由大及小的眼孔的拔丝可以制作出 4 毫米的粗丝，也可拔出头发丝般的细丝，最细能制作出 0.26 毫米的细银丝。这种拉丝工艺可与闻名全国的成都银拉丝工艺媲美。粗细不等的银丝用于制作工艺精细程度不等的银饰。银丝的素丝分为粗、中、细三种，直径分别为 1 毫米、0.5 毫米和 0.26 毫米。[①] 银丝越细，所能加工的银饰就越精美细致。

至此，加工银饰的准备工作和材料就已经准备好了。

### （二）苗族银饰锻制工艺的种类

施洞苗族银饰根据制作方式不同可以分为花丝件和錾刻件，二者分别由花丝工艺和錾刻工艺制作单件银饰或银饰部件。

---

[①]　0.26 毫米是苗族银饰中最细的丝，约有头发丝粗细。直径小于 0.26 毫米的丝较难制作，且坚固程度太低，饰品容易损坏。

### 1. 花丝工艺

施洞银饰制作的花丝工艺是经过拔丝、掐丝、盘丝、编丝、垒丝、攒焊等工序，用银丝制作出首饰部件的工艺过程。花丝工艺的花丝是指用细银丝搓成的具有纹理的银丝，常见的花丝是由两三根素丝搓制而成的。如图2-101①，施洞银匠常用木块搓制花丝，或手工编制麦穗丝、小辫丝等复杂花丝样式。

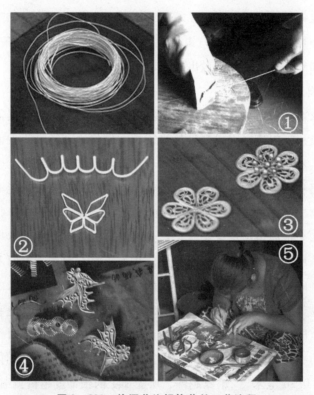

**图2-101　施洞苗族银饰花丝工艺流程**

确定好需要制备的花丝形体后，准备材料。先用方形丝掐出基本形体，如图2-101②，后在外形内填丝。施洞苗族银饰的填丝一般是将银丝窝成同心的圆形或椭圆形，每圈银丝间的紧密程度和距离不同，就形成了具有装饰感的纹理，如图2-101③左边花朵。单个纹饰造型做好后，还需要在上边添加装饰，如图2-101③右边的花朵就在花心位置焊接了银珠。有些纹饰的花丝较为松散，需要借助银片固定形体，如图2-101④中的蝴蝶就是将麻花丝在银片上掐成蝴蝶的外形，然后放置焊药焊接而成。将各部件制备好之后就可以摆坯攒焊到一起了。

2. 錾刻工艺

錾刻工艺是指在银片表面錾刻花纹的工艺种类。錾刻工艺的核心是"錾活"，是指操作錾刀、锤子等制作表面纹饰的过程。施洞苗族银匠的錾刻主要经过锻打、捶揲、模制、錾花等步骤完成。按照工序不同简述如下。

首先根据银饰制作的需要确定银片的厚度，并用马蹄锤制平整，如图2-102①。这道捶揲工序是錾刻工艺的首要工序，经过先锤后打使银片逐渐延伸成片状，银片越薄，打制的力度越要控制。一条直径两毫米的银条需要经过上万次才能打制成为一块银片。过程极需耐心，力度均匀地锤打，以使银片均匀延伸成等厚。

模制是指截取合适大小的银片三到五片叠放置于两块模具（模具样式见图2-102②）之间，然后冲压模具以使银片成型。成型后的银片如图2-102③所示。将银片固定于松香板（现多用胶泥代替松香板）之上，用錾刀錾刻出细致的纹饰造型。然后用剪刀将做好的纹饰沿边线裁剪下来，一个银饰片就做好了。

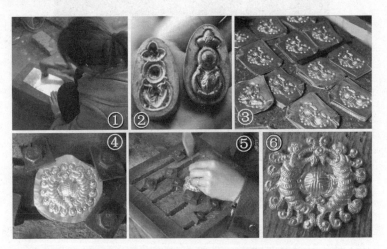

图2-102　施洞苗族银饰錾刻工艺流程

模具是已经制备好的纹饰模型，为一阴一阳两个。模具有铅模、铁模和铜模三种，也少有木制的。模具的纹饰种类可分为飞禽走兽、花草虫鱼、人物故事等多种，常见的飞禽如凤凰、银雀、喜鹊、天鹅、燕子、锦鸡等；走兽有龙、虎、麒麟、狮子、牛、羊、马、兔子、猴子、蛇、猪等；花草有梅花、牡丹、菊花、石榴花、桐子花、荷花、金银花等；虫鱼常见的有蝴蝶、蜻蜓、螳螂、金鱼、青蛙等；人物故事分为菩萨、罗汉等仙人和务冒西、张秀眉等凡人；其他的还有日月星辰等纹饰。如银饰中常见的纹饰形体都有对应的模具。

　　造型简单的银衣片、垂饰等多一次可成型，用錾刀将表面花纹细致凿刻之后就可以了。一些形体大或造型复杂的银饰需要分件模制。如银凤，需要分别制作头部、翅膀、身体、尾羽等部件，将各部件窝卷成型，然后攒焊成型。如图2-103左下角的鱼形银片就是模冲完成，然后将银片沿中间后折，焊接成鱼的形状。图上方的凤鸟头部也是先用银片制作表面花纹，再窝卷成立体形状。

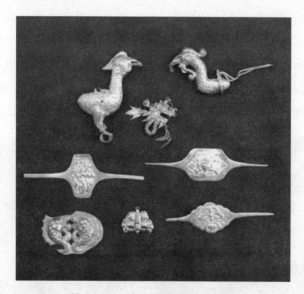

**图2-103　錾刻工艺成型的坯件**

*拍摄地点：施洞镇芳寨村刘永贵家，拍摄时间：2014年姊妹节期间。

　　施洞苗族小件银饰的浅浮雕花纹多经过模制后加工成型，因此模制是施洞银饰中较为关键的步骤。一些器皿类和摆件银饰的浅浮雕多采用捶揲工艺制作。将银板或银条反复过火，敲打成需要的宽度和厚度作为备料，然后在备料上剪裁。将银片放置在木墩上敲成凹状，运用砸、拉、收、伸、放等手法，根据设计将银片按照器型进行精准锤打，通过对力度、手法的控制，自制工具的使用，把握器形的变化和线条的走势，并保持器物各部分的薄厚均匀、不开裂，经千百次过火和数万次敲打，方才成型。一些形体简单的饰片可以一次打制成型，如小的花朵、蝴蝶等轻薄形体小的纹饰。如花瓶等形体就要多次打制，逐渐将银片延展成型，然后在器物内填充胶泥固定，从而在表面錾刻花纹。用小锤在器物表面敲打，或用錾刀刻出阴线形成纹理，在削掉的形体和保留的形体之间合理取舍，并錾刻成型，这是一项极其细致的工作。

图 2 – 104　錾刀

*拍摄地点：施洞镇塘坝村吴智的银饰作坊，拍摄时间：2012 年 7 月 20 日。

錾刻工艺中所用的錾刀都是银匠使用工具钢或弹簧钢自制的。钢料经过退火①之后，经过锤打、锉磨，成为 10 厘米左右的坯件，然后再将两端分别锤打、锉磨成所需的形状，如常用的圆形、半月形、尖角形等（见图 2 – 104）。最后经过淬火②在油石上多次磨制而成。

---

① 金属加工工艺，金属热处理工艺之一，指将金属加热至一定温度等其自然降温至常温的过程。退火可以降低金属的硬度，提高其延展性，提高可切削的性能等。

② 金属加工工艺，金属热处理工艺之一，指将金属加热到一定温度后将其置入水中降温的过程。淬火可以提高金属的硬度。

鏨刻工艺一般用于在银片表面装饰纹饰和添加肌理，是施洞苗族银饰加工的重要工艺手段。除了制作银饰之外，施洞银匠常采用鏨刻工艺制作浮雕银画。

浮雕银画主要是采用银饰模制和鏨刻工艺，将银片用铅模压制成型，然后用鏨刀将纹饰加工处理的银饰加工工艺。施洞苗族银匠加工的浮雕银画有两种用途。一种是经过后续的工序将浮雕银画加工成银饰，再装饰上瓜片就成为银衣片。这种浮雕银画受制于后期的形体制作，大小一般在10厘米之内。第二种就是将浮雕银画用画框镶嵌，制作成装饰品。这种为装饰室内而制作的浮雕银画大小一般在10~30厘米，大幅的也一般限制在50厘米之内。浮雕银画工艺制作精细程度存在差别。装裱的浮雕银画是在苗族银饰盛行的潮流中发展出的新种类，制作难度较大，多由从艺多年的银匠加工制作，价格较贵，普通苗族家庭中不多见，一般外销或卖给旅游者。

### 3. 焊接

经过上述的工艺制作好的银饰部件可以分件、分层次摆坯焊接。焊接是将各部件按照设计用火烧与首饰主体连接的工艺步骤，焊接是银饰制作各道工序中不可缺少的环节。火吹焊接是苗族银饰锻制技艺的精细工艺，是指借助一根弯曲的铜管，用嘴吹气，将油灯的火焰吹向焊接部位，使焊药熔化，实现焊接的方式。这种焊接方式主要适用于较为精细的花丝或极小触点的焊接。这种工艺在施洞已经少见了，施洞银匠现多采用煤气罐和现代焊接、鼓风机的组合来焊接银饰。

### 4. 炸珠

炸珠主要是制备银饰上用于装饰的银珠的工序。银珠多作为银饰上的装饰点，如花朵的花心、乳丁纹银镯中的圆珠等，大小不等，规则排列，却具有较强的视觉效果。炸珠是将白银熔化后趁热倒入盛有凉水的瓷盆中，银液因为温度骤降而在水中炸开，形体分解成大小不等的银珠。银珠从水中捞起后放入明矾水中浸泡或煮沸洗去污点，便可焊接到银饰表面了。

### 5. 清洗

苗族喜爱银饰的洁白。洁白的银饰象征光明和破除巫蛊的神圣力量。因此，每年在节日前，银饰被取出送到银匠家里清洗，以洗去发乌的氧化层。银匠将氧化的银饰放到木炭上烧去外面的氧化层之后，放入盛有明矾水的紫铜锅中。银饰没于明矾水并加热至煮沸后就变得洁白了，之后将银饰置于清水中洗净。在现代技术条件下，经年佩戴而氧化的银饰多被置入酸中浸泡，后置于清水中用铜丝刷清理干净，银饰就恢复洁白的光泽了。

## 二　施洞苗族银饰锻制技艺的传承

在 2006 年进入国家级非物质文化遗产名录的苗族银饰锻制技艺不仅有着非常传统的手工加工方式，还有着最传统的传承方式。在施洞，以塘龙和塘坝为首的银匠村仍坚持手工加工银饰，以满足当地苗族人民对节日银饰和婚嫁银饰的需求。这种用手工加工的苗族传统银饰加工技艺被银匠逐代传承下来。这些银匠中有技艺精湛的老银匠，也有敢于创新的银饰新秀。施洞地区苗族银饰锻制技艺采用最传统的师徒式家族传承方式，传男不传女，可传同宗子嗣。父亲或者祖父作为师傅，严格按照传统的银饰传承方式教授子孙技艺。子孙自小跟在老银匠身边耳濡目染，将银饰锻制技艺的学习融入他们的民俗生活之中，对银饰的锻制具有更好的民族文化积淀。子孙向父亲或祖父正式拜师之后需要从零散的打杂工作开始慢慢接触银饰锻制技艺，由递工具、拉风箱到制作银丝，由窝卷花丝到錾刻，由简到繁、由浅及深地学习，逐步掌握技艺。在此过程中，每接触到一个新的工艺，就要独立制作该工艺所需要的工具。等到攒足了全套工具，且能把一坨银子打制成银条，就可以出徒了。

非遗热开启了苗族银饰锻制技艺传承的多种机制。传统的家族传承机制依然是主要传承方式，由年龄较大的银匠向下一代传承，但是打破了传男不传女的规矩，女性银匠出现并有增多之势。在这种传统的传承机制中，老银匠是传承的主体，他们掌握了施洞地区最传统、最全面、最精湛的银饰锻制工艺，并对当地的银饰文化有深刻的理解。他们使用最简单、最易得的工具加工传统的苗族银饰，按照祖传的工艺技法，绝不偷工减料。他们自己秉持施洞苗族银饰锻制技艺的民约民规，也以这些规定严格要求自己的子女和徒弟。他们的技艺和行业道德在当地群众中得到高度的认同。如塘龙的吴通云、塘坝的吴智、芳寨的刘永贵先后被评为县级或省级苗族银饰锻制技艺的传承人，他们的子女多从事苗族银饰的加工，且正逐渐成长为当地银匠的中坚力量。

除了家族传承外，社会传承机制是近些年出现的一种传承方式。2012年，塘龙的吴水根被评为贵州省第二批苗族银饰锻造技艺省级传承人，其他一些技艺高超的银匠也获得了不同的荣誉和称号。这些老银匠因为自身的知名度被聘请到高校教授学生银饰锻制技艺，也有慕名前来的银饰爱好者向其学习技艺；一些年轻的银匠在全国的银饰店铺展示技艺并带徒从艺，这都是当前苗族银饰锻制技艺社会传承的方式。

### 三　施洞苗族银饰的销售

施洞苗族银饰锻制技艺拥有广泛的群众基础。银匠多以家庭作坊式的工作方式服务于相对封闭而形成区域格局的一寨或数寨，为施洞苗族提供银饰加工的定点服务。接近100户人口的塘龙几乎家家从事银饰加工，男子为主力，妇女与孩子帮工，在农闲时节加工制作银饰，以此为主要经济收入。这种家庭作坊式的定点银匠数量受到其所服务的地区和该区域内群体经济水平的影响。在经济状况好的地区，银饰需求量大，银匠的数量就较多。银匠的工艺水平和银饰的质量也受到该因素的影响。塘龙生产的银饰的主要消费群体为施洞镇周边的苗寨。这些苗寨沿江且陆上交通便利，经济基础较好，较具有消费能力，对银饰的需求较旺盛。相对集中的消费群体和较为集中的消费时间（节前，尤其是姊妹节之前），使银饰销售的竞争较激烈。受到优胜劣汰法则的影响，银匠的技术水平在整体上都比较高，其工艺种类和银饰形制、花纹图案也多种多样，较施洞地区边远村寨的银匠具有更高的银饰锻制技艺。其中，技术较高的银匠打制的银饰在形制和纹饰上较丰富，能够综合银饰款式和纹饰进行创新，制作出超越传统样式的银饰，以至销售上供不应求。如塘龙的银匠吴通云，善于在银饰上进行创新，对施洞银牛角上的龙凤图案做出更改，他所制作的银饰因具有新花样而销量很大，且多有附近的村民找其定点加工。

施洞有一个传统特色的银饰销售方式——赶场。施洞赶场的位置以芳寨的老街为中心，一直延续到清水江沿岸。平日这里是寂静的老街，到了赶场的日子，人们熙来攘往。在拥挤的集市上，银饰商贩们用简单的柜台摆满了雪白的银饰，有的就在简单的摊位上展示各种银饰品（见图2-105）。一般小件的银饰计件销售，大件的计重销售。销售者多为邻近村寨的银匠，平时在家中打制银饰，然后带到集市上销售。银饰款式多为形制复杂的传统银饰，分量重，工艺复杂。集市的消费者多为施洞边远村寨的人，他们居住的苗寨银匠数量少，或没有银匠，村寨位置较为偏僻且交通不便，多趁赶场之时在集市上挑选或定做银饰。

**图 2 – 105　集市上的银饰**

*拍摄地点：施洞镇芳寨村老街，拍摄时间：2014 年 6 月 17 日。

　　伴随电子商务的兴起，许多苗族银饰的店铺也建立起了网络平台，进行网上交易。网上交易的银饰有成品零售、成品批发、半成品批发和银饰定制等不同形式。成品销售在网络上建立起展示平台，以图片展示和视频沟通为主，面向外地的消费者；成品批发和半成品批发主要是银匠与销售商之间的贸易往来；银饰定制多为银匠在建立的网络销售平台上，为外地的消费者制作对造型和图案有特殊要求的手工银饰品。

（一）银匠

　　因为销售方式的不同，银匠也就出现了分工和不同类型。

　　传统型银匠是苗族传统银饰的继承人，他们多为坚持传统风格的老银匠。他们在年轻时做过多年的银饰学徒，工艺基础较好，技艺精湛，只采用简单的机械辅助银饰加工，多采用传统的工具和简单易得的器物制作工具进行加工，生产规模较小。他们农忙时进行农业生产，农闲时间和节日前后制作银饰。他们在家中坐地行商，在房屋临近马路的一面设立门面，在家中的庭院或者偏房进行加工，加工场地简陋。其经营方式多为家庭式经营，以银匠为核心，家庭内部人员参与银饰制作和销售。其店铺销售的商品以银饰为主，苗族服饰和苗族特产为辅。银饰销售收入有明显淡旺季。旺季收入可达万元以上，淡季生意惨淡。在节日期间，本地群众和大量游客消费时间较集中，销量较大，所以在节前银匠会集中家人赶工，银饰的工艺和质量会较平时降低。除了店铺销售，部分银匠还会采用电子商务或者电话订单的方式接小额订单，多为外地客户定做银饰，这些订单一般是款到发货，邮递到客户手中。农闲时节制作的银饰如果有大量余存，会批发给外地的代理商，但是因为批发价格的降低，其利润也随之降低。

兼职型银匠多为在乡务农的年轻人。初中毕业后在经济发达地区打工多年，他们没有经过严格的银饰加工技法的学习和长时间的练习，银饰锻制技艺水平较低。受到经济利益的驱动，在其回乡定居后简单学习银饰锻制技艺就开始生产。因为加工经验的缺失，他们只能制作银匠师傅传授的某些简单的传统造型的苗族银饰，银饰种类较少。他们基本采用手工制作，受到小规模生产的限制较少采购银饰加工机械，多制作纯手工的简单造型的花丝和錾刻银饰。其银饰销售有明显的淡旺季区分，旺季销售可满足日常开支，并有少量节余，淡季几乎没有销量。

因银饰销售具有明显的淡旺季，所以在一些银匠集中的村寨，少数工艺精致的银匠加工的银饰就占据了销量的大部分，于是一些银匠就去往全国各地从事银饰加工销售。他们自己在从事加工的同时，也从自己家乡的银匠手中批量购进银饰，销往全国各地。这部分商业性银匠一般是年轻银匠中工艺较精湛的那部分，他们适应现在银饰市场的需求，大量使用机械进行银饰加工制作，经营规模较大。其产品主要面向旅游市场和全国各地的苗族银饰销售点。商业型银匠已经脱离了农业生产活动，在县城租有商铺，并雇用学徒和银饰加工人员辅助生产。除了在重大的苗族节日期间回乡，平时集中精力进行银饰生产。商业型银匠收入较高，每月收入多在万元以上。商业型银匠主要根据订单进行加工，拥有稳定的顾客群和遍布全国的代理商，所以不存在销售淡季和销售旺季的区别，收入较稳定。

（二）消费群体

在历史上，施洞苗族银饰多为当地人消费且在当地群众中的消费是固定的。除了日常佩戴之外，婚嫁首饰、节日等仪式性首饰等都是苗族银饰的消费品种，尤其每次节日和女性新婚之前，苗族都要添置银饰。苗族在银饰的审美上，以大为美，以重为美，以多为美，所以在银子的用量上较大，消费额度较高。

在西部地区旅游开发的大形势下，苗族文化的影响力不断提升，传播范围不断扩大，银饰的消费和市场出现了持续的变化，从传统的内部人群消费转向现代的综合人群消费。游客是施洞苗族银饰的潜在消费者，多购买造型简洁的小型银饰品，形制多为吊坠和戒指等适于日常佩戴的银饰。这些银饰的购买具有偶然性，受到旅游淡旺季、游客逗留时间长短、游客民族文化理解度、游客心情等因素的影响，其销售量不稳定。文化机构和收藏研究群体多为研究苗族银饰而购进整套的饰品。他们多在乡间搜集苗族老银饰等独具苗族文化特色的银饰，以及早先流传而现在已经较少存在的具有时代特色形制或纹饰的银饰，用以研究苗族的银饰文化和民族文化。商人是施洞苗族银饰销往全国各地的中间人，具有很大的银饰销售能力。他们多收购简洁造型的银饰销往全国各地。

# 小　结

历经迁徙的艰辛，施洞苗族在这片古老而美丽的土地上与大自然和谐相处，建立起了施洞苗族的传统文化。世人对施洞的向往多因其绚丽多彩的服饰文化和装饰艺术。节日的盛装造型繁多，工艺精湛；服饰中千变万化的纹饰和图案，或写实，或抽象，记录着施洞苗族先民的创世神话、英雄史迹和族群生活，承载着施洞苗族的淳朴信仰和民风民俗。通过本章对各种银饰的综合和分析，可以将施洞苗族银饰的纹饰分为如下几个类别。

第一类是几何纹。几何纹是人类最古老的纹饰，一般来源于早期人类对自然环境的写意。施洞苗族银饰的几何纹主要包括水涡纹、"卐"字纹、鱼鳞纹、鱼子纹、乳丁纹、钱纹、云纹、雷纹、回纹、卷草纹、星纹和八角花纹等。

第二类是自然纹。包括太阳、月亮、星芒、山峰、河流、水泡等纹饰。

第三类是动物纹。施洞苗族生活在苗岭北麓的崇山峻岭之间，这里山高林密，野生动物种类较多。运用于银饰的动物纹十分丰富，造型也较为奇特，多反映了渔猎时代和农耕时代人与自然的亲密关系。常见的动物图案有龙、凤、麒麟、饕餮、虎、鹿、蛇、蝴蝶、蜜蜂、蜻蜓、鱼、虾、泥鳅、田螺、蛙、蜈蚣、蚕、孔雀、鸡、鸭、鹅、锦鸡、鹡宇鸟、鹤、燕子、喜鹊、麻雀、鼠、兔、马、牛、羊、猪等。以动物为主题的纹饰是施洞苗族银饰的纹饰特点。这些动物形象，有的是单独纹饰，有的与人组合，反映了施洞苗族与动物长期共存建立了人与动物之间的各种联系。这些动物的造型将多种动物的典型特点组合成为新的造型，这种将动物原型神化成超自然的装饰形式主要沿袭了苗族先民原始艺术中的题材内容，是苗族巫术混融性的表现形式。施洞苗族将这些动物的形象经过变形、夸张，装饰于银饰，佩戴在身上，以达到驱除毒虫猛兽、将动物的能力加之于身等巫术思想。

第四类是植物纹。主要有牡丹、菊、荷、梅、桐子花、蔓草花、枫叶、麦穗、葫芦、石榴、向日葵、辣椒花、折枝花、无名的野花等。

第五类是器物纹。包括铜鼓、芦笙、锁、镲等。

在这些纹饰图案中，动物种类最多，其次是人物。动物可以单独作为主题纹饰，人物则必须与动物组合才能成为主纹饰。植物纹是动物和人物纹饰的填充纹饰，也可以作为主纹饰。连枝花草纹是最为常见的植物纹饰。动物常可做任意的组合、变形或形体转化，有些形象较难确定是哪种动物，有的以较为突出的一种特点作为动物命名的依据。后三类是模仿自然界中原有的造型美化加工而成，外形留存有原型的特点。前两类是将后三类中的某些图形经过抽象概括所得的抽象造型，历史较为悠久，多呈现三角形、方形、菱形、曲线、弧线或钩纹等组合而成的简约形体。

这些纹饰多是经历了施洞苗族传统文化的洗礼与筛选，在银匠的手中浓缩成为具有独特的民族韵味的装饰纹样，成为苗族银饰锻制技艺中浓墨重彩的一笔。千变万化的纹饰组合成为以"大、多、重"为美的银饰，既演绎了施洞苗族传统文化的古典灵魂，又张扬着施洞苗族的个性美。审视施洞苗族的盛装，史料价值和艺术价值深厚，如同打开了一本"穿在身上的史书"。施洞苗族银饰"以大为美"的艺术特征是很明显的，半米高的龙凤银牛角便是最好的例证。堆大为山的龙凤银牛角显现出施洞苗族银饰的巍峨之美。施洞苗族银饰每件都有以大为美的审美倾向，其银饰形制较其他民族的同款首饰多具有形制大的特点。而且不仅形制大，单件首饰重量也大。施洞苗族女性所佩戴的银耳柱单只重量达到 200 克。女性自幼穿耳后即用逐渐加粗的圆棍扩大穿孔，以便于佩戴银耳柱，利用耳环的重量拉长耳垂。有的妇女的耳垂因为耳柱的重量而被拉豁。但是对以重为美的追求并未改变这种装饰方式，以多为美就更不待言而自明了。姊妹节期间，施洞女子穿起的银饰盛装的银饰配件有数百件之多。层叠穿戴的银压领和银项链重重叠叠，淹没脖颈，发髻上插满了银牛角、头插、发簪、发钗，整个人被银饰所包裹，呈现出一种繁复之美。从史料和现存各时期的银饰形制来看，施洞苗族银饰的这种追求大、多、重的趋势愈演愈烈。特别是 20 世纪 80 年代之后，施洞苗族生活水平的提高和经济水平的提升直接导致苗族银饰极致繁复现状的出现。

通过历史追溯可以得出一些结论。首先，苗族银饰具有一贯的继承性，无论是形制、材质还是纹饰选择，以及加工技术，都是一脉相承的。其次，在传承过程中，施洞苗族银饰的发展过程既有形制和纹饰等的形成和演化，也存在消失和变异。银牛角的出现与变形造就了施洞苗族女性的"高冠"，一些发饰和手饰形制的消失却被历史抹去踪迹。银饰的这些形成、演化、消失或变异的过程可能是佩戴者的一次改装，也可能是漫长的文化变迁。最后，施洞苗族银饰一直向前演进，却从未丢弃苗族银饰"以银为灵"的巫化信仰。从唐代出现苗族佩戴银饰的记载，到明代民间的普及、清代的流行，到 20 世纪 80 年代进入佩戴银饰的高潮，施洞苗族银饰发展成为重逾十公斤的盛装。这与其他个别苗族地区贴近时代、趋向便捷的银饰文化变异相反。施洞苗族银饰沿着自己的文化轨迹，向着银饰总体数量更加重叠堆砌的"多"，个体形体夸张的"大""重"的方向发展，纹饰更加丰富精美，装饰形式更加繁复多变。但是，银饰在施洞苗族人心中的灵性却从未变过。

# 第三章
## 施洞苗族银饰符号的文化内涵

苗族银饰是以苗族传承多代的精湛锻制技艺，采用纯银精细打制而成的，其上附以苗族美丽的传说和文化作为装饰，成为苗族人民装饰自己的美饰。黔东南地区的苗族银饰最美在于其独具特色的形制和变幻多样的纹饰。苗族银饰形制上相似而不相同，纹饰上千变万化，不同装饰部位使用相似却变异的纹饰，这使得苗族银饰富于变化，各具特色。

施洞苗族银饰主要的装饰纹饰有动物纹、植物花草纹、几何纹以及一些其他民族的外来纹样等。苗族银饰的纹饰有一部分是为适应银饰发展而出现的与苗族信仰相关的动植物纹饰，这些纹饰造型根据苗族的神话传说、民间文学的描述而选择了自然界中与苗族的图腾和信仰相关联的一些形体，多带有强烈的巫术色彩和苗族情感意识中的心理因素；一部分是来自苗族传统手工艺的纹饰，如刺绣、蜡染、建筑艺术等，纹饰造型和组合具有鲜明的民族风格；另外，在每个时期，苗族银饰会产生新的与时俱进的图样，那就是跟随时代的变化，在新的需求或民族文化背景下，由银匠创新发展出来的纹饰。

苗族银饰的纹饰中出现的动物具有明确的选择性，一般是选取具有吉祥寓意或者能够辟邪祛灾的动物作为装饰纹样。蝴蝶是族群始祖，这在苗族古歌中广为传颂：在远古，蝴蝶在枫香树心产下12个蛋，分别孵化出狮子、水牛、蜈蚣等动物和人类的祖先姜央。因此，苗族称蝴蝶为"妹榜妹留"，即"蝴蝶妈妈"的意思。苗族的各个支系在银饰上装饰了大量的蝴蝶图案，有精美的蝴蝶簪子，蝴蝶装饰的银衣片，蝴蝶造型的各色头饰等，蝴蝶是苗族银饰中不可缺少的常见造型。另外，龙能保佑风调雨顺，蛙蟾代表五谷丰收，牛力气大、吃苦耐劳……动物与人共通的品性成为其美好寓意的象征连接。鸡、鸭、鹅、锦鸡、画眉、狮、虎、象、龙、凤、喜鹊、燕子、水牛、兔、鼠、鱼、虾、蜜蜂、麒麟、鹿、猴子、蜻蜓、蜘蛛、蝙蝠等动物和人之间的互变，动物与人的互变，动物与植物的互变等造型把银饰上的纹饰塑造得更加美化和理想化。苗族纹饰中的人头蝴蝶、人头鱼、人头虎、人头龙和长翅膀的人都直接表达了人们希望借助动物的优势，达到神通广大的目的，不被邪恶力量束缚的原始图腾崇拜意识。这些动物在现实生活中多与农业相关，与生殖崇拜相关，与祖先崇拜相关。如青蛙、蜻蜓、鱼虾等动物均与农作物相关，这是苗民祈求年年丰收、五谷丰登的美好生活愿望的间接表达。

植物图案也是苗族银饰上常见的一种纹饰题材。顽强的生命力是植物和苗族人共同具有的性格特征。植物一年四季历经枯萎和再生，就如苗族长期的迁徙一样，经历了枯荣的过程。因此，苗族把植物的样子装饰到银饰上，期望子孙生生不息，族群兴旺繁衍。银饰中常见的花朵、卷草、枫叶、竹子、石榴等植物纹饰都各有其深刻的象征意义，寄托着苗族人民的神灵崇拜和对美好生活的追求。

苗族银饰上的几何纹较多来自苗族刺绣等民族手工艺的纹饰，一般用于银饰纹饰的边角或者空隙，用于装饰，像水涡纹、乳丁纹等，较多用于点缀。这些纹饰是对苗族古纹样提炼凝聚而得出的。银匠在对几何纹借用于银饰纹饰的实践中，有了较多的新创意，也出现了较多由几何纹饰的组合而成的吉祥纹饰。

苗族银饰中还有一部分纹饰是借用了汉族或者其他少数民族的纹饰。如小孩银帽上的吉祥文字，银饰中借用汉族传统的吉祥纹饰年年有余、福在眼前、花开富贵等。这些纹饰较多以浮雕的形式装饰在银饰上，在表面使用精湛的苗族錾刻工艺更细密地装饰纹饰，工艺繁复。

苗族银饰的纹饰集中体现了苗族人民生活的智慧，他们把生活中喜闻乐见的、具有美好寓意的、载负民族历史和文化的、富含民族想象力的纹饰装饰于银饰，这是苗族人通过千百年对所闻所见，根据自己的观察以及独特的理解后的艺术再现。最终苗族银饰上的纹饰成为记载着苗族历史和文化的符号，寄托着苗族人民的美好祝愿，穿戴在苗族人民的美好生活中。

施洞苗族银饰的纹饰图案布局紧密，每件银饰通体布满花纹，即使留白也为窄小的边角。繁密的花纹造就了奢华的效果。图案多组合使用，常以动物、人物图形为图案中心，在四周安排植物或几何纹饰。每种纹饰又可分解为多个纹饰，如蝴蝶的翅膀可以是其他昆虫的变形；两只蝴蝶可以组合成为一朵花的造型；龙头多为狮头、虎齿、鹿角、羊角和水牛角的组合造型；鱼头可以用隐喻两性结合的双蝶纹等，常常用写实与写意的图形进行组合，呈现出变幻莫测且充满神奇力量的纹饰。在装饰形式上，苗族银饰将真相和幻想交织的艺术手法极具特色。将具象的纹饰分解后进行重构，组合出亦真亦幻的新的造型，这些造型多因为其形态变幻和抽象构造而具有神格。

施洞苗族银饰伴随着苗族的意识形态在历史上演化，经过历代的筛选和积淀，形成了一批具有固定母题的纹饰图案。在施洞苗族固定的图案母题中，较为常见的是蕴含了施洞苗族历史记忆和文化信仰的图案。这些母题经历了苗族人民世世代代的传承，积淀了施洞苗族传统文化中许多历史的、社会习俗和精神信仰的内容，成为施洞苗族生活世界中的宗教。宗教是世界上任何一个民族都曾经历过的或正在经历的一种意识形态，是一种复杂的历史和社会现象。苗族在历史上同样形成了至今仍具有重大影响的本民族的宗教。和众多民族的宗教历程一样，苗族经历了自然崇拜、图腾崇拜和祖先崇拜三个相互关联又各具特征的宗教信仰阶段。作为民俗文化编码的符号载体和族群信仰寄托的文化现象，苗族银饰符码的奥秘需要综合苗族传统文化的各个方面来解析。

# 第一节　自然崇拜：涡拖、月亮和龙

自然崇拜（nature worship），指把自然物和自然力视作有生命、有意志和变幻莫测的能力的对象人格化或神圣化而加以崇拜的原始宗教形式。自然崇拜主要起源于人类出现的早期。在原始人眼中，具有神奇力量的日月星辰、山川木石等自然物和虫鱼鸟兽，具有神秘能力的风雨雷电、云雾彩虹等自然现象都具有不可想象的力量而具有灵性。它们能够主宰人的命运，给人类的生活带来旦夕祸福。原始人对它们的能力不明所以且束手无策，认为它们是超越人的能力的神灵而对其膜拜，这种"唯灵论"的意识和原始的宗教活动就叫作自然崇拜。这种崇拜的范围包括天、地、日、月、星、风、雨、雷电、云、彩虹、高山、大海、河流、水、火、湖泊、石、树、各种动物等。这些具有生命、意志、情感、灵性和奇特能力的自然物体和现象会对人的生存和命运产生各种影响。早期人类对其膜拜和祷告，希望能够解除灾祸，获得保佑。因为生活环境与社会存在的方式不同，氏族和部落多选择对族群社会和生活影响最大的自然物或自然力作为自然崇拜的对象，并形成了近山者拜山、靠水者敬水的特色，反映了自然崇拜是人类根据居住地域环境不同和生活的实际需求而祈求风调雨顺、人畜平安的心理诉求。居于海边的人多具有海神崇拜，后发展成为蔓延至全世界的"妈祖"崇拜；沿河而居的人们又多崇拜河神；居于山巅的人们多崇拜山神或树神。这种无处不在、无时不有的灵魂观念是生活于不同地域的早期人类的一种原始思维。生产力低下、生存条件恶劣的原始人面对强大的自然是如此渺小，对这种主宰人类命运和生活的神奇力量加以膜拜以求生存下去，这就是自然崇拜产生的原因。直接对自然界中的各种物体和现象进行的崇拜是人类宗教活动最早阶段的崇拜。早期人类在形成"灵魂"观念后，用看待自身的眼光同等地看待自然界的一切事物，并将灵魂观念赋予与自己生活相关的事物上，认为世界上存在的所有事物从某种意义上来说都是具有灵魂的，又被称为"泛神论"。这是人类最初看待世界的方式，也是原始人思维的一般特征。

在施洞苗族的世界观中，无论动物还是植物，所有的生命体都具有自身的超能力。这种"万物有灵"的自然崇拜是苗族先民最早的宗教形式之一，也是苗族服饰文化中的指导精神。在长时间迁徙中，苗族先民面临着比一般族群更为恶劣的自然条件和生活条件。对于清初还处于靠天吃饭的原始农业阶段的苗族来说，大自然的风雨雷电、日月阴晴圆缺、斗转星移和人类的生老病死等现象始终具有神奇的力量。力量弱小的人类面对苗岭山区的大山世界，由此而生的畏惧心理和孤单心理促使苗族把内心的依赖和期盼寄托在日常生活中的一些事物上，将直接关系自己生存的自然物和自然力进行神化。法国文化人类学家列维·布留尔曾经指出：原始社会时期，人的创作活动受到神秘互渗的"原始"思维方法的支配。在《苗族古歌》《苗族史诗》《古老话》等苗族民间口头叙事文学中，从天上的日月星辰、风云雷电，到地上的花草树木、毒虫猛兽，以及水中的鱼虾和地下的金银矿产都具有了人的思维。《苗族古歌·开天辟地》中太阳月亮星星是先祖用金银打制而成并安到天上去的。因为金银出生的地方在"大水汪汪的东方"，因此，苗族银饰具有"金银·东方-光明·家园"的原始思维特征。在《苗族古歌·运金运银》中，金、银、龙、鱼、螃蟹、水獭、马蜂、老鹰、山雀等多种动物被视作同人一样的个体，帮助人类找到金银、打柱撑天、铸日造月。金银是由苟劳播种的生命种子长成的兼具人性和神性的神圣的物体，苗族古歌中存在"金银要坐凳""金银要穿衣""金银要睡床""金银要踩鼓""说话笑眯眯"等这种人格化的描写和"运金造金柱，金柱撑着天，运银铸银柱，银柱支住地；天才不会垮，地才不会崩"的神圣化塑造。正是苗族的自然崇拜思维，金银才具有了神圣性。苗族认为自然界的万事万物都具有神奇的力量，且各种自然物可以相互渗透转化，所以，施洞苗族的银饰中多将各种纹饰进行形体组合和变化，苗族认为这是在装饰身体的同时，将纹饰动物的神秘力量携带身边。苗族赋予自然界的事物以"人性"，并借助这些事物的神秘力量实现人的愿望和幻想。

苗族自然崇拜意识的产生具有深刻的社会根源和认识根源。苗族进入氏族社会后，依旧无法摆脱自然的控制。因此将生活中的事情归结于自然界的奖赏与惩罚，将自然现象超自然化，对其膜拜，以求精神上的安慰。这个时期的苗族先民思维能力还较低，只能用最简单的类比的方式去理解未知的东西。如将做梦解释为灵魂的暂时离开，这种鬼神观念构筑起了苗族的原始宗教。另外，在原始宗教认知的基础上，集团化的氏族社会将社会规范神圣化，并围绕这些宗教观念举行一系列的神灵崇拜活动，以维护氏族内部的团结和族群传统。万物有灵的观念被苗族先民推及宇宙万物，上至天体，下到鬼魂，地上的花草树木、虫鱼鸟兽等所有物体都具有与人一样的灵魂。原始的自然崇拜观念为苗族原始宗教的形成奠定了思想基础。

## 一  涡拖是祖先居于水边的记忆

涡拖是银饰中常见的纹饰，常用作鼓面装饰纹、地纹、边角装饰纹、填充纹饰，或组合成云纹、雷纹等纹饰。水涡纹呈现为多条弧线从圆周向圆心平行旋转的双线螺旋纹，是苗族银饰的几何纹饰中较古老的一个，是苗族服饰衣领和衣袖部位较常见的一种纹饰。涡拖，即为水涡纹，它与银饰中的同心圆纹、曲线纹、三角涡纹和波浪纹都是水波纹的表现形式。它是苗族对祖先居于东方水边的记忆。苗族认为自己的祖先生活在多水的东部，族人在死后都要去往祖先生活的东部与祖先团圆。施洞苗族认为银饰上的水涡纹就是与祖先沟通的一种凭据，是族人沟通祖先的通灵符号。因此，踩鼓或祭祀祖先时佩戴有水涡纹的银饰才能与祖先共同娱乐。施洞苗族认为牛的旋毛即是水涡纹的一种。黔东南苗族"务北"（苗族服饰雄衣）的衣领衣袖上的螺旋纹"涡拖"源自苗家鼓藏节中祭牛身上的牛旋，用在头顶、背膀和四蹄有旋的牛祭祀才能通知到祖先。戴装饰水涡纹的银饰参加祭祀祖先的仪式可能与早期鼓社祭中选用长有旋的牛做祭祖牛的祭仪规定有渊源关系。苗族鼓社祭中特别注意祭祖牛旋毛生长的位置，祭祖牛的旋毛不能生在眼角、眼下、腹部和生殖器上。

水涡纹是苗族精神世界中宇宙本源物质的一种图像化表达。水涡纹是苗族先民在长期的社会实践中形成的对客观世界的认识：世界的本源是什么。苗族在数千年的岁月中生息繁衍于祖国大地上，他们披荆斩棘，世代辛勤劳动，不仅创造了丰富的物质文明，也建立了灿烂的精神文明和哲学思想。从原始社会末期开始，苗族在与大自然的斗争过程中建立起了自己的自然观念，并在这种自然观念之上建立起了对宇宙本源和自然万物的认识。《苗族古歌》中第一首《开天辟地》在开始就用盘歌的形式探究了天地万物的原初形态。

> 我们看古时，哪个生最早？哪个算最老？他来把天开，他来把地造，造山生野菜，造水生浮萍，造坡生蚱蜢，造井生刚蝌，造狗来撵山，造鸡来报晓，造牛来拉犁，造田来种稻，才生下你我，做活养老小？

姜央生最早，姜央算最老，他来把天开，他来把地造，造山生野菜，造水生浮萍，造坡生蚱蜢，造井生刚蚪，造狗来攒山，造鸡来报晓，造牛来拉犁，造田来种稻，才生下你我，做活养老小。

姜央生最早，姜央算最老？

姜央生的晚，姜央不算老。

哪个生最早？哪个算最老？

府方生最早，府方算最老。

府方生最早？府方算最老？

府方生的晚，府方不算老。

哪个生最早？哪个算最老？

养优生最早，养优算最老。

养优生最早？养优算最老？

养优生的晚，养优不算老。

哪个生最早？哪个算最老？

火耐生最早，火耐算最老。

火耐生最早？火耐算最老？

火耐生的晚，火耐不算老。

哪个生最早？哪个算最老？

剖帕生最早，剖帕算最老。

剖帕生最早？剖帕算最老？

剖帕生的晚，剖帕不算老。

哪个生最早？哪个算最老？

修狃生最早，修狃算最老。

修狃生最早？修狃算最老？

修狃生的晚，修狃不算老。

哪个生最早？哪个算最老？

黄虎生最早，黄虎算最老。

黄虎生最早？黄虎算最老？

黄虎生的晚，黄虎不算老。

哪个生最早？哪个算最老？

黄虎爹和妈，才算生最早；黄虎爹和妈，才算是最老。

黄虎老妈妈，哪个来生她？黄虎老爸爸，哪个来养他？

扒山扒岭的，扒开到西方，生下黄虎妈；钻山潜水的，钻通到东方，养大黄虎爹。扒山扒岭的，才算生最早；钻山潜水的，才算是最老。

扒山扒岭的，出生算最早？钻山潜水的，年纪算最老？

扒山扒岭的，不算生最早；钻山潜水的，年纪不算老。

哪个生最早？哪个算最老？

云雾生最早，云雾算最老。

云来诳呀诳，雾来抱呀抱，哪个和哪个，同时生下了？

云来诳呀诳，雾来抱呀抱，科啼和乐啼，同时生下了。

科啼诳呀诳，乐啼抱呀抱，哪个和哪个，又生了来了？

科啼诳呀诳，乐啼抱呀抱，天上和地下，又生出来了。①

《开天辟地》歌经过问答结合的形式和苗族对宇宙万物的不同理解的辩论，最终得出世界的本源：云雾是形成天地万物的最初本源。我们把问答倒推回去也就得出了苗族对世界形成过程的认识。在天地万物形成之前，宇宙处于云雾弥漫的混沌状态。云雾运动变化产生了天和地，因此云雾是"最早""最老"的原始物质，是宇宙万物的本源。天地万物在云雾的运动和变化中产生和演变，云诳雾抱才生下科啼和乐啼，诞下了天和地，才出现"扒山扒岭"、"钻山潜水"和"修狃"等巨兽，最终出现黄虎、剖帕、火耐、府方等开天辟地的巨人。苗族祖先姜央经过云雾的一系列演化，生出白枫木后，诞下人类始祖蝴蝶妈妈，才生出姜央。

那有没有比云雾早的物质呢？

云雾生来最早么，说来云雾还太小！究竟哪个最聪明，哪个生来才最早？水汽也是很聪明，水汽才生来最早。②

---

① 潘定智、杨培德、张寒梅：《苗族古歌》，贵州人民出版社，1997，第2~5页。
② 贵州省少数民族古籍整理出版规划小组办公室编《苗族古歌》，燕宝整理译注，贵州民族出版社，1993，第13页。

经过对姜央—妹榜妹留—甫方—养优—神仙—西汪婆—火亚立—香妞婆—叵爬—科啼—盘古—修狃—云雾—水汽按照由今及古、逆转溯源的推问，最后得出水汽生来最早的结论。

在远古时期，各个民族都有关于开天辟地的万物起源的神话传说。苗族从万物中抽取了"云雾""水汽"作为世界的本初物质是有原因的。苗族古歌中认为苗族祖先居住于"挨近海边边，天水紧相连，波浪翻翻滚，眼望不到边"① 的"东方"。后来族群人口增多，其他民族的压迫等因素，经过几次迁徙，迁入山峦交错、河流密布、云雾弥漫的高山地区，开始了狩猎、开山耕种、畜牧和捕鱼的生活。从远古到现在，苗族的生活始终与水有着莫大的关系。将云雾和水汽拟人化诞生出天地，这种自然观"在这里已经完全是一种原始的、自发的唯物主义了，它在自己的萌芽时期就十分自然地把自然现象的无限多样的统一看作不言而喻的，并且在某种具有固定形态的东西中，在某种特殊的东西中去寻找这个统一"②。

这种将云雾和水汽看作世界本源物质的思想与苗族历史上各阶段的生产方式存在联系，是一种典型的水崇拜文化。中国对自然水体的崇拜从史前文化就已经出现了。在仰韶、大溪和屈家岭出土的文化遗存中陶罐上的条纹、涡纹、三角涡纹、波浪纹、同心圆纹、曲线纹等都是水的代表纹饰。这些陶器上的水纹直接借用了水流动或静止时的各种水体本身的形态，它的功利性目的是不言而喻的，即表达了先民对水的信仰和祈求。

"原始人认为，水不是受力的法则的支配，而是受生命和意志的指挥。原始哲学的水的精灵是强使水流的快或慢的灵魂。它们以友好或敌对的态度来对待人。"③ 天降大雨或连日干旱对原始人的生活会产生莫大的影响。从施洞苗族的神话故事中就能够管窥到苗族人在原始社会进入农业社会时期与水的关系。洪涝灾害一直是影响苗族生产生活的一个因素。在施洞苗族的心目中，掌管风雨雷电的是天上的雷公。在黔东南苗族古歌中，雷公是蝴蝶妈妈产的 12 个蛋中的一个，苗族赋予雷公以人的外表和性格，这是

---

① 潘定智、杨培德、张寒梅：《苗族古歌》，贵州人民出版社，1997，第 133 页。
② 恩格斯：《自然辩证法》，人民出版社，1971，第 164 页。
③ 爱德华·B. 泰勒：《原始文化》，连树生译，上海文艺出版社，1992。

一种典型的自然崇拜。在古歌中，苗族将姜央看作人类的代表，按照人类对雷公的性格、嗜好、本领和禁忌的了解，与雷公展开了一系列斗智斗勇的斗争。在《苗族古歌·洪水滔天》中，十二宝分了家之后，雷公霸占了一切财产，逼迫姜央展开了与雷公的斗争。雷公小气又贪财。姜央借了雷公的牛后杀掉祭祖了，将牛头和牛尾巴埋在水田里骗雷公拉掉牛尾巴。雷公蔑视姜央后中计，从屋顶青苔上摔下来被捉。后雷公骗取小孩信任而逃脱，发起滔天洪水。姜央顺水漂到天上，用毒蜂蜇得雷公投降，退了洪水，兄妹才在地上种上五谷。这是一个关于苗族先民与洪水斗争的故事。在洪水灾难普遍的远古时代，洪灾是苗族先民的大灾难。在万物有灵思想的引导下，风雨雷电就被幻化成雷公的形象，被赋予了人的性格。因为雷公生气了，就降下大雨，发起洪水。因为苗族先民无力抵御洪水，就想方设法，如姜央与雷公亲近，做朋友，姜央是雷公的兄弟等，这都是苗族先民为战胜自然灾害而做斗争的一种口头转化，其实多为对雷公的祭祀仪式等，单方面与雷公缔结合约，建立亲属关系，以息雷公之怒，避免洪灾。

在避免洪水的同时，苗族先民的生存和生活依赖于水。居住于"水边边"的民族是与水有着深厚情谊的。渔猎时期，水中捕鱼是食物来源的一种主要方式。在江河中打鱼以满足对食物的需求，这在苗族先民与水之间建立起了神秘联系，一方面水中的食物哺育了苗族先民，水中取之不尽的食物来源让他们感到自然界的不可思议；另一方面，水中捕食带来的危险又使苗族先民感受到人类力量的弱小。因此，对水的种种神秘力量的崇拜便产生了。

水涡纹是苗族水崇拜的代表图像。对水的依赖、畏惧和自我保护意识使苗族很早就产生了对水的崇拜观念。这是苗族先民在对水的认识水平加深一步时逐渐形成的。渔猎末期和农耕生活早期，苗族对水的崇拜主要因为水的生殖能力。在苗族祖先居住的"东方"，苗族先民过着穴居野处的渔猎生活，水中源源不断的鱼类是苗族先民的食物。这些水族永远捕捞不尽，明显的淡旺季让人类看到了水的生殖能力，而这其实是鱼的生殖能力。苗族先民将水族的旺盛的生殖能力误认为水的能力，这可以在《苗族古歌》中得到证明。蝴蝶妈妈与水泡恋爱，"妹榜和水泡，游方十二天，成双十二夜，怀十二个蛋，生十二个宝"①，十二个蛋由鹡宇鸟孵化而生出姜央和各种动物。可见，在苗族人的思维世界中，蝴蝶妈妈和水泡同是人类的始祖。受到母系氏族婚姻制度中"只知其母，不知其父"风俗的影响，水泡的祖先位置被忽略了。水泡催生人类的认识根源于苗族与水的紧密联系，根源于人类对水的生殖能力的崇拜。《水地》写道："人，水也。男女精气合而水流形。"② 现在，鱼和蛙常被用作生殖崇拜的符号，这种图像和意义的链接与鱼、蛙和水的生殖意义存在渊源。中国古代祈雨的巫术祭祀多鱼、蛙并用。《春秋繁露》中记载了春夏秋冬四季求雨的仪式和规则："春旱求雨……其神共工，祭之以生鱼八、玄酒，具清酒、膊脯……取五虾蟆，错置社之中……秋暴巫尫至九日……其神少昊。祭之以桐木鱼九，玄酒，具清酒、膊脯，衣白衣，他如春。"③《帝王世纪》中也记载了黄帝以鱼求雨："黄帝出游洛水之上，见大鱼，杀五能牲以醮之，天乃甚雨。"④ 以鱼、蛙祭祀祈雨是因为二者是人与水神联系的使者。至今，中国文化中的"鱼水之欢"还具有生殖意向。

在苗族进入农耕稻作文化后，水崇拜文化就成为施洞苗族自然崇拜的一项重要内容。苗族是最早从事农耕生活的民族之一。从公元前五六千年开始，我国的黄河流域和长江流域就已经开始人工栽培粟、稷、水稻等谷类。5000多年前的苗族先民"九黎"就生活在黄河下游和长江中下游地区。那时的人们已经进入了定居的农耕生活，原始农业、畜牧业已经开始发展。"耙公耙山岭，秋婆修江河，绍公填平地，绍婆砌斜坡，才有田种稻，才有地种谷。"水稻种植的开始就是苗族先民稻作文化的发源，从此，这个民族与水结下不解之缘。后来在一次次战争和迁徙中，从江河平原地区跋山涉水来到西南部的山区。勤劳的苗族将山间小盆地开垦为水田，把山坡修为梯田。这种水田生产混合了山地农作，水成了粮食丰歉的关键因素，至此也形成了各种形式的水崇拜。

在施洞定居之后，施洞苗族以水井为中心的村寨文化逐步建立。村寨

---

① 潘定智、杨培德、张寒梅：《苗族古歌》，贵州人民出版社，1997，第93页。
② （唐）房玄龄注，（明）刘绩补注，刘晓艺校点《管子》，上海古籍出版社，2015，第287页。
③ （汉）董仲舒，曾振宇注说《春秋繁露》，河南大学出版社，2009，第352～354页。
④ （晋）皇甫谧，徐宗元辑《帝王世纪辑存》，中华书局，1964。

内的族群聚族而居，其住房的布局中心多为一口水井或水塘。以芳寨的刮刮井为例，位于施洞镇街上村与芳寨村交界处街里（即现在新街上烟草站的背后）的刮刮井曾是芳寨村寨文化的"交流中心"（见图3-1）。芳寨的这个水井因流量不大，取水时需要用盛水器一勺一勺舀起，因常年刮井取水，井底已被磨出勺子的形状，因此得名刮刮井。井水清冽甘甜，附近居民用水多来此挑取。井水长年不断，即使在历史上的几次大旱时，井水都未曾断流。因此，当地苗族认为刮刮井是龙的一处居所。井的上方生长有一棵高约20米的白蜡树，藤蔓附生，在此营造出了一处阴凉的环境。因此，刮刮井在白天也就成了儿童玩耍，妇女洗菜、刺绣，老人讲故事的好处所。夜晚的刮刮井边却是寨子里的年轻人游方、定情约会的场所。可以说，刮刮井目睹了施洞的历史变迁和文化传承。

图3-1　施洞芳寨刮刮井

水井就是村寨内的一条龙，施洞苗族盖房子讲究"龙脉"，越接近水井也就越靠近"龙脉"，那么家族内部也就越兴旺。这种对水的渴求来源于其生活需求和建筑防火的需要。清代之前，苗族建筑多为木制吊脚楼，水井和水塘的储水是房屋防火和灭火的主要水源。另外，苗族具有在水塘上建粮仓的生产习俗。施洞苗族生活和生产习俗产生了苗族的水井文化和水塘文化，并将这种水崇拜推及民俗文化的各种仪式中。在施洞苗族婚礼中，新娘盛装去家族的水井挑水除了如前文提到的是获得家族身份和转换社会角色的一种仪式，还是苗族的深厚水井文化的一种表现形式。苗族爱井如命，生活中的用水皆取自水井。苗族妇女早上的第一件事情就是去水井边挑水。施洞苗族认为井水有益身体健康、子孙繁衍，能保佑村寨的平安。历史上，苗族但凡定居一地，除了栽松香树，最重要的事情就是修建水井。村寨布局以水井为中心向周围扩散。靠近水井的人家是在村寨建立和发展中具有卓越功勋的人家，他们引导村寨的发展，维护村寨的秩序，是村寨中的领导者。其余人家选择相对较靠近水井的地方建筑房屋。这种村落布局很容易看清楚村落内部的人际关系。聚族而居的施洞苗族认为，同吃一井水，就是一家人。就连有客到来也要先请他喝井水，让其入乡随俗，适应水土。水井的特殊位置使其成为苗族传统村寨文化的中心。经过一天农事劳作，晚饭后，水井边是乡邻聚集交流感情的区域，农闲时节又成为妇女凑在一起绣花谈天的交流区。水井的特殊功能使其成为苗族传统文化水崇拜文化中的一支。施洞苗族对水井的特殊感情还因为他们认为水井中住着龙。水井的水汩汩而出，源源不断，因此他们觉得水井是龙的一处栖息地。他们常在修建的水井屋的内部装饰龙的图案，图3-2展示了沙湾村张姓家族共用的一口水井。施洞苗族对水井的崇拜表现在多种祭祀形式中。如家人生病要去往水井边烧香祈祷；家里添丁加口也要去水井边烧香；开春寨子要举行仪式祈求水井里的龙王保佑村寨兴旺。

图3-2　马号乡沙湾村的水井

## 二　月亮是白色信仰与诗意的栖居

按美国历史学家布尔斯廷的说法，在宇宙万物中，月亮可能是第一个被顶礼膜拜的对象。苗族月亮崇拜习俗的起源较早，其最直观的形式就是跳月。跳月，可以说是民俗学中所说的"春嬉"的一种，是指苗族未婚男女围绕圆形场地中的"花竿"舞蹈的活动，是苗族男女青年社交与婚恋的仪式。《续文献通考》中记载了："苗人休春，刻木为马，祭以牛酒。老人之马箕踞，未婚男女，吹芦笙以和歌词，谓之跳月。"

陈鼎的《滇黔土司婚礼记》中也记叙了苗族跳月的习俗。

仲家，牯羊苗，黄毛仡佬，白倮倮①，黑倮倮五种苗以跳月为配婚者，皆不混。跳月为婚者，元夕立标于野，大会男女。男吹芦笙于前，女振金铎于后，盘旋跳舞，各有行列。讴歌互答，有洽于心即奔之，越日送归母家，然后遣媒妁请聘价焉。既成，则男就于女，必生子，然后归夫家。《周礼》："暮春之月，大会男女。过时者，奔之勿禁；不及时者勿许。"今此五苗无论过时与不及时者皆奔，殆其流弊欤？②

清赵翼《檐曝杂记·边郡风俗》：

粤西土民及滇、黔苗、倮风俗，大概皆淳朴……每春月趁墟唱歌，男女各坐一边。其歌皆男女相悦之词。其不合者亦有歌拒之，如"你爱我，我不爱你"之类。若两相悦，则歌毕辄携手就酒棚并坐而饮，彼此各赠物以定情，订期相会。甚有酒后即潜入山洞中相昵者。③

跳月又被称为"跳花""坐花场""望月亮"等，跳月时活动的场地

---

① 倮倮是彝族的旧称。
② （清）田雯编，罗书勒等点校《黔书》，贵州人民出版社，1992，第406页。
③ （清）赵翼、捧花生撰，曹光甫、赵丽琰校点《檐曝杂记　秦淮画舫录》，上海古籍出版社，2012，第43页。

被称作"月场""花场""摇马坡"。这些名称有差别，却都与月亮存在关联。在早期，一些苗族还专门将青年男女跳月的场地修成月亮形状。跳月最主要的内容就是青年男女择偶，他们表演的舞蹈既是娱人的自娱自乐，也是娱神的一种祭祀活动。

据说，苗族的跳月起源于蚩尤"涿鹿之战"。蚩尤被杀后，幸存的族人散落四方。为了召集族人，晚上就在山顶立起绑有红布的高竿，敲响铜鼓，并令青年男女围绕花竿跳芦笙舞，散落各处的族人听到芦笙的声音，就向此地集中，聚集到一起后，族人相互扶持开始了迁徙之路。后来，跳花竿就沿袭成俗，成为青年男女择偶婚恋的风俗之一。

直至近代，苗族绕鼓而舞是因为"铜鼓实际上是一个月亮，上面满是蛙纹，有立体蛙、单蛙、累蛙或群蛙的铸饰图像"①。苗族节日常以"跳月"开始，又以"跳月"结束，可见苗族对月亮的崇拜情愫。苗族芦笙舞曲中有"苗家自古爱跳月，大家来跳芦笙舞……跳月团团像月亮，姑娘们花裙抖抖闪银光"②的描述。从男女跳月婚配到绕鼓而舞的演化，我们可以很容易地看出苗族跳月习俗中的生殖与繁衍的意向。

月亮崇拜是苗族母系氏族时期就已经出现的自然崇拜，是苗族母权文化的集中代表。苗族不但女神数量众多，且女神的地位高，尤其是在创世神话中。蝴蝶妈妈是苗族人耳熟能详的母神之一。在施洞，孕育蝴蝶妈妈的白枫树被称为"道芒""道姆"，即妈妈树。妈妈即祖先的意思，苗语中妈妈和祖先的发音相同，也是苗族早期母系社会亲属文化称谓的一种遗留。母权制社会是以女性为中心、以母权文化为基础的社会形态。全世界普遍出现于母权制社会的月亮崇拜与女性崇拜有很大的关系，即人们崇拜月亮繁衍万物的能力，并将这种能力与女性的生殖能力相关联而得出的认识。按戴维·利明和埃德温·贝尔德所著《神话学》中的说法，早期人类发现了月亮的阴晴圆缺与女子月经周期的关系，就将女性的生殖能力归功于月亮，由此产生了与月亮相关的生殖崇拜。农耕文化尚未出现时，人们处在以采集和狩猎为主的原始文化阶段，这时期的月亮崇拜多为男神；进

---

① 罗义群：《苗族祀月习俗与东君》，《黔东南民族师专学报》1999年第1期。
② 周瑾瑜、祖岱年主编《黔南民族节日通览》，黔南布依族苗族自治州文化局研究，1986，第111~121页。

入农耕文化后，月亮多为女神，这可能是农耕社会更重视人的生殖和繁衍的缘故。这与苗族的月亮崇拜有共同的分期。在苗族的神话传说和民间口头叙事中，《日月歌》《铸日造月》《射日射月》《吃日吃月》《移日移月》《锁日锁月》等讲述了苗族与日月之间的长篇神话，日月神话成为苗族创世神话中的核心之一。苗族神话赋予了月亮或男或女的身份，这其实是在不同的历史时期出现的月亮崇拜的混杂。《仰阿莎》中，太阳和月亮是同胞兄弟；黔东南鼓社祭请祖先享受供品时的祭辞为"我们的父亲像太阳，我们的母亲像月亮，住在高高的天上，送来温暖与光明，请你们下到祭坛前，领取祭品保安康"[①]；施洞苗族民间认为太阳是害羞的妹妹，所以射出万道光芒，不许人看到她的面貌，月亮是大胆的哥哥，在夜晚出来照亮。这种混淆的性别界定并不矛盾。在苗族母系社会时期，日月崇拜多受母权文化影响，从一种人类卵生的观念出发认为日月是一对女性祖神，将其定义为生殖崇拜。因而日月多具有女性特征，或是同性，或不具备性别特征。父系社会时期对父亲生殖意义的认识和父权文化导致日月出现异性模式，其实这是在苗族由母系社会转向父系社会出现的文化交叉。

心理学家弗洛伊德认为，性欲冲动和死亡冲动都是人的本能。苗族对月亮的崇拜具有双重意义，既与生殖崇拜相关，又是生命永恒的祈愿。月亮阴晴圆缺，是死而复生、循环往复的永恒生命的象征。苗族对月亮的崇拜即包含对生命永恒的追求。苗族认为月亮是苗族祖先居住的地方，是人死后灵魂栖息的地方。栖息于月亮之上，不得不说是诗意的栖居，也是苗族生命循环建立于月亮崇拜之上的一种生命观念。

苗族丧葬中的"阴安阳乐"与汉族的叶落归根是不同的。汉族讲求叶落归根，在老年时回归故乡养老，死后入土为安，且陪葬大量物品入坟墓，这是以肉体的终结和处置方式结束一个人的一生。汉族好人的灵魂要上天堂，坏人的灵魂要下地狱。天堂和地狱是一种虚幻的处所，这只是将灵魂分等级划分的方式，是阶级社会对灵魂信仰的一种辐射。而苗族更注重人死后的精神世界。苗族将人的死亡分作"死好"与"死丑"。"死好"即指人寿终正寝的正常死亡。苗族人没有天堂地狱的区分，且对于死后世

---

① 石朝江、石莉：《中国苗族哲学社会思想史》，贵州人民出版社，2005，第42页。

界的安排更具象。苗族认为正常死亡的人灵魂会到月亮上去，"掏钱买歌唱，带妈妈①上路，送妈妈上天。去跟蝴蝶妈妈，跟祖先团聚，团聚在一起"。② 因此，施洞苗族老人去世后埋葬的当天夜里，一定要请歌师演唱《焚巾曲》。歌师用歌中的唱词带领死者的灵魂逆向走过一个个祖先迁徙的地方，一路追溯祖先的迁徙路程，直至回到祖先居住的东方海边，然后再将其送往祖先灵魂居住的月亮之上。"月亮真是好，月亮大鼓场，妈妈到天上，进到大鼓场，去招金银来。"③魂归月亮之上不但是个人的好归宿，而且是荫福子孙的事情。"死丑"的人多因作恶多端才"不得好死"，他的灵魂就不能魂归月亮，只能在现世流浪，成为游魂野鬼。这是与西方和汉族中"修来世"的俗信是完全不同的，是一种典型的现世报。

　　苗族能够如此诗意地栖居，完全来自族群内部天人合一和与自然共生的思想。苗族畏天畏地，视天地万物有灵，对身边的一切持敬畏和尊敬之心，养成了千年以来与环境和平共处的习俗。苗族《枫木歌》中，认为泥鳅、铜鼓、猫头鹰、燕子、鹡宇鸟是与人类的始祖一样从苗族的始祖树白枫树幻化而来；蝴蝶妈妈与水泡恋爱，生出 12 个蛋，孵化出雷公，龙、虎、蛇等动物和苗族祖先姜央。世间万物具有共同的祖先，因此应该和平相处，这是苗族精神世界中天人合一、万物平等思想的体现。施洞苗族日出而作，日落而息，满足于小农经济自给自足的生活方式，不向自然过多地侵犯和掠夺物资。在征服自然和改造自然的过程中能够主动地回馈自然。如苗族的房屋建筑多为木制吊脚楼，需要耗费大量的木材。在向自然索取的同时，施洞苗族采取各种方式恢复植被，如培育风景林、护寨林、桥头林、寺庙林、学堂林、姑娘林、后生林、路边乘凉林等，并在爱树、护树的习惯上形成了许多风俗，如老人死后要砍树做棺木，相对应的，老人下葬之后要在墓地种一棵枫树或杉树。苗族历史上形成的自然与人类社会互动的能量循环模式是建立起区域人口与自然环境动态平衡的保证，以保证人与自然的和谐发展。这是苗族千百年来与自然斗争所积累出的认

---

① "妈妈"，在苗族诗歌里，一般是对老年人、祖先、祖宗等的敬称。此处泛指寿终正寝的老人。

② 潘定智、杨培德、张寒梅：《苗族古歌》，贵州人民出版社，1997，第 158 页。

③ 中国作家协会贵阳分会筹委会编《焚巾曲》，《贵州民间文学资料》（第 48 集），中国作家协会贵阳分会筹委会，1980。

识，不能不说是苗族人的一种智慧。

列维·布留尔认为，原始思维是由人类的情绪和其所见的神秘事物的表象决定的一种"元逻辑"思维方式。"在原始人中可以看到一种智力的习惯，即通过存在物的神秘互渗的使它们接近和联合起来，以至于把完全不同的事物看做是同一的事物。"① 如此看来，苗族跳月与苗族喜爱银饰之间的渊源就较为明确了。首先，这要从苗族的日月神话和金属神话的紧密连接说起。在《苗族古歌·铸日造月》中，"……来铸金太阳，太阳照四方；来铸银月亮，月亮照四方。……以前造日月，举捶打金银，银花溅满地，颗颗亮晶晶，大的变大星，小的变小星"②。苗族的"金太阳""银月亮"的神话造就了苗族思想中的银月同质。其次，在苗族思维中，月亮和银饰存在一个共性，这个共性就是苗族思维中将月亮崇拜与银饰崇拜建立神秘巫术互渗的媒介，即白色崇拜。如果我们分析巫术赖以建立的思想原则，便会发现它们可归结为两个方面：第一是"同类相生"或果必同因；第二是"物体一经互相接触，在中断实体接触后还会继续远距离的互相作用"。前者可被称为"相似律"，后者可被称作"接触律"或"触染律"③。苗族相信一切锋利的物体可以除恶鬼，在原先没有电和火的夜晚，没有月亮的光亮，天地一片漆黑。早期人类能够在黑夜中躲避猛兽的猎食，挨到黎明的晨光是一件艰难的事情。人类与生俱来的对黑暗的恐惧就需要借助皎洁的月光来破除，也就是借助月光的作用铲除内心的恐惧心理。正是白色与月色相似，苗族的原始思维才经由"相似律"将对月亮的崇拜转移到白色。作为月亮崇拜的一种次生信仰，苗族的"尚白"心理不仅在苗族的创世神话、古歌中有大量体现，在更深层次的文化观念和民俗生活中也有其印记。伍新福在《略论苗族支系》中考证苗族最早的支系为"白苗"（即东苗）④，可见苗族尚白的习俗是具有悠久的族群历史的。这种尚白的心理波及苗族的各种民俗事象。在古歌中，天地"好像一锭白银"⑤，"白

①　朱狄：《原始文化研究》，生活·读书·新知三联书店，1988，第 65 页。

②　潘定智、杨培德、张寒梅：《苗族古歌》，贵州人民出版社，1997，第 41～45 页。

③　弗雷泽：《金枝——巫术与宗教之研究》，徐育新、汪培基等译，大众文艺出版社，1998，第 19 页。

④　伍新福：《略论苗族支系》，《苗学研究》，贵州民族出版社，1989。

⑤　马学良、今旦译注《苗族史诗》，中国民间文艺出版社，1983，第 8 页。

雾生白泥，浓雾生黑泥……白泥变成天，黑泥变成地，天地又才生万物"①；树心生出蝴蝶妈妈的古老的树神是一棵白枫树；与蝴蝶妈妈恋爱的是白色小水泡；运金运银的大船是用雷公家的白桐树做成，"回头看古时，洪水涨齐天，世间树和木，都被淹死完，剩棵白桐树，长在雷公家。这棵白桐树，正好造大船"②；苗族美女仰阿莎"牙齿如白银""颈根白生生""手臂白生生"；在祭祀中白公鸡为上；在苗族史诗中，"审判要戴什么帽？要戴白银帽，头戴银冠来审判，威武貌堂堂"③，理老审判都要戴白银帽象征身份的尊贵，以示威严。由这些习俗可见苗族有多么地喜爱和崇拜白色。

苗族热爱银饰也是苗族崇尚白色的一种形式。白银和月亮的共通性就是具有洁白的银色的光泽。通过原始思维"相似律"的转化，苗族对月亮的信仰就被移植到银饰上来。在施洞苗族银饰文化中，银饰继承苗族白色信仰的表现之一就是银饰能够驱除邪恶和禳除灾祸。这在与银饰相关的民俗生活中多有体现。婴儿刚出生时要戴饰有银饰的虎头帽，以驱除恶鬼，保护其弱小的灵魂；当在山间走路时要戴一串银响铃，用其声音驱除妖魔鬼怪；在山间饮水前要先用银手镯检查水质……类似的习俗较多。神话传说和故事中也多有用银饰驱除邪恶的，如苗族戴银项圈的传说。

有一个穷老汉，去山中砍柴，捡到一个小姑娘，就把她带回家啦。养了几年就长大啦。可是呢，丑得很。后来老汉就娶了她。过门了才发现她是个老变婆。④ 原来她一直用裙子遮住尾巴。我们这里的女孩在结婚以前都穿裙子的。她男人又老又胆小，就不敢出去说。有天有个卖布的去她家住，发现了她是老变婆，结果就被她咬死啦。又有一天她去别人家偷吃，被看牛的发现了。看牛的就用箭射她，箭射完了也没射死她。老变婆就想吃掉看牛的。看牛的没办法了，没有箭了。他摸着了姑娘的银项圈，就用砍刀砍下一截，当作箭把老变婆射死了。我们就发现银项圈厉害得很，就戴在脖子上，走山路、走夜

---

① 中国作家协会贵阳分会筹委会编《民间文学资料》（第 4 集），1980，第 7～21 页。
② 潘定智、杨培德、张寒梅：《苗族古歌》，贵州人民出版社，1997，第 25 页。
③ 马学良、今旦译注《苗族史诗》，中国民间文艺出版社，1983，第 276 页。
④ 施洞传说和故事中的一种类似猴子外形的动物，俗称老变婆。

路就都不怕了。①

这个故事是施洞苗族佩戴银饰的一个渊源故事，银饰就如保护苗族的武器，消灭掉一切作恶人间的妖魔鬼怪。这是施洞苗族心底对银饰的巫教信仰情结。

究竟是什么原因造就了苗族的月亮崇拜呢？

苗族因崇月而信仰白色，并将月亮看作人的魂归之处，这种信仰的起源来自人类的巢居时代。《韩非子·五蠹》说："上古之世，人民少而禽兽众，人民不胜禽兽虫蛇；有圣人作，构木为巢，以避群害，而民悦之，使王天下，号之曰有巢氏。"② 巢居是居住于地势低洼潮湿且虫蛇多的地区的人们常采用的一种原始居住方式，是地处南方湿热多雨气候条件下和高山密林中的地理环境中的人们"构木为巢"的一种居住形式。

苗族历史上经历了"散居山谷，架木为巢"的时期。在古代，苗族先民是住在树上的权权房或岩洞中的。黔西北和滇东北的苗族史诗《居诗老歌》就记叙了苗族巢居历史："祖先居诗老啊/心不甘/祖先居诗老啊/心不服/居诗老在大树枝上搭棚子/叫人们居住在树梢上。"由于苗族过去居住的地方原始森林密布，猛兽毒蛇较多，建筑在地上的窝棚不具有防御的功能，常遭猛兽的袭击。后来苗族开始在林中选择粗壮的几棵树木搭建巢居，一般在离地2～3米的高度在树权权上多向搭起树枝，在这些树枝上用树枝和山草覆盖成窝棚的样子，然后在圆木上砍出等距的坎做梯子，以便上下。这种简易梯子至今在施洞地区还普遍使用。这种巢居较利于南方多树的环境，便于就地取材。巢居高居于树上，可以远离湿地，避开毒虫猛兽的侵袭，且有利于通风散热。最主要的是，这种居高临下的位置使苗族先民较易于掌握地面上的情况，更容易躲避毒虫猛兽的侵害。原先居住在地面上，森林覆盖下的环境漆黑，进入夜晚，人类就如盲人一般失去视力。居住于树权上就能获得月亮的光亮。在没有人工照明的时代，月光成为人类度过黑夜的精神力量。在漆黑的夜晚，月亮出来了，苗族先民的生

---

① 访谈对象：刘秀发（62岁），讲述时间：2012年8月6日，访谈地点：施洞镇刘秀发家，访谈人：陈国玲。

② （清）王先慎集解，姜俊俊校点《国学典藏·韩非子》，上海古籍出版社，2015，第536页。

存机会就增大了许多。苗族对月亮的崇拜起源于此。

### 三 龙是集鬼神怪和鸟兽虫鱼之能力的文化符号

远古时代的伏羲、女娲人首蛇身是最原初的龙的形象。黄帝在史籍中被描述成一条黄龙。进入封建社会后，龙的形象成为天子的专指，龙的图形图像至此与官员和庶民无缘了。龙产生于人类对"水"的自然力崇拜的神话，后被皇权阶级占用而将其赋予了社会权势的新神性，在中国五千年的封建社会中占据了至高无上的地位。从商周时期开始，宫廷化的龙的神态就走向了一种模式化的"威严"的僵态。到明清时期龙的外部形态被塑造成一成不变的标准形象：牛头、蛇身、鹿角、狮鼻、马嘴、鹰爪、鱼鳞。汉龙与皇权结合，逐渐阶级化、宫廷化。龙的形象就全面解释了封建集权制的专制统治：张开的龙爪是皇权的延伸，密集的鳞片是对皇权的维护，鹿角象征君权神授的永恒，等等。

与汉族龙象征帝位的专权相对，苗族的龙并没有特殊的地位，它只是蝴蝶妈妈产下的 12 个蛋之一所孵出，与其他孵出的牛、虎、人等没有尊卑区别，它只是自然界动植物中普通的一员。所以，在施洞苗族的银饰中，龙的造型较为常见，佩戴龙纹银饰的人的身份也没有特殊的限定。龙纹在各种形制的银饰中与其他的动物和植物相互组合，如银手镯中常见的蚕龙、泥鳅龙、牛角龙，项圈上的麒麟龙，等等。苗族的龙并没有像汉族龙一样腾云驾雾，鸟瞰一切，它常装饰于银饰的底端，蝴蝶、银雀在上飞舞；且苗族龙并不是一成不变的威严的形象，银饰上的龙或憨厚，或形态可掬，与其他纹饰有着平等的地位，且龙的形象变幻，可以与蜈蚣、蚕其他动物形象相互嫁接，甚至互相转化而出现牛龙、蚕龙、蜈蚣龙等。苗族的龙如平常人一样具有善恶之分，龙舟节起源传说中的龙就是杀害人类小孩的恶龙。从这点来说，苗族龙就更具人性化了。汉族龙与苗族龙的形态区别本质上是专权与平等的差异。施洞苗族居于西南一隅，封建王权鞭长莫及，"分贵贱，别等级"的服饰制度对其没有约束力。而施洞苗族的民众平等思想同样是来自族群内部的社会结构和管理制度。施洞苗族由"鼓社""议榔""理老"等民间组织管理社会，族群内部成员人人平等。

受到汉族文化的影响，当前施洞苗族也认同龙主水，是水神、海神或者河神。龙主水的崇拜主要表现在农业生产用水和人吃水两个方面，所以施洞的龙纹多数都呈现"牛角蛇身鱼尾"的造型，这是施洞苗族龙纹的最显著特征。在苗族漫长的稻作文化中，水是农业生产的重要条件。由于汇集了各种动物的能力而无所不能，龙被赋予了水神的能力，成为苗族人生存所依赖的稻米产量的掌控者。"白龙传说在苗族农人中最为有力。白龙者，古代苗族酋长之子，实为农作之发明人，他不幸为仇以石击死，今则以石堆石庙，为白龙。"①

在施洞，龙主水的观念的最直观体现就是施洞苗族龙舟节。施洞苗族沿清水江而居，湿润的气候较适于水稻种植。但是历史上的多次洪涝和干旱灾害对这个族群造成了很大的损失。除了粮食歉收之外，暴雨造成的清水江和巴拉河暴涨淹没农田，冲毁村庄，甚至造成人员伤亡。施洞的地质也多因暴雨造成山体滑坡，损失惨重。旱涝灾害在施洞苗族的心中造成了很深的阴影。施洞苗族基于顺势巫术或模拟巫术的原则祈求风调雨顺。施洞苗族将对江河湖海以及雨水的崇拜归于龙，并将这种崇拜转化成一种巫术仪式。在每年农历五月期间，清水江中游沿岸的村寨会组织划龙舟、杀猪祭龙、吃"龙肉"，以祭祀龙舟传说中死去的龙，希望它能够保佑国泰民安、风调雨顺。施洞苗族将龙看作水的神灵，打造龙舟，举行划龙舟仪式，以祈求平安和好的年景，这具有浓厚的自然崇拜的意义。龙舟竞渡仪式反映了施洞苗族祝福和祈祷愿望实现的情感，龙舟节中的祭祀巫歌也反映了这种仪式的原始宗教思维和意志。施洞苗族将自己的农事心理诉求、盼望能够天人合一的情感与龙的神力互渗，通过神秘的巫术思维方式与龙神沟通。这种万物有灵的巫术思想在龙舟节祭辞《嘎西》中表现得最明确。

　　　　远古的时候，有个故保公，宰龙在滩头，杀龙于水中，浑了九天，黑了九夜，水牯不拉犁，姑娘不出嫁，上山寻因，觅得虎骨；下沟查源，挖得蛇蛋。用虎骨蛇蛋祭神，验不出鬼。验见长船，船形如龙。这是大船，龙的替身。要划龙船，五谷才熟；要划龙船，人类

---

① 杨万选等：《贵州苗族考》，贵州大学出版社，2009，第25页。

才兴。[①]

施洞苗族划龙舟祈丰收是因为他们相信人与天地、日月、牲畜和庄稼之间具有一种感应，可通过划龙舟的仪式来调节庄稼的生长和丰歉。这本质上是农业社会中龙主水意识的功能化和具象化，也是从渔猎社会转向农耕社会后对水这种自然力的崇拜。施洞苗族龙的形象很鲜明地表达了农业对水的依赖。龙头长有鹿角和写有"国泰民安、风调雨顺"字体的水牛角。水牛角是农耕文明的象征，上边的八个字代表了苗族对农业丰收的祈祷，鹿角象征生活安泰。龙舟上的划楫的桡手象征龙的爪，而他们帽子上的银尾饰代表了龙的尾巴。这种将动物形体互混，用人的行为代替龙的动作的装饰形式是典型的万物有灵观点。施洞苗族万物有灵的思想赋予龙掌管水的神性，将龙造型模拟水中的动物的形态并加以神化，龙就具有了赐予人类风调雨顺、五谷丰登的神性。苗族的龙崇拜实际上就是苗族人民对农业丰收的期盼和对美好生活的向往。

根据施洞苗族的世界观，动植物依照天、地、水等不同的栖息环境或习性而具有某些神性或自然力量，而龙则是这些力量的汇集者，龙也就具有了幻化成各种形态的能力。在施洞苗族的观念中，苗龙有多种形象，主要有牛龙（又称为山龙）、狮龙、虎龙、蚕龙、蛇龙（又称为水龙）、鱼龙、猪龙、鸟龙、马龙、螺丝龙、麒麟龙、夔龙等，把有灵气的虎、鹿、蛇、马、鱼、壁虎等动物造型与虚幻无形的龙嫁接成为一种新的形象。施洞的刺绣中龙千变万化，仅造型就有蚕龙、牛龙、鱼龙、蛇龙、蛙龙、鸟龙、猪龙、鸡头龙、蜈蚣龙、爬虫龙等十多种。组合的图形变化就更加巧妙了，初看是几条鱼龙，组合在一起就成了一只鸟，整个图案又呈现为一只蝴蝶。在银饰装饰纹样中，龙具有灵活多变、丰富多彩的造型，如人首蛇身龙、鸟身龙、鹿角龙、牛角龙、蚕身牛角龙、穿山甲身牛角龙、蜈蚣首牛角龙、鱼身牛角龙、汉龙等各种形象。可见苗族的龙其原型不是某种动物，而是各种动物的集合体，在苗族人的精神世界中，龙汇聚了各种动物的能力，成为一种无所不能的神灵的象征，龙是各种动物中形体最大、

---

① 罗义群：《苗族牛崇拜文化论》，中国文史出版社，2005，第110页。

本领最高强、最具威望和能力的动物之王。因此，就如作为部落首领或氏族酋长一样，用强大的能力夺得族群内部的认同就成为"王"，就具有了掌控本族群的"龙"的权力。施洞苗族的女性常在刺绣和剪纸中以各种龙的形象为装饰。她们认为，能变成龙的必须是已经成为或者即将成为神的物种，如果它的外形还保留有较多原先的形态，就是因为它们修炼的时间不够，或者它们没能掌握全部的神的能力，所以没能全部转化，而只具有某些神力。我们发现，苗族银饰中的龙纹及其他动植物的龙化并非图腾意识的物化，而是原始宗教万物有灵观念在银饰这一文化载体上的艺术转化形式。拥有形态万变能力的龙是苗族人民心目中无所不能的神灵。

### 1. 龙崇拜个案：龙舟上的银饰

在施洞地区，最隆重的祭祀龙的仪式非龙舟节莫属。龙舟节也是施洞地区龙崇拜的最直接表现。龙舟节是清水江中游地区沿岸苗寨以祈雨求丰收为目的的仪式活动，现在是施洞地区最隆重的节庆活动，以划龙舟、接龙舟、走亲做客打平伙为主要内容。施洞苗族的龙舟是用杉木做成的独木龙舟，装有制作精致的水柳木做成的龙头。龙舟节的仪式主体是龙舟上的男性，他们穿起节日的盛装，举行划龙舟仪式。盛装的银饰是他们的服饰特色。

施洞苗族的龙舟节由最初的祈雨求丰收的祭祀活动逐步演变成为今天的民族节庆活动，具有苗族发展各个历程的烙印。就如世界上许多民族节日是因为人类与自然斗争，或胜或败，因为胜利的喜悦或失败的畏惧而举办节日祀神。根据独木龙舟节的起源传说，清水江流域的独木龙舟节可能因为苗族在与自然斗争过程中敬畏大自然的"神力"而以节日祭祀的形式化解。那么，在龙舟上的老少佩戴银饰具有什么功能呢？龙舟上为什么要出现男性佩戴女性银饰的形式呢？最直接简单的回答可以说是苗族借助银饰的辟邪功能，以解除大自然对人类有害的力量。但是，在龙舟节这样的祭祀性节日中佩戴银饰的原因并非这么简单，尤其是鼓头和锣手佩戴少女盛装时的银项圈、银马花围帕，具有典型的男扮女装的形式，这与苗族的历史和传统文化具有很深的渊源。因为传统文化的遗失和仪式持有者的限制，龙舟上男性佩戴银饰的原因在苗族民众的心中已经淡化了。根据对龙舟节文化和苗族传统文化的比较研究，可以做出如下的几个推测。

推测一，在青年一代的心目中，这已经成为一种程式化的东西。每年的龙舟节，每个龙舟上都有戴银饰的鼓头和锣手。他们认为这是为了好看，为了显示鼓头家里有钱等。从佩戴银饰是龙舟起源时的遗制来看，鼓头和锣手需要在龙舟上佩戴大量银饰，炫富的因素固然是存在的。因为在20世纪七八十年代之前，施洞苗族的生活一直较困苦，一般家庭的女性只能佩戴功能性的和具有辟邪作用的形制较小的发簪、手镯等，有经济能力制作银项圈等分量较重的银饰的家庭是族群中的少数家庭。这种炫富的推论还可以根据鼓头的人选条件来证明。能够担当鼓头的人必定符合一定的要求，一般需要满足具有威望、家中富裕、家中祖孙三代且儿女双全等条件。在苗族村寨中具有威望的人不外乎寨老，每个苗寨一般挑选德高望重且有能力的人承担寨老的重任。寨老主要负责组织生产、监督婚姻家庭生活、维护村寨秩序和社会治安。他们是村寨的行政长官和经济的掌控者，其在村寨中的号召力和影响力以及家族的财力、物力能够承担得起组织龙舟上人手的任务。在龙舟节期间，鼓头要负责龙舟上人员的饮食；要准备宴席，打平伙，答谢接龙舟的姑妈；并按照姑妈家接龙舟的礼物份额向姑妈家的龙舟回礼，以实现礼物的循环。这在村寨中没有一定的威望是不能集合起龙舟上的人员，没有一定的经济基础也就无法安排节日活动。要求龙舟上的鼓头儿女双全和子孙三代也是有原因的。儿女双全和子孙三代在施洞苗族的眼里是香火繁茂、家族兴旺的最好体现。在龙舟节中，儿女双全才能确保儿子负责龙舟节的整个安排①，嫁出的女儿接龙舟，这样才能形成礼物的往来。当选鼓头的最有利的条件莫过于家中姑娘多，且多已出嫁。这样家庭的男性当选鼓头，在划龙舟期间，龙舟每到一处就有亲友前来接龙舟送礼，不仅村寨在面子上好看，获得好名声，在龙舟节期间收到的礼物也多，展示了村寨的经济能力，村寨的社会地位以及姻亲圈子可以得到提高。因此，佩戴银项圈是其家庭经济条件的体现，也是其身份地位的展示是具有一定道理的。

推测二，在访谈中，施洞苗族四五十岁的人多认为，戴银饰是为了辟邪，为了保证龙舟上人员的生命安全。生活在清水江边的施洞苗族，经历

---

① 在以前龙舟节中，鼓头的儿子一般担任龙舟上的理事，负责龙舟节期间的花费和礼物的统计等经济问题。

过多次清水江泛滥的水涝灾害，1970 年的洪水将平兆村冲毁，死伤多人，老屯寨被洪水包围，施洞、五河也损失严重。20 世纪后 30 年，洪灾发生过六次之多，人畜受损，粮食减产，对生产和生活造成重大损失。依靠舟楫交通和货运也出现过翻船事故，龙舟节中也多次发生翻船或人坠水事故的伤亡。靠水吃水，却要时刻提防水带来的灾害，这种不可抗的自然力使施洞苗族将清水江与龙这个形象联系在一起。因此，他们认为清水江龙舟上的祖孙俩带银饰是因为要躲避恶龙的伤害。施洞苗族笃信银饰的辟邪作用，认为佩戴银饰可以消除灾厄，在龙舟上佩戴银饰也就能够抵挡水中的各种鬼怪的伤害，免除灾祸。

推测三，纪念祖先开辟家园的民族历史。一些老人讲施洞划龙舟是为了纪念在此开辟家园。当苗族的一个支系乘独木舟从湖南逆流而上，来到清水江流域的施洞地区，并定居下来。生活逐渐好转后，各寨老便邀约每年五月末举行龙舟赛，纪念祖先在此开辟家园，顺便祈求风调雨顺，农业丰收，生活安定。后来逐步发展成为区域性的苗族龙舟文化。

推测四，还有一些长者多根据龙舟节的传说来解释给男孩穿银衣是将其打扮成女性，避过恶龙的伤害。在龙舟节的起源传说中，恶龙将渔夫的儿子拖入水中害死，龙选择的是男性儿童，所以让锣手佩戴女性常佩戴的银饰，化装成女孩，就可以躲避其伤害。扮成女孩才不会被龙伤害，产生这种观念的根源有两种可能。

第一，源于自明清以来从汉族地区传来的重男轻女思想。传统上苗族男女平等，但是在苗族社会被纳入封建体制后，随着封建地主经济的发展和族群内部私有财产两极分化，男子继承家族财产成为主要财产继承形式。家中男子继承土地、房屋和财产，女子结婚时带走的是几套苗服和银饰。如老人无男性子嗣，出嫁的女儿是没有继承权的，房屋、土地和财产则被同宗族的最亲近的下一代男性继承，并由其负责老人的养老。女性结婚后经过一段时间的"不落夫家"，这个时期内，她与父母的关系还处于较为亲密的阶段。等到生了孩子，安居夫家之后，她与父母的关系就渐渐疏远了。她可以根据与娘家的关系好坏决定是否看望父母。有些因为在节日或生活中的一些琐事、礼物往来而与娘家出现隔阂，有的女儿 2～3 年不去看望父母都是可能的事情。具有财产继承权的儿子负责赡养父母，为父母送终。在苗族《焚巾曲》中就唱道，"爹逝儿按眼，娘逝媳按眼"，而没有女儿必做的事情。嫁出的女儿可参加葬礼，也可只送去礼金而不参加葬礼。由此可以看到，在近代苗族社会的转型中，女儿的家族角色弱化了，出嫁的女儿在娘家就更没有地位了。这同苗族银饰锻制技艺传男不传女是相通的，这种技艺的传承方式也是为了避免女儿嫁入别家而将手艺扩散出去，对自己家族的生计形成威胁。

第二，这与施洞苗族龙舟节的起源有关。历次苗民起义，尤其是咸通年间的张秀眉以施洞为据点抗争却最终失利，都极大缩减了苗族的人口，尤其是男性人口。清政府控制施洞后，在此建立了苏公馆，以加强对施洞苗族的控制。因为张秀眉等起义多以"议榔"等形式聚会议事，为此，清政府禁止苗族"议榔"、过鼓藏节等族群性活动，以免苗族聚众作乱。兴盛于清代的施洞苗族龙舟节将清王朝比作龙舟节起源传说中杀害小男孩的恶龙，希望能像传说中一样分食龙肉，逃离清政府对苗族的残酷统治。因此，龙舟上的男性穿戴银饰，装扮成女性模样，以躲避恶龙的迫害。可以说施洞苗族龙舟节具有以节日为装扮、保护苗族男性的目的。

推测五，源于古代苗族男女服饰相同的风俗。在对龙舟节男子佩戴银饰原因的调查和访谈中，有几位年龄较大的老人提到原来苗族男子也是佩戴很多银饰的，后来，就慢慢地减少了。他们认为，施洞是从那个时期开始划龙舟的，所以，龙舟上的男子要戴银饰。苗族男女同服的历史直到近代才逐渐结束，穿戴刺绣服装和银饰盛装并不是区分男女的标志，而是借用服饰将人或事物装饰起来，将其外在形象概念化，以赋予他与所穿戴的服饰相对等的社会性和特殊性，进而脱离其自身的简单的物化形态或人格，使其具有仪式场合所需的神性。施洞苗族女性穿戴头等盛装去踩鼓是因为盛装赋予了她们与祖先沟通的身份和媒介。男性在龙舟上佩戴银饰具有类似的目的。这是一种将神圣化的信仰外化为服饰装饰的转化形式。这种形式常在苗族的祭祖仪式中出现，如给祭祀桌上的猪头戴项圈等。类似的信仰外化的形式在其他民族的各种仪式中也存在，如萨满法师必须穿戴专用服饰和法器才可作法，羌族道公要作法必须穿戴象征祖灵的服饰，这与龙舟上男性要佩戴银饰的仪俗具有异曲同工之效，都是为了赋予仪式展演者以神性，以保证仪式的顺利进行。这是借助特殊的服饰装饰或仪式形式将普通的人或物转化成代表着族群文化中的神性角色的一种形式。

推测六，解除传统规约与现代禁忌之间的矛盾。龙舟上祖孙两个盛装银饰是对女性服饰模式的模仿，也就是对母系氏族的风俗遗存的一种延续形式。在苗族早期，女性处于族群管理者的地位，权力掌握在族群中女性首领的手中。因此，族群的祭祀、节日等仪式性活动多由女性主持。作为"水边苗"，施洞苗族早期有男女共舟的习惯。因为划龙舟较耗费体力，在接龙舟时，亲戚多敬上自酿的米酒，几个村寨下来，妇女体力不支。且在龙舟节历史上多次出现落水事故，因此龙舟节改为男子划船，并设定了女子不能上龙舟的禁忌。而龙舟上的男扮女装的男性老小就代表族群内女性共同参与划龙舟，以表示延续古时女子同划龙舟的风俗。因此，现在的龙舟节秉承苗族的民俗先例，佩戴银饰象征女性身份，以解除现代形成的女性不能上龙舟的禁忌。

这种母系氏族遗风在近代的施洞地区还有一些遗存。如在以女性为主的踩鼓场上，传统风俗中要求走在队伍最前面的是寨老家的女儿，其后的姑娘再根据银饰的繁盛程度和工艺水平形成队列。踩鼓是苗族较早就出现的族群祭祀活动。在母系社会中，女性掌管族群内部的祭祀、政治和经济大权。在父系社会中，寨老的女儿成为村寨中最有身份和影响力的女性，理所应当地承担起了族群内女性活动的领导角色。

**2. 龙崇拜个案：接龙仪式**

施洞苗族认为每家每户都有龙神的保护，修建房屋要占"龙脉"，才会保佑家里五谷丰登、六畜兴旺。因此，在修建房屋之前要请巫师来勘察、选址后才动工。在新屋落成之时要举行招龙仪式，以祈求新盖的房子有龙保佑，家人平安。因此，房屋龙脉中的龙是以一种家神的身份被召唤和安置的。如果自家龙神离开了，家境就会变得败落而萧条。因此，请巫师卜卦判定龙神离开之后就要安排招龙仪式。以家庭为单位的招龙仪式较为简单，一般准备引龙的公鸭1只，表示龙宝的12个蛋，12条活鲫鱼，2条煮熟的鲫鱼，1只水桶，香纸和无数剪纸小人。到了吉日的晚间，巫师和3个参事带祭品到无人的河边，焚纸烧香。参事一人吹笛，两人搅动河水以震动龙宫。巫师念招龙的咒语，并同时打卦，直至连续3次得正卦，则收拾祭品，一路安插纸人，带领龙进屋。将金水银水洒在屋基，以表示龙已经回到家中。

作为无所不能的全能神，龙是苗族最大的神灵，每逢节日要祭龙，每隔 12 年要大祭一次。每次祭龙时要举行接龙仪式。宗族招龙安排在鼓社祭第一年的农历二月二举行，主要为祭山招龙，以保佑宗族平安，族群昌盛。在此期间，无子家庭会再举行家族内的招龙，以求子嗣。根据世代流传于苗岭周边的黔东南雷山、台江、剑河一带的《接龙歌》所唱，苗族在传统的"接龙"仪式中，必须接引包括水龙和旱龙各一半的 24 种龙。水龙主要有水牛龙、蛇龙、鱼龙、猪龙、鸭龙、鹅龙、蛤蟆龙、船龙、泥鳅龙、团鱼龙、蛇花鱼龙、网龙；旱龙主要有鸡龙、羊龙、狗龙、虎龙、马龙、人龙、斑鸠龙、燕子龙、蜘蛛龙、椅子龙、轿子龙、簸箕龙。水龙由水牛管理，而旱龙则由人管理。施洞苗族"接龙"主要接"小水牛龙"。水牛龙是水的掌控者，民间传言水牛龙是其祖先共工在逐鹿中原的进程中，坠于深渊的化身。所以在施洞苗族的心里，水牛龙是牛头牛角且具有通身花纹的蛇身形象。不论在施洞的刺绣中，还是银饰的花纹上，水龙掌管的水龙家族都长有硕大的牛角，这与《述异记》等典籍中所记载的蚩尤"以角抵人"的记叙是有渊源的。

苗族龙的神性超越了汉族龙单一的掌管水的自然神的本领，从水神延伸到山神、土地神、寨神、家神、祖先神等，也即具有了掌管山林土地、守家保寨等与生产生活各方面相关的"全能神"。施洞存在的"招龙""接龙""引龙""祭桥""龙舟节"等习俗就是对龙的神性的诠释，祈求龙保佑一方平安，五谷丰登。起新房招龙①、架桥引龙、清明节坟上招龙就象征了龙是家神、生育神和祖先神。

同人中之王为龙一样，在苗族精神世界中，动物和植物经过修炼具有了一定的神性也能神化为龙，这在苗族的蜡染和银饰纹饰中经常可以见到。如鱼龙、蜈蚣龙等，它们幻化成龙，或者幻化出龙的部分形体就是它具有的龙的神性的表征。

### 3. 龙崇拜个案：生殖崇拜

骑乘龙纹的人物有男有女，这同其他民族的龙的形象完全不同。苗族

---

① 在新屋落成之时要举行招龙仪式，以祈求房子有龙保佑，家人平安。

龙纹具有的生殖崇拜意义是苗族银饰中人骑龙、人乘凤图案的由来。在未有人骑乘的龙纹中也有一些具有生殖意向。最常见的是双龙戏珠纹饰中，多在宝珠纹之下装饰有一对男女、对鱼或对蝴蝶，如龙凤银牛角的宝珠纹之下常有一对仙童，这是典型的生殖崇拜意向。虽然龙的生殖崇拜的纹饰意义多经过演变已消失或变化，但是施洞的民间风俗中还是留存了一些痕迹。苗族接龙仪式必定含有向龙求子的环节，俗称"讨婴崽"。在清水江畔的龙舟节中由巫师所吟唱的《祭龙船歌》和《接龙吉利歌》中也有求子和生殖崇拜的唱词。

> 我手里拿只白公鸡，｜一罐米酒赛蜜糖，｜这山叫一叫，｜哪山喊一喊，｜请山龙齐下山，｜保护寨子得平安｜赐给大家添子孙，｜多象鱼崽万万千。
>
> 天天等节日，｜今天节日到，｜水龙好心肠，｜送来百把小宝宝，｜千万儿孙给父老。①

在接龙仪式中，龙具有了"送子"的能力，也就是说龙具有掌管生殖的能力，龙的生殖崇拜功能便很明显了。苗族的祭桥也是与龙有关的求子仪式。这要从苗族祭桥兴起的缘由说起。古时候苗家的一位最美的姑娘仰欧色与天上的美男子略那（月亮）结为夫妻。婚后多年未能生儿育女，在二月二那天去架桥才最终得子。《剑河苗族古歌·礼仪歌》是这么记叙这个故事的："回头看古时，是谁先架桥？是谁先祭桥？仰欧色和略那，他俩配成双，他俩配成对。过了好几年，没育儿和女，他俩着了急，商量去算命。翻了九重坡，过了九重河，遇着一神仙……神仙劝他俩，你俩莫要愁，坳上三根杉，是固央栽的，回去把它砍，用它来架桥，三根排排架，一头靠那山，一头靠这山，一头靠火龙，一头靠水龙，当天就架好，儿女过得来。略那仰欧色，砍倒三根杉，架好那座桥。说来也凑巧，正逢二月二，生出一男孩，杀猪来祭桥，杀鸡鸭祭桥，还煮鸭蛋祭，米酒一大坛，烧香烧纸祭。就从那里起，苗家代代传，每逢二月二，家家来架桥，户户

---

① 杨鹍国：《龙·鸟·牛——苗族图腾崇拜三题》，《贵州社会科学》1992 年第 1 期，总第109 期。

来祭桥。①"由此来看，苗族的二月二祭桥是以龙崇拜为主的生殖崇拜习俗。

在苗寨，祭桥是普遍的求子习俗。施洞苗族相信，人的灵魂是通过桥的形式从"那边的世界"来到现世的。因此，婚后无子的夫妇就会择日去架桥，以求得子。苗族求子桥的形式有很多，可以是家庭架起的供人行走的独木桥；也可以是房族用三五根杉木架设的兴旺家族、便利交通的桥；还可以是村寨修建的宽阔的大桥，如风雨桥。这些桥具有求子、繁荣族群、保护村寨龙脉和平安的作用。"桥"分别安置在田头、水沟或行人道上，也有的铺在路面为方便过往行人行走歇息，修阴积德以求人丁兴旺。"敬桥"以家庭为单位，各有专门的"桥"供祭祀，不能随意去敬某一座"桥"。"敬桥"必须先架"桥"，凡婚后不育、生女不生男或生男不生女的苗族妇女，可请巫师察看手纹，如确定需要架"桥"求子，便可架"桥"。在节日当天便带着香纸供品来到桥处敬桥。

施洞苗族信仰中的龙是他们精神世界"万物有灵"的集合体，龙纹汇集了各种自然动植物的造型，"按苗家人的称呼，苗龙有：牛龙（山龙）、狮龙、猫龙、虎龙、鸟龙、马龙、象龙、蛇龙（水龙）、蚯蚓龙、虾龙、泥鳅龙、蚕龙、鱼龙、猪龙、螺蛳龙、树龙、花龙、麒麟龙、貔貅龙、饕餮龙、狴犴龙、夔龙等，几乎什么都可以叫做龙"。② 这种纹饰造型的特点贴近民众生活，使得龙纹在民众的民俗文化中衍化出丰富的具体的造型特点。龙汇聚了世间万物的能力，处于各种灵魂的顶级。"如果从具体的造型图样看，苗龙就更为丰富多彩，如二人首蛇身龙、人首鱼身龙、人首鸟身龙、人首田螺身鹿角龙、人首蚌壳身龙、蛇身牛角龙、蛇身鹿角龙、蛇身天角龙、虾身牛角龙、蚓身牛角龙、蚕身牛角龙、猪身龙、穿山甲身角龙、蜈蚣头蛇身花树尾龙、象身鹿角龙、狗身鹿角龙、蜈蚣头蚓身龙、蛇身猫头龙、蛇身鸟翅龙、鱼身鸟翅龙、鸟身飞龙之类，是一个庞大的龙的形态系列。"③ 各种动物都可以幻化为龙，这是典型的万物有灵的观念，且

---

① 石朝江：《中国苗学》，贵州人民出版社，1999，第415页。
② 杨鹍国：《龙·鸟·牛——苗族图腾崇拜三题》，《贵州社会科学》1992年第1期，总第109期。
③ 杨鹍国：《龙·鸟·牛——苗族图腾崇拜三题》，《贵州社会科学》1992年第1期，总第109期。

动物的灵性转化具有一定的指向性，即各种动物和植物都可以幻化为龙。这是苗族历史上由多神崇拜进入一神崇拜的过渡时期，是从自然崇拜进化到图腾崇拜的转化时期。各种动物的龙化，或具有动物形态特点的龙都是动物的龙化形式。龙化的过程就是神化的过程，即赋予龙化的动物以神奇的力量。实际上，这些龙的神性多可归结于祈求子嗣以求得族群更好繁衍。

在苗族人的精神世界中，人同自然界中的万事万物一样，依靠身体内部的"灵"存在和影响外界。在万物有灵观的影响下，他们将人与自然事物建立了通感。因为这种自然的生命力和万物有灵的观念，早期人类建立起了对自然的崇拜，对自然事物所具有的生命、意志和能力加以膜拜，这种自然崇拜是最原始的宗教形式之一。根据崇拜对象的不同，自然崇拜包括宇宙天体崇拜、自然神力崇拜和自然物崇拜等。这主要是因为在人类力量弱小的时期，自然现象的变化，尤其是那些对人类的生存和生活产生影响的力量引起了人类的恐惧和迷惑。大自然一方面给人类提供生存与生活的食物和栖息地，另一方面又给人类的生活带来灾难，人类浅显的知识和弱小的力量无法理解其中的奥妙，就将自然界的万事万物拟人化，将自然界的力量看作来源于相关事物的灵性或神力。恩格斯指出："在原始人看来，自然力是某种异己的、神秘的、超越一切的东西。在所有文明的民族所经历的一定阶段上，他们用人格化的方法来同化自然力。正是这种人格化的欲望，到处创造了许多神。"① 因此，早期人类将各种无法解释的力量与自然物相关联，作为神奇力量来膜拜。他们甚至给这些神奇力量勾勒出形体，赋予他们人的形体，最终塑造出了雷公、电母、风神、雨师、树精、山鬼等各种形象。这种对自然力的崇拜表现为对自然物体本身的崇拜。

对自然物的祭拜起源于早期人类对自然的恐惧与依赖。人类社会早期，人类采取狩猎和采集的生活方式，尚未形成定居，随着自然环境和季节的变化定时迁徙。日月星辰等自然现象的始终相随与变幻莫测是早期人类的最大疑惑。一般来说，最初的宗教是出现于反映自然现象和季节更替与人类活动的密切关系的庆祝活动，即对自然力的崇拜。泰勒认为："万物有灵观既构成了蒙昧人的哲学基础，同样也构成了文明民族的哲学基

---

① 《马克思恩格斯选集》（第3卷），人民出版社，1972，第354页。

础。虽然乍一看它好像是宗教的最低限度的枯火柴无味的定义，我们在实际上发现它是十分丰富的，因为凡是有根的地方、通常都有支脉产生。"①

## 第二节　图腾崇拜：蝶、枫与鸟

枫木—蝴蝶的祖先崇拜母题是苗族咏唱了千百年的祭祖之歌。苗族将世界的本源看作云雾，云雾诞下了天地和巨神，巨神种下了创生万物的枫树，其中包括蝴蝶妈妈。蝴蝶妈妈与水泡恋爱，产下 12 个蛋，由鹡宇鸟孵化出了雷公、各种动物和人类的祖先姜央（见图 3 - 3）。这种创世神话的思维明显受到了原始的万物有灵观念的影响，在自然界万物之间建立起了一种神话思维中的血缘关系。

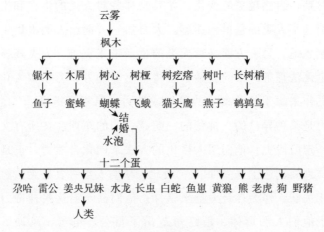

图 3 - 3　苗族创世神话示意

资料来源：根据贵州省台江县苗族神话故事中"十二个蛋"的传说绘制此图。

枫木—蝴蝶的崇拜主要盛行于黔东南苗族侗族自治州境内的苗族中部方言区的苗族支系。这种动植物综合崇拜的形式是苗族先民从万物有灵的自然崇拜过渡到图腾崇拜的记忆。施洞苗族从树中来，生而祭祀蝴蝶妈妈，死后由鸟带领去往月中踩鼓。这种别具一格的生死观实际上与他们的图腾崇拜有着极密切的关系。

---

① 爱德华·B. 泰勒：《原始文化》，连树生译，上海文艺出版社，1992，第 414 页。

　　图腾崇拜是伴随人类社会的发展而产生的自然崇拜的发展与深化。图腾崇拜，又被称作图腾主义，英语为 Totemism。图腾是印第安语 Totem 的音译，源自北美阿耳贡金人奥季布瓦族方言 ototeman，意思为"他的亲族"或"他的氏族"。图腾崇拜起源于氏族公社时期，是人类童年时期的一种文化现象，这种长久埋藏于人类的潜意识之中的文化形式通过物化的形式得到释放。摩尔根在《古代社会》中说："在许多氏族中和摩其人中一样流行着一种传说，根据这种传说，他们的第一个祖先是转化成男人和女人的动物或无生物，他们就成为氏族的象征（图腾）。"[①] 图腾就是原始人相信某种动、植物同氏族之间具有血缘关系，或认为自己的氏族起源于某种动、植物，因而将其看作氏族的神物和部落的象征进行崇拜。这种对某种动、植物的崇拜是祖先崇拜的早期形式。图腾与氏族的关系常通过本氏族内部的起源神话或对图腾的称呼而体现出来。如"天命玄鸟，降而生商"，玄鸟就成为商族的图腾。鄂伦春族将公熊称为"雅亚"，意思为祖父，称母熊为"太帖"，意思为祖母，通过对某种动、植物的亲属称谓建立起图腾关系。"Totem"还具有"标志的意思"，即图腾还起到族群标志的作用，是本氏族的标志和象征。通过佩戴图腾的标志，可以起到团结氏族成员、维系社会组织、密切内部成员的血缘关系和区分其他氏族的作用。同时图腾具有保护氏族的功能。最早的图腾标志是印第安部落中的图腾柱。中国东南沿海也在考古发掘中出土过鸟图腾柱。

## 一　蝴蝶是母神

　　蝴蝶纹饰是施洞苗族银饰中最为常见的纹饰，在银牛角、发簪、银梳、耳环、项圈、银压领、银衣片、手镯、戒指等各种首饰中都存在。婴儿虎头帽上的蝴蝶垂饰，少女银牛角上的对蝶，新妇头上的簪钗，老年女性的蝶恋花发针，男性的衣角饰等，每个人身上都可以用蝴蝶来装饰。蝴蝶纹饰造型最具特色，或飞舞，或停落，或作为单独纹饰，或与其他纹饰组合，较为生动地模仿了蝴蝶的姿态。其中人首蝶身、人身蝶翼等造型具有典型的巫化色彩。蝴蝶周边围着花鸟虫鱼等造型，多因苗族家喻户晓的

---

① 马克思：《摩尔根〈古代社会〉一书摘要》，中国科学院历史研究所翻译组译，人民出版社，1978，第 144 页。

苗族蝴蝶妈妈的传说。

苗族将蝴蝶作为自己永恒的母神来崇拜有着多方面的原因。

第一，蝴蝶是一种美丽的象征，古歌中赞美蝴蝶妈妈"头发如青丝，脸孔像桃花"①，且将其和苗族的仰阿莎比较。施洞苗族在羡慕蝴蝶美丽外表的同时，就用自己的巧手将其制作成刺绣、银饰，佩戴在身上，希望通过"灵性转化"，将蝴蝶的美丽传递给自己。

第二，蝴蝶妈妈是世间万物的母亲，它具有极强的生殖能力。苗族历史的状况决定了苗族非常重视农业生产和人的生殖，在"人民少而禽兽多，人民不能胜虫蛇"的原始社会，物质生产依赖于人口数量的多少，即物质生产依赖于人口的繁衍。这两种生产成为苗族最关注的事情。受万物有灵思想的影响，苗族先民将蝴蝶具有的产卵、孵化、成蛹、化蝶、产卵的循环往复、生生相继的生命形态赋予神圣的意义，这是蝴蝶具有永恒的生命的象征。人们期盼自己能够像卵生的蝴蝶一样，具有极强的繁殖能力和速度，能够在较短的时间内完成生育，并循环往复，具有旺盛的生命力。这就是施洞苗族的母神崇拜。《苗族古歌》中，"妹榜和水泡，游方十二天，成双十二夜，怀十二个蛋，生十二个宝"。这十二个蛋中，"白的雷公蛋，黄的姜央宝……花的老虎蛋，长的水龙宝……黑的水牛蛋，灰的大象宝……红的蜈蚣蛋，蓝的老蛇宝……"② 这十二个蛋孵化出了姜央和各种动物，天下才慢慢繁衍成现在的样子。蝴蝶是施洞苗族心目中生命循环和生命永恒的象征。蝴蝶纹就代表苗族对生育族群的女性祖先的纪念，具有母系氏族文化遗留的韵味。

第三，姜央是苗族的祖先，蝴蝶就是苗族的始祖，当然也就是苗族的保护神。她能引导人们趋吉避凶，为人类祛灾去病，而且保佑人类年年丰收，过平安的日子。据苗族传说，在很久之前，世间万物从蝴蝶妈妈的十二个蛋里边孵化出来之后，姜央凭智慧打败了雷公、龙、虎、蛇等，在地上开始繁衍族群。人类开田辟土，种植庄稼，繁衍子孙，族群逐渐壮大。突然有一年发生了瘟疫，人死了很多，庄稼颗粒无收。姜央认为这是没有祭祖的缘故，于是开始祭祀蝴蝶妈妈，请求蝴蝶妈妈保佑子孙。果然，瘟

① 潘定智、杨培德、张寒梅：《苗族古歌》，贵州人民出版社，1997，第90页。
② 潘定智、杨培德、张寒梅：《苗族古歌》，贵州人民出版社，1997，第94~95页。

疫过去了，天下又恢复了正常。于是姜央定下了规矩："从今以后，每经十三年祭祖一次。"① 苗族将蝴蝶作为始祖崇拜，祭祀她就可以保佑子孙繁衍，五谷丰登，村寨兴旺发达。在苗族神话中，蝴蝶妈妈生了十二个蛋，因此，祭祀的木鼓必须做成十二拃长，意为即使把苗族分成十二个支系，大家也不会忘记同祖同宗。许多节日也与蝴蝶有很直接的关系，如鼓藏节就是祭祀枫树和"蝴蝶妈妈"。黔东南地区广泛存在的"扫寨"习俗也是为了祭祀"蝴蝶妈妈"，以猪祭祀始祖，祈求一年无灾害。

第四，蝴蝶妈妈崇拜习俗的建立与苗族的服饰文化最现实的联系就是苗族早期丝制品的材质来源——苗族早期的丝织服装多是采集枫树上的野蚕蛹经缫丝制成。这是早期苗族"枫木生蝴蝶"认识的本源。苗族女性是纺织和刺绣的能手，将枫木生蝴蝶、蝴蝶化蛹的自然现象赋予神话色彩之后，就演变成了古歌中蝴蝶妈妈的伟大形象。因为蝴蝶较强的生殖能力和化蛹结茧的功能与苗族女性所负担的任务——生育和制作服装——具有极大的相似性，因此，蝴蝶成为妇女喜爱的纹饰，多用于服饰刺绣中，希望其始祖身份赋予苗族女性以美貌和生育能力。

母神崇拜是人类亘古不变的信仰。东周《诗经·商颂·玄鸟》中简狄吞卵而生契，跟《大雅·生民》中姜嫄履巨人之足而生后稷都是生殖母神崇拜的语言留存。母神繁育了部落，最终化身部落保护神，成为各部落间相互识别的图形符号、服饰纹饰或各具特色的祭仪。

苗族的蝴蝶崇拜在服饰造型中较有特色，这区别于世界各地艺术史上的母神形象。人类艺术史上的母神多具有饱满浑圆的、硕大的双乳，丰腴的臀部，鼓起的、饱满的腹部及较为明显的倒三角形状的生殖器符号，这都是从生殖崇拜的表象形式渲染出的生殖特点的夸张。苗族的蝴蝶造型并未出现常见的生殖特点，蝴蝶的造型多采用自然形态，甚至并未夸大其腹部等位置。蝴蝶妈妈具有生殖意义的造型多是局部装饰，如将蝴蝶的触须弯曲盘旋成水涡纹，象征着蝴蝶妈妈与水泡恋爱产卵；蝴蝶的面部多用人面，这是采用灵力"互渗"的方法，将蝴蝶的生殖能力转接给人类的表达方式；另外，在枫木心中装饰蝴蝶或在蝴蝶的翅膀里装饰小人造型都是典

---

① 燕宝：《鼓社节的来历》，原载《南风号》。

型的生殖崇拜的造型，以枫木生蝴蝶和蝴蝶孕育人类来表达极强的生殖能力。

## 二　枫是子孙的生命树与村寨的保护神

枫树为苗族之祖先，银饰中当然不能少了枫树的样子。施洞苗族银饰上的银吊花多是三角形的枫叶纹，是垂饰的主要组成部分。枫叶银吊花装饰在各种银饰的边角，密密匝匝，构成一种动态的美。在代表枫木横断面的银饰片中心，各种动物、人物和植物的造型是苗族枫木生万物的意识形态的真实体现。

苗族的三大方言区都崇拜枫树，黔东南最为突出。在黔东南州，无枫不成寨，无寨没有枫。每个村寨前后都会种植被称为"风景树"或"神树"的枫树。黔东南苗语中"tçu⁶（一）tiu⁶（棵）teu⁵（树）manŋ²ŋo⁴（枫）"直译为"一棵枫树"，也隐喻有孕育族群的"一个祖先"的意思。从枫木崇拜族群的分布规律和地域文化来看，枫木与这些族群的生存环境和生产、生活条件有着密切的关系。按照苗族古歌的内容，枫木"树种在东方，住在榜香家，榜香好心肠，引他来西方"。枫木同苗族祖先居住在东方，并随苗族迁徙，来到西方。"这是枫木种，最古树木种"，苗族将枫树看作最古老最具有神力的树，"栽在村子边，种在寨子旁，村边有个井，寨边有个塘，枝叶护村寨，树根保鱼塘，枫树心喜欢，枫树长得快，一天三个样，三天九个样"。这种与苗族共同的迁徙历史构成了枫树与苗族族源的同形同构，枫树具有了苗族图腾的意向。

枫木崇拜的本质在于其"生命""生殖"的文化内涵。在施洞，枫树的苗语为 teu⁵ manŋ²ŋo⁴，有"妈妈树"的意思。《枫木歌》中描述"枫树在天家，枝芽满天涯，能结百样果，能开千样花"，"枫穿花绸衣，枫穿鸭翅裙，枫梳冲天头，枫扎雀蛋髻"[1]，这具有典型的母神崇拜意向。枫木幻化出了自然万物，树干幻化出"妹榜妹留"，树桩化作木鼓，因此，枫木是世间万物的始祖。《苗族古歌·枫木歌》中详尽地解析了枫木同世间万物的缘起和人类诞生之间的"亲属关系"："枫树砍倒了，变作千百样……

---

① 田兵：《苗族古歌》，贵州人民出版社，1979，第117~198页。

树根变泥鳅……树桩变铜鼓……树干生疙瘩，变成猫头鹰……树叶变燕子……树梢变鹡宇……树干生妹榜，树心生妹留，这个妹榜留，古时老妈妈。"①《苗族史诗》中也有枫树化为万物的表述："砍倒了枫树，变成千万物。锯末变鱼子，木屑变蜜蜂，树心孕蝴蝶，树桠变飞蛾，树圪瘩变成猫头鹰，半夜里'高鸣高鸣'叫，树叶变燕子，变成高飞的鹰鹃，还剩一对长树梢，风吹闪闪摇，变成继尾鸟，它来抱蝴蝶的蛋。"② 在苗族古歌中的妹榜妹留是人、兽、神的共同母亲。古歌中的枫树是世间万物的根源，也是人类的始祖。这段枫木生万物的创世神话在苗族民间叙事中传唱，反映了苗族跟枫木—蝴蝶认亲和崇拜的心理。施洞苗族将枫树看作能够繁衍子孙的始祖，用枫木做房屋的中柱，用枫叶图案装饰精美的银饰，以求得子孙绵延。

胡晓东的《苗族枫木崇拜浅析》③ 将枫木崇拜解析为苗族的"生命崇拜"，这是非常有见地的。苗族古歌中，在没有人类和自然万物的巨神时代，始祖树白枫木被砍伐后幻化出世间万物，这本身就是一种孕育生命的形式。苗族先民将人类的来源用神话的形式归结为一棵树——枫树。这种浪漫虚幻的宇宙观和生命观将枫树归结为世间万物的归宿，将枫木视作民族的图腾，建立起了人从树中来的认识。可以说，枫木是苗族的社树、生命树、宇宙树。枫木作为社树的守护力量体现在黔东南地区流传的一个有关苗族始祖蚩尤与枫木的故事：苗族始祖蚩尤用枫木做成了一根拐杖，带在身边。枫木强大的守护力量保护蚩尤战无不胜，打败了黄帝的多次征伐。后来蚩尤遗失了枫木拐杖，在涿鹿大战中失利后化身枫树，守望着自己的族人。由此我们可以理解苗族盛行祭祀枫木鼓、用枫木鼓祭祀祖先、立枫木鼓为社的传统了。蚩尤战败后化身枫树，为后世所膜拜。在苗族的迁徙途中，每到一个新的地方都要先栽一棵枫树，"枫树活而建村寨，枫树死而人迁徙"，视枫木的成活为族群定居的条件。凡是苗族村寨，必有枫木保佑，枫香树是苗寨的根，没有枫香树的山寨是发展不好的。这些都是与原始宗教下形成的关于社树的巫术信仰有关。黔东南一带每个苗寨都栽

① 潘定智、杨培德、张寒梅：《苗族古歌》，贵州人民出版社，1997，第 87 页。
② 马学良、今旦译注《苗族史诗》，中国民间文艺出版社，1983，第 162 页。
③ 胡晓东：《苗族枫木崇拜浅析》，《民间文学论坛》1990 年第 3 期。

有枫木林,以枫树为社树,以枫木为尊,将其称为"龙树"或保寨树,给予其崇高的地位。村寨的枫木林是不准随便砍伐的,不准幼儿随便攀爬。即使枯死的枫木砍伐掉,也不能将枫木当作柴火。这具有明显的图腾崇拜印记。

枫木生蝴蝶,苗族崇拜枫树,将其视为始祖。既然祖宗的老家在枫树心里,施洞苗族在盖房子时一定会选择枫木做中柱,以得到祖先的保佑。用枫木做成的房屋中柱就成为房屋建筑中必不可少的部分,也成为家中神圣的几个位置之一。施洞苗族在婴儿出生后将其胎衣埋在中柱下,老人去世后在堂屋的中柱旁设灵床,这就不难理解苗族房屋中柱选择枫木的重要性了。张光直的《考古学专题六讲》提到过中柱对少数民族的重要意义:"中国古代许多仪式、宗教思想和行为的很重要的任务,就是在这种世界的不同层次之间进行沟通。"① 沟通不同世界的工具,常见的是山和树,即所谓的"宇宙山""宇宙树"。在我国一些少数民族地区,其传统民居建筑中的中柱,便往往被视为"宇宙山""宇宙树"的一种象征。因此,人生旅途终结仪式的一些程序,往往与居住里的中柱密切相关,而居住里的中柱这一构件也因此被涂上了一层厚厚的宗教色彩,成为宗教信仰的重要载体。

将枫木作为生命树崇拜,这并未像其他民族的图腾崇拜一样借助图腾的威慑力,或动植物具有食用性等因素,枫木并不能提供食物或让人恐惧,其不能任意砍伐,那么苗族崇拜枫树的文化心理是什么呢?从施洞苗族的民俗来看,苗族将枫树作为图腾是因崇拜它具有的生命和生殖的意义。

《枫木歌》中,枫树能"结出千样种,开出百样花;各色花相映,天边飞彩霞;千样百样种,挂满树枝丫"。这种生殖能力是迁徙中颠沛流离的苗族所期望的能力。因此,苗族民间青年男女爱恋离不开枫树。青年男女在枫树下恋爱才能使爱情美满,"枫枝遮着哥,枫枝遮着妹,遮着哥谈情,遮着妹谈情,护着哥成亲,护着妹成亲",最终缔结良缘。田雯在《黔书》中记录了苗族新年时在野地立春木鬼竿,青年男女跳月求偶,还

---

① 张光直:《考古学专题六讲》,生活·读书·新知三联书店,2010,第4页。

常以枫木作为结婚的凭证。婚后的青年男女如无子，常将宗族内的双鼓接到家中祭拜，向祖先求子，这起源于一个古老的传说。传说中，姜央兄妹婚后没有子女。一天兄妹俩在枫树下看啄木鸟啄树时，蝴蝶妈妈从树上落下来，送给他俩一头水牛。水牛很快长大，并生下一头小水牛。央妹也诞下一个儿子。为了感谢蝴蝶妈妈，二人将枫木凿空做成了木鼓而舞。苗族认为木鼓是祖先灵魂栖息的地方，神圣且具有崇高地位，一般使用枫木做成。但是因为枫木易变形，就改为樟木或者楠木，但是理念上还认为是枫木。苗族用枫木鼓祭祀蝴蝶妈妈的传说具有很深刻的生殖意义。施洞等地的苗族在婴儿降生后把胎衣埋于堂屋枫木中柱下求枫神庇护的做法与《道藏经》中"老枫化羽人"的巫道观念是一致的。

那么既然枫树是苗族具有生命和生殖意向的宇宙树，那么如何与苗族的始祖蚩尤关联起来，成为父系始祖的代表形象的呢？有关蚩尤和枫树关系的史料较少，如《山海经·大荒西经》："大荒之中，有宋山者，有赤蛇名曰育蛇。有木生山上，名曰枫木。蚩尤所弃之桎梏，是为枫木。"郭璞《注》云："黄帝得蚩尤，械而杀之，已摘其械，化而为树也。"《云笈七签》卷一百《轩辕本纪》："黄帝杀蚩尤于黎山之丘，掷械于大荒之中，宋山之上，后化为枫木之林。"即蚩尤所戴的桎梏化为枫树。将苗族古歌中的枫树形象和蚩尤—枫树的渊源做出分析后，我们可以理解为"苗族先祖'蚩尤所弃之桎梏，是为枫木'，实际上当是蚩尤战败被擒捉，敌方伐其社树做成枷锁进行双重羞辱的一种形式，既羞辱蚩尤也羞辱其祖先（社）"①。就如苗族为了祭祀蚩尤建立了很多蚩尤冢一样，台江苗族多有以"Ghab Mangx"的村寨，意为枫树脚，即是对蚩尤的一种祭拜。

综上我们可以发现，苗族对枫树的崇拜经历了社树崇拜到父系始祖崇拜的转化。枫木崇拜正是借助于对古老神树的记忆和膜拜，附加到蚩尤为主的祖先崇拜之上，构筑起居住地域分散却具有相同血缘和信仰的"祖先记忆"，从本质上来说，这是强调族群"同一性"和族群认同感的一种方式。

苗族崇拜枫树，是因为枫树生下苗族的母亲妹榜妹留，是祖先蚩尤所

---

① 杨鹍国：《苗族服饰：符号与象征》，贵州人民出版社，1997，第 182 页。

弃之桎梏。除了精神上的引导，还具有历史现实的缘由。首先，《苗族古歌》和《苗族史诗》中的枫木是苗族先民表达原始抽象思维的一种依托物。"枫木做中柱，梓木做屋梁，杉板装壁窗"，家中居于枫木下，村头寨尾也枫木成林，水井边、稻田边都栽有枫树，进寨子的山口也被高大的枫树掩盖，因此，他们选择与其生活关系密切的枫树寄托思想。"砍倒了枫树，变成千万物"实际上是苗族世界观中事物发展由低级向高级演化的唯物主义思想。其次，摩尔根在《古代社会》中指出，人类创造食物资源的方法是"生存技术"，并认为人类生存技术对人类社会文明的进程产生过极其重大的影响作用。苗族对于枫木的崇拜可能源于苗族经历了以树叶为裙、以巢为家的原始社会时期。在苗族漫长的迁徙途中，森林和高山给予了他们避难和庇护的场所，是他们于劫难之中喘息和休养生息的家园。《中华全国风俗志》中提到苗族居所时说，苗族过去"散居山谷，架木为巢"[1]，有的苗族"好居高处，悬崖洞穴峻百仞"[2]。由于过去的原始森林密布，蛇蚁猛兽较多，建筑在地面上的窝棚不能抵挡其攻击，因此，苗族多在丛林中选择粗壮而枝干茂密的大树，在离地面两三米的高度搭起巢居，以遮风挡雨，躲避野兽。滇东北、黔西北苗族史诗《居诗老歌》就讲述了苗族以大树和洞穴为居所的生活历史："祖先居诗老啊/心不甘/祖先居诗老啊/心不服/居诗老在大树枝上搭棚子/叫人们居住在树梢上。"能够提供庇护和食物的森林不啻他们的家园，更是他们"生于斯，长于斯，逝于斯"的心灵归宿。最后，枫木是苗寨的保护神。苗族笃信枫树能造福于人类，村村寨寨必栽"保寨树"。因此施洞的苗寨存在"祭树"的习俗，逢年过节，或遇不测，虔诚祭祀。当需要求子求财，或家运不济时，施洞苗族就去护寨林烧香、纸，献祭鸭或者鹅，求枫神的保佑。湖南城步苗族至今还存在祭祀"枫树神"帮人祛病除魔的习俗。枫树本身是一种无病虫害且长寿的树种，其散发的味道防虫，是苗族村寨清洁的自然防护形式。春末夏初，施洞苗族常将枫木枝同丁香一起挂在门上防虫辟邪。在姊妹节期间，施洞苗族用枫叶汁制作无色姊妹饭中的黑色糯米饭，吃这种糯米饭可以预防肠胃的疾病。苗族医药中将枫树的根和叶入药。苗族人热爱枫

---

① 胡朴安：《中华全国风俗志》，上海科学技术文献出版社，2011。
② 胡朴安：《中华全国风俗志》，上海科学技术文献出版社，2011。

树，将其栽在房前屋后，村前寨角。在寨后的山坡种植枫树林，既可作为风景林，又可以防治虫害，还是青年男女最好的游方场。枫树是苗寨最好的守护者。施洞苗族多依赖枫树的保护神的角色，每年都举行"敬枫树鬼"的仪式。巫师用红纸或白纸剪成 12 个拉手小人，用竹签夹紧后固定在长竹竿上，用一只鸭或一只鹅做祭祀，念巫词后请助祭送到保寨枫树下置放，让村寨的人供奉，以保佑村寨平安，人丁兴旺。因此，苗族特别爱护枫树，并将这种崇拜蔓延到生活的各个方面。

### 三 鸟是巢居时代祖先的化身和引魂归宗的使者

鸟纹是从"蝶母诞生"的神话中派生出来的另一图腾纹饰。黔东南的创世古歌《开天辟地》中说：上古之时，天地小如斗笠撮箕，后来巨鸟乐啼、科啼孵抱，才有现在这么大。苗族多个崇鸟支系将鸟羽装饰于服饰上。黔东南龙里和三都一带的苗族男子盛装时要头插锦鸡毛，这与宋代陆游《老学庵笔记》中"未婚者以金羽插髻"和明代《黔记》中关于苗族"插鸡羽于巅""男子椎髻，上插白羽"的记述是相符合的。这源于先秦时期椎髻鬓首——以麻发合髻的古"三苗"族群的习俗。[1] 古"三苗"族群继承了父系的犬图腾和母系的凤图腾。"好五色衣服"是盘瓠民族承袭其母系始祖文化——高辛部落文化的产物。[2] 因此，苗族服饰自古就有崇凤拜犬的现象。早在唐代，"东谢苗"的服饰被美誉为"卉服鸟章"。唐宋以降也多有汉文典籍对此进行记述，如"卉服鸟章""插雉尾于巅""衣五彩，必插鸡毛于首""以银丝作假髻，副以银笄，形似雁翎，然冠于首"等，这样的记录不绝于史。可见，这种崇拜鸟的服饰传统在苗族的服饰史中具有重要的地位。到了近代，银饰制作工艺的提高使得凤鸟类银饰的制作更加惟妙惟肖，多以立凤、喜鹊登枝、锦鸡和鸣、凤凰同栖、孔雀开屏等为主体造型。施洞女性特色的发髻盘成两边呈旋涡的形态，俗称"鹰眼髻"。可见，他们的鸟崇拜心理十分明确。

"纹饰绝不是毫无意义的纯美术作品，而是含有相当复杂的深层意义

---

① 杨鹓国：《符号与象征——中国少数民族服饰文化》，北京出版社，2000，第 26～27 页。
② 唐羽：《好五色衣服——早期民族融合的象征》，《民俗研究》1995 年第 1 期。

的象征符号。"[1] 施洞苗族世代相传的古歌中讲述了人类的始祖姜央是鸟孵化出来的。这种鸟就是白枫树梢化成的、帮助妹榜妹留孵蛋的鹡宇鸟。鹡宇鸟历经九年辛苦,帮助蝴蝶妈妈孵化了十二枚蛋,孵化出了苗族的祖先姜央等十二位祖先。所以,她被苗族尊崇为女性祖先之一。苗族在祭祀祖先的各种仪式之始,主持仪式的巫师就要穿上插有鸟羽毛的衣服召唤祖先;在苗族鼓藏节的时候,鼓藏头要穿缀有鸟羽毛的百鸟衣主持祭祀祖先的仪式。所以说,银饰上的鸟纹除了作为装饰外,还具有特殊的意义和民族文化内涵。在他们看来,鸟也是人类的祖先,蝴蝶妈妈繁衍后代有赖于鹡宇鸟的帮助。因此,妇女常把鹡宇鸟刺绣在衣袖上,银饰中也常出现鹡宇鸟的造型。施洞特色的银帽顶端就端立着一只精工打制的鹡宇鸟;在平日,年轻女性常在发髻插上一只鹡宇鸟的银簪。在施洞地区,银匠们经常会打制一只以银燕雀为主,周围伴有几只银凤的发簪,中间的银燕雀就被施洞苗族看作鹡宇鸟。一般银燕雀被制作得栩栩如生,嘴衔一串银灯笼坠饰,拖着长长的尾巴,展翅欲飞,就连脖颈上的羽毛都会用极细的银丝盘成;周围的几只银凤就稍微抽象简略了。除了银雀造型之外,施洞地区银饰上还有其他多种鸟纹,如锦鸡、山雀、鸡、鱼鹰等各种鸟纹。

苗族的鸟崇拜是以人类巢居时代建立起的与鸟类的深厚感情积淀为基础的。苗族大多居住于山区,村寨多是因地制宜而建立起的高低错落的以干栏式为主的吊脚楼的民居群落。施洞的苗族人认为"修建吊脚楼是跟鸟学会的"。吊脚楼全部用木材做成。吊脚楼的中柱就如一棵大树,支撑起整座吊脚楼。中柱一般用枫木或杉木,上端凿眼,柱子之间全部用榫卯衔接。一栋房子的柱子、屋梁和穿枋等有上千个榫眼,即使不用金属固定也很牢固。楼檐四角上翻如展翅欲飞,掩映于葱茏竹木间的一座座吊脚楼就像一个个鸟巢。有的人家还特意在屋脊上雕塑雀鸟,表示人与鸟的关系亲密。据说,苗族先民曾在树上搭建房屋居住,以躲避野兽的威胁,经历过"巢居"或"树居"的时代。在近代,武陵山区、苗岭地区,尤其是月亮山区的一些村寨还存在一种"权权房",即用六棵上端分权的树木,两棵做中柱,四棵做偏柱搭建起的木制房屋。时至今日,苗族在看守庄稼时还

---

① 芮传明、余泰山:《中西纹饰比较》,上海古籍出版社,1995,第3页。

习惯在树上搭建遮风挡雨的小窝棚。从早期的"树居""巢居"等居住方式，到后来的"权权房"、吊脚楼，苗族将鸟儿作为苗族的祖先和师傅，在生活中自然对鸟类爱护有加。在施洞地区，因为苗族人对鸟的崇拜，产生了许多与鸟相关的习俗和禁忌。在节日期间，常会安排斗鸟大赛。当地人禁止打鸟，不能掏鸟窝。大人常会告诫儿童，不能随便去掏鸟窝，不能吃鸟蛋，如果摸了没长全羽毛的鸟，长大后手就会发抖，拿不了刀，砍不了柴，读不了书，写不了字等。

鸟类可以上天入地，自由来去。在施洞苗族的认识中，鸟类是人类与天上的神灵和冥界的魂魄沟通的使者。施洞苗族认为每个人有 72 个魂魄，其中一个在人去世后就会变成一只鸟，指引死者去往祖先生活的东方。但是，如果这个人在生前没有参加过游方，他的灵魂就不能变成鸟，他的灵魂也就找不到回到东方老家的路而变成无家可归的游魂。游方是苗族青年男女结识异性、谈恋爱的社交活动，年轻人多通过游方结识心仪的对象而结婚成家生子。苗族游方主要是唱歌，不会唱歌也就无从游方。而苗族的游方歌据说是雀鸟教授的。在早年，婴儿一出生，家人就要用鸣叫声婉转的鸟的羽毛在其嘴唇上抹一下，希望他长大后能够像雀鸟一样善于唱歌，也就能够在游方中找到自己喜欢的对象。鸟类不仅教会了苗族人唱歌，还教会了他们游方时的穿衣打扮，苗族先民在节日里将鸟羽等装饰到身上就是跟野鸡学会的。从这些习俗和传说我们可以看出，鸟类与施洞苗族的生殖信仰有一种根深蒂固的联系。

有的学者认为贵州的苗族在迁徙途中曾经历过古楚国时期，因此保留了崇凤的习俗。历史上有"羽人"的记载，铜鼓上也绘有"羽人"的造型。而根据现在贵州地区苗族的鸟类崇拜来看，这种凤的原型较大可能是锦鸡（又称为野鸡、雉等）。凤鸟是中华民族文化中的图腾遗迹之一。古代殷商时期崇拜玄鸟，"天命玄鸟，降而生商"。将凤凰视作女性和生育的象征具有一种明显的图腾意识。黔东南就有三个苗族支系以鸟命名。其一为"嘎闹"，意为鸟的宗族，将自己族群看作鸟的宗族，具有极明显的图腾崇拜意向。其二自称"寨柳"，意为鸟喙的宗族。因为当地人称燕子为"爸柳"，所以有人认为燕子是他们的图腾。其三曰"代良"，意为山岔鸟或青鸟的宗族。在黔东南地区，燕子、山岔鸟和青鸟都被认为是有灵性的，严禁捕杀，如果看到这些鸟死亡，还要将其埋葬。反排一带的银飘头排就是鸟羽造型。据说当时反排的祖先迁徙到该地，见到一种雉，因其美艳的羽毛而惊呆，于是立下规矩不准伤害这种雉，且用银饰仿制它的羽毛戴到额前美化自己。娥娇和金丹的爱情是苗族经典的爱情故事，在一首有关这个爱情故事的歌中唱："那队五十个'方'①的男青年，个个头上插着鸭羽毛。六十个'柳'的男青年，个个头上戴着野鸡尾。五十个'西'的男青年，个个头上戴着家鸡尾。"以鸟羽为饰是典型的以鸟为图腾的崇拜。

施洞苗族银饰中出现了多种鸟类的造型，如喜鹊、凤鸟、锦鸡、山雀、鸡、燕子等，其中民俗含义最深的造型当属鹡宇鸟纹饰，它有时像孔雀，有时像凤凰，有时又像锦鸡，变化多样，是施洞苗族银饰中最为常见的造型和重要纹饰。施洞银饰中的银雀多拖有长长的尾翎，就是鹡宇鸟后来长出的锦鸡尾。古歌中歌颂鹡宇鸟历尽苦难帮助蝴蝶妈妈孵化十二个蛋，它是被砍伐的古枫树梢变化而来的。施洞苗族的银雀簪由一只大银雀背着几只蝴蝶。大的银雀嘴里衔着银灯笼，展翅欲飞，形态逼真，连身上的羽毛都纹理可见。施洞的银雀簪就是模仿施洞地区古歌中鹡宇鸟的形象制作的。《苗族古歌》中《十二个蛋》一篇中，鹡宇鸟历尽千辛万苦帮助蝴蝶妈妈孵化十二个蛋。

Lief nas max bub ved,

留生不知孵　　　　　　妹留会生不会孵，

Jit wix nas nenx ved,

鹡宇为它孵　　　　　　鹡宇才来为它孵，

Jit wix bes nenx hxed,

鹡宇孵它暖　　　　　　鹡宇孵了蛋就暖，

Bes not jef jangx jid.

孵多才成仔　　　　　　抱孵了来才生仔。②

---

① "方"（Fangs）、"柳"（Liux）和"西"（Dlib）是苗族支系的名称。

② 贵州省少数民族古籍整理出版规划小组办公室编《苗族古歌》，燕宝整理译注，贵州民族出版社，1993，第491~492页。

鹬宇鸟为了孵蛋，翅翎和尾翎都脱落了，岁月父亲和季节母亲为其添加了锦鸡尾。为了纪念鹬宇鸟孵出苗族祖先姜央和他的兄弟姐妹，而将其看作创生人类的神鸟。"鸟雀千千万，最大鹬宇鸟；鹬宇有九首，神圣不得了。"通过在苗族民俗中的地位和形象描绘，有的学者认为鹬宇鸟是"水击三千里，抟扶摇而上者九万里"的鲲鹏，也有一些苗学家把它看作"人面鸟喙而有翼"的苗族祖先驩兜。从这些分析我们可以看出，鹬宇鸟也同"蝴蝶妈妈"一样，是苗族的"母亲"、女祖先。这是施洞苗族中一些支系曾经以鸟为图腾的历史。施洞龙舟节中马尾斗笠上的银尾饰就是鸟羽造型，这无疑是鸟崇拜观念的物化。马尾斗笠上的银尾饰又被看作龙的尾巴，这是将鸟龙化以产生神性的巫化方式。

苗族鼓藏节中绘有大鸟的苗旗具有潜在的生殖意向，通过祭祀祖先，向祖先祈求种族繁衍，子孙兴旺。"考古学家曾对发掘出来的大量文物按年代顺序编号，寻找图案演变的过程，推断出螺旋纹是由鸟纹演变而成的，是鸟纹的抽象化，而鸟纹又被文化人类学家公认为一种原始的图腾标志，象征生殖。"[1] 施洞苗族将燕子看作求子的使者，民间流传有"架桥接子"的传说。相传，有一对年近半百却膝下无子的夫妇，为人善良。有天夜里，两人同时梦到燕子说：你们的儿子已经来到河对岸，因为腿短，无法过河，如果架起一座桥，他就能来到家里。于是，夫妇在河上架起了一座桥。果然，过了没多久，孩子就降生了。至今仍有婚后多年未生育的夫妇，或育女而未生子的夫妇架桥求子的习俗。由于燕子是一种具有较强的繁殖能力的候鸟，秋去春回，从不嫌贫爱富，因此将其看作生殖崇拜的对象。在生活中对燕子崇拜有加，是善待自然的一种文化理念。

"鸟是人的灵魂"，这是黔东南苗族的信仰之一。其实这句话的意思是苗族祖先的灵魂是鸟。苗族人期望祖先的灵魂像鸟一样，在死后能够摆脱一切束缚，自由地来去。因此鸟成了祖先灵魂的载体，既可以带领祖先的灵魂回到东方，回归月亮之上，也可以通过鸟与祖先沟通，并召唤祖先的灵魂。这实则是苗族鸟图腾受到"羽化而登仙"的道教思想影响的结果。许多苗族支系在祭祀仪式上穿用鸟语装饰的服饰，其目的就是期望通过鸟

---

① 杨鹍国：《苗族服饰：符号与象征》，贵州人民出版社，1997，第161页。

能够来往于现实与彼界的能力召唤祖先前来接受祭拜。在《蚩尤神话》中，神鸟"鸟益""鸟果"为居住在"盒筐十八寨"的苗族通风报信和传达蚩尤的指令。在洪水袭来时，又是它们通知苗族先民逃离，且于洪水中抢救出了粮种、树种。为了纪念如"鸟益""鸟果"这样在天地成形、苗族生息繁衍中做出贡献的神鸟，苗族以它们为图腾，祭拜它们。苗族在人死之后，"如何亲殁还歌舞，只怕来年杜鹃啼"，以歌舞祈祷死者灵魂化为鸟，还要在葬礼中杀鸡祭祀，以引导亡灵归宗。即使到了今天，黔东南鼓藏节中，鼓藏头要穿起挂满白鸡毛的"百鸟衣"主持祭祀祖先的仪式，才能保寨保平安，这是苗族古代以鸟为图腾和以鸟为人世与阴间通灵者的信仰的遗风。这种对鸟的热爱之情和笃真的信仰也被刺绣在服装上，锻制在银饰中。

　　这种对鸟类的图腾崇拜也涵盖到了它的近亲，由野生鸟类驯化而来的鸡、鸭、鹅在苗族的民俗和仪式中也具有特殊的含义，祭祖、招魂、驱鬼、引龙、定屋基、找墓穴都离不开以雄鸡、雄鸭为祭品。在施洞苗族的意识中，鸡能够呼唤光明、驱散黑暗；鸡具有引导人们寻找吉祥幸福的能力；鸡还能够驱逐鬼怪，如被恶鬼缠身，只需用一只公鸡绕身三圈，阴鬼就不得不离开人体。施洞苗族家养的"鸟类"划分为两类，会水的和不会水的，并以此为依据将其民俗文化分离开来。在葬礼、祭祀和占卜仪式中，鸡是派往异世通风报信的使者。葬礼中，"死者……旁边放一只大红公鸡，这是一只专为死者到阴间去的引路鸡"①。在古歌中，鸡喊太阳喊月亮保证人间五谷生长；鸡为姜央和雷公的斗争做出评判。显然，施洞苗族认为鸡是可以通鬼神的。家养的鸡除了具有食用功能，最主要还具有与家庭相关的超自然力，即苗族用鸡骨卜、杀鸡看眼等仪式解决民间纠纷。在每年年底村寨内常以家户为单位举行保家保平安仪式（gangt ghaib khat），俗称"喊鸡鬼"，就是用白公鸡为祭品。在解决村寨内的口舌是非时，也多请鬼师用红公鸡祭祀。在婚礼前的订婚仪式中，施洞苗族最常用的方法就是"杀鸡看眼"。杀鸡看眼是母家是否允许女儿出嫁的关键。在订婚仪式上，用女家养的鸡，男家兄弟砍鸡头。砍下的鸡头如果双眼明睁，女家

---

　　① 罗义群：《苗族丧葬文化论》，华龄出版社，2006，第25页。

才允许女儿出嫁，否则婚礼就会取消。苗族另一个举行杀鸡看眼的仪式就是鼓藏头的选举。在挑选第一鼓藏头时，需在候选人家中杀鸡看眼，以鸡眼判定吉凶后决定是否由这个候选人出任第一鼓藏头。龙舟节期间，同样作为鸟类，鸭子的地位比鸡的地位高很多。清水江上划龙舟，接龙舟送礼只能用公的白鸭或者白鹅。鸡只能用作龙舟下水仪式之前的祭祀，如"出龙"仪式和龙舟下水之前召唤祖先的祭仪，且只能是白公鸡。在龙舟节期间，男性向龙舟上进献鸭和鹅，以飨祖先。龙舟的龙头上多立有一只木雕小鸟，龙舟尾部插有象征鸟尾的芭茅草，桡手戴插有银质鸟羽的马尾斗笠，以舞蹈状轻划龙舟祭祀祖先，这在方志中被称为"龙舟戏"，实际上是以鸟为使者、召唤祖先、祈求风调雨顺好年景的巫术仪式。平时家里红白喜事，舅舅家送礼，同样是要送公鸭。重阳节时，出嫁的姑娘回娘家探亲，送给父母和叔伯家的礼物中必须最少有一只鸭子。因此，逢年过节，鸭子的价格要远远高于鸡的价格。为什么鸭子的地位高于鸡呢？当地人解释说，鸭子会游泳，在苗族迁徙途中，鸭子曾经驮人过河，救过祖先的命，所以鸭子是苗族的恩人。鸡卜、鸭卜是在古代鸟卜的基础上演化与发展来的。飞翔是鸟具有神性的渊源，古代"鸟卜"是源于鸟能够在空中飞翔，鸟瞰世上的一切，因而具有卜知未来的能力。这反映了依清水江而居的施洞苗族在与水同居的历史中将水崇拜与鸟崇拜糅合在了一起。

综合苗族的各种图腾来看，苗族的图腾不仅反映了族群与图腾物之间的特殊或血缘关系，还是不同氏族的标志。图腾崇拜伴随着氏族制的产生发展而出现、发展和演化。在苗族内部，由最初的枫木—蝴蝶崇拜分裂成具有不同图腾崇拜的多个氏族。图腾崇拜是在排除血缘婚实行族外婚的氏族制产生后出现的。同一祖母为核心的族群成员只能去外氏族通婚。因而每个氏族就具有了代表自己族群的图腾，以对外区别族群归属，对内限制身份，禁止族群内婚配。苗族习惯法规定："同宗同鼓社的子女，是兄妹，不能婚配，违反者，罚以白水牯牛祭祖祭社。"这种图腾外婚制的限制是为了保证更好地繁衍族群后代，具有生殖规约的意义。

早期的图腾崇拜多与生殖崇拜混融在一起。在原始条件下，族群竞争主要为人口生殖的竞争。族群人口越多，势力越大，族群就能更好地繁衍下去。对具有旺盛生殖能力的多种自然物或动物膜拜的现象逐渐被崇拜某一图腾所取代。埃利希·诺依曼认为："在显示出理解力的人形大母神形象出现之前，自发地出现了她的无数象征，那是她尚未定型的意象。这些象征——特别是来自自然及各个领域的自然象征——在某种意义上，都是与大母神意象一起表现出来的，无论它们是石头或树、池塘、果类或动物，大母神都活在它们之中并与它们同一。它们作为各种属性，逐渐与大母神形象联系在一起，并形成围绕着这一原型形象的圈状象征群，而且在仪式和神话中表现出来。"①

## 第三节　祖先崇拜：鼓、牛与饕餮

祖先崇拜在母系氏族社会向父系氏族社会过渡的时期由图腾崇拜发展而来，源于最初原始人对死者的怀念和追思。祖先崇拜是在父系社会的亲缘意识中萌生并发展出的对族群内部的始祖和先人表达崇拜和怀念之情的信仰形式。这是在父权制确立后，随着男子社会作用的增强和地位的提高，原始家庭内部对父系家长或祖先的灵魂祭祀，期望其庇佑家庭成员、赐福儿孙后代。东部苗族史诗中龙身人首的乌基和代基显然是图腾崇拜向祖先崇拜发展的产物。至此，严格意义的祖先崇拜确立了。祖先崇拜具有族内认同性和族外排斥性的特点，超越了原始的图腾崇拜和生殖崇拜的局限，将人类的自然崇拜和图腾崇拜上升为人文崇拜。

祖先崇拜，又称为敬祖，是指人们相信死去的祖先的灵魂仍然存在，且会对子孙现在的生活造成影响的一种信仰形式。祖先崇拜中，人们多相信祖先会保佑自己的子孙，因而向其膜拜。祖先崇拜不同于一般的神灵崇拜，多为表达子孙对祖先的亲情和怀念之情，并非如神灵崇拜一样直接祈求好处。俗语称此为"吃果子拜树头，饮泉水思源头"。在一些将祖先崇拜上升为祖先神崇拜的信仰中，祖先与神灵的功能较为接近，通过对其祭拜，求子求福求禄等。

祖先崇拜是人类宗教和伦理的一种本能，是氏族社会遗留下来的一种宗教信仰。这种本能在原始初民的信仰中表现得最为显著。原始初民认为

---

① 埃利希·诺依曼：《大母神——原型分析》，李以洪译，东方出版社，1998，第11页。

一切有生命和无生命的个体都如人类一样具有知觉，万物有灵。高山的傲然耸立，大河的汹涌澎湃，太阳的东升西落，月亮的阴晴圆缺，星空的斗转星移，都因为其中的神秘性而引发先民的宗教信仰。灵魂的说法更是与人的醒觉和睡梦相联系，以为人死后就会去往莫知之乡。中国的祖先崇拜思想往往将祖先推尊为来自天上，或来自超自然的力量。"崧高维岳，骏极于天。维岳降神，生甫及申。"①"天命玄鸟，降而生商。"② 这与西方的圣灵感孕，降生耶稣具有同样的哲学意义。施洞苗族也在自己的民族文化信仰的至高处诞生了自己的祖先。在苗族的始祖诞生神话中，分为女性始祖和男性始祖两部分。从枫木转化而来的苗族女性始祖蝴蝶妈妈产下了12个蛋，最终繁衍出人和万物。由汽生成的雾转化成孵化出苗族男性始祖盘古的修狃蛋，盘古开天辟地，与养优等诸神一起铸造天地、诞生日月。还有一位男性始祖，即苗王蚩尤，带领苗族先民建立起了上古的家园。从这些对苗族始祖构建的神话来看，男性始祖都具有自己的名字，而女性始祖却只能具有形象（蝴蝶）和身份（妈妈）的标志词语。据此我们可以推知，女性始祖神话要远远早于男性始祖神话，且可以得出，苗族经历了从母系社会向父系社会的转变历程。

苗族信仰是一种泛神论，万物皆有灵，对于一切自然之物皆有敬畏之心。施洞苗族是多神崇拜的族群，但凡是奇山异石，各种动物和植物全都可能视为崇拜对象。他们将桥看作通往另外一个世界的通道，可以通过"架桥"与祖先沟通，祈求子嗣，免除厄运等。各种神祇崇拜以祖先神最崇高。祭祖就是苗族祖先崇拜的一种形式。凡逢年过节，家族的红白喜事、遇事卜算吉凶等，都会有不同程度的祭祖内容。在龙舟节龙舟下水前要举行仪式，包括请祖宗、飨祖宗等内容；新娘进门后先要给祖宗上香；家中老人过世、子孙添丁也要告知祖宗；家中的吉凶祸福都要在祭祖时一一通报；有些笃信的人家饭前还要给祖宗上香，告知家中一天的概况。他们如此尊崇祖先的灵魂，祈求灵魂的回归或保佑。

苗族的祖先崇拜并不像汉族采用祠堂、宗庙、家谱等祭祀形式。苗族祭祀主要有三种方式：家祭、坟祭和鼓社祭，这与施洞苗族"灵魂无所不

①　杨任之：《诗经今译今注》，天津古籍出版社，1986，第478页。
②　杨任之：《诗经今译今注》，天津古籍出版社，1986，第561~562页。

在"的信仰和人死后灵魂的归宿相对应。施洞苗族认为，人死后灵魂去往三个地方，一个是家内堂屋里的哥纳（神龛），主要采用家祭的方式祭祀；一个是山上的墓穴，主要在清明节等期间前去挂青；还有一个是月亮上的故乡，多在十三年一次的鼓藏节中在宗族内统一祭祀。苗族的家祭是很经常的祭祀。在施洞，一些思想传统的人或年龄较大的老人每次餐前要向堂屋内的祖宗牌位敬香，捏食祭祖；喝酒前洒一点在地上，以供养的形式祭祀祖先。这可能跟苗族原始狩猎采集时期以猎物或野果祭祀祖先的形式有关。坟祭分为一般坟祭和特别坟祭。坟墓祭祀多是在清明节期间或家中有婚丧嫁娶的大事时，带纸钱去向祖先汇报。每逢节日先要祭祖，娶亲要祭祖，新娘进门要先拜过祖先，调解纠纷要祭祖，播种前要祭祖，吃新节就是与祖先共同庆祝丰收的节日。特殊坟祭是指在老人死后的前三年的祭祀。一般是死者的子女合资购买猪或牛到坟前杀牲祭祀。在死者死后若干年也可以重新进行特别祭祀。苗族重复对近代亡人进行特别祭祀，既因为苗族将祖先视为保护神，又因为苗族重视家中祖先坟墓的风水，坟墓就如人住的房屋一样讲求占据"龙脉"，子孙才可安居乐业。苗族最盛大的祖先祭祀莫过于鼓社祭。鼓社祭就是宗族内祭祀近代亲人亡灵和古时祖先的族群祭祀。

施洞苗族的生活中充满了各种形式的祭祖。施洞苗族的祖先分为远祖和近祖。自己上一辈不在世的亲人为近祖，在家中神龛上置放牌位祭祀；隔代就成为远祖了，就要到山上的坟前祭祀。经常被祭祀的远祖往往被神话传说渲染成为具有特殊能力的神祇，被神化成族群的创生者或救世主。施洞苗族多将对远祖的这种神化崇拜转化成物化形态。如施洞苗族认为自己的祖先是姜央，称其为央公。他是蝴蝶妈妈产下的12个蛋之一，是他用兄妹成亲的形式繁衍出了苗族。施洞苗族的刺绣中有12个蛋、兄妹成婚、姜央斗雷公等纹饰。蚩尤也是施洞苗族认同的一位祖先，"蚩尤氏耳鬓如剑戟，头有角，与轩辕斗，以角触人，人不能向"。蚩尤头上的角也就是苗族较早的一种角冠饰。苗族地区常见的角冠饰有银角冠、木角冠等，施洞的银牛角就是蚩尤崇拜的一种形式。近代的苗族英雄张秀眉、务冒西也多化成刺绣或银饰中的纹饰。相传施洞的银马花抹额就是为了纪念他们的英勇事迹。①

在施洞苗族银饰中，有直接以人物形象体现祖先崇拜的，也有以物象纹饰寄托对先祖的哀思的。这其中，鼓——姜央、牛——蚩尤、饕餮——人祖是常见的祖先崇拜的纹饰替换形式。黔东南地区的苗族，最早崇拜枫木—蝴蝶为人类始祖。随着人对自身能力、智慧、作用的发现，人在自我心中的地位提高，逐渐认清了人与动植物的差别。人对自身战胜自然的能力的崇拜逐渐深入人类的崇拜意识中，形成了崇拜祖先的宗教形式。虽然还存在不同程度的自然崇拜、图腾崇拜，但是它们已经逐步演化为祖先崇拜（即人对自身的崇拜）的附属成分，即以与祖先相关的图腾或自然物来祭祀祖先，如鼓社祭中以牛祭祀苗族始祖蝴蝶妈妈和姜央。

装饰有象征祖先的符号的银饰盛装是施洞苗族女性必备的宗教及婚嫁礼服。婚礼当天，新娘要着银饰盛装举行进门仪式，祭拜新郎家祖先之后才可以入内室更换服饰，进行后续仪式。在婚礼的取水仪式中，新娘必须着头等盛装去家族的水井打水，由此可见银饰盛装在生命礼仪中所具有的仪式性意义。银饰盛装是施洞苗族认祖归宗的信物，没有银饰就无法建立与祖先的沟通渠道。

## 一　鼓是蝶母、姜央的栖息地和子孙的求子诉求

施洞苗族银饰的鼓纹多具有祭祀和沟通祖先的功能，因为鼓是苗族祖先崇拜的"重器"，尤其是祖先灵魂安居的枫木鼓，只有在祭祀祖先的时候才能敲响。苗族的木鼓和铜鼓不仅是祭祀时的打击乐器，更是附着有祖先灵气的神器。木鼓一般是枫木鼓②，包括姜央在内的列祖列宗的灵魂，都寄息于鼓中。因为苗族最早祭祖时祭祀的是苗族的女性祖先蝴蝶妈妈，因此，鼓社祭中使用枫木做成的木鼓，象征蝴蝶妈妈从枫树心中诞生，因此制作枫木鼓作为其安息之所。这包含了苗族"人从树中来，回到树中

---

① 该处存在两种说法：有的人说银马花抹额的武士形象是为了纪念张秀眉，也有人说是为了称颂务冒西这个女英雄的英勇。

② 近代，苗族的木鼓多用楠木做成，因为枫木做成的木鼓较容易变形，因而换用楠木。但是意识上还是认为鼓是枫木做的。还有传说是因为蚩尤被擒时应龙有意用苗族先民视为鼓社树的枫香树制为桎梏，以示羞辱。故苗族先民制鼓忌用枫木，改用楠木、香樟等。这就是后来相传苗族的鼓社有黑鼓和白鼓，而白鼓是从黑鼓演变而来的缘由。

去"的生命哲学意识。苗族将枫香树制成的鼓视为祖先的化身。

苗族鼓藏节（neu² tɕaŋ³ nieu⁴，直译为"吃宗鼓"，又叫"祭鼓社"）是祭祀人类始祖蝴蝶妈妈和苗族始祖姜央的祖先祭祀仪式。在鼓藏节中有唤鼓、换鼓、祭祀、藏鼓等仪式过程，象征祖先灵魂栖息地的"鼓"成为仪式的中心。黔东南的木鼓多以楠木挖空后在两端蒙上牛皮为鼓面做成。木鼓有两种，一种为单鼓，苗族称为"江略"，意为"鼓的祖宗"，即"祖宗鼓"。据传说，木鼓是由苗族的男性祖先姜央制作，用来祭祀苗族的女性始祖蝴蝶妈妈的。姜央受到古人用空心木制作棺材安葬死者的方式启发，将枫树心挖空后做成圆形的木鼓，象征蝴蝶妈妈的灵魂回到了最初诞生她的枫木心安息。祖宗鼓是以一根长4尺9寸6分（约165厘米）的完整的樟木或者楠木为主体，将其两头凿空，制作成外径5寸4分、内径3寸3分的鼓筒，并蒙上水牯牛皮做成筒鼓。苗族人民认为树心是祖先诞生和栖息的地方，因此，用树干掏空做成的木鼓就是祖先灵魂的回归之处，象征着祖先安息的地方。每次鼓社节制作木鼓，同时还会制作一个生殖器，象征蝴蝶妈妈孕育了世间万物。祖宗鼓平时藏在藏鼓洞里，只有在祭祖时拿出来敲击，以唤醒睡在鼓中的蝴蝶妈妈享用祭祀品，并与子孙同乐。祭祖完毕，木鼓要重新放回山洞保存。由于长期置放在野外，极易损坏，因此每隔几年就要重新制作一个新鼓。只有定期祭祀蝴蝶妈妈，宗族才能强大。"姜央兴鼓社，全疆得共和"说的就是兴鼓社节的目的。

另一种木鼓为双鼓，苗族称为"略鹏"。双鼓是为了祭祀姜央公和姜央奶而制作的，企盼氏族部落人丁兴旺。双鼓是指粗细不同的两面鼓，分别为"央公"鼓和"央婆"鼓，合称子孙鼓。双鼓象征着施洞苗族称呼为"央公""央婆"的苗族男性始祖姜央和他的妻子央妹。一方面为了纪念洪水过后，姜央兄妹成婚才繁衍出了人类，施洞苗族认为这对鼓能够赐予族人生育子孙，因此称呼双鼓为"子孙鼓"。另一方面是针对存放在山里的蝴蝶妈妈的鼓"祖宗鼓"来说的，蝴蝶妈妈的鼓为"祖宗鼓"，姜央是蝴蝶妈妈所生，他的鼓也就是"子孙鼓"。双鼓是用同一棵楠木或者樟木锯为两段，将树心掏空，在中心壁沿上嵌入薄竹片作为音舌片，并在两头蒙上牛皮制作成的两面大小不同的鼓。双鼓供奉在第一鼓主家，将双鼓以男左女右的位置供奉于高约一米的木鼓架上，供桌上常年供奉有12个盛满酒的酒杯，这 12 个酒杯就象征着"妹榜妹留"当初孵化的 12 个蛋。每逢节日要烧香、敬酒、掐鱼肉供奉于鼓下祭台上，以飨祖宗。节日时敲击木鼓细的一端，寨里族人听到鼓声就开始过节。木鼓粗的一端是不允许轻易敲打的，只能在祭祖的日子才能敲响。有些已经结婚却未生育的人家可以将双鼓迎接到自己家中保管，以祈求祖先保佑生儿育女。在鼓社祭祭祀祖先时，子孙鼓和祖宗鼓并列接受祭拜。平时，子孙鼓多采用家家轮流供奉的方式。在节日期间，子孙鼓可以用来跳舞作乐，既娱祖先又娱自己。

施洞苗族将鼓作为祖先崇拜的象征物源于苗族的鼓社祭。鼓社祭是以祭祀苗族女性始祖蝴蝶妈妈和男性始祖姜央的祖先祭祀活动。据《苗族古歌》载，鼓社祭在古三苗国就已经出现并成为苗族重要的仪式了。三苗国与夏朝战争败亡后南迁过程中，鼓社祭一直延续，未曾中断。到苗族在雷公山地区定居之后，思乡和念祖的情结将鼓社祭的规模发展到极致。黔东南的鼓社祭有定期和不定期两种。"台江南部十三年举行一次的最为隆重，祭祀程序要三四年才能完成。……祭鼓到来前，首先由群众选出本届鼓头数人，主持祭鼓事务。届时，先举行仪式，由上届鼓头将特制的衣帽移交给新的鼓头。接着是举行接鼓、翻鼓活动。苗族传说祖先灵魂是住在木鼓上。……翻鼓要举行两次……男女老少都得参加，都要去击鼓，以此告知祖先，子孙要祭鼓了。接着就过苗年……还需进行许许多多的活动，其含义无非是祈求祖先保佑地方太平、五谷丰登、人丁兴旺。"[①] 文献对鼓社祭记载见诸清乾隆《贵州通志》："黑苗在都匀、丹江，镇远之清江，黎不之古州……每十三年宰牯牛祭天地祖先，名曰吃牯脏。"施洞地区的鼓藏节延续至清末民初，然后逐渐消失。通过对老年人的采访，七八十岁以上的老人隐约还有关于鼓社祭的记忆，年轻些的人都没有印象了。这种以祭祖而兴盛的节日伴随时代的变迁逐渐消失，各村寨的藏鼓洞也湮没在山岗的杂草丛中。

在古代，苗族社会的基本结构单位是鼓社。每个氏族各有一个木鼓，代表着本氏族的始祖和祖先。《苗族古歌》中泛指整个苗族"鼓社九千个，遍地喜洋洋"。在《苗族古歌·跋山涉水》中：

---

① 张民主编《贵州少数民族》，贵州民族出版社，1991，第 28 页。

　　祖住在那里/祖住欧敦场/天水紧相连/眼望不到边/地方平像席/好坝子建仓/地方虽然宽/好地耕种完/来叙五对祖/六双祖跋涉/众上迁谋生/祭母你们再去/祭父你们再去/修间屋为界/跳鼓舞守花（即侍祖）/修间茅草屋/才祭那祖先/祭鼓是什么/祭鼓天非白/拿草虫进鼓/窜鼓到两端/鼓震地隆隆/父母才跋涉。

　　来到松堂坳/坳上杀牯牛/杀牯牛祭祖/繁荣全鼓社/一边吹芦笙/一边吹木叶/抬鼓沿山来/来到众村落/立鼓为长官。

　　鼓社是苗族氏族时代因血缘关系结成的社会组织，主要负责管理氏族内部的行政事务。鼓社之下有几名"寨老"负责各种事务。"理老"主持司法、调解纠纷；"虎士"负责村寨的安全、组织操练；"活路头"组织和安排生产；"财老"管理财务分配；巫师管理宗教事务。

　　苗族先民在江汉地区生活时就已经建立起了"祭鼓社"①。后蚩尤兵败，部族开始迁徙。传说迁徙途中每个宗支（即每个氏族）都有一个木鼓，击鼓前进，以鼓为联络工具，每迁到一个新的地方，再按照宗支"立鼓立社"。可见，鼓社是苗族普遍存在的一种社会组织形式，一个鼓社就是一个大氏族。据典籍记载，明清时期，施洞地区属于"九股苗"，与施秉熟苗隔清水江相望。黔东南苗族聚居区被称为"九鼓社地方"，今雷山县和凯里区域内的苗族属于"上九股"，今台江和剑河区域内的苗族族群被称为"下九股"。施洞苗族居住的区域被称为"边江方"（即三鼓社地方）。施洞地区有九个鼓社，包括偏寨、白枝坪、天堂与杨家沟、八埂、黄泡、棉花平、九将、猫坡、巴拉河，且流行祭黑鼓。在纳入中央体制管辖之前，凯里与雷山交界的巴拉河流域在黑社"更欧鼓社"的管理下过着有序的生活。可见，"九股苗"的"股"是典籍记录中"鼓"的误译。据史歌记载，九鼓社的建立源于娥娇与金丹的爱情故事。远房兄妹娥娇和金丹相爱，经寨老议榔，解除了远房兄妹不能结婚的规定。在这次鼓社祭上，杀了白色水牯牛祭告祖先，将祭鼓劈为九块，分鼓祭祖，九鼓间可以联姻。后各鼓迁徙繁衍成为黔东南各地的苗族，因此鼓社制由血缘宗族间

---

　　①　苗族简史编写组：《苗族简史》，贵州民族出版社，1985，第21页。

的内部组织外化成为地缘性或拟制性宗法组织。

苗族传统文化构建起的宗法血缘制度十分重视群体关系，特别是以血缘为纽带的家族和亲族关系。因聚族而居，较多苗族村寨为氏族村，一个村寨就是相互间有血缘关系的一个氏族家庭。常常是一家有事，举寨相帮。这种互助不仅限于开荒、种稻、打谷等生产生活上，在婚丧嫁娶，甚至日用品、生活用品等的购买也相互帮助。一家的事情就是全寨人的事情。鼓社是一个外婚制团体，内部不通婚。鼓社则要调节族群内部的婚姻问题，如付出财物帮助。在男女两性比例严重失调时，鼓社即采取将"黑社"分为"白社"的方法解决族群内部的婚姻问题，台江老屯寨就是施洞的偏寨鼓分出去的，虽同为张姓，却可以开亲。

从商周时期铜鼓出现以后，苗族普遍将铜鼓用于鼓社祭。到了近代，因为鼓社祭的取消，施洞苗族在节日和仪式中用铜鼓取代了木鼓。苗族的铜鼓鼓面的纹饰由太阳芒、太阴芒、古工字、云旋、云雷、蝴蝶、鸟、星等图案构成，是古代苗族农耕稻作技术、天文历法、建筑艺术和民间手工艺成就的集合体，是苗族灿烂文化的展示。铜鼓除了仍具有祭祀祖先的功能之外，还具有了召集族人、庆祝丰收、舞蹈娱乐等功能。铜鼓因为具有通神和与祖先沟通的功能而成为重要的礼器。铜鼓是中国南方少数民族文化中的艺术瑰宝。自殷周青铜文化以来，北方青铜文化是以象征王权和家族的"鼎"为代表的；南方青铜文化却以用于娱乐、祭祀和战争具有权力象征的"铜鼓"为代表。铜鼓在南方古代少数民族中的重要功能在《通典》《文献通考》等史籍中都有记载。铜鼓是南方少数民族的祭祀重器，在当前一些民族中仍存在使用和保存铜鼓的习俗。

随着使用铜鼓的民族社会形态的不同和风俗习惯的差异，铜鼓也发生了一系列变化。"早期铜鼓刚从炊器中演化出来，主要是作为乐器出现，有的仍兼做炊具使用。只有当它定型以后，才从炊具中独立出来，成为专门乐器。在奴隶社会中，奴隶主阶级独占一切，铜鼓也被他们占有，用于祭祀和庆典，从而上升为'礼器'，象征着统治者的权威和财富。"[①] 冯汉骥对铜鼓的起源如此解释："从早期铜鼓形制来看，它似乎是从一种实用

---

① 广州壮族自治区博物馆：《古代铜鼓学术讨论会纪要》，载中国古代铜鼓研究会编《古代铜鼓学术讨论会论文集》（第9期），文物出版社，1980。

器（铜釜）发展而来的。大概在云南地区的青铜时代早期，曾使用过一种鼓腹深颈的铜釜，这种铜釜既是炊具，又可将其翻转过来作为打击乐器。"①

施洞对鼓有着特殊的感情，鼓是宗族的象征。现在，施洞已经不再过鼓社祭，但是，历史上鼓社祭的遗风遗俗却一直留存在施洞苗族的精神和生活中。1987年7月，在杨家寨南庭坡发现一个完整的藏鼓洞。洞口呈半圆形，洞深3米，宽7米，高5米，洞里藏有三面鼓。刚发现时鼓旁有"央公""央婆"的木雕像，现已遗失。据一些学者的考察，清水江施洞段两岸的村寨多有藏鼓洞，如铜鼓寨、偏寨等。这些曾经藏有祖宗归宿的鼓的山洞多已不再祭祀，而是被新的形式取而代之。

施洞苗族的龙舟节是苗族一年中较为隆重的节日。除了作为祭龙祈求丰收的仪式，施洞苗族的龙舟节还有一个重要的功能就是祭祀祖先。这主要体现在两个方面。第一，龙舟节中的各种仪式具有祖先崇拜的内涵。在龙舟下水前，本族鬼师要择时祭祀龙舟下水，这个仪式多在下半夜进行。祭祀时，在枫木祭台上放置插有香的斗米，三碗米酒，竹卦，点起一对红烛，并在桌角立有悬挂旌旗（纸钱）的芭茅草。鬼师在仪式中一直撑一把伞。仪式开始后，鬼师念请祖宗祭辞，并用一只白公鸡作为请祖宗的报信

**图3-4 龙舟下水前的祭祀仪式**

*拍摄地点：施洞镇白枝坪村河口，拍摄时间：2014年6月22日凌晨。

---

① 冯汉骥：《云南晋宁出土铜鼓研究》，《文物》1974年第1期。

使者。将祖宗请到后，鬼师多念诵请祖宗保佑等祭辞。后将祖宗送回天上。在划龙舟时，亲戚接龙舟时献上米酒，船上的男性多先洒一点敬祖宗，并说请老祖宗保佑的话。可见龙舟节具有典型的祖先祭祀与祖先崇拜情结。第二，龙舟节中的鼓头和锣手是节日中的灵魂人物，他们佩戴最多数量的具有沟通祖先功能的银饰。他们在仪式中的道具分别是木鼓和铜鼓。针对苗族重视鼓的传统，龙舟上一打一敲的鼓声和锣声不能不说是对祖宗的召唤。

施洞苗族的踩鼓由鼓社祭的祭祀舞蹈中演化而成，这个仪式性的活动除了具有祭奠和缅怀祖先的族群信仰，还具有祈求子孙繁衍、族群壮大的现实目的。在施洞还过鼓社祭的时候，踩鼓时身背象征"央公央婆"用杉木做成的男女裸体木雕像，并在踩鼓的舞蹈中有象征性交的动作。在踩鼓场上，身背"央公"的边走边喊"多章"（即交媾之意），身背"央婆"的则边走边回以"沙将"（即繁荣之意）。有人用葫芦盛水，洒向盛装的妇女，以这种仪式象征族群繁衍。踩鼓结束后，身背"央公央婆"木雕像走遍整个村寨，表示祖先探望子孙，祝福族群繁衍、族群兴旺等。而现今的踩鼓必须要身着银饰盛装，以银饰作为人与祖先的通灵者，向祖先传递族群内部婚配和生育的信息，祈求保佑。

苗族以鼓为祭祀祖先的重要法器。祖宗鼓祭祀苗族女性始祖蝴蝶妈妈，子孙鼓祭祀苗族男性始祖姜央及他的妻子央妹。一个象征指符的分化构成了内在诉求同构但外在形式不同的两种祭祖方式。由此我们可以发现，苗族以鼓为寄托对祖先的崇拜经历了母系氏族社会和父系氏族社会的过渡时期，才会发展成为现在女性始祖和男性始祖同祭的形式。

## 二 牛是蚩尤化身的保护神和祭祖的通灵者

在很久以前，在一个苗寨中有一对夫妇，他们有一个乖巧的男孩。在农历四月初八那天，小男孩照例去放牛。走到山口的时候，来了一只老虎把小男孩吃掉了。水牯牛看见男孩被吃了很着急，就一路拼命追着老虎，一直追到一块水田下。老虎走投无路，就被水牯牛用两只牛角抵死了。水牯牛把老虎的肚子用牛角划开，救出了尚有呼吸的小男孩。水牯牛因为伤重随后死掉了。人们听说了这件事，都感慨水牯牛的英勇，决定每年的四月初八祭拜它，相沿成习，就成为祭牛节。牛角在杀死老虎营救小男孩的过程中起了主要作用，因此，苗族认为将牛角戴在头上具有杀死猛兽、驱除恶鬼的能力。这种牛崇拜逐渐蔓延到苗族的服饰文化中。

牛崇拜文化贯穿了苗族生活的各个方面。苗族老人去世要杀牛；去世7年、9年或者13年还要举行全宗族的鼓社祭来屠牛祭祀。苗族喜用牛形的山坡作为墓地，如贵州雷山的牛角坡和凯里舟溪的牛头山等。苗族神龛、堂屋和门楣常会悬挂水牛角。苗族以牛角敬酒作为迎接贵宾的最高礼节，所以苗族将贵宾称为"牛角客"。五月龙舟节时各村寨的龙舟也在龙头悬挂一对大而宽的水牛角。苗族的刺绣和银饰也少不了牛的图案。苗族将年轻的小伙称为"黎"，"黎"即牛，并用"黎"来给孩子取名，如"黎降""黎宝"。苗族的谚语"牛发人发，牛衰人衰"用人与牛荣损相连来表达苗族人与牛的深厚感情。苗族姑娘绣花的时候喜欢把各种动物绣上牛角，这些动物也就具有了牛的神力；小孩子的虎头帽、狗头帽装饰上小银牛角，就可以获得牛的保护，保护幼儿平安。施洞苗族把银饰打制成牛角的造型戴在头上成为苗族牛崇拜的符号化装饰。为了增强牛角的力量，苗族就将牛角的造型放大，并将蝴蝶等图案加到牛角上去，形成了今天的大银牛角。

大小龙凤银牛角是施洞苗族女性结婚前和结婚时的主要头饰。节日中踩鼓时、结婚时以头顶大小龙凤银牛角为美，以此为傲。没有银牛角，没有银衣的姑娘踩鼓时就只能跟在队伍后边，因此就难以找到合适的对象。施洞苗族认为，水牛是具有神性的动物。苗族古歌中，水牛、龙、老虎、蛇等动物和苗族始祖姜央从蝴蝶妈妈生的12个蛋中孵化而来。苗族将水牛角视为吉祥物，因而将其打制成银饰戴在头顶。古歌中唱道：苗家的牛是神牛，姑娘戴上牛角就特别吉利，"种田田里庄稼好，绣花花也绣得鲜，嫁人也能嫁个好后生"。正因为银牛角有这样的能力，在打制银牛角时要挑选工艺好的银匠；银匠打制牛角时也怀着十二分的崇敬；当把新打制的银牛角取回时，除了要向银匠付工费，还要送去糯米饭，以感谢银匠为家里制作了吉祥物；当把银牛角拿回家时，在家门口要喊："把门打开，拉牛来了。"银牛角是不能随意佩戴的，平时用白色软纸包裹，放到篮子或柜子中收藏，只有在节日期间或结婚的时候才能拿出来佩戴。把自己的图腾作为饰品是很多民族具有的共同习俗。把银饰做成大牛角的造型戴在头顶是施洞苗族对牛的崇拜的外化，是对祖先蚩尤"铜头铁额"的顶礼膜拜，是对水牯牛的力量和健美的身躯的崇拜。在早期，银牛角在施洞苗族的心目中具有较高的地位，只有鼓藏头、寨老和巫师才能够佩戴银牛角。施洞苗族如此重视银牛角，皆因牛角所具有的祖先崇拜含义和生殖意向。施洞苗族佩戴银牛角的习俗是图腾文化与苗族千年的牛耕文化融合的产物。

清水江流域的苗族对牛有着更深刻的感情。每逢过年过节，要在神龛、牛圈和大门前烧香祭拜；牛生病的时候邀请兽医看病；母牛产犊时要同人一样坐月子，吃豆浆稀饭和细料；老牛死后要像老人去世一样唱开路歌；重阳节和春节打糍粑，第一手糍粑分成三份，第一份祭祖，第二份喂牛，第三份给家里的老人，然后大家才能分享。在生活中也常将牛作为吉祥语言。每年农历四月初八是清水江苗族的敬牛节，施洞的家家户户都要到山上采摘一种叫"栋嘎亮"的嫩树叶，蒸糯米饭，称为"嘎亮"（Gad Niangd）。在清晨准备好酒肉等来到牛圈边，先用手捏一团"嘎亮"和肉给牛吃，在牛鼻子上淋上米酒，表示感谢耕牛的辛劳，再给牛圈添加新鲜的青草饲料，让牛尽情吃饱。然后回屋饮酒吃肉，家里的每个人吃一团"嘎亮"，以表示对牛的尊重。

苗族之所以如此看重牛是有其深厚的历史原因的。

第一，源于祖先崇拜，以牛认同苗族的英雄祖先蚩尤。因此，牛是英雄的象征，用牛装饰和称呼是对祖先蚩尤的缅怀。传说苗族的银牛角是由木角演变而来，最初的木角梳要用名贵的白枫木制作，后来，演变成用银牛角。苗族对枫木角和银牛角的热爱与其始祖蚩尤有关。蚩尤领导族群从事水稻种植；发明了冶金术，"铜头铁额"而成为战神；创制了写在竹片上的苗文来记载战争、生产知识和医药知识；发明历法和天文学，以指导人们的农事活动。黔东南苗族敬其为苗王。据《山海经·大荒南经》《云笈七签》《龙鱼河图》《轩辕本纪》等记载，枫木为蚩尤所弃之桎梏化成。枫树也是蚩尤部族的社树。另据《述异记》记载："蚩尤氏耳鬓如剑戟，头有角，与轩辕斗，以角抵人，人不能向。"[1] 苗族牛头人身的祖先蚩尤使

---

① 郭世兼:《山海经考释》，天津古籍出版社，2011，第 31 页。

用牛角形兵器矛叉。苗族军队用牛角号发出信号。贵州省关岭布依族苗族自治县一代流传的"蚩尤神话"中，"蚩尤头戴牛角帽"；在战争中"牛头的利剑将龙兵龙将开肠破肚"；"用头上的牛角帽与龙公和雷老五奋战"①。苗族民间流传斗牛起源于蚩尤在与敌人战争的紧急时刻，用在水牯牛头上绑尖刀冲入敌营的办法打败敌人的传说。这与《述异记》中的记述相吻合。后来纪念蚩尤的《蚩尤戏》也模仿蚩尤的装束："其民三三两两""头戴牛角而互抵"。蚩尤已逝，苗族就将蚩尤的化身枫木和牛看作蚩尤的象征，对其进行崇拜。水牛角最初是作为对蚩尤的膜拜与装饰身体的具象符号，代表了牛耕稻作民族对水牛的热爱之情，发展到今天成为一种装饰形银饰——银牛角。对蚩尤的崇拜就在民俗生活中化为一种牛崇拜文化。

第二，牛的健美形体象征着生命和力量，与苗族的审美相契合。据苗族传说，母系氏族时期，男子在嫁到女方家时要头戴牛角，以展示男子的勇武雄壮。后来婚嫁习俗改变，这种习俗就变成了女子装饰牛角头饰。后来为了佩戴的便利，就用枫木做成的牛角形状替代了天然牛角。随着技术的改进，又出现了铜质的和银质的牛角。直到现在，在苗族不同的支系中，枫木牛角、铜质和银质牛角还同时在使用着。

第三，苗族长期的水稻种植与牛的深厚关系。水稻的种植与牛的耕作，牛带来了新生，带来了人类生存的粮食。牛对人的生死起着至关重要的作用。这是一种稻作文化的信仰。蚩尤头上的角与历史记载中的"人身牛蹄"和"人身牛首"是具有特定人文内涵的文化符号，是稻作文明下苗族的一种符号，并非半人半兽的物种。在神话传说中，"人身牛蹄"与"人身牛首"被描绘成了具有特殊能力的半人半牛的种族。这显然是北方半干旱的农耕农牧文化对南方水田耕种的稻作文化的误读。与上古神话对蚩尤种族的描述类似。历史文献中记录了"人身牛首"的炎帝和"头有角"的蚩尤。其实对其外貌的描写是基于二者的文化做出的形象附加，是牛耕稻作文明的一种反映方式。牛首和牛角表明二者分属于不同时期牛耕稻作部落的首领。从牛的形态来看，"人身牛首"的神农氏先于"铜头铁额""头有角"的蚩尤。

---

① 贵州省安顺地区民委少数民族古籍整理办公室编，潘定衡、杨朝文主编《蚩尤的传说》，贵州民族出版社，1989。

　　苗族历史上是一个以农耕为主要生产方式的民族。有的学者认为，苗族的先民有可能是世界上最早种植水稻的民族，因此，苗族又被称为水稻民族。在苗族古老的水稻种植历史中，水牛是耕地的主要畜力，苗族与水牛有着深厚的感情，水牛因此而得到了与龙一样的地位，被嫁接在了龙图腾上。所以，在今天我们所见的苗族各种工艺品中，包括刺绣、银饰、龙舟和建筑装饰等，龙的形象基本都带有两只水牛角（图3-5）。

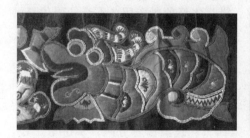

图3-5　苗族刺绣中的牛角龙

　　第四，牛是苗族人与祖先魂灵的通灵者。在苗族的迁徙历程中，牛陪伴苗族人民跋山涉水，防御野兽。苗族祭祖歌中反复地吟唱的"东方老家乡/水牛乘着河浪走/返回日出大海中——古老富裕老家乡"，从侧面反映了水牛与苗族祖先同生死共患难，在迁徙路上为苗族做出巨大贡献。牛从东方陪伴祖先来到现居地，所以牛也可以带亡灵回到祖先居住的东方，让灵魂安息。在《焚巾曲》中，"背好你行装，带好你银两。牵好你水牯，带好你米粮。迈开大步行，放开脚步走。沿着古老道，顺着迁徙路，赶路去东方，赶路莫停留"。逝者的亡灵在水牯牛的带领下，翻山越岭，去往祖先居住的东方。

　　牛与苗人灵魂的关系在苗人的崇牛习俗鼓社节中有着最全面的展现。杨正文在其《鼓藏节仪式与苗族社会组织》一文中指出："鼓藏节"一语在历史文献中存在"椎牛祭祖""椎牛大典""敲巴朗""吃牯脏""食牯脏""吃牯藏"等多种汉传称呼方式，是苗族"宰水牯牛祭祀祖先而后食内脏"[①] 的一种仪式。

　　苗族的椎牛习俗可追溯到崇巫尚鬼的殷商时代。据甲骨文记载，殷商

―――――――――
　　① 杨正文：《鼓藏节仪式与苗族社会组织》，《西南民族学院学报》2005 年第 5 期。

之时，椎牛祭祀的巫风盛行，涉及驱邪禳灾、祈求丰收、拜天祭祖等仪式都要用牛为牺牲。"癸未贞，甲申酒，出入日，岁三牛"；"酒河五十牛，氐我女？"等都是以牛为祭品的记载。在周代，椎牛的祭祀等级已有定制。《礼记·王制》曰："天子社稷皆大牢，诸侯社稷皆少牢。"① 到了春秋时期，礼崩乐坏，诸侯之祭，牲牛，曰太牢；大夫之祭，牲羊，曰少牢。士之祭，牲特豕，曰馈食。西汉韩婴的《韩诗外传》："椎牛而祭墓，不如鸡豚逮存亲也。"② 在巫风昌盛的苗族，椎牛之祭的风俗历久不衰。明代嘉靖《贵州通志》：苗"死丧杀牛祭鬼，击鬼作乐"。乾隆十六年（1751）《永绥厅志》曰："苗人畏鬼甚于法也。每农事毕，十月十一月饶裕者独为之，或通寨聚钱为之。预结棚于寨外，先一日杀牛，请苗巫，衣长衣，手摇铜铃，吹竹筒，名曰做米鬼；次日，宰母猪，吹竹筒请神，名曰做雷鬼；第三日，宰雄猪祭享，名曰做总鬼；第四日，设酒肉各五碗，米饼十二枚，置火床上，烧黄腊，敲竹筒祀祖，名曰报家先。然后集邻族友，男女少长毕至，鸣锣鼓放铳，请牛鬼；第五日，棚左右各置一桩，系黑白二牛各一，先让极尊之亲揾四方毕，用枪以刺，余以序进，一人持水随泼，血不淋于地。牛既仆，视其首之所向以卜休咎，首向其室则欢笑相庆。"③ 椎牛是苗族丧葬中最为严肃的技能与力量的展示，具有其宗教的内涵和浓烈的鬼魂崇拜色彩。有的苗族支系认为牛能够引导逝者的亡灵回到东方古老的家园；有的支系认为，牛可以在去往另一个世界的路途中陪伴死者的亡灵，为其排忧解难；还有些地方认为，椎牛是为了让死者在阴间可以有牛耕地，过上好日子。

鼓社祭中，宗族一起凑钱买的牛由出钱最多的人宰杀，牛角也由出钱最多的人保存。因此家里保存牛角的多寡显示了主人的经济情况和宗族地位。鼓社祭宰杀牛之后的第三四天要进行"赞牛角"仪式。牛角是要连着头额骨的才算完整。牛肉被宗族吃掉了，保存下来的就是带有头额骨的牛角，因此，牛角在象征意义上也就成为整只牛的替代品，成为祖先祭祀仪式的象征物。在"布榜留"之后，将此次鼓社祭宰杀的牛角集中悬挂在第

---

① 语出《礼记·王制》。
② 朱维铮主编《中国经学史基本丛书》，上海书店出版社，2012，第3页。
③ （清）段汝霖等纂修《永绥厅志》，成文出版社，2014。

一鼓主和第二鼓主家门前的枫木柱上，歌师逐户地称颂祝福牛主多子多孙，安田置地，请求祖宗赐予财富及兴旺的人丁。之后，各牛主将牛角带回自家供在堂屋中。

鼓社祭中选购的祭祖牛要求严格，"水牯牛要头方颈粗，眼大而壮，四肢粗大，木碗蹄（又称螃蟹蹄），两脚长短距离要对称，角粗大呈月牙形；'碰牯'还要额部突出，鼻梁直伸，鼻孔黑色，嘴宽大，角粗而扁，眼神明亮，眼角上稍有一点白毛，脸部有两点对称白毛，前胸宽而深，胸前两道白环，肩峰略高，背腰平直，睾丸小，腕关节为白色"①。祭祖牛要力大，善于角斗。在买回饲养的三年中每天要用百十斤嫩草混合两升米煮的稀饭喂足喂饱。

苗族牛祭的形式主要有三种。第一种是鼓社祭中杀牛祭祖，以牛为祭品，祭祀祖先。祭祖结束后，将象征祖先的牛角挂于堂屋的左壁或右壁，以求得祖先保佑。第二种是节庆或嫁娶要举行椎牛仪式，用牛祭祀祖先，并让牛将喜庆的消息送达祖先那里，苗族认为牛是人和祖先之间的使者。第三种是丧葬牛祭，是老人过世时举行的以牛为牺牲的祭祀形式，旨在期望牛陪伴老人回到东方，去往彼世帮助老人耕地。"牛作为宗教祭典来说，它是祭品；作为宗教思维来说，它是往来于'阴间'与'阳间'的使者，它是'两栖类'动物，既能在阳间拓荒，又能在阴间劳作，与祖先共享时光，因而也就变成了祖先，受到人们的顶礼膜拜。"②

将牛作为祖先来祭祀还因为牛具有的生殖意向。在鼓社祭中，椎牛之前常要对祭牛唱具有生殖内涵的赞美歌，如："祭牛毛旋生得好，带来千百小宝宝。个个脸白像鸭蛋，坐在椅上笑呀笑。"③

苗族牛崇拜的生殖意向表现为对动物极强生殖能力的崇拜，即期望男性生殖能力同水牯牛一样强壮。以男根的威猛来暗示生殖的"多生"，子孙健壮如牛，族群也就壮大起来。"牛角……表示男性生殖器，丹寨苗族把牛角挂在大门上，象征人丁兴旺，因为牛角示意男性生殖器强硬有力，

---

① 刘锋、张少华等：《鼓藏节：苗族祭祖大典》，知识产权出版社，2012，第19～20页。
② 罗义群：《苗族牛崇拜文化论》，中国文史出版社，2005，第75页。
③ 唐春芳、吴通发：《台江县苗族祭鼓节调查报告》，《苗侗文坛》1995年第1期。

也表示生的人像牛一样健壮。清水江一带苗族家家几乎都供有牛角。"①

### 三 饕餮是蚩尤、驩兜、盘瓠的文化融合体

在苗族刺绣、蜡染、剪纸和银饰纹饰的图案中，有一个似狗、似牛、似虎、似羊、似狮、似鸟却又似是而非的动物造型。其鼓起的双目、凸角、巨嘴、锯齿、双翼等造型与商代青铜器上的饕餮纹相似，却少了威严，多了一丝憨态可掬。这个饕餮纹是以苗族祖先蚩尤、驩兜和盘瓠特征的合体而创作出的始祖象征体，历史典籍中的饕餮多与苗族的先民三苗集团和蚩尤、驩兜和盘瓠三祖有密切关系。

《左传·文公十八年》说："缙云氏有不才子，贪于饮食，冒于货贿，侵欲崇侈……聚敛积实，不知纪极，不分孤寡，不恤穷匮。天下之民以比三凶，谓之'饕餮'。"② 杨伯峻注曰："或以饕餮当《尚书》之三苗。"《康熙字典》引《左传》"缙云氏有不才子，贪于饮食，冒于货贿，天下谓之饕餮"后加注"贪财为饕，贪食为餮，即三苗也"③。

《左传·昭公九年》孔颖达疏："先儒皆以为……饕餮，三苗也。"④

《神异经》⑤中，饕餮已经被塑造成半人半兽的多种形态组合的怪兽。在《西荒经》中"西方荒中有人，面目手足皆人形，而胳下有翼，不能飞，为人饕餮，淫逸无理，名曰苗"。饕餮在此作为形容"苗"的性格的一个词。在《西南荒经》中："西南方有人焉，身多毛，头上戴豕，贪如狼恶，好自积财，而不食人谷，强者夺老弱，畏群而击单。名曰饕餮……饕餮，兽名，身如牛，人面，目在腋下，食人。"

《山海经·北山经》也有描述："（钩吾之山）有兽焉，其状如羊身人面，其目在腋下，虎齿人爪，其言如婴儿，名曰狍鸮，是食人。"⑥ 郭璞注曰："《左传》所谓饕餮是也。"

古籍中对饕餮就是三苗的记叙较多，"有人有翼，名曰苗民"，"面目

---

① 钟涛：《清水江苗族龙文化初探》，载《苗族文化论丛》，湖南大学出版社，1989，第101页。

② 杨伯峻编著《春秋左传注》，中华书局，1981。

③ 见《康熙字典》戌集（下），食部，餮字。

④ （晋）杜预注、（唐）孔颖达等正义《春秋左传正义》，上海古籍出版社，1990。

⑤ （汉）东方朔：《神异经》，上海古籍出版社，1990。

⑥ 袁珂校注《山海经校注》，上海古籍出版社，1980。

手足皆人形，而胳下有翼，不能飞，为人饕餮"，"身如牛，人面，目在腋下"，"身多毛，头上戴豕"这些记叙将三苗国的一个形容性的称号转化成了贪食、有翼、目在腋下、身如牛、食人的怪兽形象。这个杜撰的形象就涵括了苗族的始祖蚩尤（牛角）、驩兜（有翼）、盘瓠（虎齿、多毛）的形象特点。

《龙鱼河图》将蚩尤描述为"兽身人语，铜头铁额"，黄帝与其战，败之，将其画像示天下，以臣服四方。可见蚩尤的相貌具有威慑力。《路史·蚩尤传》中，蚩尤不仅"其状如兽"，而且有两个翅膀。《述异记》中记录了翼州民众头戴牛角相抵的蚩尤戏和太原地区的村庄祭祀蚩尤避讳用牛头，苗族蚩尤神话中蚩尤"头戴牛角，身披牛皮战袍"，这些典籍记录可以帮助我们推知，蚩尤应该是人面牛身长角并且有翼的形象。

驩兜多以人面、鸟喙、有翼的鸟类形态出现。至今，施洞地区的一些民间工艺中还保留有《山海经》（"南方有人，人面鸟喙而有翼，手足扶翼而行。"）和《神异经》（"人面鸟喙有翼，食海中鱼，仗翼而行。"）中人面鸟喙的神怪造型。

盘瓠"其状如犬，长毛，四足，似熊而无爪，有目而不见"，"有神，人面、犬耳、兽身，珥两青蛇，名曰奢比尸"。

纵观这些饕餮、蚩尤、驩兜、盘瓠的形态特点，都为人面兽身，多有两翼，其名曰三苗。其实饕餮和盘瓠一样为苗族的图腾。"饕餮"原是对盘瓠崇拜的民族彼此称呼为"徒徒"的记音，这种音义原是他们相呼"自家人""自己亲族"的一种称谓[1]，也即是以犬为原型的"图腾"。

用饕餮代称苗族与苗族过节以吃为主有关。苗族节日名称多在前边加一个"吃"字，如过鼓藏节（Nongx Jangd Niel）又称为吃鼓藏，过苗年（Nongx Niangx humb）可以直译为吃苗年，吃新节（Nongx Maol）就直接称为吃卯日。苗族过节首先要杀牛祭祖，一次鼓藏节要吃掉数十头牛。这也许是最初的根源。

"神话中人身、牛头、牛蹄、鸟翼的蚩尤形象，是牛图腾和鸟图腾的

---

[1]　龙海清：《图腾名称源于盘瓠考》，载《苗学研究会成立大会暨第一届学术讨论会论文集》，贵州民族出版社，1989，第 59 页。

复合体，反映出九黎是以牛和鸟为图腾的两大部落所组成的部落联盟。"①
饕餮纹即以牛为主要形体，添加了苗族的鸟崇拜和狗图腾而建立起的新的
祖先崇拜符号。饕餮应是当时苗族巫术仪式或宗教仪式中的祖先崇拜纹
饰。它之所以做成丑恶凶残的样子，是因为它具有的宗教意义和情感需
求。正因为貌丑，饕餮纹才能起到对外族威慑和恐吓的作用，对内部起到
安定、保护的功能。这正如一些辟邪保平安的民俗事象，因为丑恶的外表
才能将凶神恶鬼拒之门外。

施洞苗族银饰使用饕餮纹作为装饰也正是借用了这个方法。将饕餮纹
装饰于银响铃，走动时饕餮发出的"吼声"就是对恶鬼发出威吓，使其不
敢靠近，这就达到了施洞苗族银饰的辟邪作用。这同银饰中的纹饰其他多
数为吉祥纹饰的状况互补，建立起吉祥保护与恶神驱鬼之间的组合，更好
地实现了苗族银饰辟邪祈福保平安的功能。

## 第四节　生殖崇拜：卵、鱼与桥

生殖崇拜是在人口出生率较低的原始社会人群中普遍存在的一种风
俗。所谓生殖崇拜，就是对动植物界繁殖能力的赞美和向往。恩格斯在
《家庭、私有制和国家的起源》一书的序言中指出："根据唯物主义观点，
历史中的决定性因素，归根结蒂是直接生活的生产和再生产。但是，生产
本身又有两种。一方面是生活资料即食物、衣服、住房以及为此必需的工
具的生产；另一方面是人类自身的生产，即种的繁衍。"② 生殖崇拜经历了
由母神崇拜到男性始祖神崇拜的过程。在原始社会，人类不了解女性生育
的原因，把生殖看作女性单方面的神圣功能加以膜拜，而诞生了各民族早
期文化中的母神。中国神话中的夏祖修己吞下神珠而生禹；商祖简狄吞玄
鸟卵而生契；周祖姜嫄履巨人脚印而生弃，这都是典型的女性生殖崇拜。
生殖崇拜的观念根植于原始人增强族群繁衍的心理，在恶劣的环境、较短
的寿命和低出生率的状况下，必须以高生殖率才能保持族群的繁衍和

① 翁家烈：《民族史研究中几个问题之我见》，《贵州民族研究》1989 年第 4 期，第 82～83 页。
② 恩格斯：《家庭、私有制和国家的起源》，中共中央马克思恩格斯列宁斯大林著作编译局
　　编译，人民出版社，2003。

发展。

在苗族古歌中，枫树化万物，并未出现父亲的描写，这是典型的母系氏族早期的母神崇拜。到"蝶母生十二个蛋"一段，蝴蝶妈妈与水泡谈恋爱而生下十二个蛋，由鹡宇鸟孵化出了始祖姜央和其他动物。这是母系氏族族外群婚制时期，母亲与氏族内的姐妹共同抚养子女的反映。"父亲"的角色由舅舅担任，这与现在施洞苗族存在的"舅权为大"有源与流的关系。伴随着对生殖原因的了解，在进入父权制社会之后产生了以男性始祖为对象的生殖崇拜。赵国华将远古的女性生殖器崇拜分为三个阶段：第一个阶段，"他们只看注新生命的门户，一般性地崇拜女阴，奉祀女阴的模仿物陶环、石环"，以陶环、石环等作为女阴的象征物是一种最肤浅的表面认识，只是简单地以环状圆洞比喻女阴；第二阶段，"他们选择鱼为女阴的象征物，举行特别的吃鱼仪式，以求把鱼的旺盛生殖力生长在女性身上"，"鱼祭"以鱼形，特别是双鱼象征女阴、寄托了远古人期盼人丁兴旺的美好愿望；第三阶段，"认识到婴儿是由女性的子宫（肚子）孕育而由阴户娩出，他们又选择腹部浑圆、生殖力强的蛙蟾为子宫（肚子）的象征物，实行崇拜"①，认识到女性生殖功能。这三个阶段体现了原始人的生殖崇拜文化的发展历程。

原始初民对生殖能力的崇拜常以巫术的形式体现，如在田间、果园里交媾，以提高作物产量；食用具有旺盛生殖能力的动植物，以获取它的旺盛的繁衍能力。这些具有巫术意义的做法虽然没有直接采取巫术仪式，但已经形成巫术的意义，即生殖能力的转化。施洞苗族存在的卵崇拜、鱼崇拜和桥崇拜也是世界各民族普遍存在的。

一　卵是创生神话主题和多产的象征

中国上古神话中存在大量卵生神话，主要有卵生始祖神、卵生人类、卵生天地等故事类型。这些卵生神话多具有对宇宙、天地、人类等如何产生的描述，多建立于早期人类万物有灵的思想之上，多是将人类的生殖与动植物的生殖混淆后诞生的创世神话。这些神话的产生反映了先人看世界

① 赵国华：《生殖崇拜文化论》，中国社会科学出版社，1990，第211页。

的自然观和祈求多产的生殖观念，是在生活经验上产生的自然崇拜观念中重视生殖的意识。卵生神话多以母性生殖为主，是在原始母系氏族下的母神崇拜意识的变体。

《太平御览》引"《遁甲开山图》荣氏解曰：女狄暮汲石纽山下泉，水中得月精如鸡子，受而含之，不觉而吞，遂有娠，十四月生夏禹"①。

《史记·殷本纪》中记载了殷商的祖先为玄鸟卵生："殷契，母曰简狄，有娀氏之女，为帝喾次妃。三人行浴，见玄鸟堕其卵，简狄取吞之，因孕生契。"②

秦朝始祖也传为卵生。《史记·秦本纪》："秦之先，帝颛顼之苗裔孙曰女脩。女脩织，玄鸟陨卵，女脩吞之，生子大业。"③

苗族在古歌和神话中塑造了一个卵生的世界，卵生天地、卵生始祖和卵生人类。苗族卵生神话诞生于苗族居于东方水边时的生存环境。多水的自然环境为苗族提供了两种食物来源，一种是水中的鱼；另一种是包括鸟、鸡、鸭、鹅等的禽类。这两种生物都具有卵生的特点。苗族从赖以生存的食物来源上建立了对天地生成方式的认识，并将其反映到意识形态，形成了许多卵生神话。

"卵生天地"主要出现在《苗族古歌》的《开天辟地》篇和《盘古》篇中。

《开天辟地》篇中，天地是申狃蛋的蛋壳化成的。

> 在那悠悠最远古，有个好汉叫修狃，口吐丝儿造仓屋，它造房屋自己住，不留屋门和窗口，整个房间光溜溜，圆螺螺滚在东方，变个蛹儿屋里睡，酣酣睡着不会起，久坐久卧久安眠，变成了个申狃蛋，远古年份申狃蛋。……蛋生两块大薄板，一块跳起高升去，一块掉落矮下来。④

---

① （宋）李昉等撰《太平御览》，中华书局，1960，第22页。
② 《史记·殷本纪》，中华书局，1959，第91页。
③ 《史记·殷本纪》，中华书局，1959，第173页。
④ 贵州省少数民族古籍整理出版规划小组办公室编，燕宝整理译注《苗族古歌》，贵州民族出版社，1993，第15~17页。

《盘古》篇中描述了盘古从蛋中诞生,蛋壳变成天地。

> 从前天地相连像鸡蛋形,盘古王就生在鸡蛋中,不知过了多少
> 年,懵懵懂懂感觉很疲惫,就站起来伸懒腰,把鸡蛋挣破分开上下两
> 层,他伸两手撑起上层就变成天,两脚踏住下层就变成地,天和地就
> 这样形成。①

将宇宙看作从卵中诞出是世界各地原始初民的普遍认识。苗族卵生天
地的神话是苗族万物有灵观的产物,将天和地看作被孕育的有生命的个
体,因而天地也同人一样具有思想和灵魂。任何观念的产生和形成都是与
人们居住的自然条件和经济形式密切相关的。普列汉诺夫说过:由于原始
人所接触到的自然现象"主要是所谓有灵性的自然世界",自然界的状态
对他们具有很大的影响力,所以他们往往用动物的习性去推理自然界中其
他物种的习性。② 苗族祖先居于黄河流域和长江流域一带,《诗经》中记载
了这一带水草丰美,禽鸟众多。自然,苗族的一个重要的食物来源就是禽
类的卵。无生命状态的卵孵化后可以诞生具有生命的禽鸟类,这在原始人
看来是很神奇的事情。因此将此推及天地万物的生成,也就是顺理成章的
事情了。没有天地就没有白枫木,也就没有蝴蝶妈妈的诞生;没有十二个
蛋就不会出现苗族始祖姜央,人就不存在了。因此天地间万物的存在皆因
卵生,也就是说只有生殖,才能维系世界的存在。这是苗族借创世神话表
达对生殖的重视。

卵生始祖是苗族思维中人祖诞生的方式。这主要指蝴蝶妈妈生下十二
个蛋后,请鹡宇鸟孵化出苗族始祖姜央的神话。在《苗族古歌》的《十二个
蛋》篇中:"来看妹榜留,古时老妈妈,怀十二个蛋,生十二个宝。……鹡
宇替她孵,鹡宇帮她抱。……鹡宇抱央蛋,鹡宇孵央宝。"③《苗族史诗》
中:"蝴蝶生的是央腊蛋,蝴蝶生了她不孵,让继尾来孵。他俩同娘生,

---

① 潘定智、杨培德、张寒梅:《苗族古歌》,贵州人民出版社,1997,第268页。
② 普列汉诺夫:《普列汉诺夫哲学著作选集》(第3卷),生活·读书·新知三联书店,1962,
第342页。
③ 潘定智、杨培德、张寒梅:《苗族古歌》,贵州人民出版社,1997,第94~96页。

继尾才来帮她孵。"① 在蝶母产卵的神话中，有两个关键的因素：第一，蝶母生了十二个蛋，这在胎生的人类来看是一种超强的生殖能力，在羡慕的心情中将蝶母看作母神来崇拜；第二，鹡宇鸟帮蝶母孵蛋，这是人类的母系氏族时群婚制的一种反映。

《兄妹成婚》中依然留有卵生的痕迹，"生个滚溜儿，产个椭圆崽"②，"生下一个肉坨坨"③，姜央兄妹生出的孩子是个椭圆的肉坨坨。从形态看，这自然是受卵生的影响。而从文化的角度来分析，这生动地反映了在原始社会的蒙昧时期，苗族经历过血缘婚时期，因发现血亲婚配的危害后提倡氏族外婚。这是苗族在族群繁衍中的阶段化进程。

苗族的卵生神话中，枫木并没有直接孕育出人类的始祖，而是树心化蝶，蝴蝶再与水泡生育十二个蛋，才生出姜央。之后，苗族由嫁男转为嫁女，这在苗族的《男子出嫁》、《留姑娘》和《换嫁歌》等歌曲中都有体现。

这种卵生神话在我国多个民族中流行，且在民俗中有大量卵生信仰构筑起的生殖崇拜仪式。晋代张协《禊赋》中"浮素卵以蔽水"是带有求子性质的蛋卜方法，是民间卵生信仰的生殖意义的体现。北京婚礼时女家送给女儿的子孙桶一定要放入五枚红鸡蛋，结婚时夫家附近不育的妇女就会去讨来吃，以治不育。这是典型的卵生信仰形式。求子用蛋，以蛋转喻卵生的生殖能力。永宁摩梭人在妇女难产时会用鸡蛋在腹部滚来滚去，认为这样可以催生。

这种以卵生象征生殖崇拜的形式在施洞苗族中大量留存。施洞苗族婴儿"打三朝"时，外婆家送来的礼物必有一挑放有彩蛋的糯米。在施洞地区二月二敬桥节期间，家中的大人会早起煮鸡蛋、鸭蛋、鹅蛋，并且染上红、绿、蓝等颜色，然后拿给家中小孩。如果孩子还太小，就用网兜装好给他背在身上。老人说，如果不给小孩子彩蛋，他虽然年龄小不会说，但是他的灵魂都知道，会不高兴。敬桥节是苗族传统的求子节日，给儿童分发彩蛋就是求子仪式的一种。卵的生殖崇拜意识表现在银饰中多存在圆形

---

① 马学良、今且译注《苗族史诗》，中国民间文艺出版社，1983，第170页。
② 潘定智、杨培德、张寒梅：《苗族古歌》，贵州人民出版社，1997，第129页。
③ 贵州省少数民族古籍整理出版规划小组办公室编，燕宝整理译注《苗族古歌》，贵州民族出版社，1993，第250页。

的形制和卵形的纹饰。施洞少女的银衣必须以圆、方两种性质的银衣片制作；耳环造型多用圆环绕鸟纹、蝶纹和花朵纹饰而成，这是将卵生信仰装饰于银饰的形式；缝在衣角和纹饰空白区的垂饰一般由枫叶、蝴蝶银吊花垂在银泡上构成，这是天地生枫木，枫木生蝴蝶，蝴蝶生人类的卵生神话的影响。在银饰上纹饰空白区多以鱼子纹填充，这是典型的以卵生纹饰祈求生殖繁衍能力的象征纹饰。

从古至今，苗族作为一个自然农业的农耕民族，生产力一直较低。历次大迁徙也造成了人口数量的锐减，人力和物力都受到重大损失。从原始社会影响人类的人口问题一直存在于苗族社会中，以卵崇拜为始的生殖崇拜也始终存在于苗族信仰之中。为什么把生殖与卵联系在一起？原始初民熟悉了卵生动物的生殖过程后，发现卵孵化出鸟、鸟长大后再产卵，如此循环往复，他们就以为生命是从卵中来，卵就成为先人生殖崇拜的对象。

当前苗族社会的卵崇拜所具有的象征意义并不是苗族先民有意为之的。卵崇拜源于苗族先人的原始思维。原始人类尚未在人与动植物之间找到严格的划分界限，植物的开花结果、动物的繁衍和人类的生殖对原始人类来说具有相同的形式。原始人类期望通过食用或携带卵的手段转移植物的生殖能力到自己身上，这是一种原始思维的类比联想。

## 二　鱼是巫化的生殖与繁衍的文化母题

与汉族观念意识中的鱼的象征意义不同，苗族的鱼并不是富足生活的象征，而是生殖能力的代表。鱼是鱼、虾、蟹等水族的代表，为生命的源泉和繁殖增殖的观念符号。生殖崇拜最突出的是对男女生殖器官的崇拜，鱼、贝壳、田螺都是女阴的象征符号。"在中国以及世界许多民族中，常以孔状物（如玉璧、山洞等）象征女阴，鱼、莲花、花苞、贝类动物也是十分普遍的女阴象征物。"[①] 同时鱼、贝壳、田螺的繁殖能力很强，用其装饰银饰，祈求族群繁衍的意图就很明显了。

在中国，自古以来捉鱼吃鱼就具有生殖崇拜和缔结婚姻的隐喻功能，闻一多先生在《说鱼》一文中有详细举例说明。世界上许多民族中也有此

---

① 易恩羽：《中国符号》，江苏人民出版社，2005。

风俗。在古埃及和西亚地区，崇拜鱼神的习俗十分普遍，他们认为鱼和神的生殖能力具有密切的关联。闪族人把鱼看作男性性器官的象征，他们常佩戴一种装饰有神鱼的波伊欧式（Boeotian）尖底瓶作为厌胜物，这条神鱼代表的是他们的媒神赫米斯（Hermes）①。这种象征符号的使用形式在考古中有较多的发现。半坡出土的"人面鱼纹"彩陶盆上所绘饰的长有人脸的鱼纹就是原始人人格化鱼神，祈求繁衍生育的象征符号。这个陶盆内壁用黑彩绘出两组对称的人面鱼纹（图3-6）。圆形的人面有涂成黑色的左部额头，右额呈半弧形，这可能是当时纹面习俗的反映。人面绘有细且直的眼睛，高挺的鼻梁，嘴角分别有变形鱼纹。鱼头与人嘴外廓重合，加上两耳旁相对的两条小鱼，构成形象奇特的人鱼合体。孤鱼纹或与人面组合在一起的鱼纹，可释为"鱼妇"，象征了生育之神，双鱼纹、群鱼并游纹、合体鱼纹等，可释为"蛇化鱼"，象征了子孙繁衍、民族兴旺。② 红山文化和良渚文化中玉制的鱼鳖、商周时期墓葬中的大量玉鱼饰品（尤其是妇好墓中出土的121件鱼形饰品，包括7件鱼形玉璜、11件鱼形刻刀、2件鱼形耳勺、75件小型玉鱼）反映了远古先民对鱼神的崇拜，其中寄望的生殖信仰和祈望丰收的观念都与鱼强大的繁殖能力相关。就如李泽厚的观点："像仰韶期半坡彩陶屡见的多种鱼纹和含鱼人面，他们的巫术礼仪含义是否就在对氏族子孙'瓜瓞绵绵'长久不绝的祝福？"③

图3-6　人面鱼纹盆

鱼作为一种符号编码成为丰收和生育的象征可能有以下两种原因。一

---

①　闻一多：《说鱼》，载《神话与诗》，湖南人民出版社，2010，第118页。
②　陆思贤：《半坡"人面鱼纹"为月相图说》，《文艺理论研究》1990年第5期。
③　李泽厚：《美的历程》，中国社会科学出版社，1986，第20页。

是因为渔猎是原始先民获取食物的一种重要形式，鱼的强大繁殖能力给先民提供了充沛的饮食，因此，鱼与丰收之间建立起了象征符号的编码体系。二是因为鱼的繁殖能力和鱼腹多子的现象，先民将其视为婚姻和生殖的象征，期望配偶具有鱼的生殖能力，以求多子多孙。《诗经·陈风·衡门》："岂其食鱼，必河之鲤？岂其取妻，必宋之子？"① 将"食鱼"与"娶妻"对举正是对鱼的象征之意的最好阐释。鱼之所以具有配偶的象征寓意，无外乎它具有较强的繁殖功能。在早期人类的观念里，传宗接代是人生的大事，"不孝有三，无后为大"就很明晰地阐述了我国古代重视种族繁衍的礼俗。在古代，将人比作鱼无异于是将他称赞为最好的人。而在男女之间称对方为鱼则是将对方看作最合适的婚配对象。社会向前发展，文化变迁，物质的丰厚使人类的种族繁衍不再具有危机，婚姻的种族繁衍的生物意义逐步向个人享乐主义转化，因此以鱼象征婚姻的结构逐渐被鸳鸯、蝴蝶与花等隐喻结构所取代。因此，在苗族银饰的族群繁衍的象征体系中，鱼—蝶恋花—龙凤等纹饰无一不是具有深厚的族群繁衍意向的。

"东方所强调和崇敬的往往是自然界的普遍的生命力，不是思想意识的精神性和威力，而是生殖方面的创造力。"② 施洞苗族银饰纹饰中体现了苗族以鸟为男、鱼为女的性别划分思想。由于鱼腹多子的特征，施洞苗族对具有悠久历史的鱼纹的理解保留了生殖崇拜的原始意识。"远古人类以鱼象征女阴，首先表现了他们对鱼的羡慕和崇拜。这种羡慕不是一般的羡慕，而是对鱼生殖能力旺盛的羡慕；这种崇拜也不是宗教意义上的动物崇拜，而是对鱼生殖能力旺盛的崇拜。"③ 如苗歌中常出现的类似"子孙像鱼崽一样多"的比喻就体现了这种原始的生殖崇拜文化。祭祀中不可缺少的祭品鱼也是用以向祖先祈求子孙繁衍的象征。杨鹍国先生认为鱼纹象征女性器官，也隐喻着男阴。他将苗族刺绣及其底稿剪纸中的鱼分析为以下几种形态。

（1）鱼的躯体肥胖，腹中明显躺着一小人丕胎，象征女体女阴。

（2）鱼龙常作吐物状，所吐或为阴阳太极宝，或为石榴（其中多

---

① （宋）朱熹注，王宝华整理《诗集传》，凤凰出版社，2007，第94页。

② 黑格尔：《美学》（第3卷上），朱光潜译，商务印书馆，1979，第40页。

③ 赵国华：《生殖崇拜文化论》，中国社会科学出版社，1990，第168~169页。

藏有小人），或为拙稚童趣的婴孩，三者都有"子"的内涵，暗示两性交孕。又见苗族蜡染中有鱼口吐三点液状物的情形，与陕西"莲族艺术"中的剪纸和刺绣很相似，联系陕北《船歌》"上打鲤鱼三点水，下打石榴倒栽莲"的俚句，分明是在暗示男阴的性勃动。

（3）人骑鱼纹，其中人的下身与鱼身融为一体，暗示男女两性的交媾。

（4）鱼头向下钻花（多为桃花）纹，其动态造型尤给人以性器的联想。

（5）鱼的尾部花簇锦团或伸进花芯，并生出圆宝，即"子"，给人以男女交合的感悟。

（6）鱼围绕女性下身绕转，隐喻男女交游嬉戏。

（7）人首鱼身纹，其中人头均为椎髻端庄秀丽的少女，着裙而露鱼尾，民间称之"鱼变女"或"美人鱼"，是一种对女性生殖伟大的神话式赞颂。①

现在施洞苗族银饰上的鱼纹所具有的特殊的文化象征寓意正是原始的鱼文化的延续。鱼在苗族的理念中表示生殖繁衍的文化。湘西苗族史诗中就将子孙的繁衍比喻为鱼虾的繁殖，希望能壮大族群：子孙如鱼如虾，人口越来越多，队伍越来越大，生活越来越好。在早期，迁入贵州的苗族既以贝为币，又以贝为饰，将贝类绑于发梢，"贵州苗女之耳环，大如钩，下垂至肩。富者多饰以珠贝，累累如璎珞"。② 按照鱼类的象征符号解码来说，认为贝壳只是财富的象征或者是美丽的装饰品等说法都是片面的，"饰以珠贝"的年轻人是族群内部最有生殖潜力的人群，担负着族群的繁衍任务，因而如此装饰。后来由于银饰的兴起，多以装饰性强的鱼纹延续繁殖的寓意，这无疑是银饰承载了苗族人对族群繁殖、增殖的祈愿的例证。银饰上的对鱼纹，纹饰布局类似汉族的太极纹饰，却具有不同的意义。鱼多子的概念运用到银饰中就成为对多子多孙的生殖观念的表达方

---

① 杨鹍国：《鱼·盘瓠·枫木——蝴蝶——苗族生殖崇拜文化研究三题》，《贵州社会科学》1993 年第 3 期。

② （清）徐珂编撰《清稗类钞》，中华书局，2010，第 6220 页。

式，对鱼纹就象征着多子多孙，生生不息。用芒纹（太阳的象征）将对鱼纹环绕装饰，则赋予了鱼一种神格，构建了一种在符号意义之上的宗教神化色彩。手镯中躯体肥硕、双鱼头交尾的造型反映了祈求早日得子、子嗣兴旺的心理。各种动物造型中或纹饰空白处装饰的鱼鳞纹是鱼的转喻，以密集的鱼鳞代表了鱼的整体，具有子孙密集像鱼鳞的生殖崇拜含义。

苗族银饰偏好装饰鱼纹的审美观念多由于苗族与鱼关系亲密。鱼是苗族生活在东部沿海地区时的重要食物。《山海经》中就有苗族先民"食海中鱼"的记录。苗族古歌中也记叙了蝴蝶妈妈喜欢吃鱼："榜生下来要吃鱼，鱼儿在哪里？鱼在继尾池。继尾古塘里，鱼儿多着呢！草帽般大的瓢虫，仓柱样粗的泥鳅，穿枋般大的鲤鱼。在这儿得鱼给她吃，榜略好欢喜。"①先秦时期，生活于"右彭蠡，左洞庭"之间的苗族已经建立起了稻作渔捞文化。苗族迁徙到西部之后，水田养鱼延续了苗族先人在东方吃鱼的习俗，而且这种对鱼的崇拜和喜爱在银饰上有充分的反映，鱼纹饰是施洞苗族银饰各种形制和款式上少不了的纹饰和造型。

施洞苗族历经多次迁徙，最终定居于雷公山麓下的清水江畔，统治者对其杀戮和迁徙路途的艰险使得苗族人口一度骤降。在迁入地人烟稀少、环境险恶的境况下，苗族先民最注重的是种族的生存，如何保护自身的生存和繁衍后代成为他们重要的任务。在人类繁衍和成长的知识较为落后的状况下，苗族的先民基于多子多孙的情感需求，以及对鱼类多产的经验层面的认识而进行功能性推理，建立起了鱼和人自身的想象性的属性类比，并将其以图案造型装饰于人身和生活中的器物上，以这种文化观念来祈求心中所愿。

施洞苗族银饰最盛的时期就是每年三月初的姊妹节。节日期间，青年男女聚会吃姊妹饭，撮鱼吃鱼，踩鼓游方，对唱情歌等，都少不了女性的银饰盛装。这种女性自主恋爱的习俗源自母系社会遗风，且充满了生殖崇拜的色彩。在母权社会中，妇女掌管政治、经济和文化，"在婚姻缔结上，处于主动地位的常是妇女，而不是男子，母权制度下的女郎们自由为自己选择丈夫"。② 在社会分工中，男性从事渔猎活动，女性负责采集和栽种。

---

① 马学良、今旦译注《苗族史诗》，中国民间文艺出版社，1983，第 166～167 页。
② Harry Cutner：《性崇拜》，方智弘译，湖南文艺出版社，1988。

在农事活动和狩猎期间，两性过着隔离的生活。在规定的生产活动的闲暇时间里，两性隔离的约束解禁，女性便用渔猎和采集的成果招待男子。姊妹节中的一项重要礼仪撮鱼吃鱼就彰显了该节日蕴含的生殖崇拜色彩。

在中国民间，以"鱼"来象征"情侣"或"配偶"的隐喻很多。鱼象征配偶，那么打鱼、捞鱼也就具有了求偶的象征寓意。姊妹节期间，寨子里的姑娘们相约带着渔具去到男方寨子的水田捞鱼，男方的小伙儿也会主动帮助把水田放水，与姑娘们一起捉鱼。捉鱼在苗寨是很简单和普通的一件事情，但是在这种环境下，捕鱼就变成了青年男女交际的方式。他们在捉鱼时相互帮助、戏水，在田间地头聊天、唱游方歌。因此，姊妹节期间的打鱼捞鱼也就成了施洞男女青年集体求偶的社交活动。通过白天在田间地头的熟悉与了解，姑娘会邀请中意的小伙儿到家中吃姊妹饭。同寨的相同辈分的几个姑娘就集中在一家将捞来的鱼和场上买来的鸭、青菜等做成一桌丰盛的饭菜，等待小伙儿的到来。晚上吃罢晚饭，青年男女还有游方活动。在这里烹鱼和吃鱼就具有了合欢和结配的隐喻含义。可见，姊妹节中青年男女捞鱼吃鱼的习俗是远古群婚制的遗风，是远古人类性崇拜及生殖崇拜的遗风遗俗。时代变迁，婚姻缔结形式发生变化，但是以捞鱼吃鱼象征婚配的方式却遗存至今。

施洞苗族在水田中养鱼的方式在清代文献中就已经有记载。在财产概念中，稻田养鱼被认为属于私有。除了姊妹节期间姑娘们可以随便到别家水田捞鱼外，平时不可到别家水田摸鱼。在仪式与日常生活中，家禽的烹煮和分食由男性承担，鱼的烹煮和分食则是女性的工作。在各种仪式中，施洞苗族的男女均可以食用鸡鸭、猪肉等肉食，鱼却是主要为女性所食用，尤其是在婚礼上，鱼成为夫家姊妹和新娘聚餐的主食之一。苗族婚礼的当天，新娘要在夫家煮第一顿饭，主食是新娘与夫家姐妹一起去水田抓来的鱼和夫家房族姊妹送来的米。夫家姐妹从自己家送来的米就如姊妹节期间的"兜米"，表示她们与新娘一起聚餐并共同吃鱼。

在姊妹节期间，村寨内部的年轻姑娘和已婚未育的新娘吃姊妹饭，或招待从外村寨来游方的男子，必不可少的食物就是鱼。在平日里，寨子里的姑娘也可以"打平伙"的形式，相约带米饭和酒到水田边抓鱼聚餐。婚礼中新娘与夫家姊妹也一起去水田里捞鱼聚餐。鱼成为年轻女性聚会饮食中不可缺少的部分，这是因为鱼在施洞苗族文化中有与生殖相关的象征寓意，鱼与生命繁衍力具有直接的关联，与女性生殖有间接的隐喻关系。在婚礼中，鱼所连接的全部是女性：新娘、夫家的姊妹、房族姊妹和叔伯母；在仪式上，夫家兄弟的妻子喂新娘吃鱼和饭、新娘与夫家姊妹去男方家水田抓鱼、新娘煮鱼、夫家房族的姊妹与新娘共同分食鱼等，在这一系列的关联人物和仪式中，鱼与女性和生殖构成了不同层次和关联的象征意义。这些婚礼中与鱼相关的仪式都在男方家的场域内进行，表达的是新娘进门与家族繁衍相关的深刻寓意。除此之外，新娘在生子满月后"背子回舅家"仪式的早上，要在夫家姊妹叔伯母陪同下去自家田里捞鱼，这也是鱼在施洞苗族文化中"多子多孙"的一种含义延伸。

在施洞苗族的观念中，鱼还具有死而复生的能力，且能够与蛇和龙等神圣动物互化，因此具有神圣性。《山海经·大荒西经》中讲互人之国"有鱼偏枯，名曰鱼妇。颛顼死即复苏，风道北来，天乃大水泉，蛇乃化为鱼，是为鱼妇，颛顼死即复苏"。[1] 颛顼因为具有了化蛇化鱼的变形能力，因而具有了死而复生的能力。在《尔雅·释鱼》中，将蛇、龟、贝等具有多产、再生能力和长寿的动物都归为鱼类，就是因为它们在原始先民的心目中都具有生命崇拜的象征意义。在苗族民间宗教观念中，鱼变龙、龙变鱼是普遍存在的一种观念。施洞苗族银饰中，龙鱼互化的图形多有存在，因为鱼的龙化，将鱼上升为一种神格，它就具有了死而复生、生命循环的能力。

鱼是阳世与阴间的使者，可以建立人与祖先的沟通。在鼓藏节宰杀水牯牛之后的仪式之一是用竹签穿起五条鱼的嘴和一只松鼠插在草环上，摆放在第一鼓主家祭祀。这来源于苗族对鱼和松鼠帮助苗族祖先找到丢失的水牯牛而表达谢意。苗族丧葬中招魂时，主家要做招魂的虾蟹佳肴和鱼饴饭食，这些不但是祭品，还是给亡人指路的引路牌。这些祭品具有深层的象征寓意。因为鱼虾能够沿着河流回到东方的苗族的故居地，亡灵吃了鱼虾做成的祭品，也就更容易回到东方与祖先团聚。

苗族银饰上的鱼纹形成的具有婚姻、繁衍和复活等寓意的符号体系表

---

① 　陈成译注《山海经译注》，上海古籍出版社，2014，第355页。

明了苗族人民对死后生命、对彼岸世界的期望。

### 三 桥是念祖与祈嗣的符号

向桥梁祈嗣的习俗在多个民族中存在，以"光荣梓里，造福儿孙"为目的的捐桥习俗，多是人们祈求子嗣、繁衍后代的心情表达。施洞苗族在农历二月二过"敬桥节"的习俗与他们的求子习俗和阴阳观是一体同源的。中国自古就有"二月二，龙抬头；大仓满，小仓流"的谚语。农历二月初二又被称为"春龙节"，是掌管雨水的龙神抬头的日子。二月二"龙抬头"的习俗与远古"春社"习俗有着关联。远古时期，每年仲春，氏族内部或相邻氏族间"择元日，命民社"。春社期间盛行的杂交行为与当时的人口增殖和氏族壮大的族群需求存在着因果关系。之所以将"龙抬头"与人口生殖的愿望连接是因为龙抬头是下雨的征兆，天地交泰、云兴雨作是世间"万物育焉"的必要条件。因此，二月二是远古"春社"习俗的遗迹，成为祈子的日子。施洞苗族在农历二月二举行的"敬桥节"就是以求子为主要诉求的节日。在施洞苗族的心中，施洞苗族的繁衍是历代先人架桥的成果。如果将苗族银饰具有的沟通阴阳两世、传递求偶信息和负担生殖使命的功能看作一个符号，那么这个符号就与苗族思维世界中的"桥"具有了相同的意义。银饰是人与祖先之间沟通的使者，是祈求子嗣和族群繁衍的通灵者。

每年农历二月二是苗族的敬桥节，即祭桥神的仪式，苗族将其称为"走桥""热桥"。祭桥节主要祭祀桥、水井、岩石、古树，希望达到求子、子女健康平安的心愿。苗族的桥神就相当于汉族的"送子娘娘"，具有送子的功能。敬桥节祭拜的桥有两种：阴桥和阳桥。阳桥，即用原木、石板等架设于河沟两端的供行人行走的桥。可根据参与架桥的人的不同分为全寨共有的"寨桥"，或同房家族共有的"家族桥"，以及各家各户为求子求财富所架设的"家桥"。此外，还包括祭设在自家屋内柱下的长命凳、保爷岩，山坳上的木凳、石凳，或水井、大岩石、古树等。人们祭祀的这些桥和木、石凳，苗语称为"告久告旦伫"，意为"桥爷""凳爷"。架设阳桥一般是祈求子孙繁衍，人丁兴旺。阴桥埋在进大门脚下的地下，一般不让外人知道。架设阴桥是为了让祖先保佑子孙发财致富。

图 3 - 7　敬桥节

关于敬桥节的起源有两个传说。

从前，有一对叫香冒香和丽冒丽的夫妇，结婚好多年了也没有孩子，急得天天哭。燕子就跑来他家里问。他们就跟燕子说没有娃娃急得很。燕子说了："我们在山崖上筑窝，一年生12窝，都被蛇吃掉了。你们要许我在你家檐下垒窝，我就告诉你怎么生孩子。"夫妇俩就答应了。燕子告诉他俩说："娃娃们腿儿短，有那些小沟啊小河啊都隔住，他们过不来。你们去架桥吧，架桥他们就来了。"夫妻俩就去架桥了。到了第二年二月二，果真生了一个胖娃娃。以后大家都知道了，没娃娃的就去架桥，架了就有娃娃了。二月二就过架桥节了。①

以前寨子里有一个姑娘叫仰欧莎，她和天上的美男子略那（月亮）结婚了，可是一直没有娃娃。有一天他们过河时遇到了一个老神仙，告诉他们在那里架座桥就能有娃娃了。架的桥要一头靠着山，一

---

① 访谈对象：刘秀发（63 岁），访谈人：陈国玲，访谈时间：2013 年 4 月 26 日，访谈地点：施洞镇秀发刺绣银饰店内。

头靠着水。他们按神仙说的做了之后，就在二月二生了一个小子。他们就带东西去祭桥。从那时起，我们苗家就每年二月二祭桥。那些没有娃娃的都去。①

这两个传说都解释了苗族敬桥节的起因：求子。敬桥节是清水江沿岸的苗族，特别是黄平、施秉、台江和剑河地区的苗族过的一个节日。这些地区的苗族都特别重视这个节日，尤其是年轻夫妇，甚至比过年都要隆重。二月二一大早，人们在村前寨后的大桥小桥和屋前屋后摆上猪肉、鸭蛋、腊肉、香纸、酒及酒杯等祭品祭具，进行祭拜。敬桥节这天，不许约束孩子、打骂孩子，以免惊吓到婴儿的灵魂而不愿前来投胎。苗族祭桥的主要目的是求子，家里婴儿满月了也要祭桥。祭桥不但能送子，还能保佑儿童健康成长。如果幼儿和儿童出现爱哭闹、爱生病等情况，父母就会请鬼师为他架一座桥，之后每年都会在祭桥节祭拜。苗族认为祭桥后孩子就会健康平安长大。

施洞苗族架桥的形式很多，主要有家外的"桥"和家内的"桥"两种类型。

家外的"桥"一般多在寨外选一个人们走路必经的地方架一座石桥或木桥，有的人家架起当地俗称坐桥的石凳。为求子而架设的桥多在每年的二月二之前就已经请鬼师占卜并选择好了架设的地方。有的村寨在桥架之前还要请鬼师用麻线、背带、蜘蛛、鱼、蛋、酒和几尺红布等作祭品，焚烧香纸祭祀桥神（图3-7）。在桥架好之后，还要请巫师制作纸符，念咒语贴到桥的两头。宗族共祭的桥一般是大桥，是合族人的财力、物力和人力在河上架起的供人行走的大桥。较大的桥还要在桥头用石块垒土地庙，请土地神守护所架之桥。宗族的大桥每年大祭一次，以猪或者羊献祭，仪式较为隆重。宗族的大桥可以为村寨带来财富，因此宗族内部较为重视。

家内的"桥"属于小桥，一般为独木桥，有的是在水沟上搭起的石板，还有放置于祖宗牌位前的桥的模型。最常见的一种"家桥"是用金竹做成的"花树"，上边用红色和绿色的纸剪花装饰。鬼师通过"架桥"仪

---

① 访谈对象：刘秀发（63岁），访谈人：陈国玲，访谈时间：2013年7月6日，访谈地点：刘秀发家二楼。

式赋予其"桥"的功能，放在门槛下或者卧室旁边，以保佑家人身体健康和平安（图3-8）。家内的桥一般邀请鬼师举办"架桥"仪式，之后每年在祭桥节期间祭祀。祭祀的仪式也比较简单。父母带领家里的孩子走到自家的桥前面用鸡、鸭做牲，洒血祭奠，并在桥前供奉染色的鸡蛋、鸭蛋和糯米饭。

图3-8　祭祀家里的桥

*左图：陈国玲于2014年6月25日拍摄于施洞镇白枝坪村鬼师告耶家。右图：杨胜坤于2021年3月14日拍摄于凯里香炉山。

"祭桥节"源于苗族在历史上面对多山多水的生存环境形成的遇水架桥的习惯。可以说有苗族的地方就有苗族人架起的桥。施洞苗族架设的桥除了方便通行，还有以下几种原因。一种是家中无子的人家借架桥祭拜"桥神"，祈求子嗣；另一种是家中有子的人家通过架桥祈求神灵保佑子孙健康成长。施洞苗族十分敬重桥，他们认为每个人的灵魂从另一个世界投胎到现世必须经过"桥"才能到达。施洞苗族认为，因为婴儿腿短、胆小、易迷路等，父母就要为他的灵魂架设桥梁，好让他们早点来到这个世界。施洞苗族的敬桥习俗深刻地体现了意识中"桥"具有连接子嗣与祖先的功能。正是由于祖先架桥、敬桥，自己才会来到这个世界，之后也会为了子嗣架桥。

施洞苗族解决不孕不育的办法就是架桥。求子的夫妇在寨外选择一处行人往来多的小沟或小溪，在上面架桥，以方便人们行走。如果小孩身体不健康，可以在分岔路口制作一个指路牌。苗族民间的说法是这样架桥或做指路牌可以帮助行人，是给孩子积德积福，就能保佑孩子健康平安。在架桥时，一定要虔诚，心诚才灵验。如果心不诚就不能得到子孙。

施洞苗族把架起的桥看作沟通今世和来世，祖先和子孙之间的媒介。桥架起于沟壑小溪之上，白天过行人，晚上过鬼神。桥能辨识人间的真善贤良，也能区分善鬼、恶鬼、魑魅魍魉。桥是婴儿的灵魂从阴世来到阳间的通道，如果没有桥，就不会有子孙。施洞苗族认为祭桥可以保佑子孙免受灾难，健康成长。因此，每年的二月二敬桥节，父母都要带着子女来到自家的桥边，上香焚纸，把红鸡蛋敲碎后的蛋壳撒在桥的两头，并放一些酒和肉，作为对桥的祭祀（图3-9）。

图3-9　祭祀家里的桥

* 杨胜坤拍摄于2021年3月14日祭桥节。

施洞苗族的祭桥仪式以建立灵魂通往人世的通道，并对子孙幼年在人世的成长起到保护作用为目的。祭桥同时是族群、家户内的求子行为，也可视为生殖崇拜。

苗族银饰的穿戴以婚恋求偶、生殖崇拜为内容，以祈求图腾和祖先保护族群繁衍壮大为诉求，以解决族群内的生存和繁衍问题为终极目的，是生殖崇拜和生存意识的混合体。在节日和各种生命礼仪时，施洞苗族佩戴银饰，实现了通祖、娱人、求子和驱邪禳灾的功能。施洞苗族认为银饰可以沟通祖先，因为银饰的崇拜来自月亮的符号转移，银饰与月亮之间具有同质互换的功能，佩戴银饰能帮助人与月亮上的祖先建立联系，求助祖先的神奇力量保佑子孙平安、族群繁衍。苗族以银饰为美，在各种仪式场合，不管是祭祀祖先的踩鼓场，还是生子、满月、成人礼，银饰是一道亮丽的风景线。这些场合也是苗族男女的社交场合，仪式中多设置有青年男女游方的习俗，婚恋、生子的主题较为明显。佩戴银饰而获取银饰纹饰原型的生殖能力是施洞苗族的诉求。清水江一带的苗族在鼓社祭期间有一项以生殖诉求为主的仪式：过桥。仪式在鼓社祭的鼓主家中进行，用一高一低两条板凳代表两座桥。高凳是为祖先准备的桥，桥上放有一头燎过毛的猪。猪的造型较为特殊：猪耳戴耳环，脖子戴项圈，前脚套有银手镯，银饰为鼓主家女性的银饰。矮凳是供人过的桥。五个鼓主的妻子穿鼓主的礼服，戴银饰盛装，手提竹篮，从房屋的一个门进来，如过桥般从矮凳上依次走过，然后从另一个门出去。"过桥"的仪式象征一个姑娘出嫁的过程，也就暗示着从少女到少妇的身份转变，要承担起族群繁衍任务。在走过矮凳代表的桥时，一个装扮为"固由"① 的人手持象征多子多孙的葫芦将酒糟水洒向她们。她们也不回避，反而撩起裙子接受。这洒来的酒糟水就象征男性的精液。过桥习俗主要祈求多子多孙，人丁兴旺，苗族普遍存在的生殖崇拜的意识可见一斑。因此，我们可以发现，银饰是施洞苗族心理上的"桥"的一种物化形态，是实现沟通祖先、族群繁衍和幸福生活的"意识之桥"。

# 小　结

人类服饰发展的共性就是从简单到复杂、从朴素实用到华丽装饰。施洞苗族银饰的演化历程就经历了从实用到装饰的发展过程。从银饰最初固定头发和衣冠的功能被融入苗族原始的万物有灵观念之后，苗族银饰就一直带有巫化色彩，以银为灵是苗族人民驱邪避灾的利器和祈求美好生活的寄托。后来施洞区域开放带来的经济好转促使银饰成为财富的展示，银饰出现了"大""多""重"的审美需求。在少数民族文化热潮兴起和非物质文化遗产保护工作启动之后，银饰成为施洞苗族文化的载体和展示手段，成为区域性苗族节日的符号。

---

① 苗族神话中的繁衍之神。

施洞苗族银饰中的动物纹饰体现了苗族人民的涵盖自然崇拜、图腾崇拜和祖先崇拜的生殖意象的智慧。这些由动物纹饰所体现出来的祈求子孙繁衍的祝福主要存在以下几种形式。第一种，纹饰中多是成双成对的动物，这是阴阳双性的象征。第二种，以繁殖能力强的动物作为纹饰，寓意生殖繁盛，是祈求人丁兴旺的象征。鱼纹也是苗族银饰中常见的纹饰。受汉文化影响，苗族的鱼纹也具有年年有余、生活富足的意思，但是针对苗族与鱼的密切关系，鱼纹在苗族银饰上还有另外的深层次的含义。鱼在苗族人的生活中是无处不在的，稻田中养鱼、姊妹节捞鱼、招待客人用酸汤鱼，时间久了鱼就成了丰收的象征；鼓藏节吃鱼醒鼓，献鱼请祖先回家，鱼成为与祖先沟通的神灵；鱼纹在图案上呈现为鱼龙一体的形状，希望通过鱼引来祖先的保护和神灵的守护；鱼又具有多子的特征，这与苗族人民祈求多子多孙的愿望不谋而合。所以，鱼形银饰或银饰上的鱼纹既具有祈求祖宗保佑平安、风调雨顺，也具有期望人口昌盛的生殖意向。这是"生存"与"繁衍"这两个人类生活主题的反映，是苗族人民生活智慧的体现。第三种，具有巫术意义的传统的动物图案较多见。作为在苗族银饰上最常出现的一种造型和纹饰，牛角不仅象征农业收成、象征家人身体强健，还表示男性生殖器，所以牛角作为苗族人民最喜爱的图案出现在苗族的各种装饰题材中。银饰中也多用牛角造型，佩戴牛角形的银饰或装饰有牛造型的银饰，就会得到苗族始祖蚩尤的保护。这种信仰来源于苗族对其"头有角"的祖先蚩尤的崇拜。根据苗族古歌中的记述，水牛是苗族始祖姜央的兄弟。另外，水牯牛又是祭祀祖先的牺牲。在黔东南的西江苗族、施洞苗族、排吊苗族的银角都是水牛角的造型。牛角一般造型夸张，以求放大祖先的庇佑能力。因为银牛角的特殊含义，施洞苗族对银牛角特别谨慎，将其视为家中的吉祥物。银牛角作为木角梳的转移和扩展形态，表达了苗族祖先崇拜的民族文化。

苗族银饰上具有一种很特殊的纹饰，这种纹饰从不同的角度会呈现不同的造型，有时像花，有时又像龙，换个角度又显示为一只鸟。这种将动植物图案糅合成为新的图案样式的装饰方式源于苗族万物有灵的信仰。这种信仰在苗族古歌中就有很好的体现："枫树砍倒后，树根变响鼓，树梢变锦鸡，树叶变燕子，树皮变蜻蜓，树片变蜜蜂，树心生蝴蝶……"万物有灵的信仰使苗族人相信，世间万物都是具有灵魂的，且相互间是可以转化的。这个思维方式体现在苗族银饰中，就创造出了千变万化的图案样式。在图案中，各种物象——人与动物之间、动物与植物之间、植物与人之间——形成了一个循环的、充满灵性特征的无限的转化方式。苗族崇尚自然界的神异力量，却也认识到了其中的循环方式。万事万物都有自己的灵力，却也是这个世界中的平等的一员。人与动物和植物之间是没有差别的，是可以相互转化的。这反映到苗族的现实社会中就表现为人与人之间是平等的，不存在性别和身份的差别。就如佩戴这些精美的银饰是每个苗族姑娘的权利，而不会有特殊的银饰款式的佩戴限制。

从民族文化交流与交融的角度来看，苗族银饰的图案和装饰形式既有本民族土生土长的民族文化，又有外来的其他民族的文化因子。比如在吉祥图案中，双龙戏珠、双凤朝阳、麒麟瑞兽、明暗八仙等纹饰是典型的汉族图案的移植和演化。苗族银饰上的本民族图案多为花鸟虫鱼等自然界动植物造型的夸张与变形组合，且倾向于将不同的两种或多种造型以巫化的手法组合在一起，成为一种具有神秘色彩的组合纹饰。如苗族银饰上常见的牛龙、蜈蚣龙、人面蝴蝶等造型，无不折射出苗族银饰装饰风格的民族性。取舍和创新构成了施洞苗族银饰的发展历程。在这个演绎、变异和整合的漫长过程中，民族内在的审美在其发展过程中起到决定性的作用。清代时，施洞银饰在汉族银匠的影响下，纹饰和造型汉化严重，甚至有的饰品就是直接照搬汉族银饰的样子。清末民初是施洞银饰汉化最严重的时期，许多银饰几乎就是汉族银饰的翻版。纹饰图案借用汉族的佛家八宝、道家八卦、福禄寿喜等吉祥图案。施洞苗族银饰在逐渐认识和理解外来文化，以民族传统文化为衡量，吸收可融入元素，丢弃表象元素的过程中，逐步建立起了施洞苗族银饰文化的民族风格。

施洞苗族银饰的纹饰复杂多样，但其纹饰多在一个统一的目的——族群的生存和生殖——的引领之下，经过长时间的筛选与演化，汇集成了具有自然崇拜、图腾崇拜、祖先崇拜和生殖崇拜等文化内涵的符号链，并围绕这些文化内涵汇集同类纹饰，对施洞苗族根植于传统文化的银饰做出定义与解析。

# 第四章
## 施洞苗族银饰符号的社会功能

　　施洞苗族银饰并不是单纯的概念中的艺术品，它根植于苗族的图腾与祭祀、巫术与宗教、历史与民俗生活的苗族文化沃土，具有极大的社会功能和极为深厚的文化内涵。作为民族和族群的外部标志，它起到了划分族群界限和维系内部团结的功能；作为共同信仰物，它把同一祖先的子孙紧紧凝聚在一起；作为巫术的寄存者，它为施洞苗族提供了战胜困难的勇气和决心；作为婚姻的标志，它是族群婚姻秩序的守护者；作为意识物化的载体，苗族银饰传承苗族传统文化的属性，在历史的长河中发展创新。

　　苗族银饰语言围绕着苗族的信仰，这个信仰就是苗人头上的银角，脖颈的银压领，耳间的灵魂之坠，身上的银衣。苗族银饰中的纹饰体现了苗族自然崇拜、图腾崇拜和祖先崇拜的意识世界。铜鼓图案、牛角图案、蝴蝶图案和水涡纹都是苗族祖先崇拜的形式。这些图案既是苗族创世神话中的重要角色，也是苗族祖先崇拜的图案化表达。施洞苗族银饰的纹饰以图案化的语言记录了施洞苗族的起源、族内先人的英勇事迹、施洞苗族虔诚的信仰、施洞别有特色的民风民俗。苗族银饰是将民族图腾穿戴于身的展示形式，是用家庭财产积攒出的民族信仰，是穿在身上的符号。

## 第一节　流转的财富

　　苗族自古就有"以钱为饰"的习俗。史料也显示"钱"饰和银饰在苗族历史上是同时并存的。"以钱为饰"流变成的夸富心态和民族自尊心的维护始终是影响苗族银饰审美的关键因素之一，并催生了苗族银饰向"以大为美""以重为美""以多为美"的审美艺术发展的趋势。"银饰是苗族在金属方面的唯一装饰品,它甚至已从装饰的性质发展成了比富有的阶级标志了。解放后,虽然银子的货币意义在苗族地区已失去了作用,然而这早已经形成了传统的观念还保持了下来。今天苗族人民仍把它当着最贵重的可以显示出自己的劳动积累的东西来看待。"①

施洞苗族银饰的形制和纹饰多以苗族"以银为灵"的信仰为选择标准。但是当银饰在销售和购买过程中作为商品时,施洞苗族就将"以大为美""以重为美""以多为美"作为目标。这与苗族银饰的材料来源有着密切的关系。历史上,施洞苗族银饰材料的来源主要是清代和民国时期散落于民间的银圆,还有一些更早期的银锭子。盛行银饰的村寨一般都具有较好的自然条件和经济基础,生活较为富裕。在明末清初,位于清水江畔的施洞地区因为清水江苗木的贩运而成为苗族地区的商业集贸中心之一。大批湖南、湖北、江西和安徽等地的木材商人到这里进行商贸,甚至移居至此,对施洞地区当时的商业经济发展起了重大作用。这里因为邻近河道,清水江两岸肥沃的河流冲积层为该地区的农业发展提供了先机。商业发达、水道便利、农渔充足,这些条件自然为当地的苗民生活提供了保障。银饰的繁盛就是他们生活富裕的表象之一。在当前的施洞,银饰仍然被视为辛勤劳动的一种成果积累,银饰表示富有的传统观念仍然根深蒂固。外出打工所积累的财富和经济并没有改变施洞苗族对"富有"的价值界定,"田多、屋漂亮、银子多"是施洞苗族以稻作文化为基础发展出的区域价值观。如果一个姑娘在踩鼓场上或结婚时穿戴起了满身的银饰,就会被认为家境较好,或者被认为姑娘较勤劳。因此,如果嫁到婆家的女性带去较多银饰,婆家人会对新娘较为热情,称赞其勤劳;如果只有较少几件银饰,婆家就会冷眼对待新娘。越是富有的人家,银饰制作得越精致。有的较为富裕的人家会专门请附近有名的银匠为家里的女孩打制银饰。银饰制作工艺的精细程度直接影响了银饰的价格。"银饰是台江苗族人民(其他地区的苗族人民也一样)视为最贵重而又普遍使用的装饰品。在国

---

① 中国科学院民族研究所贵州少数民族社会历史调查组、中国科学院贵州分院民族研究所编印《贵州省台江县苗族的服饰》(贵州少数民族社会历史调查资料之二十三),1964,第16页。

民党统治时期，纹银的价钱相当高，一般是一元五角到二元左右银元才能兑换一两。解放后，人民政府虽是给少数民族人民供应很大数量的银两，以作制银饰用。但苗族人民的生活普遍提高了，需要量日渐增加了，因此，还是形成供不应求的现象。为此，个别地区存在着银两黑市情况，其价格比人民银行供应价格高三、四倍之多（如施洞）。"①

施洞苗族的银饰主要是由母亲传给女儿的。家中只有一个女儿的，女孩可以继承母亲全部的银饰；若有多个女儿的，就将母亲的银饰均分。在每个女孩的成长过程中，父母逐年为其购置或打制银饰。条件好的人家，在女儿进入婚期之前，就可以为其攒够一套银饰盛装。在节日的踩鼓场上，女孩穿起盛装，就可以吸引更多的目光，也可以为家族带来更多的荣耀。而条件不好的家庭，也会尽力为女儿添置更多的银饰。如在女儿出嫁时还未能凑成一套银饰盛装，则向邻近的女孩借用，在结婚那天让女儿穿起盛装出嫁。银饰从母亲手中接过来，多年后再传到自己的女儿手中，施洞苗族银饰就这样一代代地从女性的手中传承下去。苗族姑娘出嫁时能带走的是母亲的银饰与几套苗服，男子则分得家里的房屋、田地和财产。

苗族银饰具有财产分配的功能。女儿出嫁，苗衣和银饰盛装就是她从娘家分得的财产。有些老人认为，女儿得苗服和银饰，儿子得房屋、土地和财产，两方各有所得。姑娘嫁到婆家去，房子、田地不能搬过去，就做成银子缝在衣服上带去。其中，银牛角就是姑娘从娘家牵去的一头牛。在苗家，牛角就代表了一头牛。如在鼓藏节等祭祖仪式上，各主家都将自己祭祀用的牛宰杀后，将牛角悬挂于门前枫木柱上。因此，刚出嫁的女儿不落夫家，直到生育才搬到婆家居住，在生下孩子后才将苗衣和银饰从娘家转移到婆家。也就是说，在不落夫家的两家居住的时期内，婚姻关系并不固定，属于女性的这部分财产被其母亲保存，直到生儿育女，婚姻关系才确定下来，才将苗衣和银饰盛装搬运到婆家，成为女性的个人财产。施洞苗族将银饰看作财产是有其原因的。在苗族古歌《跋山涉水》中，"银子

---

① 中国科学院民族研究所贵州少数民族社会历史调查组、中国科学院贵州分院民族研究所编印《贵州省台江县苗族的服饰》（贵州少数民族社会历史调查资料之二十三），1964，第 12 页。

白生生，好镶银衣裳，姑娘穿银衣，又白又漂亮，依照我们想，银子最贵重"，[①] 银饰是女性心目中最贵重的东西。从女性成年开始，盛装银饰就是家庭财富的象征：结婚时，一身盛装是陪姑娘嫁到婆家的嫁妆，也是女性婚后的私有财产，直到将其作为可继承的财产传给女儿。苗族女性重视育女也因于此。从母亲保存银饰盛装到新娘将盛装带往婆家成为私房物，这实际上是实现了银饰在母女两代人之间的传承。从女儿出生开始，施洞苗族父母就会着手为其准备银饰。女儿的银饰一般先用母亲不再使用的银饰重新熔炼打制，女儿逐渐长大后会再用钱购买，或用银圆请银匠打制。经过重新制作的银饰就从母亲的银饰盛装中逐年转化成了女儿的银饰。直到女儿成为母亲，这套头等盛装才真正成为女儿的个人私有物品。母亲家族的纹饰经重熔后制作成夫家家族的纹饰，银饰上的生殖纹饰和祖先纹饰也相应地出现变化。如果自己没有女儿，银饰就会传给儿媳妇，这就相当于娘家的财产传给了"舅家"的外人。如果家中有女儿继承银饰，遵循苗族"还娘头"习俗，这些银饰还会流转回自己的娘家，实现银饰的循环。因此，苗族银饰的继承方式与苗族的婚姻形式具有很大的关系。

在施洞苗族的传统社会中，婚姻缔结形式盛行姑舅表亲婚，即舅舅的儿子有优先权娶姑妈的女儿，这又被称为"娘头亲""还娘头"。"这种婚姻形式是由兄弟的子女与姐妹的子女之间的婚姻关系组成，它的成立有以下民俗传统依据：一是亲族之间固有的感情基础；二是兄弟姐妹间在财产继承关系方面的某种联系。"[②] 这种联系与苗族婚姻中的钱、物和具有生殖能力的女性的交换与流转有着莫大的关系。苗族结婚从订婚到婚姻关系确立，男方送给女方的母家的彩礼较少，主要是男方家族的亲属赠送的钱和布。而在一场婚姻中，母家让与给男方代表家族经济状况的苗衣和银饰盛装，还有具有生育能力（婚后不能生育子女的婚姻最终是不成立的，因此苗族新娘坐家一般是在生育儿女之后才结束，也标志着婚姻的最终确立）的女性。从苗族财产方式来说，女性出嫁带走了银饰盛装，其兄弟继承田地与家产。在传统"还娘头"习俗中，下一代的姑舅表亲婚中，姑家女子带银饰盛妆嫁回舅家，实现财富和生殖力的循环。在历经迁徙和族群兴衰

---

① 潘定智、杨培德、张寒梅：《苗族古歌》，贵州人民出版社，1997，第 143 页。

② 何积全：《苗族文化研究》，贵州人民出版社，1999，第 166 页。

的苗族，具有生育能力的女性是族群最宝贵的财富。在施洞苗族传统社会中，人们对家庭的观念就是传宗接代，多子多孙是家族兴旺发达的标志，繁衍与生育的目的十分明确。没有子女或男孩的家庭被看作"绝户"，无儿无女或有女无儿的夫妇是被认为低人一等的。那些子女双全或有多个儿子的家庭被视作兴旺，这样的夫妇在房族或村寨中才具有较高的地位和威信。因此，苗族家庭一般都有多个孩子，在新中国成立前，一个家庭一般有四五个孩子，有的甚至有七八个。如婚后不育或未育男孩，还要举行"搭桥"求子的仪式。因此在婚姻中，娘家付出较多。在姑妈家女儿长大后嫁回舅家，以实现两方家族的公平。而以女性传承为主的银饰也再次回到舅家。这实际上是生育能力与经济财富在姑舅两家的循环。

苗族民俗认为姑妈家的女儿嫁到舅舅家是应当的，如若不嫁，"外甥钱"是不能少的。如果舅舅没有儿子，或年龄不相当，也必须取得舅舅的同意，姑妈的女儿才能嫁给婚姻圈内可开亲的男性。但是，外甥女婿要给舅舅一笔钱或物作为女性的赎金，苗语称"你姜"，也就是"外甥钱"。如果舅舅有年龄相当的儿子，而姑妈家的女儿不想嫁，这笔外甥钱就要给得更多。苗族叙事诗《娥娇与金丹》中，娥娇的舅舅索要外甥钱，"舅舅家的外甥钱啊/放在牛背上/牛背就要弯/放在马背上/马背就要断/放在桌子上/桌子就要垮/放在谷仓里/谷仓装不下"。《开亲歌·众人亲》中，欧金的妈妈说："我有个姑娘，如今可出嫁，我到舅爷家，问他要姑娘，要媳妇进家，还是要银两，要白银进家？"[1] 后因舅舅索要大量外甥钱，"白银多得很：白银三百两，绣布三百块，骡马三百匹，公鸡三百对，水牯三百头，白鹅三百只"[2]。欧金妈妈拿不出，最终将女儿逼嫁给舅家。因为外甥钱的沉重，许多男女青年因无钱交而殉情。

为什么苗族将银饰视为如此贵重的财富呢？这要从苗族银饰的材质来源说起。苗族自古至今都存在"以钱为饰"的习俗。从史料记载来看，"钱饰"与银饰是同时进入苗族服饰装饰的。"以钱为饰"是人类共有的夸富心态的流露，至今人类还以具有货币储备功能的贵金属为饰。历史上苗族银饰的加工原料多为银圆和银锭。也就是说，苗族经年累月的辛苦劳动

---

① 潘定智、杨培德、张寒梅：《苗族古歌》，贵州人民出版社，1997，第212页。
② 潘定智、杨培德、张寒梅：《苗族古歌》，贵州人民出版社，1997，第214页。

换得的银质货币直接熔炼做成了银饰，将自己的劳动成果佩戴于身。苗族在历史的迁徙途中，一路坎坷，每到一个地方，创造的房屋、田地和粮食等物质财富在新的迁徙途中都不能尽数带走，因此就将辛苦创造的物品换作有价值的东西携带走。在封建社会中，黄金的使用和占有是受到封建统治者的约束的，一般的平民难以获取。而且因为黄金的贵重，在日后交易中不便，因此苗族人将自己的物质财富转化为白银带在身边。在定居贵州之后，因为受到展示财富的心理的影响，多将其打制成银饰佩戴于身，这在明清时期的文献中多有提及。在唐代，如东谢蛮一样的苗族内部的土司权贵才能有经济能力佩戴大量银饰，因此，苗人多效仿之。明清时期兴起的炫富之风愈来愈强烈，逐渐形成了将家内金钱尽数转换成银饰佩戴，以显示富有的习俗。至明末清初，清水江上的木材生意带来了大量的银圆，这催生了施洞地区银饰的极大繁荣。施洞苗族将从清水江贸易中得来的银圆都制作成银饰，族人无论男女，皆戴银饰。后受到汉化影响，这种将家庭财富展示于世人的服饰形制被苗族女性传承下来，成为女性继承家庭财富的一种形式。

综上，我们可以看出，作为财富资源的银饰伴随具有生育能力的女性在婚姻圈内流动，实现社会资源的配置与平衡。施洞苗族银饰是家庭的货币化财产的转化，是家庭经济能力和劳动力水平的展示。苗族传统的姑舅表婚是基于财富流转和资源让渡层面上的婚姻习俗，区域范围内的婚姻则促成了银饰在婚姻圈内部的交换。这些银饰作为女性的嫁妆，不仅是缔结婚姻的徽征，也是姻亲家族中财富流转的形式。经济是影响民风民俗的一个重要因素，施洞苗族将银饰佩戴和传承的方式以生活化和仪式性的方式沿袭，成为一种行为的程式，在集体的记忆中逐步层累地构筑成为传统，如此我们就很容易理解施洞苗族建立于银饰之上的民俗象征文化体系了。

## 第二节　分工的社会角色

施洞苗族服饰是一种以图形图像的象征和符号与民俗文化建立系统化规则的无声语言和标志。苗族服饰的一个重要的作用就是"分男女"。根据文献资料和口碑资料反映，在 20 世纪 50 年代以前，多个苗族支系的服饰是没有男女之别的。施洞苗族银饰的性别区分也不过是清代改土归流之后近百年间的事情。现今，几乎所有民族都已经具有完整的区分男女的服饰系统，这是服饰作为特定的礼仪文化所建立起来的一种符号。其与父系社会内部的男女性别分工和婚姻制度是有关联的。"一般而言，女性的服装种类多，饰物丰富，装饰繁复细密，质料轻柔，色彩感明快强烈，做工精细，以充分显示女性聪慧、灵巧、勤劳为基本格调，着重突出装饰的美学原理和审美效果。男性较之女性要沉着、素雅，纹饰考究而不华丽，以充分显示英武、勤劳、力量为宗旨，着重突出实用原则。"① 成年与未成年、已婚与未婚在银饰的佩戴上也有较明显的区别。除去简单的"分男女""示年龄"的表象功能之外，银饰在社会角色上具有更深层的文化含义。

银饰是施洞苗族族群文化的表征形式，是一种融会认同与区分的体系，具有界定苗族族群中社会角色的功能。男性因为受到现代社会的影响，走出施洞从事经商等活动使其服饰基本汉化。而女性，尤其是成年女性，为了彰显自己在族群中的身份，担负起发扬族群传统文化的使命，多在日常生活和民俗节日中穿着传统服饰，按照施洞苗族的传统，佩戴与年龄和身份相当的银饰，并在重要场合监督家族中年轻的未婚女性佩戴合乎身份的银饰。

## 一　施洞苗族的性别角色（生产和生活）

苗族是经历了漫长的母系氏族社会时期的，因此，受到当时母系家庭结构的影响，其语言表达也是将女性称谓前置，如将父母称为"母父"、夫妻为"妻夫"等。这种称谓方式一直沿用至今。

在社会角色分工上，施洞苗族具有自己的体系。施洞苗族的传统家庭组合形式为一夫一妻制的小家庭。男子是家庭的主要劳动力，负责对外经济、犁田耙把、砍柴打草和其他的重体力活。女性主要负责纺织刺绣、操理家务，农忙时节承担插秧、收割等的活路。"她们主持家政，兼及耕种，而老幼的抚养，幼小者的教育，一概是由她们来负责，此外还须应酬亲

---

① 管彦波：《西南民族服饰文化的多维属性》，《西南师范大学学报》1997 年第 2 期。

朋，计划充实家计之策……她们和男子一起耕种自家的田地，自家太少或没有时，也会向地主佃租，终年耕种田地。"[①] 除了白天劳动，在闲暇时间和晚上还要打草鞋、做家织布、做衣服、绣花、饲养鸡鸭畜类等。她们的劳动强度绝不低于男子。稻谷的种植是施洞苗族主要农忙活动（姊妹节前插秧，龙舟节后收获），除了家庭内部男女两性的共同投入和分工外，在插秧、收割、打谷等需要较多劳力时，族内亲属和姻亲之间会形成轮流互助的帮扶，相互协助，完成生产任务。村寨内普遍种植油菜、蔬果等，除了满足自己生活需要，妇女还将这些农产品运往"场"上售卖。她们具有独立的经济能力，也具有支配家中经济的权力，还会参与社会范围的经济活动。妇女在家庭中的重要性不亚于男子。"赶集、赴市、耕耘，女子与男子同。"[②] 因此，在施洞，男子娶妻又被称为"娶当家"。

家庭财产归家庭成员所共有，但以前只有家中男子才有继承权，女子没有继承土地、房屋等财产的权利。如丈夫死后，财产一般由其妻继承。父母双亡后，儿子共同继承家产。无子嗣的多由男方的兄弟继承，无兄弟的可由家族中子侄继承；现在可由女儿继承。在传统的苗族社会中，男性按照规约继承家中的房屋、田地和其他财产，女性是没有继承父母财产的权利的，她能够带去夫家的是全身的银饰和苗绣服装。有的家庭在女子出嫁时分给少量的田地，俗称"姑妈田"，由父母或兄弟代耕，产出归女子所有，可以作为女子返回娘家探亲或备置礼物的资费。分家时，父母保留自己的养老田；幼子因未成家或未成年，且其成家之后要与父母同住，承担养老的责任，幼子可分得略多的田地；剩余的属于家庭成员共有的房屋、田地、生产工具、现金、债权债务等按照家内儿子的个数平均分配。但是，"各自的衣物及妻子从娘家所带'私方'物，不在分配之列"[③]。这里提到的"私方"物有很大比重是女性的银饰。

人类社会的各群体内部都具有各自的角色分工，就如在封建等级制度下的官员，每人都有自己的官阶和职责。苗族社会中等级制度并不明显，但是却具有严格的社会角色分配。苗族的服饰并没有因为贫富和阶级而出

---

① 《民族研究参考资料第20集　民国年间苗族论文集》，贵州省民族研究所，1983，第363页。
② 杨万选等：《贵州苗族考》，贵州大学出版社，2009，第34页。
③ 贵州省台江县志编纂委员会编《台江县志》，贵州人民出版社，1994，第91页。

现服饰材质、造型和颜色上的等级和数量的区别，却具有明显的宗教角色、成年与未成年、婚否、性别、年龄、身份的标志。

在宗教祭祀期间，鼓头、巫师等特殊身份的人多每届更换人选，因此，在仪式期间，他们多穿戴具有区别的服饰。如龙舟节中鼓头的服饰、月亮山鼓藏节中鼓藏头的服饰。这些服饰或许是族群历史上存在过又被遗忘的传统服饰样式，也可能是为这些仪式特制的服饰，但是它们有一个共同原因，就是为了区分穿戴者的特殊角色和身份。宗教仪式是苗族社会管理内部和维持秩序的重要方式，服饰成为宗教仪式期间具有特殊权威的明显的符号。

## 二 女性的文化自觉：展示与传承

以首饰区别族内成员的家庭地位和社会身份的习俗在苗族各个支系中都存在。"红苗"女性在婚前"额发中分，结辫垂后，以海贝珠锡铃彩珠为饰"[1]；婚后则用银簪将发髻绾在脑后。"花苗"的未婚女性将发髻绾于头顶，佩戴彩色长头巾和多种银饰；也有一些支系的未婚女性将长头发中掺杂彩色毛线梳成两条辫子，并用银梳装饰；还有的支系未婚女性要将头发盘起并"戴角"，已婚女性梳偏右的发髻或独角髻，发饰少而色彩单调。"青苗"婚否主要以发式为区分标志，未婚女性留长发戴帕子，已婚女性剃发戴竹笋筐。"'黑苗'未婚女性或挽高髻于顶，戴覆额无底帽；或戴平顶缩褶帽，外缠三角巾。已婚者或把发盘成波浪状发覆额，挽高髻于顶，插银簪、银梳；或头戴无底覆额褶帽，外扎紫色手巾帕。"[2] 这种以服饰区分身份的习俗是民族集体意识所促成的个人社会化的结果。不同的服饰代表了不同的身份和地位，这有利于族群内部及族群间的成员交流。

施洞苗族服饰是女性文化和男性智慧的结合体，女性是服饰文化的主要载体。这是构成苗族民族身份标识的银饰在施洞的性别民俗文化下又分化出的一种形式。施洞苗族银饰从外在形态上较为明晰地区分了族群内部女性的主要身份和职责。施洞进入成年的少女要穿戴红色"花衣"和银饰盛装。一旦生育子女后，龙凤银牛角、响铃银项圈和银衣就从她的服饰中

---

① 转引自道光《凤凰厅志》。
② 杨鹍国：《苗族服饰：符号与象征》，贵州人民出版社，1997，第44页。

退出了，而要换用银雀簪和精工刺绣围腰帕。龙凤银牛角，垂饰枫叶、蝴蝶坠饰的响铃银项圈、银衣承载着施洞苗族深深的生殖文化，其中的牛角、枫叶、蝴蝶等各种纹饰的银饰片具有祈求生殖和多子多孙的含义，是尚未生育但承载着族群未来繁衍任务的少女的象征纹饰。与此相区别的是，银雀簪和刺绣围腰帕是已经生育后的青年女性的身份象征。这与苗族古歌中的很多观念是有关联的。在古歌中，枫木化万物、蝴蝶生育始祖姜央、代表祖先的牛角象征了生生不息的繁衍能力，佩戴这些饰品是利用转喻的方式将这些生殖能力转移到少女的身上，以使其担负起生育后代的重任。而银雀即为鹡宇鸟，它是古歌中帮助蝴蝶妈妈孵化12个蛋的神鸟，它具有养育后代的能力，因此将它的造型制作成银发簪，戴在已生育的青年女性头发上，是将哺育后代的重任寄托于年轻母亲身上。精工刺绣的围腰帕是年轻母亲心灵手巧的体现。在施洞苗族，一个女子的刺绣做得越好，证明其越心灵手巧，也就越具有操持家中事务的能力。在这里，制作围腰帕的能力就表示了女性具有养育后代的能力。因此，银饰从外在的形态就展示了一个女性的身份和能力，且区分了族群内部女性在不同年龄的角色和任务，是族群内部默认的身份标识符号。

施洞苗族女性在服饰文化中的主要任务就是缝制苗衣、展示和传承银饰。在维护苗族妇女的传统服饰方面，女性的功劳巨大。她们经历了清代的"服饰同制"，也走过了近代的服装汉化，民国三十五年（1946），"县政府会议决定，苗族妇女剪发改装，遭到群众强烈反对，决定废止执行"①，将苗族传统服饰文化继承至今。这不得不说是一个巨大的贡献。

**1. 少女：文化的展示者与沿袭者**

从三五岁起，施洞苗族女孩就戴着银压领，开始跟随母亲去踩鼓场。幼小的年龄，忍着脖颈的疼痛，跟着母亲在踩鼓场上跳踩鼓舞。及至成年，少女穿起盛装，成为踩鼓场上的目光牵引者。施洞苗族银饰素来具有"以大为美""以重为美""以多为美"的特色。施洞特色的龙凤银牛角高度约有50厘米，重400多克，甚为"高大"。一个苗女的一身盛装用银一二十斤。银饰的多寡，直接关系到服装形式的使用。如施洞地区，没有全

①　贵州省台江县志编纂委员会编《台江县志》，贵州人民出版社，1994，第16页。

套银饰就不能穿"欧涛"盛装；革一地区没有全套也不能穿"欧干梁"盛装，否则就会被人笑话。[①]"施洞式头部银饰有银角、插头花、花银梳、簪子、马帕、银雀、桑里（苗语音译）、都干（苗语音译）、向后、小插头针、耳柱、银梳、加板、后围，胸部颈部银饰有猴链、书泡（苗语音译）、六方项圈、勋泡（苗语音译）、雕龙项圈、响铃项圈、送甘你（苗语音译）、送泡（苗语音译）、龙头手镯、送边行加生（苗语音译）、四方戒指以及银衣片等，全套有30件之多。"[②] 姊妹节和龙舟节等节日期间，盛装的苗女被层层叠叠的银饰掩盖起来，踩鼓场上是银装素裹的世界。这样大的形制、重量和数量，即使是男子也有负担。但是这些年轻的姑娘却在炎热的天气里，走几里的山路，汇集到踩鼓场上。"最多的银饰则首推台江县施洞一带，姑娘穿戴完毕，一身的大小银饰部件多达数百件，重逾二、三十斤……芦笙场里，穿戴的银饰愈多，就愈倍受注目。因此，姑娘们都尽可能地把所有的银饰穿戴在身，银项圈戴了一圈又一圈，从胸前高高迭起，淹没脖颈而露出一张俏脸，手圈则一戴便是七、八对，从手腕一直戴到肘臂，是典型的旨在夸富的装扮。负担这么多的银饰，一天舞跳下来，姑娘们往往累得头昏腰疼，但她们却乐此不疲，明日照样披挂上阵。因为由此而获得的自豪感足以抵偿任何劳累。"[③] 踩鼓下来，内衬的苗服都被汗浸透了。如果不是有一个坚强的信仰是不会如此坚持的。

施洞苗族习语"不做不合方"，具有"不这样穿戴就不像这个地方的人"和"不做不如人"两层意思。施洞地区的服饰单从表面形式上并没有阶级和身份地位上的差别，在数量上却表现出了一定的区别。少女佩戴银饰数量的多少和工艺精细程度就成了家境状况的体现，因此，少女爱好盛装也具有了展示富有的作用。为了积攒起一套踩鼓的盛装，施洞苗族会将一定比例的经济收入用于给家中女孩购买银饰。当前外出务工热潮下，女孩回到家乡的主要花费就是将工资转化成银饰，有的一次就购买近万元的银饰。积攒起的银饰在盛装时需要"花衣"来搭配。没有"花衣"就不能

---

① 中国科学院民族研究所贵州少数民族社会历史调查组、中国科学院贵州分院民族研究所编印《贵州省台江县苗族的服饰》（贵州少数民族社会历史调查资料之二十三），1964，第12页。

② 杨正文：《苗族服饰文化》，贵州民族出版社，1998，第154页。

③ 李黔波、孙力：《中国苗族银饰纵横谈》，《贵州文史丛刊》1994年第4期。

穿银衣、戴银牛角，因而也就不能参加踩鼓。施洞苗族女性自幼就跟随母亲或祖母学习织布、染布、浆布、刺绣，一针一线学习施洞刺绣中的花纹图案。从十二三岁起，施洞女孩就每天有固定的时间学习女红。家中的经济收入也多划分出一份供其购买丝线。等到了婚嫁的年龄，如果不会做刺绣是被耻笑的，而且也不能找到好婆家。出嫁后的"坐家"期间，是施洞苗族女性制作苗服的集中时间段，她们要制作自己年轻时的多套苗服，并为以后生育准备婴儿的衣服和背扇。

苗族社会的传统婚恋是比较自由的，青年男女的婚前择偶较少受到家族和长辈的干预。每个村寨都为青年的婚恋设立"游方场""花房"等，供男女社交。苗族农闲时节的传统节日中也多为青年男女的婚恋提供机会，各种节日中的坡会为青年男女的相识和相恋提供机会。施洞的姊妹节就是当地的男女青年婚恋和选择配偶的节日。这种婚恋的自由却不是绝对的，苗族社会的自由恋爱、择偶并不意味着放任性关系。苗族对婚前性关系和非婚姻性质的性关系具有严厉的惩罚措施。因此既要维护婚恋自由，又要维护社会秩序，服饰成为婚恋社交规范与秩序的标志。苗族银饰从外观上限制了游方的人群，不合身份的人不能参加游方。在施洞，幼女的银饰少，却多以具有保护性寓意的造型和纹饰为主，如佩戴银压领。银压领为银锁的变形，镇邪避鬼的作用相当突出，垂饰的蝴蝶银饰片也将蝴蝶妈妈看作幼女的守护神，其服饰具有明显的标明"禁区"的功能。婚后妇女的服饰银饰骤减，表明其已婚生育的身份。婚嫁期的女性占有最精致的施洞"花衣"和银饰盛装，具有繁衍生育含义的鱼、鼠、蛙等纹饰占据主要地位，集中体现了族群繁衍的含义。施洞苗族银饰具有标志族群内部社会成员处在青春期、成年未婚和已婚不同时期的功能。

**2. 母亲与祖母：文化的传承者与监督人**

女性代际传承是苗族服饰文化传承的一个显著特点。其自制自用的生产方式决定了以妇女为主线的母亲向女儿传承的方式，这也将苗族女性塑造为服饰文化传承的主力军。银饰和苗族制作工艺是传承的主要内容。

苗族银饰是按照母女相传为主要传承方式的。从女孩的出生起，从背扇上的枫叶、蝴蝶垂饰，到虎头帽上的银罗汉，母亲的银饰就开始一点点逐年地转移到女儿的身上。幼年时，母亲的银项圈、银插头花就开始戴到女儿身上，也有的请银匠重新打制之后再传给女儿。随着女儿的长大，女儿身上银饰的增多和母亲身上的银饰减少是对应的，多是母亲将自己的银饰给了女儿。等女儿到了婚嫁年龄，母亲身上的银饰就只剩发钗和银项链了，母女间的银饰传承成为女儿银饰的主要来源。家中的男性也会将经济所得每年分一份给家中未婚女性添置银饰。银饰成为以女性传承为主的财富继承方式。

母亲银饰的减少是随着时间的推移与其家庭地位的提高相对应的。婚育后，女性佩戴的银饰数量减少，银饰表面的纹饰减少。这种银饰数量的减少与中年女性在家庭中地位的上升具有互补关系。随着生儿育女，中年女性多成为家中生产和生活的主力，其在家庭中具有较高的地位，甚至掌握着家中的经济大权，施洞苗族女性到了中年就成为家中"内政"和"外交"的"行政官"。家中的生产、生活、家务多由中年女性操持。家族内的各种事务，如生产中的合作互助、节日中打平伙的操办等都由女性主持。女性在家族中具有较高的话语权，家族中的生产生活、节日等多由女性聚在一起商讨。如在龙舟节中，姑妈商讨送礼的事宜；诞生礼、娶亲等仪式也多由中年女性操办。如家族中或姻亲关系中出现矛盾，中年女性就成为中间的调和力量。中年女性是施洞苗族民俗生活中的家户和宗族内的沟通者。这个年龄段的女性佩戴的银饰数量减少，但是单件银饰的重量却明显增加。中年女性佩戴的多款银项链都超过一斤重，这些银饰多是具有特色的传统形制，且需要与装饰满刺绣的"欧莎"相搭配，是女性身份和家族中地位的象征。

苗服制作是女性间传承的另外一种服饰工艺。苗服制作工艺掌握在母亲和女儿手中。传统苗族社会中，苗族妇女与外界接触较少，也没有接受教育的机会，老一辈妇女的活动范围多在村寨周边，赶场就是最远的距离。她们较少会说汉话，人生经历较少，多安分守己。因此，她们制作苗服的工艺繁缛，按部就班，风格稳定。她们将从上辈听来的苗族口头文学中的奇妙世界表达在刺绣和剪纸中。女性从幼时到结婚，从"坐家期"到生育后，苗服的加工工艺从母亲那儿习得，并一直将娘家作为她的加工场所。母亲去世后，她就要在夫家用属于自己的染缸，而不和婆婆共用染缸。这也是苗族女性在母亲去世后就与母家联系减少的原因之一。女儿在出嫁之前，母女俩会共同制作两三套"花衣"，以备婚前踩鼓和婚礼时穿。母亲的苗服一般不会传给女儿，会留到年龄大了继续穿，而苗服上的绣片是可以传给女儿的。在制作"花衣"的过程中，母亲就将织布、染布、浆布和刺绣的工艺传给女儿。这种家族式的传承与苗族银饰的男性间的传承具有相同的模式，是苗族服饰传承的主要形式。

作为族群的主要生殖母体，女性当然也继承了银饰所具有的生殖文化，且成为这种文化的创造者。服饰中银饰和刺绣的纹饰多以女性创造的纹饰为根源。施洞苗族银饰丰富的纹饰受到女性服装纹饰的影响较大。施洞女性创作的剪纸、刺绣和蜡染的精美图案被银匠引用到银饰上来，从女性创作中汲取灵感，创造更适合本民族的银饰品。施洞苗族银衣片上的纹饰除了少数戏剧故事图案外，较多是借用了剪纸和刺绣的基本纹饰，并做出适于银饰的变化，因此在施洞的银饰上，其纹饰具有典型的施洞苗族风情。万物有灵的观念从女性的剪纸和刺绣中被引用且一直体现在银饰上。如鸟背生长出藤蔓、藤蔓可以化成一条鱼、鱼吐莲花、莲花出凤鸟等，各种生命形式相互交织并神化，充满了神奇的巫化色彩。

每逢节日，母亲或祖母就主动承担起了督促女孩踩鼓的任务。在节前，她们早早地就将女孩的盛装取出，银饰送去银匠家清洗，并将银衣重新缝缀。在节日那天，女孩的盛装穿戴多由家里的女性长辈帮忙。在去往踩鼓场的路上，母亲提着装有大件银饰的竹篮，跟在盛装的女儿身后，听候女儿的差遣。女儿去踩鼓，母亲就在一边看着。在踩鼓场的银山银海的另一边是提着竹篮张望的母亲。这既是母女间亲情的体现，也是母亲对女性后代遵守传统风俗的监督。因为，穿戴银饰和苗服需要与自己的年龄和身份相符，也就是说，施洞苗族银饰是年龄、性别的符号，尤其是婚否的标志。而年长的女性就承担起了指导与监督年轻女性的责任。

### 三　传统苗族服饰文化与苗族女性的性格养成

服饰是人们心理的外化形式，是社会习俗与文化的重要标志。施洞苗族服饰文化涵盖了苗族人民在衣食住行、婚丧嫁娶、民风民俗、宗教信仰的内容，也体现了民族文化和民族心理融合的特征。苗族的迁徙历史，施洞独特的地域环境、人文和经济环境共同塑造出了绚丽多彩的施洞苗族服饰文化。而施洞苗族服饰又成为苗族信仰的体现形式和审美情感的宣泄，并在一定程度上对苗族的族群性格产生影响。

苗族女性性格是族群文化和心理素质熏陶和塑造的结果，是服饰文化内化的结果，也是服饰文化的外在表达方式。任何民族的服饰文化都经过了历史的积淀与民族群体的选择。施洞苗族选择刺绣苗服和银饰的服饰组合是施洞苗族的民族性格使然。就如每个人总会选择与自己性格匹配的服饰风格一样，施洞苗族选择了适于自己民族性格的服饰，也接受了服饰对本民族性格的反作用。服饰风格与民族性格相互作用，对施洞苗族妇女勤劳智慧、团结互助和尊老爱幼等民族品格的养成具有重要意义。

**1. 施洞苗族服饰是施洞苗族妇女勤劳和智慧的结晶**

施洞苗族服饰凝聚着苗族妇女生活、生存的经验和智慧。装饰苗服的蝴蝶、龙、鸟、鱼、花草和人物等精美纹饰图案以平绣、锁绣、打籽绣、堆绣、锡绣、破线绣等技法绣制而成，记录了源于农耕渔猎文明的苗族神话和历史故事。施洞苗族日常的便装和华丽的盛装均采用手工制作。便装的上装为施洞苗族特色的素花或领袖绣花的蓝色右衽衫，下装为黑色长裤。绾于头顶的"鹰眼髻"用银簪固定，并用花格帕覆额包裹。便装是施洞苗族女性在日常生活和劳动时的穿着。盛装是用绣片装饰的土制"亮布"做成的苗服。因为年龄和身份的不同，盛装分为色彩鲜艳的"亮衣"和色泽素雅的"暗衣"两种，分别为未生育妇女和已生育妇女的最华丽的服饰。

施洞苗族服饰的传统纹饰、绚丽色彩等装饰艺术是苗族妇女的智慧结晶。苗族服饰刺绣以人、动物与植物之间的变幻造型为特色，刺绣中的人与万物可以互相变化，和谐共处，交流沟通。这都是苗族妇女对苗族民间文化的巧用和活用。苗族古歌和民间传说故事中的形象都化作刺绣中活灵活现的造型，并被赋予充满个人感情的色彩表达，具象的自然形态被表现为抽象和夸张的艺术品。

苗服制作工艺是苗族女性代际传承的服饰工艺。从五六岁跟随母亲逐渐参与种麻织布、挑花刺绣等工序开始，女孩跟母亲学习苗服的纹饰、样式、图案隐含的历史故事和象征意义。穷其一生，妇女都要为自己和丈夫、子女制作衣服。在日常，妇女除了同男人一样参与生产活动，还要做饭，照顾后代，并且在闲暇时间织布、刺绣和做苗服。在织布、染布、浆布、制衣、刺绣等一系列工序中，妇女几乎是唯一的践行者。每个出嫁的姑娘都会准备两三套苗衣和一套银饰盛装作为嫁妆。制作一套精美的破线绣嫁衣需要耗时两到三年。由此，妇女成为制作服饰和传承服饰文化的主体，施洞苗族妇女的勤劳性格就养成于制作和传承烙印着有关故土、祖先传说和迁徙记忆以及民族信仰的服饰文化中。以母女相传的服饰工艺既延续了施洞苗族的传统文化和民族非物质文化遗产，更从民族根性上塑造了施洞苗族女性勤劳和智慧的性格。

**2. 传统服饰文化教化了苗族女性安分守己的性格**

传统的施洞苗族社会中，女性外出少，也没有接受教育的机会，性格多安分守己。刺绣和苗服的制作水平代表了女性心灵手巧的程度，在族群认同和男性择偶的标准中占据重要位置。未婚男子就常在踩鼓场等节日里以姑娘的服饰挑选自己的意中人。服饰制作技艺作为施洞苗族妇女在族群中获得认同的一种手工技巧，成为约束女性审美和价值取向的民俗力量。

在一个集体中，族群价值观产生的认同需求永远高于独立思考。传统的苗族服饰文化中的多种因素对女性的价值观产生导向作用。传统的苗族宗族社会是苗族女性生存的文化环境，刺绣在该文化生境中得以传承。服饰制作技艺的高低是施洞苗族评价女性的重要标准。那些长于染布和刺绣的妇女在族群女性群体中能够获得在服饰技艺上的话语权，并因此被"高看一眼"而获得尊重。"有些地方，少女们每逢佳节，把新衣重重迭迭地穿在身上来炫耀于人，一则表示富有，一则表示手巧能干，这都是吸引异性的有利条件。"① 精工制作的服饰不仅是外表的美化，而且是富足家庭和心灵手巧支撑起的美好婚姻。因此，精湛的刺绣技艺是女性的必备技能。

工艺水平—认同需求—审美—手工艺的循环制约就如马林诺夫斯基在《文化论》中阐述的："手工业者喜爱他的材料，骄傲他的技巧……在稀有的难制的材料之上创造复杂的、完美的形式，是审美的满足的另一种根源。因为，这样造成的新形式，是贡献给社会中所有的人士，可以借此以

---

① 中国科学院民族研究所贵州少数民族社会历史调查组、中国科学院贵州分院民族研究所编印《贵州省台江县苗族的服饰》（贵州少数民族社会历史调查资料之二十三），1964，第 3 页。

提高艺术家的地位，增高物品的经济价值。手艺技巧上的欣赏，新作品所给予的审美满足，以及社会的赞许，彼此混杂而互相为用。这样一来，他们得到一种努力工作的兴奋剂，并且给每种工艺建立一个价值的标准。"① 因此，对族群认同的期待使她们按部就班地制作工艺繁缛的苗服，也因此养成了安分守己的性格。

**3. 施洞苗族服饰的民俗文化塑造了族群内部的团结互助精神**

施洞苗族女性自小在一起学习刺绣与染织，在服装制作过程中相互帮助。这项悠久的服饰传统渊源悠久，在苗族古歌中就有 "Dod khab niangb ak niak, Niang khab dod yuk dius；Dod khab niangb ghangt xongs, Ghangt dlox wil jit jes（姑姑劝嫂背孩子，嫂嫂叫姑取纺针；姑姑劝嫂挑陶罐，挑抬鼎锅往西迁）"② 的记叙。在节日期间，尤其是"姊妹节"期间，她们互相装扮，一起踩鼓；邀请外寨同龄男子"打平伙"，一同游方、摸鱼。在族内女性的婚嫁中，举族相助。施洞苗族妇女间存在相互借用银饰的习惯。为了凑足新娘的一套银饰盛装，家族内的姐妹都将自己的银饰奉献出来。女性间的团结互助是建立于共同习得服饰文化的经历之上的。

女性服饰制作中互助合作的品格在族群内部有很大影响。推及日常生活，女性的品格养成了施洞苗族族群内部协同分工、相互帮助的习俗。在生产生活中，族内各家汇集劳力，逐家完成生产任务。一家有婚丧嫁娶、建房起屋等大事，全寨人不分亲疏远近来帮工。在日常生活中，一家有难，举族相助。正是女性优良品格建立起的友谊使施洞苗族成为一个团结互助的族群。

**4. "换装仪式"是族群内部尊老爱幼传统的濡化**

施洞苗族是一个"有长少，无尊卑"的族群，尊老爱幼的风俗世代相守。在施洞苗族妇女服饰的穿戴和传承中，尊老爱幼的品德也根植于此，并在民俗生活中将这种品格深化到服饰文化中。施洞苗族妇女将尊老爱幼的品格在服饰文化中发扬，并融于民族民俗生活中，最终促成了施洞苗族妇女在生命历程中的"换装仪式"。在施洞，一个女子穿起银饰盛装具有

---

① 马林诺夫斯基：《文化论》，费孝通译，中国民间文艺出版社，1987，第86页。
② 贵州省少数民族古籍整理出版规划小组办公室编，燕宝整理译注《苗族古歌》，贵州民族出版社，1993，第678页。

三层含义。第一，银饰盛装的穿戴者已经进入成年，可以进入踩鼓场踩鼓。按照施洞的习俗，未到及笄之年的女子不能穿戴银饰盛装，也不能任意佩戴成年女性的银饰。第二，银饰盛装的女子尚未婚配。施洞女子新婚后都有"坐家"习俗，婚前和"坐家"期间，女子可穿银饰盛装参加踩鼓和节日活动。一旦生育之后就要按照风俗改装，不能再佩戴龙凤银牛角等属于未婚女子的银饰。第三，穿戴银饰盛装的女子准备择偶婚嫁，穿起盛装来到踩鼓场，就是向异性展示自己，"推销"自己。如果没有银饰，再俊俏的姑娘也不能加入踩鼓的队伍。已婚生育的妇女不能使用未婚女性的专有银饰，也就是说，施洞已婚生育的女性不能佩戴龙凤银牛角、银项圈和银衣，通常只保留发簪、耳环、项链和手镯等几种银饰。这种服饰的更换不仅更好地适应女性婚后改变发髻的需要，也具有婚姻的符号意义。施洞苗族妇女服饰存在的年龄和身份差异是尊老爱幼传统在民俗生活中的积习。不同年龄阶段、不同身份在不同民俗场合中的服饰是妇女身份的标识。婚育之前的妇女服饰以鲜艳的色彩和"多"与"大"的银饰为特色；已婚育的妇女服饰以通身的刺绣和"重"的银饰见长。这是施洞苗族在物质并不丰厚的条件下遵循尊老爱幼的传统形成的民俗文化。

施洞苗族妇女服饰文化的传承是老幼情感交流的女性化表达方式。首先，服饰制作工艺搭建了母女之间一生的感情连接。女子从幼年跟母亲学习苗服制作工艺，直到结婚生育后，她还是经常带孩子回母家，跟母亲一起做苗服，与母亲用同一个染缸染布。其次，银饰的代际传承具有明显的亲子性质。从子女未出生起，母亲就在"坐家"期间制作好了育儿用的背扇和婴儿衣服。女儿出生后，母亲就会逐年将自己的银饰传给女儿，以借银饰的保护功能守护女儿成长。从一个女婴出生开始，父母就为其准备了装饰有枫叶、蝴蝶银衣吊装饰的童衣和背扇，祈求蝴蝶妈妈和祖先蚩尤的保护。在其两三岁的年龄，父母会给她戴上装饰有银菩萨（或双龙、双凤银饰片）、枫叶和蝴蝶银衣吊的虎头帽（龙头帽）保佑其平安健康。在幼女期，无花银压领和缝在马甲上的几片银衣片就是幼女需保护的身份证明。进入青春期后，姊妹节盛装成为所有银饰符号的统一体，其上承载了施洞银饰符号体系具有的自然崇拜、图腾崇拜、祖先崇拜和生殖崇拜的文化体系。姊妹节盛装也成为未婚女性最隆重的仪式服装。这个时期的女性最中心的任务就是婚育。为了能够给家中未婚女性选择条件较好的配偶，与其他宗族建立更好的姻亲关系，每个家庭都不惜成本为女孩添置更多、更精美的银饰。姊妹节盛装中的银饰多具有形制大、厚度薄的特点，用白银打制出视觉效果抢眼的银饰，就是为了让佩戴银饰的未婚女性在姊妹节的游方中凸显出来。这是家庭用各成员的辛苦劳动换来的财富为家中女性的美好未来做出铺垫。施洞苗族妇女服饰文化的传承不仅是母女间亲情维系的手段，也在苗寨形成了尊老爱幼的品德养成的氛围。再次，服饰文化的仪式化是在老幼有序基础上建立起的文化自觉。从三五岁起，施洞苗族女孩就戴着银压领跟随母亲去往踩鼓场，幼者主动传承苗族服饰文化是源自对长者的尊重与敬畏。女性代际传承下来的传统服饰文化沟通了长幼之间的情感，也树立了长幼有别、互敬互爱的规范。

施洞苗族妇女勤劳智慧、团结互助和尊老爱幼等品格是在共同心理素质上养成的族群精神，是在施洞苗族特色的服饰文化演进中相互影响推动而孕育的。一个族群的服饰文化似乎只是他们生活中的细枝末节，但是事实上，这些文化极其巧妙地交织在家庭生活的结构中，影响家族成员的认知、审美和价值观等各方面。这在中国西南少数民族中特别明显。

### 四 男性的文化自觉：传承银饰锻制技艺与督促文化传承

施洞苗族女性穿戴银饰盛装的传统的养成是离不开男性的共同塑造的。在苗族银饰的发展史中，银饰作为苗族男性领袖的身份标志出现。苗族村寨中的寨老们在举行仪式时需要借助银饰与超自然的力量沟通，如在龙舟节中男性佩戴银饰与龙神沟通的遗制。在传统节日中，寨老们也要在祭祀祖先的仪式中佩戴银饰。较多史料也记载了苗族普通男性成员佩戴银饰的风俗，如民国之前，男女多"椎髻"[1]；男子未娶者一般用雉羽插髻，项戴银圈，耳戴银环。在苗族银饰的发展史中，苗族男子也曾经是银饰的佩戴者。

施洞苗族男性不仅是银饰的佩戴者，还是塑造辉煌的银饰文化重要力量之一。首先，施洞苗族的男性是银饰锻制技艺的传承者，他们用自己代

---

[1] 苗族简史编写组：《苗族简史》，贵州民族出版社，1985，第314页。

代相传的技艺制造了踩鼓场上的银饰盛装。其次，施洞苗族女性从古至今佩戴银饰踩鼓习俗的养成来自身边异性的目光。

**1. 千年传承的技艺**

施洞苗族银饰的加工主要由银匠承担，男性是苗族银饰锻制技艺的传承主体。在传统的观念中，祖传的苗族银饰锻制技艺具有父传子、子传孙、世代相袭、不传女儿的传统。这同苗族家族财产的传承方式一样，共同遵循传男不传女的原则。在塘龙和塘坝这两个银匠村寨中，银饰加工多采用家庭作坊式的生产方式，男性多专职银饰加工，是家中主要的经济来源；家务和农业生产由家中的妇女承担。这种分工方式一方面是由于银饰加工对体力的要求，另一方面是由于传统的传承机制。另外，施洞的银匠多从小接受学校的文化教育，去过山外的世界，比妇女有更多的与外界交流的机会。因此，银匠在族群中具有较高的文化水准和领会能力，是族群中的"聪明人"，他们善于将女性工艺中的纹饰用来装饰银饰。

在今天，苗族地区有许多村寨被冠以"银匠村"，他们整村整寨都在从事银饰加工。施洞的塘龙①就是清水江流域著名的具有300多年历史的银匠村。村内有银饰作坊100多家，银匠300多人，他们家家户户都能加工银饰，尤其擅长花丝银饰制作，造型精美、富丽华贵的银质头饰，更是深受苗族群众的欢迎。塘龙年过七旬的老银匠吴通云因具有精湛的苗族银饰锻制技艺，曾被北京故宫博物院和几所大学邀请到北京打制和传承苗族银饰。他在讲述这个银匠村的历史时说："塘龙的银饰手艺是一代一代传下来的，到我这一代已经是第六代了。"正是由于银饰对于苗族人生活的特殊意义，一代代技艺高超的银匠在此地诞生。

塘坝的吴智也是远近闻名的银匠。吴智的苗名叫萨鲍。他从6岁开始就跟父亲学艺。那时打制银饰全部采用手工，要经过铸炼、锤打、焊接、编结、浸水等30多道工序。在8岁上学后，萨鲍利用晚上和假期的时间跟父亲学习最基础的铸炼和锤打技术。他清楚地记得父亲告诉他的经验：铸炼要讲究火候，拉风箱的速度要慢慢体会；锤打更是手上的技巧，每一锤的轻重不同，银质原料的变化和延展就不同。银饰锻制技艺的学习是很艰

---

① 2014年，塘龙和塘坝合并，更名为岗党略村。这里还延续使用原来的村名。

苦、枯燥的，每一道工序都要经过反复的练习和领会，无论是錾刻还是花丝，都得经过多年的经验积累，才能在银饰上做出活灵活现的造型。好多初学者因为不能忍受其中的辛苦半途而废，坚持下来的人都在千锤百炼中成长为技艺精湛的银匠。萨鲍曾经很感慨地说："人家说千锤百炼就不得了啦，我有时一天敲打都不止千锤啊。"

**2. 踩鼓场外的目光**

男性不仅是银饰的塑造者，还是吸引女性穿戴如此沉重的服饰的最终原因。

在姊妹节等节日期间，母亲是女儿身边的监督者，父亲却是背后的支持者。每逢节日，家中有女儿的父亲就默默承担起了家中洒扫和饲养家畜的任务，以空出时间让家中的女性安心准备她们的节日。

在踩鼓场上，女性穿戴厚重的服饰回旋踩鼓的动力来自鼓场外默默注视着她的异性的目光。当问及为什么要穿那么多银饰踩鼓时，施洞文化站的刘站长说：

> 踩鼓才能把男的和女的都集中到一起，现在都在打工，过节才回来。姑娘穿盛装才好看，才能让别人知道自己家的财富。而男的就找哪个姑娘好看，就跟她暗示晚上去她寨子游方，也可以向别人打听姑娘的寨子，晚上约着（别的男性）一起去游方。以前没有银子是不能踩鼓的，就找不上对象。[①]

"节日活动中，一方面是娱乐，一方面也就是社交活动；赶场、走客也常常是年轻人进入社交活动的机会。为了'游方'、寻找对象、认识新朋友，打扮打扮，也就很自然了。同时，小伙子们选择对象，老妈妈们物色媳妇，通常也以服饰的多少、好坏为先决条件，所以服饰便成了婚姻上的一个问题。"[②] 塘坝的吴阿姨说她和邻居的几个阿姨去看踩鼓是为了给家

---

① 访谈对象：刘昌乾，访谈人：陈国玲，访谈时间：2013 年 4 月 25 日，访谈地点：施洞镇偏寨村踩鼓场。

② 中国科学院民族研究所贵州少数民族社会历史调查组、中国科学院贵州分院民族研究所编印《贵州省台江县苗族的服饰》（贵州少数民族社会历史调查资料之二十三），1964，第 6 页。

里儿子找媳妇：

> 踩鼓的时候，家里有儿子的（父母）都去看，看哪个姑娘长得漂亮，哪个穿戴的银子多就打听是谁家的。以后就去家里找她父母商量。以前我也去看踩鼓，年轻的穿着银子在里边圈圈（踩鼓），我们老人在外边圈圈，一边踩鼓就一边看哪个漂亮，哪个银子多。现在不去了，儿子都结婚了，有时候就去踩鼓热闹一下。①

当问及银项圈都把脸挡住了，怎么看姑娘漂亮不漂亮时，吴阿姨笑着说："就是看哪个银子多，银子多就漂亮。"老年人观看踩鼓一般是在替自己的儿女找对象。老人选择的标准主要参考外貌与服饰。相貌是外在的面子，多会选取相貌较理想的。还要看服饰好不好。服饰有两个方面。一个是衣服绣得好不好，精致的"花衣"代表姑娘有一个勤劳的母亲，那么姑娘也一定是个勤劳的人。另一个就是银饰戴得多不多、好不好。银饰越多越精致，代表姑娘的家庭越富有。追求美貌、勤劳和富有的家庭是施洞苗族择取姻亲的主要条件。苗衣与银饰所具有的价值是与理想婚姻的缔结存在直接关系的。

## 第三节　划定的族群边界和婚姻圈

### 一　族群标识

施洞苗族银饰作为一种财富的形式而在姻亲圈内部流转，其独特的纹饰和形制对族群成员的身份、地位和社会角色具有明显的标识作用，同时也是苗族内部亚族群的一种外在界定方式。这种族支区分方式在苗族内部获得广泛认同的原因是施洞苗族银饰具有相当丰厚的文化内涵。族群内部共通的银饰文化是一个自成系统的符号世界。对外族而言，银饰是民族的身份象征；对苗族群体内部而言是区分支系的符号，用以区分我族、教化

---

① 访谈对象：吴阿姨，访谈人：陈国玲，访谈时间：2013 年 4 月 25 日，访谈地点：施洞镇塘坝村吴智银饰店前。

族群，划定姻亲圈，实现族群内部认同。

银饰是黔东南苗族界定亚族群的符号。每个苗族支系都用具有自己特色的服饰作为自己族群的标志，在银饰的性质上也具有很明显的区别。苗族相邻族群间具有认同的银饰符号体系。"任何一种象征符号在产生意指作用时，都存在着有发送者编码和接受者解码的信息交流过程。这里的所谓编码，就是各个社会中的人们对某些经常使用的象征符号赋予特定的意义或内涵，以便使其比较容易地让对方接受信息，由此而产生自身所期望获得的良好效果。"① 苗族银饰就起到了在相邻族群之间以不同的银饰区分内外的功能。如雷山苗族以高大的银牛角为特色，黄平苗族以精细的银花帽作为少女的头等银饰，施洞苗族混合了汉族文化的龙凤银牛角成为施洞少女求偶的标志。不同的银饰以外表划分了族群的边界和婚姻圈，这种编译成体系的符号必须由生活在共同符码体系下的人才能够较完整地破译。

除了作为与其他组织的区分符号，银饰还是团结族群内部的标识。苗族传统上是一个重视族群整体意识的社会。在迁徙途中和定居贵州后，艰苦的生活环境将这种团体意识加强：只有依靠群体的力量才能抵御自然灾害和外族的侵袭，共同开垦新家园；只有团结在以鼓社制为中心的族群内部，才能共同面对超自然力的灾害，共渡难关。因此他们的宗教活动和节日都是集体参加的群体活动，这是苗族历史上形成的共同面对困难的血缘宗族意识的集中体现。施洞苗族银饰就是族群内部共同抵抗自然灾害和人为灾害的集体意识的载体。施洞苗族较为重视族群的生存和繁衍，这在施洞苗族的龙舟节和姊妹节上有一定程度的体现：具有浓厚的苗族姻亲和宗族意识的龙舟节是施洞苗族为了生存而向大自然祭祀的节日，具有婚嫁和生殖意识的姊妹节是施洞苗族为了族群繁衍而举行的社交节日。施洞的其他节日也多以体现集体意识，并以族群共同参加为特征。这些节日仪式的目的就是增强群体内成员的团结意识，共同维护族群的整体利益。这需要有序的族群社会秩序才能实现，因此，苗族通过服饰建立起了外在的社会身份标识，以监督各成员按照族群的规则做出符合身份的行为。

---

① 瞿明安：《象征人类学理论》，人民出版社，2014，第11页。

## 二　婚姻圈的限定

苗族银饰具有自己独特的标识功能，主要表明自己所属的婚姻集团。施洞苗族开亲受到一些俗规限制：同宗、同姓不可开亲；他族、异族不可开亲；姑舅优先婚；姨表不婚。苗族实行集团内婚制，只能在统一婚姻集团内部通婚。“服饰不同不通婚”是苗族婚姻生活中的一条不成文的规定。

这里以施洞镇芳寨为例对施洞苗族的婚姻圈做出描述。芳寨现为施洞镇清江村下的三个自然寨之一，有225户990人，全为苗族。芳寨以刘姓为主，还有卢、龙、唐、潘等姓氏。芳寨处于这“入版图者亡其实”的“化外生苗之地”，本来没有汉姓。大约在雍正十一年（1733年），清政府开辟苗疆，为了统计户口，便于户籍管理，就为苗族“官赐汉姓”。芳寨开亲范围包括：台江县境内的施洞（芳寨、街上、八埂、白枝坪、天堂、杨家沟、碰窝、塘坝、塘龙、偏寨、石家寨、杨家寨、仰芳、棉花坪、九寨、养兄、岑屯、岑孝、贵寨、岑斗、黄泡、南哨、屯古、旧州、四新、小河、猫坡、巴拉河、平兆、井洞坳、井洞塘、猫碧岭）、平敏、长滩、上稿仰、下稿仰、老屯、榕山、白土；施秉镇的沙湾、双井、平地营、巴江、竹子、寨丹、鲤鱼塘、铜鼓、大冲、龙塘、巴团、龙颈、胜秉、六合；剑河的五河等村寨。这个范围与施洞苗族的“我方”范围基本吻合。这些村寨大多分布在清水江沿岸苗族社区的核心区，这些村寨也都参加施洞龙舟节。因此可以说，施洞苗族的婚姻圈范围是施洞为自己的族群划定的地域范围的，具有共同的生活习俗、共同的节日文化和民俗信仰的苗族内部支系。如费孝通先生对乡土中国的认识一样，“他们活动范围由于地域上的限制，在区域间接触少，生活隔离，各自保持着孤立的社会圈子”①；施洞苗族也是在相对隔离的地域内，在封闭的族群内部结成了婚姻圈。因此，其服饰存在较大的认同性。

婚姻通过女性和财物的交换实现了两个家族的姻亲血缘关系。在婚礼

① 费孝通：《乡土中国》，人民出版社，2015。

的第一天，新娘穿起盛装来到婆家行过入门仪式①、挑水仪式②和吃"媳饭"仪式③后，两家姻亲关系确立。直到新娘生下小孩结束"坐家"后，包括苗服和银饰的嫁妆被带到婆家，姻亲关系就算巩固了。苗服和银饰属于女性私有财物，在自己的女儿出世后，银饰会逐年转移到女儿身上。长住夫家后，已经成为母亲的新娘还可以常回娘家。直到母亲年老过世或兄弟媳妇生子当家④后，新娘就较少回娘家了。

施洞的传统是姑妈家的姑娘要优先嫁给舅舅家的男子，即苗族社会中普遍存在的姑舅优先婚。当姑妈家的女儿长大再嫁回舅舅家，银饰就完成了一个循环，再度回到原先的家族。姻亲中的银饰的交换和流转不仅实现了财产的转移与回归，还缔结了男方和女方家的姻亲关系。"姑舅亲"引发的民俗仪式在施洞日常生活中多有存在。姑舅较亲是家族关系的外延，以舅权为大为主要特征。家中的重大事情多与舅舅商量，如子女婚事、家中添丁、母亲亡故等，都要先向舅舅通报。如遇到婚丧嫁娶，施洞苗族必定请舅家的人来参与，并将其安排到宴席的上座。双方有劳动需求、家庭困难，优先相互帮忙。而姨表亲情就较为淡了。

## 第四节　关联的邻里、宗支和村寨

苗族村寨的布局大同小异，主要由血缘纽带、地缘纽带和业缘纽带维系。在现实生活中这三种维系方式却又杂糅在一起，成为村寨内外关系的连接力量。

### 一　血缘纽带

施洞苗族村寨中最基本的社会单位是以血缘关系为纽带的家庭和宗族

---

① 施洞地区的新娘入门仪式与相邻的苗族相似，在新娘来到家门口时，鸣放鞭炮，新娘跨过新郎叔伯妈点燃的糯米梗，后可入门拜祭祖先。婚礼全程新郎不在场。

② 婚礼中，新娘进门后必须去家族的水井挑水。在以水井为地缘组合的苗族社会中，吃了同一口水井的水，就代表是一家人了。

③ 新娘在回转娘家之前，需要夫家的房族姊妹陪同吃在夫家的第一顿饭。这顿饭食是夫家准备的糯米饭和鱼。吃完这顿饭，新娘才可返回娘家。

④ 当家，苗话称为"at menl at bad"。新娘的身份转换不是在婚礼之后，而是在其生育第一个子女之后才获得当地人认可的"老人"资格，才可以参加家族内的生命礼仪场合。

两个层面。施洞苗族家庭多为由一对夫妻及未婚子女组成的核心家庭，内部包括了两种基本的人际关系：以婚姻关系为横向连接的夫妻关系和以血缘关系为连接的亲子关系。苗族家庭是以"干基独"为单位来计算的。"干基独"即为烧火、做饭和取暖的火塘，通常设置在堂屋内。在施洞苗族的观念中，一个家庭需要满足下列条件才能成为一个"干基独"。第一，包括一对夫妻和子女；第二，家庭成员拥有房屋、耕牛、土地等共有财产；第三，家庭成员在一个"干基独"吃饭。具备这三个条件就可以算作一个独立的家庭。家庭成员共同分担劳动，各负其责，并共同享有家庭财产。家，强调了父母和子女间的相互依存、经济互助和文化传承，是成员之间相互协作和家族延续的保障。

施洞苗族家庭财产主要包括房屋、土地、牛、家畜和日常生产生活用具。在每年的消费规划中，苗族家庭都会留出一部分资金作为家中女儿的银饰专款。因此，女性的银饰即是家族财产的转化，女性银饰的多少可直接影响家族的姻亲关系。因此，家庭成员都较为重视女性银饰的购置。购买银饰的资金大多为家内男性成员的劳作或外出务工所得，苗服是母亲一针一线所做；这是与嫁出的女儿最深的感情牵绊。

宗族是在一定的经济条件和家庭成员扩张的基础上成长起来的。一个由夫妻组成的原始家庭经过家庭成员的繁衍和财富的积累成长为一个人数众多的大家庭。这个群体的无限扩大是不利于成员的发展的。因此需要"分家"，将已成年成婚的子女分离出去，组建起小家庭。经过几代的繁衍与分离，一个宗族成长起来。施洞苗族直系亲属与旁系亲属间关系亲密。在同辈成员中，无直系旁系的亲疏远近之分，皆以兄弟姐妹相称；对与父母同辈者均以叔伯父母称呼；对与祖父同辈者，均以祖父祖母称呼。他们组成一个家族，协同分工，相互帮助，共同完成家族内的农事工作。在生产生活中，族内各家集中全部劳力，逐家完成生产任务。在日常生活中，一家有难，举族相助。女性自小在一起刺绣与缝衣，在节日期间，尤其是姊妹节期间一同游方、一同踩鼓。在女性的婚嫁中，往往会出现举族相助的局面。为了凑足新娘的一套银饰盛装，家族内的姐妹都将自己的银饰奉献出来。这是宗族内在亲缘关系基础上建立起来的将族内女性聚集到一起的力量。

## 二 地缘纽带

不同的地域环境和区域人文环境多塑造出不同的服饰习惯。服饰从诞生之日起就具有了标志的功能。少数民族服饰的族徽标识具有多种烙印了鲜明民族特性的表现形式，氏族成员之间相同的服饰是部落成员共有的身份标志，具有向心排异的族徽符号功能。《礼记·王制》中因服饰不同而将四方族群分为"披发文身"的东方夷人、"雕题交趾"的南方蛮人、"披发衣皮"的西方戎人、"衣羽毛穴居"的北方狄人。人们提到"凤凰装"就会想到畲族，提到鱼皮衣就会想起赫哲族，当然，提到银衣就会想到支系繁多的苗族。古代汉族典籍中也多有以民族服饰的差别来命名族群的称呼："红苗""黑苗""花苗""白苗""青苗""黑彝""白彝"等。苗族银饰的符号象征又衍生出许多不同的区分族内支系的形式。"苗族的芈氏族以凤为族徽……戎氏族以龙为其族徽……夔氏族以麒麟、狮子为族徽……莱氏族以鱼、虾、水为其族徽"①，并且各个不同氏族服饰上所绣绘的图案多与自己的族徽相关。黔东南苗族因为崇拜"牛头人身"的始祖蚩尤而喜戴银牛角。因为族支不同，银牛角又呈现出许多不同的造型，例如雷公山周边的西江苗族和施洞苗族。雷山境内的以西江苗族为代表的雷公山麓的苗族喜爱佩戴宽大的银牛角。牛角用薄银片打制成双角形状，两角模拟牛角形状分为两叉。每个角上都雕有一条游龙，两龙头对视位于银角下方，争抢中间的宝珠，龙尾沿银角向两端上翘游弋，呈二龙戏珠状。两角间饰有 15 片左右的一指宽的银片，呈放射状排列，象征太阳的光芒。在制作工艺上，龙身和宝珠均用凸花浮雕工艺制作，浅浮雕做成的纹饰高出底片 1 厘米左右。西江苗族的银牛角以其高过佩戴者一半身高的夸张形体为特色，其高度和宽度多在 80~85 厘米。台江县境内的以施洞苗族为代表的清水江畔的苗族喜欢在发髻上直插前后两枚扇形银牛角。施洞型银牛角因为在分叉的两角间装饰有 4 枚银片颇似扇骨而被称作银扇。其主题纹饰也是二龙戏珠，但是从制作工艺上讲，施洞型银扇上的双龙和宝珠都是单独用錾刻工艺和花丝工艺合制成的，然后用银丝与银角主体焊接。银角的

---

① 黄晖：《苗族妇女服饰论》，《中南民族学院学报》1990 年第 4 期。

顶端装饰有铜钱纹，4 枚银片比两角略高，上边栖有 6 只银凤，顶端垂饰有蝴蝶或蜻蜓。地域文化与银饰文化共生共荣，共同的银饰纹饰喜好是建立在共同的地域文化之上的，也是建立在地域内族群共同的审美心理基础上的。服饰在区别族外群体的同时，也就完成了团结族群的使命。相同区域内人群的服饰多相同，且遵循共同的服饰规则。他们的服饰系统多建立于共同的生活习惯和精神信仰之上。

施洞苗族村寨中更大的社会群体是由若干家庭和宗族根据不同的亲疏远近和地域关系组成的。宗族社会制度下的施洞苗族喜欢"聚族而居"，多按照房族—家族—民族的界限布局村寨。大的苗族村寨一般由几个家族聚居而成。每个家族围绕各自的水井建房屋，共享家族内部的土地庙、保寨树等。土地庙可以作为房族之间、家族之间、小村寨之间的地域，与保寨树的功能类似，是区域内的守卫者和保护神。苗族常用"同喝一口井""同供一座土地庙"来形容"亲如一家"，在固定区域内同属一个家族的苗族族群具有共同的利益。他们共同组织生产，管理社会治安，组织节日娱乐，只能与族群内部的其他家族缔结姻亲关系。可开亲的村寨之间因为长久的姻亲关系和文化共融，银饰的款式、形制和纹饰会出现融合。这与中华民族的龙纹的生成过程有共同之处。龙纹是将各部落的图腾的特点汇聚到一起而产生的纹饰。施洞苗族银饰从上到下汇集了鸟、龙、凤、牛等各种动物造型，这也是汇聚了施洞历史上各族支的纹饰图腾和银饰纹饰而出现的。

在同一地域内，因为自然条件和族群势力不同，寨子的发展有快慢。大的村寨中的大家族就是"强大"的代表。他们在家族人口、村寨资源、水利设施和姻亲关系圈等方面远远强于小寨子，因此遇到自然灾害、水利纠纷、山林纠纷、土地纠纷乃至婚姻纠纷，大寨子总是占优势。小村寨总是想尽办法与大寨子缔结关系，如结拜兄弟村寨、缔结姻亲关系等。以地缘纽带建立起的兄弟家族或姻亲家族建立了各种亲缘组织，具有经济利益和族群安全等共同利益，内部往来较多。这种因地缘附属于大寨的弱小村寨多受到大寨的文化的侵袭，如饮食习惯、宗教信仰和服饰形制等。弱小村寨多因为依附于大村寨生存而主动或被动接受大寨的服饰文化。另外，在同一地域内，弱小村寨的经济水平低，银饰的消费水平也远远低于大村寨。因此，银匠制作的银饰多为经济实力强、消费银饰多的大村寨的银饰风格所影响，多制作大村寨族群喜好的银饰纹饰和款式。

### 三　业缘纽带

依附于大寨子的"卫星寨"，往往借助一种手工艺与大寨子建立联系，如通过吊脚楼建筑技艺等，与大寨子建立起经济关系。在施洞，围绕施洞渡口的几个村寨（街上村、芳寨村、白枝坪村等）是历史上该地区较有实力的村寨，发展至今，这几个村寨已经连成一片。处于下游的几个小村寨（塘龙、塘坝）借助苗族银饰锻制技艺在这个区域获得生存和发展。塘龙的银饰是远近闻名的，村里家家户户都是银饰专业户，农忙时务农，农闲时制作银饰。男性家长主持家庭内的银饰生产，成年男性共同分工，妇女小孩帮助做一些辅助性工作。邻近的村寨都会来此定做或购买银饰品。塘龙的吴通云老银匠继承了祖上传承下的银饰锻制技艺，又传给自己的几个儿子。现在几个儿子都有独立的银饰销售店铺。塘坝的吴智老银匠在当地的银匠中具有较高的名声，其三个儿子也是子承父业，全家以银饰制作为主要营生。据两位老银匠反映，吴姓祖上正是依靠这打制银饰的技艺在此地落脚并安顿下来。他们的田地较少，因此农活也少，平时多靠男性打制银饰，女性做刺绣工艺换得经济收入。因此，可以说，苗族银饰锻制技艺是施洞镇这几个银匠村与该地区的大寨建立联系的业缘纽带。

因为定居贵州历史较久，有清水江为稻作农业提供稳定的水源和较为肥沃的河谷土地，施洞地区的农业经济较为稳定。因此，施洞地区的苗寨分布较为密集，人口多，村寨规模较大。以施洞为中心的河谷平地聚集了施洞地区半数的村寨，多相互毗邻或间隔二三里地，其余村寨也多在方圆十余里之内。村民以宗族和家族作为纽带，宗族观念较强。施洞苗族银饰的制作技术同样是以家族和血缘关系为纽带代代传承的。如前所述，施洞苗族银饰锻制技艺多秉承"父传子、子传孙、传男不传女"的传承原则。家族内逐代向下传承技艺，如果自己家内没有儿子，则将技艺传给家族内其他具有同等辈分的后人，即秉持父传给子或家族内子侄的家族共享原则。"传男不传女"也是家族保护的一种形式。因为如果女性学艺，在出嫁后就会将技艺带给婆家，造成技艺的外传。家族内部的女性，一般来说是可以参与银饰加工的。塘龙的银饰加工多采用男性加工为主，妇女和孩子帮工的形式，女性在银饰加工中多从事花丝银饰的加工。因此，严格来说，"传男不传女"是传内不传外的宗族和家族保护。

这种师徒式的家族传承机制经受了历史的考验，形成了以口传心授为特色、身心浸染为方式的民间技艺传承习俗。这种技艺传承方式可以保证技艺毫无保留地在家族内部代代传承，多形成以家族为规模的银匠村。如施洞远近闻名的银匠村塘龙吴姓家族，家中的男性都会打制银饰，其中包括较为出名的银匠吴通云和吴水根。这种以血缘关系为传承纽带的家族传承方式可以保留技艺的完整性，排外的保护机制促使不同家族的银匠在学习过程中要偷师、独立钻研、相互切磋，利益驱使银匠在生产过程中研创新的技法和纹饰，保留了银饰的差异性，造就了苗族银饰文化的多样性。这有利于苗族银饰锻制技艺的创新和发展。这种传承方式有利于家族内部形成统一的利益和合作关系，有利于家族内部的团结。但是，这种以家族为主线的传承方式较为脆弱，过于保守的家族内部传承较容易出现断代，乃至出现工艺传承链中断，这将引起银饰中部分传统形制和纹饰的丢失，不利于苗族银饰文化在历史长河中完整地延续发展。同样，为了保证技艺为自己家族所专有，为了家族利益，技艺不传授给女儿。在塘龙，吴姓家族中的男性多是远近闻名的银匠，而女性多操持家务，抚育子嗣，擅长刺绣工艺。家族中的吴通英精通刺绣，入选黔东南州苗族刺绣国家级传承人。

## 第五节　镌刻的族群历史

民族服饰是民族文化的重要标志，也是族群间相互区别的直观形象。施洞苗族银饰与施洞苗族赖以生存的自然环境、区域文化、历史文化、族群关系和民族的审美情感有着密不可分的关系。施洞苗族男女服装出现差异也是较晚近的事情。《湘西苗族实地调查报告》一书中记录了在清代中叶以前当地苗族服饰的特点：无论男女皆"上身穿花衣，下着百褶裙，头蓄长发，包赭色花帕，脚着船形花鞋，配以各种银饰"。根据文献中贵州其他苗族分支的服饰记录看："本世纪[①] 50 年代以前，绝大部分苗族服饰

---

① 引用文献中本世纪为 20 世纪。

却是男女不分的，有的至今依然，如黔西北、滇东北交界龙街，织金与六枝交界陇嘎'花苗'，黔东南部分'黑苗'如榕江八开花衣'黑苗'的盛装花衣，在节庆祭典场合就男女均宜。"① 即使受汉文化影响较大的清水江中游的施洞一带，在清政府推行"改土归流"和咸同苗民起义后实行"服饰宜分男女"，也不过是距今一二百年的事。

苗族文化经历了原始农耕狩猎文化、宗法家族的封建小农文化和民族区域自治的现代新文化三个历史发展阶段。苗族的原始狩猎农耕文化起源于居住于北方"浑水河"时的氏族部落文化，从上古时期传说中的兴旺发展、人口众多的"九黎"到"左洞庭，右彭蠡"②的"三苗"，尧舜禹"窜三苗于三危"，后在湘西、黔东以"五溪蛮""武陵蛮"著称于史籍，到唐宋，"苗"从少数民族混称中独立出来。在这个历史进程中，苗族经历了"定居—多次迁徙—定居（黔东南）"的生存地域变化，以自己的勤劳勇敢和智慧，创造出了自己灿烂的文化：冶金、制陶、纺织已具有一定水平；使用石制或金属制的农具发展生产；形成规模的家畜饲养；创建鼓社制，并形成较明晰的"鼓头"分工；原始宗教已自成体系。秦汉的郡县制和唐宋的羁縻制并未对苗族的生活产生太大影响，直到明清的"土流并治"和封建经济对黔东南苗族自给自足的小农经济造成冲击之前，苗族在苗岭地域内以一种封闭的自主管理的模式缓慢发展。明清时期，封建朝廷在边疆少数民族地区推行土司制度，后"改土归流"，以流官和保甲制管理，苗族逐渐进入宗法家族的封建小农文化时期。这个时期，绝大多数苗族已经进入定居生活，当前的三大方言格局已经初步形成。虽然受到了封建地主制的残酷剥削和封建集权制的严酷压迫，黔东南苗族社会仍处于发展中：农业生产普遍使用牛耕和铁器；以"鼓社制"为基础建立起了"议榔制"，以维护民族内部团结、抵御外部威胁；同时，本民族的宗教和艺术也在不断发展。苗族进入民族区域自治的现代新文化时期之后，生产的发展、物质的丰裕和身份地位的提高促使苗族文化进入一个蓬勃发展的高潮时期。可见，苗族传统文化从"农业—宗法"社会的土壤中发展，并沉淀成为一种独具特色的具有民族性的文化模式。以这种文化模式为土壤的

① 杨鹍国：《苗族服饰：符号与象征》，贵州人民出版社，1997，第43页。
② 《史记·孙子吴起列传》，中华书局，1976，第2166页。

苗族手工艺多具有记录族群历史的功能，苗族服饰具有记录民族历史记忆的符号学意义。如苗族服饰中的九曲江河纹、田连阡陌纹、城池纹等记载的是苗族古代生活在中原地区的历史；百褶裙上的多条横纹象征苗族古代迁徙途中经过的黄河、淮河、长江等河流。进入人民当家作主的新时期，少数民族聚居区实行民族区域自治制度。台江地区于 1949 年 12 月 3 日解放。1953 年 1 月 1 日，台江苗族自治区成立，并于 1954 年改称台江苗族自治县。① 至此，台江县的政治、经济、文化进入新的历史发展阶段。党中央向苗族人民提供低价、优质白银，以满足他们的银饰需求。施洞苗族银饰逐步进入一个繁荣发展的新时期。

苗族银饰中叙事性的图案非常丰富，具有再现历史的功能。苗族银饰中的纹饰包括缅怀创世祖先的纹饰、宗教祭祀纹饰和迁徙史纹饰等。施洞苗族银饰上大量使用的"蝴蝶妈妈"、枫木图案、鹡宇鸟、月亮、牛角龙等母题图案，是与其原始母系氏族社会时期的宗教记忆相关联的。苗族银饰上的纹饰与苗族的历史，特别是东方故土的环境、族群迁徙的历史和族群关系历史有着特别重要的关联。苗族银饰的造型、纹饰蕴含了施洞苗族关于自己的族源、生存和繁衍以及迁徙文化的内涵。

银饰中的苗族冶金史。银饰时刻提醒着施洞苗族不忘祖先蚩尤冶炼金银的历史。苗族先人利用金银"打柱撑天""铸日造月"，这都是对苗族先祖冶炼金银的形象写照。据汉文献记载，苗族的始祖蚩尤不仅率先发明了宗教、刑法，而且是最早开始冶炼金属的。《尸子》记载"造冶者，蚩尤也"②，《管子·地数》载"……金从之。蚩尤受而制之，以为剑、铠、矛、戟，是岁相兼者诸侯九"③。因而形成了《龙鱼河图》中对"蚩尤兄弟八十一人，并兽身人语，铜头铁额，食沙石子，造立兵仗刀戟大弩，威振天下，诛杀无道，不慈仁"④ 的描述。蚩尤集团在中原水草丰美的丰腴之地获得发展，形成了较高水平的经济、文化成果，因而有能力发明金属冶炼技术，制造和使用杖、刀、戟等金属兵器，在军事上具有优势地位。这也

---

① 贵州省台江县志编纂委员会编《台江县志》，贵州人民出版社，1994，第 17～19 页。

② （宋）李昉编纂，孙维长、熊毓兰校点《太平御览》（第 7 卷），河北教育出版社，1994，第 752 页。

③ 赵守正撰《管子注释》（下），广西人民出版社，1982，第 311 页。

④ 《史记·五帝本纪》，中华书局，1959，第 4 页。

是黄帝"九战九不胜"的原因。施洞苗族银饰中的水牛造型就是对蚩尤先祖冶金属、铜头铁额的形象再现。在《苗族古歌》中《运金运银》《打柱撑天》《铸日造月》等讲述了苗族发现金银、运银西上、用银子做成支撑天地的柱子和照亮夜晚的月亮的故事，这是苗族早期对金银的认识和初步掌握冶炼金属的技术的反映，是对苗族先民较早掌握的金属冶炼技术的记忆。"金子黄铮铮，出在岩层里；银子白生生，出在岩层里。""金子和银子，住在大岩山；一家一箩炭，快去烧岩山！""金子和银子，住在深水潭，水龙和硼砂，来陪它们玩。"① 至今，施洞苗族银匠还在采用这些古歌中提到的冶炼金银的方法。

苗族冶炼金属的具体时间已经无从得知，但是据苗族的口碑资料、汉族的文献资料和考古发掘资料结合分析可知，苗族早在五千多年前就已经掌握了冶炼金属的技能。在三苗时期，苗族已经开始使用耕牛和铁质农具，极大促进了生产力。这对物资匮乏的苗族来说无疑极大地保证了族群的生存和繁衍。从北方故土迁徙到南方之后，尚无文字记录苗族如何冶炼金属，但苗族对铜器和铁器的制作和使用具有较高水平。"苗族尚用铜制之器物，如铜壶、铜烟嘴、铜锁，铜盆、铜连排、铜锣、铜鼓等。铜匠则专制铜质之各项器物。精工此技者，兼善于雕刻，制出各品，较为美观。其用具有风炉、敲锤、铜锯、钻、箱等件，即可工作。又有锡匠专制锡质之器，亦属铜匠之类，能做铜匠，自必兼能锡匠也。"② 苗族银饰锻制技艺继承了苗族冶炼金属技术，用坩埚及炼炉、风箱组合冶炼金属。《苗族史诗·铸日造月》中有："要是打铁的风箱啊，树木长在山上，砍来钻通了，杆子插在风板当中，风板上拴着鸡毛，把手用水牛角来造。这是打铁的风箱，用来造钉耙、锄头，给子孙们拿去开荒。"③ 风箱、炼炉和铁钳组合的熔金工具是苗族银饰加工中传统的工具，也是银匠手中最得力的工具。银匠还在此基础上发明了油灯—吹管组合焊接银饰中较为细致的地方。苗族银匠区分白银成色的方法也来自民族冶炼金属的历史经验。《苗族史诗·铸日造月》中，记录了苗族金属去除氧化层的方法："萝婆婆她老人家，

① 潘定智、杨培德、张寒梅：《苗族古歌》，贵州人民出版社，1997，第12、13、15页。
② 石启贵：《湘西苗族实地调查报告》，湖南人民出版社，2008，第94页。
③ 马学良、今旦译注《苗族史诗》，中国民间文艺出版社，1983，第70页。

挑了友药从东方来，拿来洒在金子的脸上，拿来洒在银子的脸上，又用硼砂水来洗，银子的脸变白了，好像刚生下的鸭蛋；金子的脸干净了，好像山坳间的花。"① 苗族银匠至今使用来自东方的"友药"，这种能使金银表面恢复光泽的神奇配方是银匠的专属。银饰锻制技艺多具有对祖先的记忆。

**1. 苗族银饰中的迁徙文化**

施洞苗族笃信自己的祖先发祥于中原地区，那里有祖先建立的城池、田园，有大片的江河湖泊，那里水草丰美，鸟兽成群。那里是祖先宜居的东方故土。在《焚巾曲》中，苗族在送妈妈回到东方"浑水故地"时，追忆苗族的故土："勤劳苗家人，住在浑水边，住在绿水岸。放牧在平原，坝子宽又大，牛马多又多，牛马肥又大。勇敢苗家人，住在浑水边，住在绿水岸。浪里船儿划，河中把网撒，鱼儿大又大，虾儿肥又肥。手巧苗人家，住在浑水边，住在绿水岸。蜡染又绣花，种稻种棉花，种麦又绩麻，炼铁做犁耙。"② 苗族东方家园的渔猎、农耕生活在施洞苗族银饰中都有体现：谷粒纹与苗族早期的谷神崇拜有关，鱼骨纹来源于鱼图腾，水波纹与水崇拜有关，螺旋纹与蛇崇拜有关，圆圈纹与太阳崇拜有关，云雷纹与天崇拜有关，齿形纹与山崇拜有关。施洞苗族的龙凤银牛角就是跟随苗族从东部来到现居地的牛的代表。水牛是蝴蝶妈妈生的十二个蛋之一，可以说它与人类具有血缘关系。在西进的途中，水牛带苗人过河，抵御野兽侵袭，帮助苗人耕种，是苗族的保护神。银饰中的蝴蝶图案、蜻蜓造型、鱼纹等都是对祖先东部故土的美好生活的记忆。祖先与这些多产多子的动物塑造了兴旺的东方故土。鱼是苗族祖先生活在东方家园时的一种重要食物，蝴蝶妈妈就是以鱼为食，"妈妈妹榜留，吃的是鱼虾，妹榜才长大，妹留才长大"③，这都是苗族先民以鱼为生的生动转化。稻田养鱼就是苗族在西迁途中秉持祖先"食鱼"的生活习俗而发展成的养殖方式。鱼多子、繁殖快，因此苗族崇尚鱼的繁殖能力。在祭祖时，鱼是必不可少的祭品。这种生殖崇拜文化蔓延到银饰中，成为常见的银饰形制和纹饰，这都是苗

---

① 马学良、今旦译注《苗族史诗》，中国民间文艺出版社，1983，第 31 页。

② 潘定智、杨培德、张寒梅：《苗族古歌》，贵州人民出版社，1997，第 168～169 页。

③ 潘定智、杨培德、张寒梅：《苗族古歌》，贵州人民出版社，1997，第 92 页。

族祈求子孙繁衍的心理诉求。将鱼纹装饰的银饰穿戴到踩鼓场上就具有了仪式性，以象征多子多孙的鱼纹装饰银饰，祈求祖先赐予族群繁衍。这与以鱼祭祖具有共同的宗教内涵。年轻女性将这些银饰穿戴于身就等于将鱼的生殖能力转移到身上，她们就具有了同鱼一样旺盛的生殖能力。这是一种接触巫术，"物体一经互相接触，在中断实体接触后还会继续远距离地互相作用"①，施洞苗族女性将鱼纹佩戴在身上，就形成了一种生殖能力的巫术转化，她们就都如鱼一样多产了。这是将族群记忆中事物的特异能力以巫术转化到人身上的方式。

施洞苗族银饰的垂饰多采用枫叶、蝴蝶的组合形式，以蝴蝶和枫叶形银吊铃串联而成，然后用银泡钉于衣服或直接悬挂在银饰上。这源于苗族的创世神话。在苗族的神话和古歌中，天地间的白枫树遭受冤枉被砍倒之后化成了天地间的万物，树心幻化为蝴蝶。蝴蝶与水泡恋爱生下十二个卵，由鹡宇鸟孵化出了苗族的始祖姜央和各种动物。后来姜央兄妹合磨成婚②才繁衍出人类。在蝴蝶纹饰的下方常有一对男女小人，就代表了繁衍人类的姜央兄妹，枫叶、蝴蝶垂饰也因此具有了浓郁的生殖意向。

施洞苗族各种银饰都有一种共同的装饰物，那就是银响铃，不论是银衣上的枫叶、蝴蝶银响铃，还是项圈上的饕餮响铃，都是苗族古时迁徙的一种遗风。苗族在这清脆的响铃声中，驱除深山中的邪魔鬼怪，走过了漫漫的迁徙之路。

**2. 银饰中的服饰发展历史**

苗族银饰是苗族历史上由嫁男转向嫁女的婚姻习俗的历史见证。苗族银饰本是男性盛装的装束，是巫师寨老的仪式礼服。施洞龙舟节中还留存有男性首领穿戴银饰盛装的习俗。直到清朝前期，施洞苗族男女同装，男女都具有佩戴银饰的习俗，后才改为只有女性佩戴银饰。

在施洞苗族的婚礼中，新娘穿红色"花衣"和银饰盛装在姐妹们的陪

---

① 弗雷泽：《金枝——巫术与宗教之研究》，徐育新等译，中国民间文艺出版社，1987，第19页。

② 姜央兄妹合磨成婚是一则苗族远古神话。洪水淹没大地后，地上的人都淹死了。仅剩藏在葫芦中的姜央兄妹活了下来。姜央想兄妹成婚、繁衍人类。妹妹不同意，就找难以成功的事作为理由来拒绝兄妹成婚。兄妹二人各将一扇磨盘从两座山上滚下，结果磨盘合在了一起，妹妹只好同意兄妹成婚。这样，人类才繁衍下来。

同下步行至新郎家。在《换嫁歌》中，苗族小伙九贡出嫁时，"头插锦鸡毛，衣裙身上套。一只银项圈，胸前闪闪耀。左肩扛芦笙，右手提砍刀。九贡出嫁了"①。后来因为妹妹格贡不能干重活，不能抵御外族侵扰，村寨内重新议榔，改换格贡出嫁。为了让格贡安心出嫁，就将男性的"雄衣"给她穿戴。这仅是以传说解析了苗族女性结婚戴银饰的习俗。在施洞苗族婚礼中，女性的装扮非常豪华。

银饰是重现苗族族群服饰历史的根据。据历史文献对上古苗族的描述，苗族祖先蚩尤"兽身人语，铜头铁额，食沙石子"，"有人有翼，名曰苗民"，类似的记叙将苗族描绘成怪异的族群。但是我们根据苗族服饰的发展历史可以推测，这只是通过对苗族外形的片面的观察而得出的夸张的描述。黄帝时期，苗族受到驱逐，"遏绝苗民"。苗族四散逃亡，东躲西藏，致使著述者对苗族神龙见首不见尾，因而做出管中窥豹的描述。这实际上是对苗族服饰一些特征的描述。苗族在历史上多有兽皮衣、斑斓衣、卉服鸟章的服饰造型，从蚩尤冶炼兵器时代起就开始以金属傍身，戴牛角形头饰，这些奇装异服导致其他族群的不解，而将其描绘为怪异的人种。据当前施洞苗族的银饰可以窥见当时苗族衣饰的一点端倪。我们可以推测：苗人"有翼"的记叙可能就是苗族模仿鸟的造型做成的服饰，狗崇拜则是长尾斑斓衣的缘由。

**3. 苗族银饰中的民族英雄**

施洞苗族银饰纹饰中记录了族群的英雄人物。从姜央等苗族创世英雄，到引导苗族先民"男耕女织，造精良武器，防止异族来犯"的始祖蚩尤，以及近代领导苗民起义抵抗压迫的张秀眉等，苗族将他们的形象或代表他们的图形装饰在银饰上，以示对他们的永久怀念和崇敬。施洞女性银衣也多有男子骑马、乘龙的形象，漫长的迁徙和征战的艰难使施洞苗族牢记祖先的勇敢和顽强，将祖先的英雄事迹錾刻于银饰，以鞭策后代。施洞女性银饰盛装中必不可少的银马花围帕就以宝珠左右各七枚的椎髻武士的造型为主纹饰。武士横刀立马的造型是对苗族先祖们驰骋疆场、不断西迁征战的缅怀和对他们开辟家园的感激之情。据老人讲，这是苗族起义女英

---

① 潘定智、杨培德、张寒梅：《苗族古歌》，贵州人民出版社，1997，第 261 页。

雄务冒西的人物纹样。务冒西是清代咸同年间张秀眉起义时的一名女将，她英勇善战的事迹被制作成银饰戴在姑娘额前。施洞苗族将族内的一些经典历史事件刻画在银饰上，将民族的历史浓缩为服饰的一角，这些都反映了施洞苗族的祖先崇拜之情。

苗族银饰如一个储存苗族历史文化的档案库，将苗族的历史以纹饰的形式錾刻、佩戴在身边，以提醒苗族不忘历史。苗族银饰记录了苗族最难忘的族群历史。由于本民族没有文字，因此，苗族借助口耳相传的民间文学的形式代代传承族群的具有重大意义的史实。这些古歌中的历史记录就被施洞苗族装饰到服饰上，成为烙印在心中的记忆。施洞苗族银饰上的图案承载着族群的历史，将古歌中的经典记忆变成精美的画面，咏唱着苗族辗转迁徙之路上的族群史。

# 第六节　巫化的信仰

历史上，贵州地处西南边陲，属于中国传统儒家文化中"五服制度"的"要荒"；但是，若要按照"巫文化"的分布范围来看，贵州这片"西南之奥区"却傲立于"巫文化圈"的中心。受历史传统的影响，贵州各少数民族的文化中至今仍普遍存在巫文化的遗迹。在历史演进的长河中，苗族以信鬼好巫闻名于世，创造了自己体系化的巫文化。众多的文献都有记载，苗族社会在思想文化方面巫风盛行，"婚丧建造，悉以巫言决之。甚至疾疠损伤，不以药治，而卜之于巫，以决休咎"①，事鬼事勤于事人事。从相关文献记载来看，这种尚巫之风可以上溯到苗族上古时期的巫术活动记录。《尚书·吕刑》《楚语》《吕览》都记载了苗族先民三苗集团自古信奉多神教，崇尚巫术宗教的风习。②《唐书·南蛮传》曰："夷人尚鬼，谓主祭者为鬼主……乌蛮……俗尚巫鬼……大部落有大鬼主。"③到了近代，这种风气并没有多少改变，崇拜巫术的风气仍存在于苗族社会的各个方面，从社会的组织形式到生活习俗，从生产劳动到节俗伦常，婚丧嫁娶、

---

① 《民族研究参考资料第20集　民国年间苗族论文集》，贵州省民族研究所，1983，第8页。
② 杨鹍国：《苗族舞蹈与巫文化》，贵州民族出版社，1991。
③ 《新唐书·南蛮传》，中华书局，1976，第6315、6317页。

文化娱乐，甚至衣食住行都有巫术存在，形成苗族"无鬼事不成，鬼情动人情"的社会现象。巫按照中国传统的观念分化出多种不同身份。最高职位的巫是史官。根据职责和归宿的不同，巫被分化为官巫和民巫两种：官巫主要负责占星、卜测国运、预测和筹划战争、掌管宫廷内的祭祀和礼拜、编纂史册等，民巫主要是为民间的百姓祈福禳灾、求吉驱邪、祛病消灾和预测丰歉等。因此可以说，巫术可以为社会和个人提供服务。苗族社会中的巫师是很特殊的角色，具有多种智能，是当地巫文化的持有者。苗族社会的巫属于为"苗族社会公众服务的巫"，在苗族社会中承担一定的社会责任，而不是一般意义上的迷信活动。《国语·楚语下》云："古者民神不杂。民之精爽不携贰者，而又能齐肃衷正，其智能上下比义，其圣能光远宣朗，其明能光照之，其聪能听彻之，如是则明神降之，在男曰'觋'，在女曰'巫'。"[1] 在苗族社会中，掌握巫文化的巫师具有男女之分。男觋被称作巫师、无常、鬼师，女巫被称作仙娘、蛊婆等。男觋与女巫所执掌的巫术活动并无差异，苗族巫师多根据其掌握的鬼神数量产生等级区别：一个巫师能驱使的鬼神越多，其能力就越强。

　　特殊的政治经济状况保留了苗族文化传统中较为特殊的一支——原始宗教与巫术文化，它以节日、集会、神话传说和民间艺术等形式在苗族社会中存留和演化。"巫术的种类和表现形式很多，其中很重要的一点，就是对服饰加以神化，使服饰品物质变为某种寄予精神并具有超自然力量的替代物。"[2] 苗族服饰以苗族巫文化为经线，以各历史时期的生存状况、政治、经济、宗教和民风民俗等为纬线，织就了服饰王国中无比绮丽的锦衣华饰。苗族银饰独特的思想灵魂，使得它的艺术形式和它所承载的深厚文化内蕴透露出令人着迷的"巫术"。

　　"无论怎样原始的民族，都有宗教和巫术，科学态度与科学。"[3] 巫术如一棵参天巨树，扎根于每个民族的童年时代，投射到民族的心灵深处。各民族又在这棵树上收获本民族的文化果实。苗族银饰艺术从诞生发展至今天，并不是一个偶然的文化现象，它是与苗族文化心理息息相关的，是

---

① 语出《国语·楚语下》。
② 华梅：《服饰与中国文化》，人民出版社，2001，第7页。
③ 马林诺夫斯基：《巫术、科学、宗教与神话》，李安宅译，商务印书馆，1936，第1页。

离不开苗族巫文化这个土壤的。作为人类早期原始文化的一种形态，巫文化是一种世界性的现象，是原始人与外界环境斗争以求得生存的精神支柱。苗族先民同世界各地的早期古老民族一样，面临着一个未知世界，因而将精神寄托于神鬼而产生巫文化。苗族巫术是苗族社会早期信仰文化的产物，在生产力极端低下的远古时代，苗族先民对于一切自然现象和社会现象无法做出合理的解释，因此将一切的现象归结于神鬼之作。他们相信世间万物有灵，鬼神主宰着天地间的万物，世间所有的吉凶祸福掌握在鬼神手中。当遇到难以解决的事情，他们就诉诸鬼神。在征服自然和敌人的过程中，巫术活动是其生活和生产中的重要内容，围绕银饰而出现的各种信仰形式是巫文化的一种重要体现。在施洞和施秉地区，有一种"滚蛋驱邪"的习俗。如果三四岁的儿童受到惊吓，面部变色，必须用煮熟的鸡蛋"收惊"。这种仪式一般是家里的女性长辈用煮熟的鸡蛋去壳去蛋黄，用蛋白包裹擦亮的银戒指或银耳环，然后裹在手巾里从头顶到脚底擦遍孩子的全身，然后放在儿童的胸窝里焐半个小时左右，查看银子颜色变化的情况。如果银子没有变色或变色很浅，就证明受到的惊吓不严重。如果银子发乌，甚至变为紫黑色，就说明儿童受到的惊吓严重，要请鬼神来驱邪。鬼师作法后，一般会告诉父母为孩子打制银手镯或银锁驱邪。施洞有一种由铜、铁、银三种材质的金属条混绞而成的手镯，多病多灾的人佩戴这种手镯就可以去病祛灾。施洞苗族认为铜可以驱除邪魔，铁可以驱邪，银可以去病消灾。因此当家中有小孩经常生病，请鬼师看过后多会要求佩戴由这三种材质混绞的手镯。这明显是一种接触巫术。

苗族巫文化是以信奉鬼神、崇拜祖先为表征的民间巫术，通过"以人情事鬼事"，求取"生存无患"。苗族银饰上的巫文化的根源复杂。越是没有文字的民族，受到表达限制的文化表现形式就更多倚重于民族服饰，且其对应性更强，形成明显的表象文化特征，传递潜在的信息。迄今为止，苗族神话、图腾崇拜意识、宗教巫术文化和情感意识中的求偶心理在苗族的服饰中多有体现，这些以服饰为文化载体的意识通过物化转移的形式在苗族银饰上得到进一步的强调和塑造，以表象的文化特征展示族群内在的文化心理。第一，苗族历史上的多次迁徙导致族群一直面对新的自然环境的挑战，生活较为困苦，苗族巫术成为解脱生活苦难的一缕阳光，成为苗族人民战胜苦厄的物质生活条件的精神力量。苗族为了生存，一路从东部开阔肥沃的平原迁徙到崇山峻岭之间，生存环境恶劣，大自然的风雨雷电和洪水猛兽都是其族人生命的威胁。这种苦难的命运使苗族在东部原住地时产生的巫术有了进一步的发展，借助巫文化摆脱面临的困苦的各种方式就出现了。苗族先民认为一切锋利的物品都具有驱邪的功能，银饰不仅能驱邪，还能免除灾祸，祛除病疫。因此，苗族银饰从诞生之初就被包裹在厚重的巫文化的襁褓之中。第二，受封建统治阶级的驱赶，苗族一直居于没有人烟的穷山恶水的环境中，生产活动以赶山吃饭为主要形式，对自然的依赖是其自然崇拜思想经久不衰的根源。建立于自然崇拜思想基础上的苗族鬼神思想在苗族与自然斗争的过程中发展成为苗族惧怕鬼神、崇信鬼神，并以向鬼神祈求保护为心理慰藉的巫文化。在民族学看来，巫行为"是氏族社会一种属于民族宗教范围的表现"[1]，"幻想人可以通过某种方式达到影响自然以及他人的目的便产生了巫术"[2]。出于功利的目的，苗族祈求通过巫化行为将具有人格的自然物或超自然的力量为人所用，与其形成"交感"，帮助苗族解决面对的困苦问题。苗族起源于原始宗教的巫文化融合了苗族人民的价值观、信仰体系和艺术观念，巫文化的血液流淌在银饰之内，世俗化的巫文化礼仪造就了苗族银饰的形态和神韵。可以说，巫文化从思想上主导着银饰的形态和发展方向，对苗族银饰艺术的产生和演化起到了推动的作用。第三，以鼓社制为组织形式的苗族族群内部具有相同的巫文化信仰。巫文化多将本族群的图腾或祖先视为神奇力量的汇集者，将其巫术能力看作解决族群最本源问题的"灵力"。如施洞苗族巫文化中的龙就是汇集各种动植物"灵力"的"超能力者"。它不但能解决施洞苗族农事劳动中的水的问题，还能化身为各种灵性动物，为施洞苗族提供巫的力量。长有鱼尾鱼鳞的龙就具有了鱼的生殖转化功能；长有牛角的龙就是农业生产风调雨顺、五谷丰登的象征……各种动物的龙化或龙长有动物形态，都是苗族巫术思想的体现。施洞苗族银饰的纹饰多具有这种意识的转化，赋予了动植物纹饰以无穷的巫术力量。银饰上的巫术力量以族群的生存和繁衍为主要目的，成为凝聚鼓社向心力的一种方式。在社会发展的

---

① 张紫晨：《中国巫术》，上海三联书店，1990，第20页。
② 杨堃：《民族学概论》，中国社会科学出版社，1984，第266页。

过程中，因受到多种外来文化的影响，尤其是清代以来的汉文化的影响，施洞苗族的传统信仰中加入了佛教和道教的影响，每遇事或灾祸，就要请鬼师占卜，焚香化纸，敬献牺牲（常用鸡、鸭、猪、牛、羊等），以祈求平安。

服饰的一个重要特征就是作为宗教符号。施洞苗族银饰围绕苗族巫术信仰确立了一系列的象征符号，用艺术化的宗教纹饰符号表达民间信仰，成为与宗教紧密结合的文化表征。施洞苗族银饰超越了遮蔽身体、取暖或美感享受等服饰的基本功能，是人与神灵、祖先交流的沟通媒介，是苗族从多神信仰中衍化出的以神灵保佑、祖先庇护为主的心灵慰藉。龙船上苗族男性因佩戴银饰（银饰多以象征祖先的枫叶、蝴蝶等为主）而具有了与神圣世界中的神灵沟通的能力，可以祈求神灵和祖先祛灾赐福，保佑风调雨顺。姊妹节中的银饰盛装将踩鼓祭祖与祈求子嗣繁衍的诉求融合于一体，实际上就是一种宗教礼服。虽然不能武断地说"艺术起源于巫术"，但是从各种原始艺术的研究来看，现今发现的较多原始艺术品与巫术有着千丝万缕的联系，有的发端于巫术，有的渗透了巫术寓意，有的使用于巫术活动。苗族银饰也是如此，其与苗族巫术有着深刻的联系。苗族佩戴银饰与踩鼓具有异曲同工的仪式性目的，苗族踩鼓具有图腾舞蹈性质，佩戴银饰同样具有将苗族的图腾巫术和祖先记忆佩戴于身的功能，其目的是纪念祖先，追忆族群历史。施洞苗族银饰在装饰纹饰上特意地模仿本族的图腾形象，携带大量的族群记忆。从性质上来说，这种方式属于图腾主义的原始宗教行为，由本族的男性成员将本族的图腾模仿制作成随身携带的饰品，佩戴于本族群的女性身上，都是为了方便与祖先沟通，银饰是祖先确认本族群子孙的标识。

苗族就是这样通过佩戴具有巫术意义的银饰，以达到"影响自然以及他人的目的"。在中古以前的时代，人类采用巫术不是为了控制他人，而是为了影响自然力。在他们眼中，这个世界具有两个层次，一个就是人眼所能看到的现实世界，还有一个就是人眼所不能观察到的虚幻的神灵世界。他们认为"看得见的世界和看不见的世界是统一的，在任何时刻里，看得见世界的事件都取决于看不见的力量"[1]，因此，他们采用巫术来寻求

---

① 列维·布留尔：《原始思维》，丁由译，商务印书馆，1987，第418页。

虚幻世界力量的帮助。依附于苗族银饰的巫术，体现了施洞苗族期望依靠自身的力量协同鬼神的灵力，以解决现实生活中的衣食住行问题的努力。这种巫文化具有真实的宗教情绪，包含有深切的心灵祈求。苗族银饰的纹饰得益于楚苗"巫官文化"的浸润，具有鲜明的巫文化特色和"信鬼好祀""灵魂不死""魂归家园"等文化特征。如苗族银饰中，多出现神人驾驭龙凤、麒麟等神兽游于云气之中的纹饰，这些类似"飞升""羽化登仙"的图案无不体现出南方巫道文化中"秉云气，御飞龙，而游乎四海之外"的精神信仰。

施洞苗族银饰的巫术形式主要表现为两种。其中一种是将具有降服法力的人或事物的形象直接装饰到银饰上，以纹饰的神秘莫测的法力达到需求的巫术效果。施洞苗族银饰将龙的纹饰装饰于龙凤银牛角之上就是将龙与牛的能力结合，以增强生殖的功能。类似的纹饰装饰艺术形式较多。这种将动物神化的巫化思想源于苗族童年时期的生活印记。在渔猎采集的东方故土，动物是苗族的主要食物来源之一。狩猎时动物的凶猛与矫健使苗族先人对动物的特殊功能怀有敬畏之心，畜养动物又使人与动物之间的了解和关系更增深一步。人们对动物的能力——空中飞翔、水中生存、矫健的身躯、迅猛的奔跑速度、旺盛的繁殖能力和顽强的生命力——充满了疑惑却又怀有敬畏，因而模仿动物佩戴羽毛、鳞甲，将动物的利齿佩戴于身等，产生了各种身体的装饰形式，这是模拟巫术的形式。这体现在施洞苗族银饰上就是以动物具有特殊能力的身体部位作为银饰的形制，如此制作出来的银饰就附着有巫化色彩，成为这种动物的代表，也就意味着佩戴该银饰的人具有了这种动物的能力。施洞银饰中的纹饰多具有这种巫化手段。如将鱼形手镯戴在年轻女性身上，也就赋予她像鱼一样旺盛的生殖能力。另一种是运用交感巫术的方式，将牛、龙、狗、蝴蝶等民族的图腾动物形象装饰于银饰上，祈求其保护。苗族银饰具有祈神、敬祖、求子、求福、求寿的巫术意义，这体现在银饰相关的装饰形式和民俗仪式中。鱼是多产的一种水生动物，生活于清水江畔的施洞苗族将鱼视作丰产与繁衍的象征。施洞苗族银饰中，对鱼纹是常见的装饰纹饰。这些鱼纹多以对称的形态，或头对头尾对尾，或首尾连接的形式出现在密集的纹饰中。从巫术的角度来考虑，呈对称排列的动物纹样具有繁殖无数的用意。"对称动物图案，多是动物交尾、交配的变型。"① 施洞苗族银饰中，鱼纹多用于装饰年轻女性的银饰盛装。这种纹饰的巫术意味很强烈，施洞苗族认为将鱼纹做成银饰佩戴在年轻女性的身上，就可以将鱼多产多子的能力转移给女性，这样就可以实现族群繁衍壮大的愿望。这是典型的接触性巫术。银饰上常出现的"鳞化"装饰就是将鱼的多产的性能巫化转移到其他动物身上的一种表达方式，常见的以网格纹做底纹装饰的形式也不单纯是美学意义上的装饰，而具有了巫化符号的意义。因为鱼的典型特征是多鳞，从巫术心理出发，只要将鱼鳞在银饰上加以表现和移植，鱼多产的特点就会被转化到银饰上，而使银饰具有了繁衍的巫术效果。因此，银饰上的网格纹不仅是多产的鱼鳞的模拟，也具备了繁衍和多产的巫术功能，是具有高产和繁殖的法力的符咒和符号。在节日的鼓场、结婚的场合，年轻的苗族姑娘将装饰有鱼鳞符号的银饰佩戴在身上，就被赋予了如鱼一样高产的能力，这对多次迁徙和人口数量波动较大的苗族来说，刚好满足了族群繁衍的需求，这很明显是一种繁殖巫术，是地道的交感巫术原理的运用。

苗族信奉多神崇拜的原始宗教，信鬼好巫。苗族先民对自然界的认知多体现在其祭祀、巫术或宗教观念中，施洞苗族沿袭了苗族先民的信仰方式，银饰纹饰充分体现了在这种信仰影响下产生的以"万物有灵"引导的崇拜行为和"生成维护"的施巫驱邪行为。万物有灵是施洞苗族巫文化的核心，也是银饰纹饰具有灵性的根源。他们用万物有灵的观念去观察周围一切，把某种动植物当成自己的祖先或者与自己的民族祖先有某些血缘关系，并赋予神秘的意义，于是产生了图腾崇拜。施洞苗族银饰上的各种纹饰都具有自己的故事，它们是生活在施洞苗族身边的山水树木，是带给人类生命的蝴蝶、枫木，是带来风调雨顺的龙和青蛙，是赐予人类生殖能力的鱼和鸟……苗族银饰上的一切动植物都有着神奇的能力，又具有独立的灵魂，它们具有消除灾厄、促进族群繁衍的能力。

施洞苗族居民，自古就祀奉祖先，崇拜自然，存在"万物有灵"的图腾崇拜和原始信念，认为神灵具有不可不信仰的力量。苗族最早将枫木和蝴蝶妈妈作为图腾崇拜对象，这是借由苗族母系社会所产生的信仰；进入

---

① 宋兆麟：《生育神与性巫术研究》，文物出版社，1990，第173页。

父系社会以后，父系血统的确立使得其崇拜对象演化为蝴蝶妈妈所孕育出的人类男性祖先姜央。施洞苗族既祭祀姜央，也祭祀枫木和蝴蝶妈妈，平时喝酒时首先要用筷子蘸酒点地来祭祀祖先。另外，施洞苗族认为日月山川、山石草木、桥梁水井等都是神灵，连自然界中的风、雨、雷电、冰雹等也看作神鬼的作用，因此在特定日子或者节日期间对其进行祭祀，以求平安，这具有明显的多神崇拜的特点。

苗族认为万物有灵，鬼神无处不在，无时不有。生活中遇到婚丧嫁娶、生老病死等，都需要占卜吉凶，请巫师祈神驱鬼。将万物有灵的观念与巫术融合出的审美取向成为苗族银饰上的具有奇幻色彩的纹饰和独特的民族装饰风格。借用巫术命令超自然的能力，幻想依靠银饰上各种纹饰的超自然力来达到民众所祈望的美好祝愿；又依赖服从于超自然的能力，佩戴银饰后就听任超自然能力的主动作用。如苗族在祭祖、招魂、接龙、冲傩等巫祭活动中，苗族民众崇信巫术所具有的超自然的能力，相信可以借助巫术驱使一切具有相应能力的自然或非自然的力量，去战胜灾厄。在仪式结束后，听任事态自由发展，如果事态发展与巫术的原先祈愿相同，则更推崇巫术；如果事与愿违，则认为巫术中所驱使的力量不够强大。

现在，施洞苗族仍具有多神信仰。这是一种在苗族阶级社会形成之前产生的朴素的原始宗教。历史上曾有许多苗族好巫祀鬼习俗的记载，至今，这种习俗在施洞苗族的生活中仍然普遍存在。施洞苗族所信奉的鬼神多达几十种，这融汇了苗族传统的鬼神信仰和汉族儒释道等宗教中的仙道等信仰。在苗族人的观念中，万物皆有灵。他们将鬼神按照性质分为善恶两类：给人带来福祉的是善神和善鬼，应该得到崇敬与祭祀；与人作祟的是恶神和恶鬼，应当由巫师作法事驱逐。其他民族，尤其是汉族，引入的宗教信仰对施洞苗族的精神信仰有很大的影响。至今，在施洞地区村寨中保留的土地庙就是道教文化的产物。湖南是道教的信仰地，据推测，施洞地区的道教信仰多受湖南商人影响。家家户户正屋中的祖先牌位之上也多写有"天地君亲师"。这无疑是苗族传统宗教受到中原文化影响的结果。

银饰上图腾崇拜意义的纹饰较多。创生人类是图腾的功绩和特征之一。苗族银饰也存在具有相同文化内涵的图腾。蝴蝶是苗族关于人类创生传说中的主角之一。蝴蝶产下十二枚卵，孵化出了龙、雷公、牛、蜈蚣等动物和人类的祖先姜央，姜央的兄妹成婚神话繁衍出了苗族。施洞苗族将蝴蝶称为"妹榜妹留"，即为蝴蝶妈妈。施洞苗族银饰中，如蝶恋花银簪、蝴蝶银衣片等都以蝴蝶为主要形象，有的蝴蝶还被写实地塑造出人的面孔，无不展示出施洞苗族对蝴蝶妈妈的崇拜与纪念。

施洞苗族佩戴银饰除去展示财富这个因素，还有一些潜在的动因。施洞苗族银饰中蕴含着巫术和信仰的图像占据了饰品的主要位置。苗族历史上的处境和生活环境较为恶劣，在五次大的历史迁徙过程中，每次面对的都是荒无人烟的陌生之地。所到之处，要伐木开林、烧山开耕。自然的强大使苗族既崇尚自然，又具有畏惧之情。但是苗族期望能够战胜恶劣的自然环境，建立起自己的家园，因此，在现实世界中，苗族勤劳勇敢地与自然做周旋；在精神领域，苗族借用巫术虚幻、神秘的形式来增强战胜现实世界中困难的勇气。因此，对于自然的崇拜就融入苗族巫术中。巫术具有强烈的人为意向，这种潜意识作用，会增强人们生活的信心和勇气。

苗族的多种民间文化形式起源于生活，后逐步从仪式中返归生活，苗族的各种造型艺术也不例外。苗族巫术的特点就是功利和实用，这个特点在施洞苗族银饰的巫文化中也是如此。施洞苗族银饰的一些怪异造型在巫文化的解释下都可以顺理成章。苗族佩戴银饰是因为相信银饰洁白的光泽如利剑一样可以斩除邪恶。施洞苗族的乳丁纹手镯以尖锥形的突起为装饰，在佩戴中并不方便。但是联系到施洞苗族相信一切锋利之物都具有驱邪的功能，也就很好理解了，这种手镯是一种驱邪用品。这正是苗族巫术中的驱邪物品经过变异整形后在银饰上的使用，也是苗族银饰装饰重巫术轻艺术的审美体现。佩戴银饰而舞（如踩鼓）是以娱神、娱人为目的的。在历史上，穿银衣踩鼓以娱神为主，祈求祖先和神灵保佑；时至今日，这已经成为一种以娱人为主要目的的活动。踩鼓的原始含义已经伴随历史的烟云被逐渐遗忘，踩鼓场上的银色光环已经成为当下苗族民众心目中赏心悦目的风景。苗族的服饰、银饰借用苗族文化中的巫术造型作为纹理装饰，巫术性质随着历史文化语境的变迁和生活方式的转变而表现出弱化的趋势，审美需求逐步上升为主要因素。如苗族水牛角这个造型的演变就很好地证明了这个变化过程。苗族崇拜牛，祭祖时要杀牛，而且牛角要悬挂在朝向东方的中柱或者神龛下，象征祖宗的灵魂永远在牛角上栖息。因为真实的牛角在祭祖仪式中的巫术意义，在祭鼓时，苗族要将木鼓悬挂在牛角形的木桩上；芦笙场上的铜鼓也悬挂于牛角形木桩上。后来苗族银匠模拟牛角的形状制作苗族头饰中的大银角。从牛角源于生活—巫术化—返归生活的演化过程中，我们可以发现，祭祖仪式中的一些重要的民俗物因为其仪式性而被巫化，在后续的发展中，这种被巫化的事物逐步被形式化，其造型成为一种具有巫术意义的形式，只要模拟出类似的造型就具有该事物的巫术意义。在牛角的巫术造型返归到生活中的银饰上时，牛角的纹饰表现出了艺术与巫术的分离。在贵州苗族地区经常出现的会徽上的牛角、屋檐上的牛角等装饰形式与银饰中牛角的装饰形式是类似的，其巫术意义已经被弱化，其装饰意义占据了主要角色，牛角的造型由仪式走向生活。因此，我们可以发现，苗族银饰中的巫术与艺术具有互渗性，巫术对苗族银饰的艺术产生了根源性的影响，艺术却将苗族巫术贯穿于生活传承至今。

## 小　结

施洞苗族虽然没有文字记述自己的历史，但是服饰的纹饰语言却弥补了这个缺憾。银饰上的纹饰记录着人类起源和苗族祖先的神话，记录着苗族历史上的英雄人物和他们的英雄事迹，记录着苗家人的虔诚的信仰，记录着施洞苗族的民风民俗。施洞苗族将这些图腾穿在身上，将民族的记忆戴在身上，继承着祖先的美好愿望，祈求着族群繁衍和美好生活。

从本质上来说，人是"符号的动物"，人可以通过创造符号，并通过符号来沟通人与人之间的感情、思想和生活需求等，这是人与动物最大的区别。原始人借助抽象或具象的符号和图案构筑起了属于他们的符号艺术世界，如陶器上的几何纹、玉器中的动物纹、瓷器上的植物纹等，有的我们已经很难去辨认出它们的现实来源，因此也就无法解读它们的符号寓意。苗族银饰的纹饰也是如此，在漫长的迁徙和族群分化过程中，一些纹饰的意义已经有所改变，还有的因为外来文化的冲击而失去了原来的面貌，因此破译这些符号需要借助对苗族的传统文化和各种民族工艺的进一步深入研究。

苗族银饰的符号中具象纹饰居多，抽象纹饰多以辅助纹饰出现。抽象的纹饰,如水涡纹、钱纹、如意纹、乳丁纹、圆螺形纹等,具有其抽象的原始观念。具象的图形也具有其深刻的符号内涵,或隐喻某种神秘的观念。苗族银饰中所表现的大量的抽象符号的主题和具象图形的主题所隐喻的巫术含义、生殖崇拜与祖先崇拜的意义都为苗族文化的研究提供了可贵的信息。

在其形成的过程中,苗族银饰的符号图式并不是一种任意的、简单的图形塑造过程。在图形发展过程的某个节点,图形是银匠即时创造出来的,带有随意性。但是这个随意性的创造是受到族群文化浸染而萌生的,并不是银匠凭空虚构出来的。在某种程度上,银饰纹饰中隐藏的深刻的内涵类似于人类的语言,有的符号记录了苗族祖先的生活,有的符号隐喻着某种族群观念,它的根基是苗族传统文化。符号是意义的一种潜在表达形式,意义以一种被隐藏、被转化的形式潜在附着于符号之上。也就是说,意义的缺失才导致了符号的存在,任何符号存在的价值都是因为意义的某些成分不在场,或者未能充分在场,所以借助符号以完成完整的意义传达。如果意义在场,符号就没有存在的价值了,就如《庄子》说的得意忘言,得鱼忘筌。苗族银饰常用体系化的符号构成符号文本,来表达更具有内涵的意义。因此,我们要将苗族银饰的符号置入苗族的传统文化中予以解读。

# 结　论

　　苗族银饰工艺精细、纹饰丰富、形制别致、功能复杂，与苗族的民间工艺、民俗生活和节日庆典相互融合，形成了独具特色的苗族银饰文化。作为苗族民族文化综合载体的苗族银饰，既是家庭富有的物质财富的体现，又是苗族人民精神世界的展现；作为民族识别符号，它维系着苗族社区和支系的族群认同；作为图腾崇拜的附着体，它凝聚了苗族代代的子孙，缔结了良好的婚恋秩序，它是苗族人民人生仪礼中不可缺少的象征物和民俗符号；作为苗族巫文化的携带者，它保护了苗族人民的精神世界。

　　苗族银饰的文化涵盖了苗族人民在婚丧嫁娶、衣食住行、民风民俗、信仰禁忌等方面与地域经济、文化和民族心理融合中所形成的苗族原始宗教文化的方方面面。作为一个融合多支系多成分而成的原始宗教崇拜民族，在苗族银饰中残留有较多宗教符号。具有特色的民族风格的施洞苗族银饰是苗族历史记忆的载体，是苗族信仰的形象展现和苗族审美情感的宣泄，是民族传统文化具象化的符号体系。从某种意义上说，苗族银饰也可称得上是苗族的族徽，其中蕴藏着丰富的文化内涵，是苗族原始的宗教信仰文化的展现。

## 一　施洞苗族银饰的象征与表述

　　服饰是人们心理外化的一种形式，纹饰是民族文化标记。服饰形态及其变化是社会习俗的重要标志，具有传达年龄、身份、地位和种族等信息的功能。在封建王朝统治时期，皇帝穿戴的龙袍和皇冠、官员的顶戴花翎都是权力和身份的象征；平民的长袍、秀才的蓝袍、举人的青绸蓝边公服、状元的紫袍就形成了明显的封建等级性的服饰标识。苗族拥有自己的文化符号系统，其中最具特色的文化符号就是银饰。银饰是苗族工艺中最细腻、最精致的艺术珍品。[①] 不同支系苗族的银饰形成了本地域、本支系的文化特征，成为族群内部特指性的文化符号。雷公山周边的苗族可以凭借不同的银头饰来区分，如雷山苗族的大牛角、黄平苗族的银花帽、施洞苗族的龙凤银牛角和银雀簪。施洞苗族银饰文化积淀了多种符号，成为施洞苗族精神文化的代替物。施洞苗族银饰不仅是一种饰品，更是在艺术之上建立起的含义宽泛的、自足的、开放的象征符号体系。若将银饰置于施洞苗族的民俗生活中去观察，我们可以看到苗族银饰的物态如何展示了施洞苗族民俗文化中的诸多精神实质。运用卡西尔的"人—运用符号—创造文化"的哲学依据，我们可以认为，苗族银饰由简单到繁复的过程其实就是一个不断符号化和文化化的过程，是施洞苗族将生活经验、情感和信仰等文化要素不断符号化的过程。通过银饰中的符号活动和符号思维，施洞苗族心理的、生理的、功利的、审美的、宗教信仰的精神诉求得到表达，呈现出一种隐含社会秩序和道德法则的多重动因影响下的象征意义，透露出多重非语言的代码信息。

象征符号体系是施洞苗族银饰文化中的族群传统文化的具体展现形式。银饰的符号意义使得银饰不仅是把人包裹起来的器物或工艺品，而且使穿戴银饰后的人具有了与所佩戴的银饰相应的社会性、超常性，甚至在仪式中的主持者因佩戴银饰而具有了与神灵或祖先沟通的神性。这种外化的信仰形式还表现在施洞女性须盛装银饰才能踩鼓、龙舟上的男性须佩戴银项圈和银泡，就连祭祖的猪都要佩戴银项圈。这是借助了银饰的符号象征寓意和仪式结合的形式，将普通的人或物神化的转化形式，将静态的银饰符号纳入动态的仪式中，纳入人的生命中。

从人类原始的装饰形式和装饰行为来看，服饰具有巫术的功能，并承担巫术的象征内容。将鸟羽穿在身上是原始人相信因此就能获得先知的能力，将兽齿挂在颈间是原始人类想借助猛兽的力量保护自己弱小的灵魂。超越了避寒保暖的基本功用之后，服饰在文化的地域性和民族性基础上经历了从物质到精神、从生活到信仰、从具体到抽象的族群认同和传承，其

① 黔东南苗族侗族自治州地方志编纂委员会编《黔东南苗族侗族自治州志·民族志》，贵州人民出版社，2000，第198页。

中的巫术根深蒂固。

　　作为施洞苗族信仰象征的银饰既是现实世界的物态形式，又是他们心灵上抽象的文化表征，是从实用层面上升为具有社会意识形态内容和文化内涵的精神层面。族群内部文化间的融合引起了银饰纹饰造型和内涵的多元化，银饰纹饰更趋向符号化。多为贵、多为富、多为美、重为美、大为美的身份观念、财富观念和审美观念与巫文化融合，塑造出施洞苗族银饰的符号体系。当苗族银饰的符号体系成为族群内部固定的一种模式时，在女子穿起银饰盛装的场合，银饰所具有的文化内涵引起的心理效应，会激起族人强烈的宗教感情和巫术的心理冲动。作为施洞苗族文化的一种表述形式，银饰文化是以庞大的象征符号体系为支撑的。施洞苗族银饰象征符号依托银饰符号的象征（建立历时性的以银饰文化为中心的文本的符号编码系统）与表述（即时的表演下的象征文化）作为支撑，涵盖了施洞苗族传统文化的精髓。施洞苗族银饰的象征符号系统是施洞苗族在其族群内部传统文化中构筑起来的，有其历时性的发生、发展和传承的过程。民族文化和民俗生活是施洞苗族银饰文化的载体和土壤；银饰文化的象征符号体系是土壤上的建筑，每一个符号意义的实现都要以这块深厚的土壤为支撑，却又在历时的变迁中对民族文化和民俗生活造成影响，并对其发展产生作用。因此，象征符号体系和族群文化作为外显和内在的两个层面，成为一个并联且循环的组成。施洞苗族银饰具有自身的相对独立，不是孤立的符号系统，银饰的符号与施洞的其他民间工艺的符号和民俗生活中的符号存在千丝万缕的联系，相互印证，互为补充，共同支撑着施洞苗族的民俗符号体系。施洞苗族大量的口传文化、节日文化和人生仪礼文化在银饰中都保留有稳定的符号，如古歌中的枫木与蝴蝶符号、龙舟节中的龙纹、婚礼中的鱼纹都在银饰中有诉诸视觉的图像化体现，成为这些无形的文化的展示方式。

　　索绪尔把符号的指示能力概括为能指和所指两种。雅各布森则把符号的指示意义分解为两个方面："一个是可以直接感觉到的指符（signans），另一个是可以推知和理解的被指（signatum）。"① 施洞苗族银饰符号的

---

① 特伦斯·霍克斯：《结构主义和符号学》，瞿铁鹏译，刘峰校，上海译文出版社，1987，第 129 页。

"能指"是指物态的银饰的材质、颜色、形制、纹饰及其制作过程和装饰形式等可用器官感知的形式,其"所指"则涵盖了施洞苗族的族群历史、社会结构、社会分工、宗教信仰、图腾崇拜、节日文化、祭祀文化、价值和审美观念、民族工艺等民俗生活中的方方面面,历经民俗文化的洗礼和筛拣,凝练成为特定的银饰符号。特定的银饰符号具有特定的象征含义:龙——各种灵力的集合体;蝴蝶——自由的生活与繁殖;牛——雄壮、生殖;鱼——多子多孙,这些纹饰已经成为群体内部认同的固定的"契约"符号,一直沿用至今。施洞苗族银饰的这种"物态—民俗—信仰"的象征符号体系成为施洞苗族传统文化的表述方式。文化是"从历史上留下来的存在于符号中的意义模式,是以符号形式表达的前后相袭的概念系统,借此人们交流、保存和发展对生命的知识和态度"[1]。从文化哲学的层面来说,施洞苗族银饰的"纹饰"符号体系就包含了程式化的几何纹饰和以各种动植物、人鬼神等物象或幻象定形化的图画符号纹饰。大量承载施洞苗族信仰诉求的纹饰就构成了施洞苗族银饰的母题文化特征,施洞苗族的传统文化就被以"纹样化"的符号表述出来。

施洞苗族银饰中有一部分纹饰,因为延传过程中的简化与变异,成为无具体指称意义的符号,如银链中的环形、银泡、银响铃、银瓜片、银吊铃、菱形、圆形、鱼子纹、旋涡纹、波纹、蔓草纹等造型。这些纹饰或造型有的是根据功能性的需求产生的,但是,多数源自具有符号意义的纹饰的简化,成为寓意深隐却简化为自由的无意识的装饰形式。常见的鱼子纹、波纹、旋涡纹和蔓草纹等简单重复的几何纹饰是从自然形态写实或借用其他工艺装饰纹饰演化而来的,多是经历了银饰材质、佩戴舒适和审美需求的限制后,逐步抽象化和符号化后形成的。"银饰中的很多几何图案及花纹可能是由动物或其他物品图案演化而来的。例如银饰中的螺旋形纹饰是由鸟纹变化而来的,漩涡纹是由《苗族古歌》中的漩水滩演变而来的;而波形纹和垂幛纹又是蛙纹演变而来的。"[2] 这些几何纹饰多是淡化了图腾意义或符号寓意的简化或抽象化的纹饰。

施洞苗族银饰的符号体系"所指"的象征寓意并不是单一的,而是多

---

① 克利福德·格尔茨:《文化的解释》,韩莉译,译林出版社,1999,第109页。
② 龙湘平:《湘西民族工艺文化》,辽宁美术出版社,2006。

层次的。如施洞苗族女性佩戴大小银牛角起源于"嫁男"到"嫁女"的婚姻形式的转变：古时苗族婚姻是将男子嫁到女家，出嫁时就要用头戴水牛角的方式将男子打扮得威武雄壮；后来"嫁男"变为"嫁女"，仍保留了佩戴银牛角的习俗。这是牛纹的一项"能指"意义。从施洞民俗生活来看，银饰中的牛纹是施洞苗族牛耕稻作文化的缩影，牛是施洞苗族耕种翻地的主要畜力，是粮食收成的直接影响力量，因此，水牯牛成为生命和力量的符号；在苗族迁徙的路途中，牛承担负重，并具有驱赶野兽的能力，因此，牛是施洞苗族的保护神；在葬礼中，牛是祭祀牺牲，也是指引亡灵回到东方故乡的向导；苗族的祖先蚩尤"头有角"，牛纹成为祖先的象征；长有牛角的牛龙就具有了更神异的力量。因此，施洞苗族头戴牛角形银饰、用牛角杯敬酒、以牛祭祀祖先等民俗事象反映的民俗文化就成为牛纹多层次的"能指"寓意。可以说，施洞苗族银饰符号体系中的"所指"与"能指"并不是一一对应的关系。除去一项"所指"具有多项"能指"的形式，多项"所指"具有共同的"能指"含义的情况也是存在的。如银饰中的蝴蝶纹、牛角纹、鱼纹等都具有生殖的意向。由此可以推知，施洞苗族银饰的符号体系是一张错综复杂、相互关联的网。

这张银饰符号构成的网就如蛛丝一样，牵一发而动全身。每个符号或意义的变迁都与施洞苗族的民俗文化产生互动。银饰符号是施洞苗族民俗文化和民俗生活的缩影。"如果要想使得某种创造出来的符号（一个艺术品）激发人们的美感，它就必须以情感的形式展示出来；也就是说，它就必须使自己作为一个生命活动的投影或符号呈现出来。"① 当我们深入施洞苗族的民俗生活中就会发现，银饰是作为苗族"生命活动的投影或符号"呈现在我们眼前的。作为饰品，银饰是施洞苗族与其他民族进行族群划分的标志；作为财产符号，银饰盛装是家庭富裕的象征；作为身份标识符号，银饰是维持社区团结和婚姻秩序的约束和警示力量；作为巫文化的携带者，银饰是施洞苗族心理诉求的慰藉力量。丰富的银饰符号涉及对象广泛，适用场合普遍，是施洞苗族在各种仪式场合中寄托心理上的自然崇拜、图腾崇拜、祖先崇拜和生殖崇拜的符号。施洞苗族银饰作为艺术符号

---

① 苏珊·朗格：《艺术问题》，滕守尧等译，中国社会科学出版社，1983，第43页。

出现在民俗生活中，它的派生意义根据人们的需求而变迁，随着施洞苗族所处的时代、历史状况、宗教信仰和风俗习惯的变迁而变化。

"象征文化的存在及其表意方式具有普遍性，凡有人类的地方，不分种族、时间和地区就有象征文化……不包括象征文化理解的文化认识将是不完整的，没有象征文化理解的文化解释往往是浅表性的，甚至是错误的。借助象征视角，可以帮助我们由表及里，完成从现象到本义的认识过程。从而完整认识文化的全部含义。"[1] 各民族的服饰总是汇集了民俗文化中最具有代表性的、最具族群认同性的符号作为吉祥纹饰。施洞苗族银饰中的蝴蝶、牛、鸟、鱼等符号都是取自施洞苗族生活中喜闻乐见且关系密切的动物纹饰作为图案，把视觉、听觉等感官可感知的对象化为符号语言来构筑族群文化。涂尔干说过，过去不是被保留下来的，而是在现在的基础上被重新构建的。其实，今天我们所认识的苗族银饰的历史和文化也是如此，苗族银饰的象征文化并不是一个固定的、静止的物体摆在那里，它是一个变动的、发展的事物，它的文化史是一个建构的过程。我们所记录的只是它被我们所观察、感知到的一部分，它的隐形的或被忽视的部分也随着历史的流转而变化。每次表演构成一个独立的文本，文本在本质上即是一次表述，每一个文本中的表演将民族文化的意义外显，把族群文化以符号的形式表述出来，展现给观众，并通过建立于族群文化之上的象征手法进行转换，坐实文本的象征意义。施洞苗族银饰符号是苗族情感和信仰的外化形式，是苗族人民情感和智慧的结晶。作为一种功能性的象征符号，施洞苗族银饰成为族群历史、迁徙史、民间工艺、宗教信仰、巫文化等传统文化的表述形式，成为施洞苗族文化的一种特殊语言。不管是在历时性的族群文化发展中建立起的银饰符号编码系统，还是即时表演下象征文化的表述，施洞苗族银饰的符号体系最终投射到一个凝聚的核心：族群的生存和繁衍，这是所有人类关心的一个最本源、最物质的问题。

在历史上漫长的迁徙过程中，苗族的人员伤亡、损失较大。在多次的迁徙—定居—迁徙的历程中，开辟新家园的艰辛、较低的出生率，以及部分成员定居造成的人员减少，族群规模起伏较大。在这种恶劣的生存环境

---

① 居阅时、瞿明安主编《中国象征文化》，上海人民出版社，2001，第 20 页。

中，提高人口出生率和存活率，才能保存人口数量，维系族群的繁衍。

伴随苗族迁徙文化成长起来的施洞苗族银饰同样以族人的生存和族群的繁衍这两个主题作为纹饰的选择标准，因此，造就了施洞苗族银饰中的符号体系集中朝向生存和繁衍的象征寓意。

### 1. 如何生存下去？

施洞苗族银饰中的纹饰对这个问题有一个很好的回答："人从树中来，回到树中去"，这是源于苗族古歌中的生死观信仰。苗族古歌中，白枫木幻化出蝴蝶妈妈，蝴蝶妈妈产下十二个蛋，由鹡宇鸟孵化出了包括苗族祖先姜央在内的人和动物。因此在施洞苗族的信仰中，人的诞生就与枫树有了密切的关系。新生儿的虎头帽和背扇上缀满了枫叶、蝴蝶的垂饰即是施洞苗族祈求祖先保佑子嗣的诉求。苗族认为人死后有一个灵魂要寄居在族群的木鼓内，因此苗族的鼓社祭就是为了唤醒祖宗鼓中的祖先接受子孙的祭祀。木鼓一般由枫木或楠木制成，象征亡去的人回到树木的怀抱。施洞苗族银饰中多将鼓形做成手镯（链）、耳柱等佩戴于身。头顶银雀簪的造型也将自己设定成一棵大树。当然，这些都是据苗族的口传文化与服饰形制之间的信仰链接做出的文化解答，施洞苗族银饰与族群的生存还有更具象、更民俗化的联系。

从最现实的角度来说，白银是施洞苗族在迁徙途中最容易携带的财产。房屋、田地都随着迁徙而丢掉，制作的锦衣华服又不利于长久保存，只有白银，既便于携带，又便于保存，成为苗族世代保存和传承的财富形式之一。在进入新的定居点之后，白银便被打制成银饰佩戴起来，成为一种展示财富的方式。银饰的纹饰和形制多与本族群的传统生活习俗、宗教信仰和社会结构具有关联，多将自己族群的图腾信仰和原生存地的景象做成银饰纹饰，既体现了怀乡恋祖的乡土情结，又在无形中成为与其他族群区分的标志，这就是银饰纹饰出现区分族群的功能的原因。因此苗族古歌中天上的日月星辰、苗族先民生息过的江河湖泊、辛勤耕耘过的田野平原、赖以为生的鸡鸭鱼虾……被装饰于银饰，成为银饰纹饰的母体和灵魂，成为施洞苗族怀乡认祖的象征符号。银饰上所锻制的自然纹饰、图腾纹饰和祖先崇拜意义的纹饰多具有巫术色彩，是巫师、寨老或主持特殊仪式的人与神灵与祖先沟通的"灵物"。银饰凭借"有灵"的纹饰图案携带

的巫文化，以自身世俗的、物态的形态赋予苗族人民开山辟野、重建家园
的精神力量。不管是诞生礼与葬礼中的守护灵魂的银饰，还是节日踩鼓场
上和祭祖仪式中连接神灵与祖先的银饰，抑或是族群成员标识身份的银
饰，银饰纹饰的符号构建起的"阴安阳乐"的精神诉求是苗族人民千百年
来历尽艰苦生存下来的精神动力。银饰中的纹饰多寄托了苗族对努力生存
下去的期望和对美好生活的向往。

**2. 如何实现族群繁衍？**

族群繁衍是施洞苗族银饰的中心诉求。生殖崇拜可以说是人类最古老
而持久的一种崇拜文化。这期间曾经历过"自然崇拜""图腾崇拜""祖
先崇拜"的不同历史文化阶段。[①] 苗族以自然崇拜、图腾崇拜和祖先崇拜
为发展主线的多神信仰体系是苗族在历史上艰难生存和繁衍的状况的反
映。通过对善神善鬼和祖先的祭拜和祈祷，对恶神恶鬼的驱逐与禳除，苗
族人寻求获得精神和心灵上的慰藉，这是许多民族存在的祈福禳灾的文化
形式。至今我们仍能够在民族民间艺术和民俗祭祀仪式中感受到苗族这种
信仰文化的影响，它仍然潜伏于各种文化现象中。在苗族银饰中，大量具
有生殖崇拜含义的纹饰以不同的图形组合方式、多样的工艺制作成装饰纹
样。在施洞苗族族群生存和繁衍的诉求影响下，这些来源于自然崇拜、图
腾崇拜和祖先崇拜的纹饰的生殖内涵被深刻发掘，并形成了互为关联的符
号。这奠定了施洞苗族银饰的生殖崇拜的根基："万物有灵"思想下产生
的水崇拜（涡拖）、天体崇拜（月亮）和灵力混合体的龙（实际是各种动
物能力的崇拜）多延续了其符号寓意中的生殖内容，与枫木—蝴蝶、鸟、
鱼的生殖文化相混合，产生了施洞苗族对生殖文化最本源的思考结果和信
仰对象。汇集生殖崇拜对象的纹饰于一体的银饰就如将各种生殖力量融
合，成为接引神灵和子孙魂魄来到人世的灵魂之"桥"。当肩负族群繁衍
重任的年轻人走向踩鼓场、游方场，怎么能够不佩戴具有生殖巫力的银
饰呢？

苗族银饰中的原始文化，重合于人类各民族早期文化，如对自然的依
赖与迷茫、恐惧与抗争，进而模仿或拜祭自然的各种现象。在人类的早

---

① 孙新周：《中国原始艺术符号的文化破译》，中央民族大学出版社，1998，第51页。

期，对超自然的力量的恐惧与崇拜是建立在对生命的渴望与死的恐惧，以及和死亡与梦境相关的灵魂观念之上的，最终目的是对生命的生存和部族的繁衍，即人的生存与繁衍。生存与繁衍是施洞苗族交替、混融的古老话题，伴随这两个问题的崇拜文化就如一个个银环，将苗族银饰文化从古至今或隐或显地连接起来。苗族崇信鬼神的巫文化，却没有将鬼神奉为至高无上的统治世界的力量。银饰文化寄托的是苗族不畏邪恶、勇于与恶劣自然条件搏斗的民族精神。这种"迎善禳恶"的行为是苗族千百年来生存和繁衍这两大族群问题的精神支柱。

## 二 从仪式符号到消费符码

苗族服饰文化是苗族艺术的精髓之一，是苗族传统文化的一个重要组成部分。这些具有丰富的文化内涵的艺术品是中华民族多样性文化中最为丰富多彩的一支。生活于清水江中游地段的施洞苗族以贵州省黔东南苗族侗族自治州（以下简称黔东南州）台江苗族自治县（以下简称台江县）施洞镇为中心，在清水江两岸的平坝建立了一个以苗族为主要民族的聚居区，并在深厚的历史传统和民族文化基础上发展出了独具特色的苗族服饰文化。施洞苗族服饰携带的历史文化信息积淀了族群的图腾崇拜、历史迁徙记忆、宗教信仰、民俗文化和生活智慧等苗族传统文化，在特定的历史文化空间内发展出了一套完整的记录族群历史和展示民族文化的符号系统，成为穿在身上的习俗与信仰。至今，施洞苗族仍然保留有完整的服饰制作工艺和丰富的服饰礼仪活动。苗族银饰文化不仅是施洞苗族民间自我传承的文化事项，还是苗族社会长期发展中约定俗成、流行和传承的一种民间文化模式，更是苗族表达情感、展现其独特精神面貌和内心世界的象征符号体系。

在近代，施洞苗族与外界接触逐渐增多，施洞苗族的社会形态和人文环境受到影响。交通条件的改善、电话和网络等新的通信工具加速信息交换和传播。施洞苗族的生产、起居、饮食、节日和娱乐等民俗生活方式发生变化，服饰制作技艺、纹饰图案和服饰风格也受到影响。在多样化的城镇文化的浸染下，施洞苗族服饰文化的生存空间受到挤压，服饰在外观和文化内涵上出现变异。苗族服饰的变化是苗族传统文化变迁的表象，代表了苗族文化在族群精神和价值观等深层次的乡土传统已经受到外来文化的涵化。城镇化将异质文化渗透进苗族的服饰文化中，导致了苗族服饰从表层发生变化。从分布地域上来看，苗族服饰的变异区域以城镇为中心，沿主要公路向四周延伸。在日常生活中，居住在城镇或距公路较近的村寨中的苗族服饰最早出现变化，比分布在偏僻区域的苗族村寨更为明显。他们在日常生活中已经改穿现代成衣。从性别来看，女性作为服饰文化的主要传承者更多保留了日常穿戴传统民族服饰的习惯，男性除了重要节日外全部改穿现代成衣。从年龄段分布上来看，老年女性更多地保留传统，日常服饰以传统苗族服饰为主；中年和青年女性日常以现代成衣为主，只在节日期间穿回传统服饰；儿童的服饰装扮已经与东部地区的儿童没有差别。

服饰造型变化的背后是民族审美和信仰文化的改变。"衣裳是文化的表征，衣裳是思想的形象。"① 城镇化改变了施洞的外貌，也改变了施洞苗族的传统文化习俗和族群价值观。这种改变由浅及深地逐步渗透，从施洞各苗寨的人文景观和日常的生活方式，到当地人的经济模式和对教育的重视程度，一直深入他们的内心世界。外在的变化非常明显，内在世界潜移默化，却通过外在变化显露出来。这就要求族群个体正确看待传统的民俗文化与现代的城镇文化之间的矛盾，对传统的岁时节日、伦理道德、信仰崇拜等传统文化正确定位，并以此为基础发展新型城镇化社区的"地方性知识"，以传统民俗文化为乡土社会提供价值理念和信仰支持。

在近代，施洞苗族服饰文化发生了持续变动，这是苗族的内部文化变迁的物化表现。民族文化的自身运动、服饰文化的继承与创新、民族文化间的交流与交融是引导苗族服饰文化变化的动力。也就是说，施洞苗族服饰的符号体系受到民族内部文化变迁和其他民族文化的影响而出现变动。新的技术和生产工具的使用也使施洞苗族服饰工艺技术简化，服饰的造型和纹饰出现变动。施洞苗族的文化意识开放，文化变迁速度较非苗族聚居区的文化变迁速度快，难以维持古老的服饰造型，传统的服饰造型已经成为仪式服饰；且因为与汉族文化的接触较为频繁，施洞苗族对异质文化持有吸纳的宽容态度，服饰文化由传统服饰向现代成衣转变。在历史上，施

---

① 郭沫若为 1956 年北京服装展览会的题词。

洞苗族服饰经历了与多种外来文化的交流与交融，其中最主要的是经济因素。这些外来文化经历了苗族生活习俗和审美文化的筛选，最终落脚在施洞苗族服饰上。水路和陆路上同外界的经济贸易将苗族服饰向财富符号的方向推进一步。中原和湖南地区的传统吉祥服饰文化被选择性地纳入施洞苗族服饰的文化体系中。在民族文化热潮的发掘中，苗族服饰成为苗族传统文化的表征和族群文化的彰显者，成为中华民族传统文化中最为优秀的代表之一。近年来的旅游经济又将施洞苗族服饰文化的变迁推向高潮，因而呈现出当前的以展示和消费为主的服饰文化状态，盛装服饰的节日仪式和苗族服饰的消费热潮成为施洞旅游经济中的热门，服饰成为施洞苗族招徕外来游客的符号和招牌，逐渐演化成为一种消费符码。

苗族千百年来用传统文化构筑起的社会结构和社会秩序已经无法抵御现代社会所形成的"同化黑洞"，同时消逝的还有依托于传统服饰文化的民族手工艺，施洞苗族服饰已经逐步从精神上的仪式符号转化为现代社会的一种消费符码，这主要表现在如下四个方面。

**1. 文化自信不足导致传统服饰文化主体的流失**

苗族服饰在民俗传统中主动或被动地存在着，传统的塑造离不开创造和传承文化的主体——人。苗族服饰文化中人的因素主要有两种形式：一种是服饰的制造者，赋予了服饰具有传统文化内涵的纹饰符号和工艺文化；另一种是服饰的穿戴者，将服饰带入民俗生活，赋予了其符号化的文化内涵，这又对服饰的制作产生影响，形成了苗族服饰文化传承和发展的闭合系统。这两种形式的人群在服饰民俗中表现为一个统一的群体。苗族妇女是塑造苗族服饰文化的主体，她们承担着制作服饰和传承服饰制作技艺的重要职责，是施洞苗族服饰文化的主要承载者。

当前人口流动引起的城乡文化交流不仅将现代性的城市文化带入苗族传统村寨，也改变了传统苗族社会的经济结构。苗族村社原有的传统性、封闭性的文化环境被城镇化建设打破，外界开放性、现代化的文化展现在与外界接触较少的苗族群众面前。多元的他者文化和现代技术进入他们的生活，启发了苗族群众的精神世界。广播、电视、手机等新媒体使施洞苗族不出苗寨就能看遍世界，柏油路的开通和旅游的热潮也更便于外界信息的导入。在城镇化中，外出打工、贩卖苗服和银饰等手工艺品、做小生意等成为重要的收入来源，打破了传统的依赖土地的自耕自足的传统经济模式。

但是，因为受教育水平相对较低、语言沟通的问题，以及与外界文化传统的差异，外出务工的妇女很难在大城市中找到自己的立足之地。很多人都是年轻时去做劳动密集型产业的工人，工作劳累，收入不高，个人的价值较低。每次打工的时间都不长，最多半年到一年。因不能融入当地社会导致她们频繁换工作。她们不停地辗转于各个城市，从贵阳投奔朋友到广东，又辗转到上海。她们发现北上广等大城市并没有适合他们的位置，然后就回乡了。回去后无法再次融入家乡的社会，不想过家乡辛苦的日子，过不了多久就又出去了。这样的反反复复，使她们不但丢失了传统苗族社会的女性传统技艺，失去了接受传统文化教育的机会，还在内心世界埋下了自卑的种子，失去了对自己族群文化的自信。

文化自信是指文化主体对自己文化价值的认可和肯定，并对自己文化具有自豪感。这与文化认知、文化能力和文化价值存在密切关系。在传统苗族社会，服饰文化中流传的是苗族女性族群性格的文化基因与精神血脉，她们掌握着苗族服饰技艺和服饰文化。服饰制作技艺高超的妇女是乡村社会中受人推崇的"能人"，掌握着服饰文化的精髓，在服饰制作中拥有话语权和族群认同。当前经济模式的改变波及苗族传统社会的民俗生活。服饰的变化是最明显易见的。服饰技艺不再是必须的技能，传承技艺的"能人"也逐渐褪去"光环"。20世纪七八十年代以后出生的妇女已经不再精于服饰制作技艺，老年妇女逐渐退出刺绣制作的舞台，女童也失去了在服饰技艺的习得过程中接受传统文化熏陶的机会，服饰制作技艺和文化迅速流失。纹饰简化、工艺粗糙化和机械化制作使苗族服饰缺少了民族特色，穿戴传统服饰的场合也只限于节日和祭祀仪式中。传统文化的丢失和服饰技艺传承断代导致妇女对民族服饰文化失去自信。苗族服饰文化对族群女性性格的塑造能力相应弱化。

### 2. 文化自觉的弱化导致服饰技艺传承断代

费孝通先生认为文化自觉是"生活在一定文化中的人对其文化有'自知之明'，明白它的来历、形成过程、所具有的特色和它发展的趋向"①。

---

① 费孝通：《文化与文化自觉》，群言出版社，2010。

在传统苗族社会的文化空间中建立起的文化自觉守护着施洞苗族服饰文化的传承。施洞苗族女性形成了良好的服饰文化传承的族群自觉性，自觉地承担着展示苗族服饰与沿袭服饰传统的重任。从三四岁起，施洞苗族女孩就戴着沉甸甸的银压领，开始跟随母亲去踩鼓场；及至成年，少女穿起盛装，成为踩鼓场上的目光牵引者。她们是服饰信仰的展示者。施洞苗族女性自幼就跟母亲或祖母学习织布、染布、浆布、刺绣，一针一线学习刺绣中的花纹图案、样式、图案隐含的历史故事和象征意义；从十二三岁起，施洞女孩每天有固定的时间学习女红；妇女一生都要为自己和丈夫、子女制作衣服；她们是服饰文化忠实的传承者。每逢节日，母亲或祖母就主动承担起了督促女孩去踩鼓的任务；在节前，她们早早将银饰送去银匠家清洗，并将银衣重新缝缀；在节日那天，少女的盛装在母亲或祖母的帮助下穿戴起来；在去往踩鼓场的路上，母亲提着装有大件银饰的竹篮，听候女儿的差遣；在踩鼓场上，母亲时刻关注着盛装的女儿；她们又是服饰文化的守护者。这是施洞苗族妇女历代养成的服饰技艺守护和传承的文化自觉。

受到现代文化和生活方式冲击的苗族村寨中，已经变迁的生活空间和生产方式对苗族服饰文化的传承造成冲击。传统工艺的衰退进而引起的服饰纹饰意义的缺失和传统服饰信仰的缺失。施洞苗族服饰承载的符码体系是构筑于施洞苗族男性和女性的社会角色分工的基础之上的。施洞苗族妇女的剪纸、刺绣等传统工艺将苗族巫文化塑造下的自然观念和鬼神信仰幻化成为真实的服饰图案；施洞苗族银匠将苗族神话、古歌和女性工艺文化中的纹饰筛拣出具有经典内涵的信仰符号，装配于在仪式场合佩戴的银饰上。女性工艺和男性工艺的纹饰结合，共同塑造出了苗族服饰的象征体系。苗族服饰的市场化导致苗族服饰制作工艺和银饰锻制技艺的水平出现滑坡。工艺传承的断代使年轻一代失去了对传统纹饰寓意的知晓，"挑花绣朵，五十年代，人人都会；七十年代，中年人会；九十年代，老年人会"[1]。工艺文化传承中，传承主体失去了文化自觉的"自知之明"，传承脉络就失去了力量。

从 20 世纪末的"民族文化热"开始，"在民族服饰方面，苗族群众改

---

[1] 杨正文：《苗族服饰文化》，贵州民族出版社，1998，第 306 页。

穿普通汉装的趋势更加迅速、普遍"[①]。苗族改穿现代成衣的原因有两个。一方面是因为苗族社会的对外开放带来了经济适用的商品。其中，现代成衣的种类、材质和款式多种多样，穿着感受较为舒适，具有耐穿、轻便、防水、御寒和透气性等特点，受到苗族群众的欢迎。另一方面，苗族服饰不再仅仅是不可出售的母亲传承给女儿的"嫁妆"，而是成为补贴家庭经济的商品。自从施洞成为旅游热区之后，苗族传统的服饰受到游客的喜爱。在经济利益驱使下，部分苗族家庭打破了苗族服饰不能出售的禁忌。在20世纪末，施洞交通不便，相对闭塞，少量游客上门求购苗族传统服饰。一些思想开放的妇女就将一些旧苗服以较低的价格出售了。后来，一部分有经济头脑的没有外出打工的妇女就在家专门收购服饰或绣片销往外地。还有一部分妇女就在农闲时制作绣片。21世纪初，施洞地区每年销售的这类旅游商品价值十多万元。近些年，随着刺绣制品和苗族银饰价格的上升，销售额的持续翻升，刺绣制品和银饰销售成为施洞地区旅游经济中的支柱产业。苗族服饰不仅是苗族社会在节日庆典、婚丧嫁娶和祭祀仪式中的礼服，而且成为博物馆、收藏家、游客等的收藏品。苗族服饰制作工艺繁复，周期较长，出现供不应求的状况。为了经济利益，粗制滥造就替代了原先的精工细作，机器加工也逐渐进入服饰制作中。随着日常服装的简化、生活节奏的加快、价值观念的更新，越来越少的苗族妇女会花费几年时间制作一件精致的苗服了。逐渐地，传统苗服在制作、穿戴和传承中携带的族群信仰消失了，苗族群众对传统民族服饰的感情也弱化了，因信仰的力量产生的文化自觉丢失了。

在城镇化带来的多元影响中，经济收入的多元化是导致苗族妇女文化观念转变的主要诱因。在经济社会中，贫富等经济因素成为主导人们评价体系的标准。裹挟在务工潮流中的苗族女性的生活方式和价值观的变化最具有代表性。这些进入城市生活的年轻一代大都是村寨中的活跃力量，他们将现代的价值观念和生产方式传播到苗族村寨。为了攒钱买更多的"银子"（即银饰），一些受过基础教育的苗族妇女陆续到北上广等大城市打工，她们返乡时穿戴的衬衫、连衣裙、高跟鞋和时尚首饰成了最时髦的装

---

① 卢勋：《中国少数民族现状与发展调查研究丛书·台江县苗族卷》，民族出版社，1999，第178页。

扮。现代成衣慢慢得到越来越多妇女的认同，由最初的"奇装异服"变成了时尚。大城市的生活经验彻底改变了年轻妇女的生活方式和审美。每天打猪草、做刺绣的日子与现代都市生活反差巨大，心理的平衡逐渐倾向现代化的城镇生活。尤其在旅游经济的影响下，穿刺绣苗服、戴满身的银饰是节日期间的荣耀；住楼房、开汽车是让人羡慕的富足生活。在平日里，穿形制单一的苗服已经是陈旧、过时的装扮，穿各种款式的现代成衣才是时髦。失去传统服饰制作技艺的妇女在内部得不到认同，转向外界的他者文化却又失去了之前的秩序。现代服饰的流行，是施洞苗族女性内心世界对外来文化的臣服，或者说是他者文化对其内心世界的侵蚀。传统服饰的文化和特色不再被服饰文化传承主体认同，传承链条断裂也就不可避免了。

建立起民族文化自觉是一个艰巨的过程。文化自觉建立在正确认识自己的民族文化，且理解所接触的他者文化的基础上，能够在多元文化的共存中定位自己的文化，经过文化的交流与交融，达到各美其美的"和而不同"的文化和谐状态。苗族服饰蕴含的自然崇拜、图腾崇拜、祖先崇拜的宗教信仰和苗族传统服饰的民俗文化内涵已经不能支撑年轻人对民族服饰的信仰，自觉传承民族服饰文化和制作技艺的动力也就消失了。

**3. 服饰伦理的淡化导致传统服饰的礼服化**

伦理是每个社会文化的重要组成部分和体现形式，是族群文化中一个重要的子系统，旨在协调人与自然、人与社会、人与人之间的关系。"文化中的伦理道德观念体现在着装上最醒目，同时又最有潜在性和稳固性"[①]。在传统社会中，施洞苗族无论老幼所穿戴的服饰必须与自己的身份和所出席的场合相匹配。苗服上的纹饰和用色、银饰的形制和多寡都需参照习俗惯制。传统的施洞苗族服饰从年龄和身份上严格地遵从了族群社会的伦理规范，作为社会成员青春期、成年与婚否的标识，直观地标明和圈定了可"游方"的人群。服饰不仅显示了穿戴者的身份，还对穿戴者起到行为约束的作用。因清朝政府在贵州地区推行"男降女不降"的"改装"政策，苗族妇女的服饰较好保留了原貌。这里以施洞苗族妇女的服饰为例分析苗

---

① 华梅：《服饰社会学》，中国纺织出版社，2005，第19页。

族服饰所具有的族群伦理观念。

从服装上来说，传统苗服形制相同，服饰颜色是必须要遵守的伦理规则。苗服是用土制"亮布"裁剪的右衽交襟上衣，在衣袖、领口、肩部、前襟、后襟的位置装饰有精工制作的绣片。未婚少女和已婚未生育的妇女的苗服用紫红色亮布制作而成，装饰的刺绣以红色为主色调，色彩亮丽。这种衣服在施洞当地被称为 ou$^{55}$thao$^{55}$（读音为"欧涛"，苗语直译为红衣，意为花衣或亮衣），是施洞女性最豪华的礼服。已婚育妇女的苗服是用紫红色亮布制作的，绣片以蓝紫色为主，颜色较为素雅。这种衣服被施洞苗族称为 ou$^{55}$ɬa$^{35}$（读音为"欧莎"，苗语直译为黑衣，意为暗衣）。年轻妇女的服饰以亮丽的红色为主；当身份晋级为母亲后，服饰的颜色就要变暗，大红等鲜艳的颜色逐渐减少，沉稳的蓝色或紫色等较暗淡的颜色逐渐增多；随着年龄的增长，老年妇女服饰上的刺绣主要为暗淡的蓝紫色了。苗族传统服饰以颜色的鲜艳程度暗喻了穿戴者的年龄和身份。这样，在社会交往或族群节日活动中，尤其是婚姻圈中的青年的游方中，就有章可循了。

与服装相对应，苗族银饰在形制和数量上具有严格的伦理界限。幼女银饰较少，多佩戴小型的银压领。到了可以"游方"的少女时代，以龙凤银牛角、银项圈和银衣为主的银饰盛装是他们节日里游方、踩鼓和结婚时的装束。穿戴银饰盛装有三个含义：成年、未婚育、准备择偶。这个时期佩戴的银饰形制大、数量多，工艺制作精细，具有较强的可观赏性。生育子女后，银饰逐渐减少。其银饰减少的过程与其生育年龄的早晚和生育女孩的数量有一定关系。生育子女后，施洞妇女会经历一次人生的"换装仪式"，银饰较生育之前发生较大变化：在节日期间不再佩戴银牛角、银项圈，不再穿银衣，而是在发髻之上簪银雀簪，戴各式银项链、穿刺绣繁密的苗服。育有女孩的妇女会随女儿成长分阶段地将自己的银饰转给女儿佩戴，或将自己的银饰重新打制成新的款式逐年添加到女儿的银饰中去。生育多个女孩的妇女就将自己的银饰逐年分配给自己的每个女儿。老年妇女在盛装时仅保留了银簪、银项链和银耳柱。这些银饰虽然在数量和形制上都远远逊色于年轻女性的银饰，但是其多具有较大的重量。单只银耳柱重量可达 50 克。银饰就这样经历了从母亲到女儿的传递过程。这一方面是亲情的责任，母亲监督女儿在不同的年龄佩戴不同的首饰，将族群的服饰文化代代传递。另一方面则是母亲自我身份和地位的认同。母亲银饰的减少是与家庭地位的提高相对应的。生儿育女后，中年妇女多成为家中生产和生活的主力，甚至掌握着家中的经济和政治大权。家中的生产、生活、家务较多都由中年妇女操持。与家族内的各种事务，如生产中的合作互助、节日中打平伙等都由中年妇女主持。女性在家族中具有较高的话语权，也具有了更重的责任。银饰数量减少，单件银饰的重量却明显增加，这是妇女身份和家族地位提高的标志。

城镇化的文化交融打破了施洞苗族乡土社会在差序格局上构筑的社会结构，原先人口稳定、经济自给自足的封闭社会逐渐瓦解。传统乡土社会的以血缘与地缘关系为基础的差序格局被以资源配置为中心的工具性差序格局取代。因旅游文化需求，施洞苗族的服饰出现复杂化的趋势，却只强化了服饰的外形和表象，传统服饰文化的实质内容和文化精髓已经被触动。城镇化将外来的服饰成品或机械化制作技艺传入苗寨，引起传统手工技艺的败落。服饰制作的流程简化了，但原先隐藏在服饰纹饰中的符号意义却被遗忘了。在旅游经济下的节日期间，服饰中的传统伦理文化不再是妇女穿戴服饰时必须遵守的规约。幼女头上戴着象征生殖能力的银牛角；已生育妇女仍旧穿着银衣；老年妇女的苗服颜色也较传统上更鲜艳。苗族服饰已经失去了彰显族群差序格局和监督族群伦理的功能。

市场经济冲击了施洞地区的村寨经济结构，社区失去凝聚力。服饰佩戴越来越盛，其展示性提高了，仪式性却降低了。家庭内部合家之力将打工、务农的收入购买丝线制作绣片、购买银饰，沉重的服饰已经成为心理的负担。当前，施洞苗族已经较少在日常生活中穿着手工制作的苗服，尤其是年轻人已经较少在日常佩戴银饰了。这种"少"表现在日常佩戴服饰的数量减少、佩戴银饰的场合减少。传统苗族服饰盛装成为传统节日、祭祀、婚丧嫁娶等仪式场合的礼服。服饰的数量之多、形制之大和沉重的总量具有越演越烈的趋势。传统中，施洞苗族姊妹节是年轻女性为之雀跃的节日，少女可以穿起盛装参加节日活动。当前，每逢姊妹节，过节的心情还在，但是穿盛装在年轻女性心中的意义已经完全不同了。穿戴传统服饰的文化意义已经被年轻人遗忘了。展示财富已经不是施洞苗族服饰文化的一个次要因素，而成为佩戴服饰的主要目的。佩戴服饰参加节日和各种仪式场合就如现代社会新娘穿婚纱参加婚礼，服饰成为一种礼仪性的道具，而不再是寄托苗族精神诉求的仪式符号。

另外，施洞苗族女性穿起盛装不再是自由地过节，而成为向游客展示文化的方式。当穿起服饰盛装成为旅游宣传的手段，传统的服饰伦理被漠视时，服饰原有的文化意义就会发生相应变迁。

**4. 多元文化的共时共域减弱了苗服服饰的民族文化特色**

施洞苗族服饰符号体系是在施洞苗族生存的地域环境、生产方式、历史文化、民风民俗和传统文化的多重因素下构建起的一套仪式规范。这个体系对施洞苗族的生活习俗、文化传承、文化身份认同和信仰世界有直接的影响。服饰的佩戴方式、传承方式和仪式性的使用都是服饰符号体系下施洞苗族精神世界的外延。因为历史上汉文化的兴盛和挤压，苗族服饰在相对狭窄和封闭的生存空间和文化空间中艰难发展，并走出了一条独立且极具特色的民族文化之路。由于施洞苗族相对封闭的生存地域和苗汉社会发展阶段的差距，以及施洞苗族对外来文化持保守的选择接受的态度，施洞苗族还是保留了相对纯正的苗族传统文化。施洞苗族跟随着苗族历史上的迁徙，从北方中原地区迁徙至此。在这个迁徙过程中，客观地说，苗族服饰或多或少的受到了中原服饰文化的影响。明清时期清政府的管辖和汉族的迁入带来了先进的技术，同时，汉族服饰制作技艺和装饰形式也影响了苗族的服饰文化。此地的公馆和会馆是中原文化在施洞的传播中心，从建筑文化慢慢将汉族文化渗透到施洞苗族的生活习俗乃至服饰文化中去。可以说，施洞苗族服饰在文化形态上具有明显的中原文化的印记；施洞苗族银饰锻制技艺的工艺技法同样留存着汉文化的痕迹。早期银匠多为汉族工匠，苗族服饰中的双龙、双凤和双麒麟等装饰题材多来自中原汉族文化，所以其纹饰造型和布局结构多受汉文化影响。在20世纪八九十年代施洞地区与外界的交流中，苗族银饰的汉化还出现过一个小高潮。当时施洞的银匠不再局限于施洞这个封闭的区域，而是走出去面对全国各地多族群的文化。他们外出打工，并开始向外地销售服饰，有的人还去往城市开银饰店铺。随着施洞苗族银匠眼界的开阔，他们对世界的认识发生改变。银饰的变异正是当时银匠制作工艺的物化展示。银饰进入一个极致追求形体夸大、款式增多、纹饰烦琐和彰显民族风格的阶段，并在细节上受到外部服饰文化的影响，出现了如纹饰的具象造型（龙凤纹饰的增多、蝴蝶纹饰的具象化等）、佩戴方式（从耳柱变成悬垂式耳坠）、纹饰布局规则（极规则的对称形态）等方面的变异。他们生活在多元文化渗透的环境中，生活习惯开始改变，居住环境也开始调整（如离开吊脚楼，建楼房居住）。道路通畅了，路边的楼房鳞次栉比，踩鼓场越来越小，村寨的游方场因为年轻人外出打工也逐渐消失。服饰中苗族传统衣风饰俗逐步消失，以龙凤象征男女的服饰装饰意识出现。银饰成为苗族女性特有的标志。男性佩戴银饰的习俗消失，仅留存在龙舟节中的仪式性环节。外来生活习俗和服饰文化对施洞的服饰产生了巨大的影响。当前多元文化共时共域导致施洞苗族服饰失去自身的工艺美术特色和民族文化意蕴。

苗族服饰文化不仅是苗族民间自我传承的文化事项，还是苗族社会长期发展中约定俗成、流行和传承的一种民间文化模式，更是苗族表达情感、展现其独特精神面貌和内心世界的象征符号体系。我们之所以能够从多姿多彩的民族服饰中辨识苗族服饰的特色，除了苗族服饰文化中留存的地域特色、经济生活方式和历史文化渊源等民族文化的烙印，还有一个重要的内部因素，那就是苗族民族文化中的心理素质赋予了苗族服饰独特的气质。施洞苗族服饰上的精美图案和独特工艺与苗族生活的地理环境、历史文化、宗教信仰等诸多因素密切相关，是施洞苗族妇女将族群精神和性格展现于艺术的表达形式。作为族群历史文化的"活标本"和"活典籍"，施洞苗族服饰文化经历了历史的选择和苗族审美文化的育化，是苗族共同心理素质的积淀。我们以当前苗族服饰的盛况兴高采烈，殊不知我们为之高兴的只是批量化生产的、失却文化价值的复制品，就如没有思想、没有灵魂的木人，永远不会具有活态的文化。苗族服饰不是穿戴在人身上就有了传统文化的意义，也并不会因为数量增多就产生更大的魅力。若一味追求民间手工艺的经济价值，而忽略其携带的族群文化，服饰终究会从象征族群文化的仪式符号转变成为一种消费符码。以传统民俗和传统文化为根基的服饰符号系统一旦失去民族传统文化这个根基的养分，就会干枯。实现施洞苗族服饰文化活态传承是施洞苗族服饰文化性发展的举措。服饰佩戴者只有自发而不是被动地参与到民俗生活中，才会使银饰焕发出它闪耀的光彩。

### 三 苗族银饰的传承与保护

中国的劳动人民为满足自己的物质需要和精神需要，在不同的历史条件下，采用各种物质材料和工艺技术创造了不计其数的工艺美术种类和作品，苗族银饰就是成果之一。苗族银饰是指苗族的银匠采用苗族传统的苗族银饰锻制技艺打制而成的披挂全身的银首饰和银衣，其中融合了苗族的多种手工艺技术，蕴含着苗族历史上代际传承下来的文化精髓。苗族银饰是中华民族造型艺术的重要组成部分，它既体现了工艺美术的一般本质特征，在内涵和形式上保持着实用性与审美性的统一，又显示了中华民族文化中的一支——苗族文化自身所具有的鲜明个性。作为文化遗产的一部分，苗族银饰既是苗族先民古老生活的写照，也是该民族民俗文化的主体。这种萌发久远、留存至今的银饰锻制手工技艺，蕴含着苗族古老的哲学思想和美学追求，是博大深邃的中华文化中不可缺少的部分。

苗族银饰锻制技艺是苗族民间特有的首饰加工技艺，银饰加工经历备料（主要为压片和拔丝）、铸模、錾刻、花丝、攒焊、清洗等工艺，共计有 30 多道工序，主要饰件包括银冠、银衣、银项圈、银手镯、银耳环等多个种类，工艺价值极高。作为苗族内部的一种传统工艺，苗族银饰出自本民族银匠之手，凝聚着苗族人民对生活的热爱、对幸福生活的祝愿、对纯朴的美的追求。这种热情彰显了一个民族的朴实的有特色的创造性，土生土长，却朴实清新。积淀了地方性民间工艺美术成就的苗族银饰锻制技艺与苗族深厚的历史文化契合在一起，经过历史的洗涤，形成了自己独特的审美品格，成为苗族文化中极具特色的一支。

#### （一）苗族银饰的民间工艺特征

自发性、手工性和民间性是民间工艺的三个原发性特征，当然，也是苗族银饰的特征。苗族银饰伴随苗族的历史自发产生并闪耀于苗族漫长的历史文化中，苗族《换嫁歌》中就描述了母系社会时期男子出嫁时"头插锦鸡毛，衣裙身上套。一只银项圈，胸前闪闪耀"。这些古老的传说使我们相信，苗族银饰在远久的古代就已经出现在苗族社会中了。因为是自发组织生产，所以在历史上苗族银饰的生产未成规模。至今，在多数苗族聚居区，银匠们还是自发地组织银饰生产。他们多采用家庭作坊的经营方式，男子为主力，妇女与孩子帮工，农忙时务农，农闲时和节日之前集中加工银饰。这种粗放的生产方式决定了银饰作坊的规模不可能太大，其销售只能限定于相对封闭而形成区域格局的一寨或数寨。这种小规模生产的银饰适应了区域内苗族人民的生活所需和审美需求自发产生，并逐渐定形成为在苗族社会生活中有着举足轻重地位的物品，并被赋予深刻的文化含义而得以流传、普及，并逐步演化成为苗族内部的一种文化因素。

　　民间工艺的手工性与今天大规模的机械制作的科技性是相对的。当前的市场上也充斥着机械仿制的苗族银饰，其造型中规中矩，方方正正，缺少传统苗族银饰锻制技艺手工操作所特有的淳朴之美。传统的苗族银饰锻制技艺是由家庭作坊内的男性工匠纯手工操作完成的。因为手工制作的局限性，同样造型的两件首饰却有各自的形态，这就是手工艺的价值所在。苗族银饰锻制技艺的工艺流程很复杂，银匠先把熔炼过的银料手工打制成薄片或拉制成银丝，银片经过压模、錾刻、镂空等工艺做成银饰片，银丝经过编织、窝卷、盘结等工序做成填充的花纹，然后经过攒焊成型。一件普通的银饰需要经过铸炼、锤打、编织、洗涤等一二十道工序才能制作出来。在可塑性和可雕琢性极强的银材上精雕细琢各种自然崇拜和图腾崇拜的图案及造型是苗族银饰手工制作的更高境界。这种在柔软的白银上锻制出的含蓄的、质朴的、极具美学意义的纹饰，在光与影的作用下被渲染成一幅艺术气息浓烈的黑白画。这不能不说是手工制作与艺术性的高度统一。除了银饰的加工过程是纯手工的之外，银匠所使用的工具也几乎全部是自己手工制作的。在作为学徒的时间里，每接触到一种新的工艺，银匠就要制作这种工艺所需要的工具，等到攒足一套工具，银饰锻制技艺的工艺种类也就基本学完了，之后就要经过经年累月的经验积累来提升自己的加工技巧，以做出更精致的银饰。苗族银饰锻制技艺是在苗族银匠的手工劳作下诞生的一种金属与火的艺术，是一种土生土长的生产者的艺术。

　　苗族银饰从上古的神话传说演化为历史现实的民间民俗文化积累，已经成为一种深入苗族内心深处的民间精神文化的积淀，这依赖于其民间性的特征。苗族民间秉持"以银为美"、"以银为贵"和"以银为灵"的信仰，银饰在苗族的首饰中具有独占性的地位。苗族银饰不只具有固定头发、衣服，美化外表等较直接的外在实用功能，还具有更深层次的民俗功能。首先，苗族银饰已经成为定义一个苗族人的身份的工具。对于周边的其他民族来说，苗族银饰是苗族的符号；对族群内部来说，苗族银饰是区分支系的标志；对于群体内部的个人来说，苗族银饰是个人的年龄和性别的识别，结婚前后所佩戴的银饰尤其不同。按照当地习俗规定，贵州清水江流域的银饰盛装只允许进入青春期的未婚女性穿戴；未到年龄的女孩不能穿银饰盛装，也不能佩戴成年女性的银饰；一旦结婚生子就要按照当地习俗改换穿戴的银饰。黔东南多个地区都有未婚女性的专用银饰，如黄平苗族的银围腰链，施洞苗族的龙凤银牛角、银衣，雷山苗族的大银角、银花发簪等。其次，在某些苗族聚居区，银饰作为示情物或定情物出现。织金苗族姑娘用坠有银铃吊的彩绣背扇表示准备择偶；有些地区的男女青年互送银八角鞋（男送女）或银烟盒（女回赠男）作为定情物；有的地区还存在"无银不成婚"的婚俗。苗族民谚中的"无银无花不成姑娘，有衣无银不成盛装"也反映了苗族民间对银饰的高度认同。另外，苗族银饰上的纹饰也多从苗族民间文学中的形象、民间刺绣和蜡染纹样变化而来。在苗族民间的传统习俗和审美情趣的选择下，这些纹饰经过苗族银匠之手组合成造型各异的银饰表面，成为有着深厚民间文化底蕴的装饰符号。可以说，苗族银饰汇集了苗族民间文化的精华，它不仅是苗族面向外界的代表性符号，更是苗族民间对民族内部的信仰内涵的表达。

苗族银饰锻制技艺历经一代代的工匠传承至今，它不是某位或者几位有名有姓的工匠创造的，它是由劳动人民的集体智慧创造出来的艺术形式。苗族多在地域内世代相传，从小耳濡目染乡土的艺术，并受到地方传统文化的熏陶、师公长辈的言传身教，因此，苗族银饰锻制技艺才实现了代代传承。苗族银饰最传统的传承方式是师徒式的家族传承，以子承父业为主要传承方式，传男不传女，可传同宗子嗣。父亲或者祖父作为师傅，严格按照传统的银饰传承方式教授技艺。作为传统上占据苗族银饰传承主要方式的家族传承，子或者孙自小跟在老银匠身边耳濡目染，银饰技艺的学习融在他们的生活之中。在当地几个银匠村中，较长的技艺传承历史形成了以族姓为主的传承谱系。

在具体传承过程中，苗族银饰锻制技艺的传承具有明显的模式性。无论是学艺的过程，还是苗族银饰锻制技艺中的花丝工艺、錾刻工艺、焊接技术等都有固定的步骤和章法可循。这种技艺传承的模式性和工艺制作自身的模式性是苗族银饰一直保持其活力的主要原因，其中蕴含的是苗族悠久的传统文化。漫长的发展历史造就了苗族银饰造型和纹饰及其佩戴方法的沿袭承传模式，也形成了具有超自然的审美观念的装饰文化模式。这种模式既是地域的、支系的和家庭传袭的结果，又是集体内部相互渗透和约定俗成的产物。

民间工艺是一切工艺文化的母胎，是现代工艺文化的艺术源泉，具有母体性质。苗族银饰艺术所表现出来的艺术性及其文化内涵为当前的艺术界提供了宝贵的灵感来源。借鉴民族传统艺术并使之现代化的创作意识将苗族银饰定义为现代装饰艺术的母体，从苗族银饰中汲取装饰元素用于现代艺术设计，尤其是现代首饰的设计。艺术家们多去苗族聚居区采风，以汲取苗族银饰的艺术灵感，并将苗族银饰的艺术因子吸纳到现代艺术设计中去，以民族之风装饰现代生活。

但是，在现代装饰艺术采用民族工艺的案例中，较多个案被做成了不伦不类的"仿品"。照搬照抄民族工艺的图形图像，而不把民族工艺放在民族传统文化这个母体中去考虑，这是当前民族文化创意不成功的主要原因。苗族传统文化是苗族银饰工艺不可脱离的母体。苗族银饰之所以如此丰满是因为苗族银饰作为苗族文化的"无字天书"承载了苗族的古老而悠久的历史文化，它融合了苗族的神话传说和古歌等民间文学内容，苗族服饰和乐器的文化内涵以及苗族的生产习俗和生活习俗的图像化表达，集苗族古今文化于一体。正是苗族银饰从各种苗族民间艺术和文化的母体中汲取养分，才得以如此茁壮成长。"苗族服饰文化之所以发育得枝繁叶茂，之所以得到长期保存，是因为根植在深厚的民族文化沃土之中。它不仅表现为其社会制度、社会角色的需要，而且是一种文化的需要。"[1] 苗族银饰是以苗族深厚的传统文化作为母体，汲取养分，并逐步成长的。因此，我们不能忽视苗族银饰的子体性。

---

① 杨正文：《苗族服饰文化》，贵州民族出版社，1998，第 272 页。

（二） 苗族银饰锻制技艺的传承与保护

在经济飞速发展的今天，传统的苗族银饰锻制技艺却失去往日的繁荣，举步维艰，有些技法则濒临失传，亟须保护。随着时代的发展，生活节奏的加快，本应弘扬的这种民间艺术正在被当代的年轻人所忽视，如何利用当代年轻人喜闻乐见的形式保护和拯救濒临消失的传统民间工艺，成为我们所面临的新课题。当前，苗族银饰受到了各种形式的保护，但是保护只是应急的措施，作为一种外在力量，保护不能改变民间工艺的内在发展规律。苗族银饰是一种民间工艺，具有其自身的特征和发展规律。如果失去其自身的民间工艺的特征，苗族银饰也就不能存活于民众的生活中，也就无从谈论其传承和保护了。因此，我们应该以保护苗族银饰维持其自身的基本特征为前提来讨论其传承和保护。

**1. 调整自发的落后的生产方式和消极的销售方式**

当前，以家庭为单位的作坊式的生产与组织方式限制了苗族银饰的长远发展。苗族银饰加工是以家庭为单位的散户加工，个体家庭的资本较零散，投入低，产出量自然少。资本不集中，银饰加工也就难以形成规模，无法与国内其他同类行业竞争。个体家庭的经营方式承受经济风险的能力较弱，多数家庭只是零散地制作银饰，农闲时加工银饰，农忙时田间劳动，银饰产量较低。单个家庭也缺少生产计划，且粗放式的加工经营模式不利于其资本积累，必将限制其家庭产业的发展。另外，散户经营需在家庭内部掌握全套的银饰锻制技艺，不能形成产业化的生产，散户经营导致了银匠各自为政，许多银匠和店铺只是坐等顾客上门，导致苗族银饰的宣传力度很低，影响了外界对其关注。这种被动的自发式的生产方式和经营方式阻滞了银饰的发展和对外传播。

改变这种自发的落后的生产方式和消极的销售方式的主要方法就是转变作为民俗主体的人的思想观念。当前，苗族银匠的文化水平较低，只会日复一日地生产既有形制和纹饰的银饰，而从未考虑过设计开发新款式，更不懂产品的营销。因此，民间银饰的竞争力极低。人是民俗的主体，也是创造和使用民间工艺的主体。要实现苗族银饰的繁荣，就要提高银匠的民俗文化意识，还要重建苗族银饰与民众世界的活态互动关系。这是建立文化自觉的一个过程。苗族银饰是苗族人民民俗生活的客体，要让其在主体人的活动中参与民俗生活，而不是一种静置的展示状态。另外，还可以通过建立银饰行业协会和相关组织来确立新式的生产与销售一体的银饰经营方式，通过协会和组织的引导，确立银匠内部的互助和合作关系，建立宣传体制。但是，避免过度的商业开发，保持苗族银饰的传统特色才是其出路。

**2. 改变传统的狭窄的传承方式，建立广泛的社会传承机制**

苗族银饰锻制技艺的严格的家族传承机制和家族经营中的低利润均为苗族银饰锻制技艺发展变缓的影响因素。苗族银饰锻制技艺以一种自觉性的、家族式的父子或师徒传承模式，以自发的形式跟随大众的功利生活需要而流传和传承。这种排外的保护机制可能会促使银匠研创新的技法和纹饰，家族传承的差异性有利于苗族银饰文化的多样性。但是，这种传承方式相当脆弱，且具有很大局限性。过于保守的家族内传承较容易出现断代，乃至出现工艺传承链的中断，这将引起银饰中部分传统形制和纹饰的丢失，不利于苗族银饰文化在历史长河中完整地延续发展。另外，传承中的技艺保留、个人的技艺水平的差异、学习周期长和生产效率低导致的经济效益低、从艺人员文化水平低等也都不利于苗族银饰锻制技艺的顺利传承。当前，家庭传承仍然是苗族银饰锻制技艺的主要传承方式。社会传承机制也在各种非物质文化遗产保护的活动下开展起来。以政府为主导，以苗族社会为文化持续传承范围，以学校为扩大传承范围，专业团体为社会传承主力，研究机构提供学术支持，实行整体生态环境和关键机构传承相结合的传承模式，通过文化宣传与教育，使苗族银饰的保护与传承成为自觉的行为活动。

**3. 保护民间工艺生存的文化空间**

民间工艺的生存内核是传统的价值观和民间文化内涵。附着于苗族银饰上的苗族传统文化是苗族银饰的灵魂，失去了苗族传统文化的装饰，苗族的银饰盛装将黯然失色。苗族银饰根植于苗族传统文化，在特定的生态中产生和成长，并在社会环境下自生自灭。当前，伴随着经济的飞速发展，苗族地区的经济状况和民众思想发生了变化，这给苗族银饰带来了冲击。首先，苗族银饰土生土长的民俗环境丢失。其次，苗族传统的生活方式也发生改变。再次，外界环境的改变对民众的思想产生冲击。苗族聚居区不再像传统上那么闭塞，各种新式的观念和娱乐方式的传入，传统节日失去了往日的浓厚气氛。传统上的行歌踏月成为节日期间的保留项目，年轻人有了更多的社交方式，如打电话、网络通信等。较多年轻人受到经济利益的诱惑，到东部地区打工，在现代生活方式和西式生活信仰的渗透下，崇尚现代家居生活和娱乐方式。当这种社会环境导致的文化转型影响到传统的生活方式或文化生态时，苗族银饰存在的传统文化环境逐渐消失，其失去了传统思想的支持，也就会逐渐走向衰落。

民间工艺依赖民间传统文化建立的文化空间生存和发展，因此，我们要保护民间工艺，就要保护民间工艺赖以生存的文化空间。当前，苗族银饰的文化空间有两种形式：一种是苗族银饰的原生文化空间，也就是苗族人民的民俗生活；另一种是苗族银饰的次生文化空间，就是我们为展示和传承苗族银饰而设立的博物馆、银饰作坊和传承人工作室等特定空间，通过银饰展示、工艺示范、文化讲解和参与体验等形式努力还原苗族银饰的制作过程和存在状况。

在银饰的原生文化空间里，苗族银饰以自发的状态自生自灭。在银饰的次生文化空间里，苗族银饰得到了精心的静置式的保护。尽管次生文化空间尽量模拟原生文化空间的真实情状，但是原生文化空间下特有的由地域文化、民俗生活、社会经济类型和大众情感所构筑的文化氛围却是次生文化空间不能模拟的。

保护苗族银饰还要保护其生存的文化空间内部的地域文化的多样性。同一个地域内的民间工艺美术种类之间相互借鉴，是你中有我，我中有你的关系。同样，苗族银饰也借用了大量的苗族民间文学中的神话传说和苗族刺绣中的纹饰作为装饰，其锻制技艺也与苗族传统的冶铁工艺有着莫大联系。在同一个地域文化背景下的民间工艺种类之间是一脉相承的关系，它们在共同的民俗传统的母体上生根发芽。因此，维护苗族银饰根植的地域文化空间和保持当地文化的多样性对苗族银饰的持续发展具有重要意义。

# 参考文献

（汉）东方朔：《神异经》，上海古籍出版社，1990。

（汉）董仲舒：《春秋繁露》，曾振宇注说，河南大学出版社，2009。

（晋）杜预注、（唐）孔颖达等正义《春秋左传正义》，上海古籍出版社，1990。

（晋）皇甫谧：《帝王世纪辑存》，徐宗元辑，中华书局，1964。

（梁）任昉：《述异记》，汉魏丛书版。

（民国）丁尚固修，刘增礼纂《台拱县文献纪要》，民国八年石印本。

（明）郭子章：《黔记》，明万历三十六年刻本，贵州省图书馆复印油印本，1966。

（清）爱必达：《黔南识略》（卷21），成文出版社，1968。

（清）段汝霖等纂修《永绥厅志》，成文出版社，2014。

（清）鄂尔泰等修《贵州通志》，乾隆六年刻，嘉庆修补本。

（清）方显：《平苗纪略》（卷1），清刻本。

（清）黄应培、孙均铨、黄元夏修纂《道光凤凰厅志》，岳麓书社，2011。

（清）黄应培、孙均铨：《续修凤凰厅志》，道光四年刻本。

（清）田雯编《黔书》，罗书勒等点校，贵州人民出版社，1992。

（清）王先慎集解，姜俊俊校点《国学典藏·韩非子》，上海古籍出版社，2015，第536页。

（清）徐家干著，吴一文校注《苗疆闻见录》，贵州人民出版社，1997。

（清）徐珂编撰《清稗类钞》，中华书局，2010。

（清）赵翼、捧花生撰《檐曝杂记 秦淮画舫录》，曹光甫、赵丽琰校点，上海古籍出版社，2012。

（宋）李昉等撰《太平御览》，中华书局，1960。

（宋）陆游：《老学庵笔记》，中华书局，1979。

（宋）朱熹集注《诗集传》，中华书局，1958。

（唐）房玄龄注《管子》，（明）刘绩补注，刘晓艺校点，上海古籍出版社，2015，第287页。

埃利希·诺依曼：《大母神——原型分析》，李以洪译，东方出版社，1998。

爱德华·B.泰勒：《原始文化》，连树生译，上海文艺出版社，1992.

白永芳：《哈尼族女性传统服饰及其符号象征》，硕士学位论文，中央民族大学，2005。

曹端波、崔海洋：《云贵高原苗族的婚姻、贸易与社会秩序》，知识产权出版社，2018。

曹端波等：《贵州东部高地苗族的婚姻、市场与文化》，知识产权出版社，2013。

陈成译注《山海经译注》，上海古籍出版社，2014。

陈国玲：《从民间工艺的特征探讨苗族银饰的传承与保护》，《原生态民族文化学刊》2015年第2期。

程大钊、唐绪祥：《中国民间美术全集 饰物》，广西美术出版社，2002。

大卫·休谟：《宗教的自然史》，徐晓宏译，上海人民出版社，2003。

戴茳、杨光宾：《苗族银饰》，中国轻工业出版社，2016。

戴建伟：《银图腾：解读苗族银饰的神奇密码》，贵州人民出版社，2011。

戴平：《中国民族服饰文化研究》，上海人民出版社，1994。

邓启耀：《民族服饰：一种文化符号——中国西南少数民族服饰文化研究》，云南人民出版社，1991。

邓启耀：《衣装秘语：中国民族服饰文化象征》，四川人民出版社，2005。

段梅：《东方霓裳：解读中国少数民族服饰》，民族出版社，2004。

恩格斯：《家庭、私有制和国家的起源》，人民出版社，2003。

恩格斯：《自然辩证法》，人民出版社，1971。

范明三、蓝彩如：《苗族服饰研究》，东华大学出版社，2018。

费尔巴哈：《宗教的本质》，人民出版社，1953。

冯骥才：《中国民间文化遗产抢救工程普查手册》，高等教育出版社，2003。

弗雷泽：《金枝——巫术与宗教之研究》，徐育新等译，中国民间文艺出版社，1987。

弗雷泽：《金枝——巫术与宗教之研究》，徐育新、汪培基等译，大众文艺出版社，1998。

贵州省安顺地区民委少数民族古籍整理办公室编，潘定衡、杨朝文主编《蚩尤的传说》，贵州民族出版社，1989。

贵州省编辑组编《贵州社会历史调查》（一），贵州民族出版社，1986。

贵州省少数民族古籍整理出版规划小组办公室：《苗族古歌》，燕宝整理译注，贵州民族出版社，1993。

贵州省施秉县地方志编纂委员会编《施秉县志》，方志出版社，1997。

贵州省台江县志编纂委员会编《台江县志》，贵州人民出版社，1994。

贵州通史编委会：《贵州通史3·清代的贵州》，当代中国出版社，2003。

郭世谦：《山海经考释》，天津古籍出版社，2011。

Harry Cutner：《性崇拜》，方智弘译，湖南文艺出版社，1988。

何积全：《苗族文化研究》，贵州人民出版社，1999。

侯绍庄、史继忠、翁家烈：《贵州古代民族关系史》，贵州民族出版社，1991。

胡嘉伟：《黔东南施洞苗族银饰源流考》，《凯里学院学报》2016年第2期。

胡朴安：《中华全国风俗志》，上海科学技术文献出版社，2011。

胡婷：《古朴真挚的情感寄托方式——由黄平苗族虎头帽银饰符号透视苗族育俗文化》，《美术大观》2011年第7期。

胡晓东：《苗族"枫木"崇拜浅析》，《民间文学论坛》1990年第3期。

黄平县民族宗教事务管理局、施秉县民族宗教事务管理局、镇远县民族宗教事务管理局编译《苗族十二路大歌》，贵州大学出版社，2014。

简美玲：《贵州东部高地苗族的情感与婚姻》，贵州大学出版社，2014。

江碧贞、方绍能：《苗族服饰图志：黔东南》，台北辅仁大学纺织服装研究所，2000。

靳志华：《黔东南施洞苗族生活中白银的社会性应用于文化表达》，博士学位论文，云南大学，2015。

居阅时、瞿明安主编《中国象征文化》，上海人民出版社，2001。

瞿明安：《象征人类学理论》，人民出版社，2014。

克利福德·格尔茨：《文化的解释》，韩莉译，译林出版社，1999。

李黔滨：《苗族头饰概说——兼析苗族头饰成因》，《贵州民族研究》2002
　　年第 4 期。

李黔滨：《苗族银饰》，文物出版社，2000。

李若慧：《清水江流域苗族节日习俗与银饰文化变迁研究》，《贵州大学学
　　报》（社会科学版）2019 年第 1 期。

李幼蒸：《理论符号学导论》，中国人民大学出版社，2007。

李泽厚：《美的历程》，中国社会科学出版社，1986。

列维·布留尔：《原始思维》，丁由译，商务印书馆，1987。

林继富、王丹：《解释民俗学》，华中师范大学出版社，2006。

刘锋、张少华等：《鼓藏节：苗族祭祖大典》，知识产权出版社，2012。

龙光茂：《中国苗族服饰文化》，外文出版社，1994。

龙仙艳：《苗族多重表述研究》，社会科学文献出版社，2020。

龙湘平：《湘西民族工艺文化》，辽宁美术出版社，2006。

卢勋：《中国少数民族现状与发展调查研究丛书·台江苗族卷》，民族出版
　　社，1999。

陆勇昌、李美仁、张文生：《台江苗族服饰》，重庆出版社，2018。

吕华明编《清乾隆本〈凤凰厅志〉笺注》，湖南人民出版社，2017，第
　　111 页。

罗兰·巴特：《神话：大众文化诠释》，许蔷薇译，上海人民出版社，1999。

罗义群：《苗族牛崇拜文化论》，中国文史出版社，2005。

罗义群：《苗族丧葬文化论》，华龄出版社，2006。

《马克思恩格斯选集》（第 3 卷），人民出版社，1972。

马克思：《摩尔根〈古代社会〉一收摘要》，中国科学院历史研究所翻译组
　　译，人民出版社，1978。

马林诺夫斯基：《巫术、科学、宗教与神话》，李安宅译，商务印书馆，1936。

马学良、今旦译注《苗族史诗》，中国民间文艺出版社，1983。

梅其君、杨权英：《现代技术冲击下苗族银饰锻制技艺的变迁与传承》，
　　《中央民族大学学报》（哲学社会科学版）2019 年第 4 期。

苗族简史编写组：《苗族简史》，贵州民族出版社，1985。

民族文化官：《中国苗族服饰》，民族出版社，1985。

《民族研究参考资料第 20 集 民国年间苗族论文集》，贵州省民族研究所，1983。

鸟居龙藏：《苗族调查报告》，贵州大学出版社，2009。

聂羽彤：《走近非遗：历史、祖先与苗族女性服饰变迁》，社会科学文献出版社，2018。

潘定智、杨培德、张寒梅：《苗族古歌》，贵州人民出版社，1997。

祁庆富、史晖：《清代少数民族图册研究》，中央民族大学出版社，2012。

芮传明、余泰山：《中西纹饰比较》，上海古籍出版社，1995。

沈从文：《中国古代服饰研究》，上海书店出版社，2005。

石朝江、石莉：《中国苗族哲学社会思想史》，贵州人民出版社，2005。

石朝江：《中国苗学》，贵州人民出版社，1999，第 415 页。

石启贵：《湘西苗族实地调查报告》，湖南人民出版社，2008。

宋兆麟：《生育神与性巫术研究》，文物出版社，1990。

苏珊·朗格：《艺术问题》，滕守尧等译，中国社会科学出版社，1983。

孙新周：《中国原始艺术符号的文化破译》，中央民族大学出版社，1998。

邰光忠：《苗族银饰锻造技艺》，中国海洋大学出版社，2020。

唐绪祥：《贵州施洞苗族银饰考察》，《装饰》2001 年第 2 期。

唐绪祥、王金华：《中国传统首饰》，中国轻工业出版社，2009。

特伦斯·霍克斯：《结构主义和符号学》，上海译文出版社，1987。

宛志贤：《苗族盛装》，贵州民族出版社，2004。

宛志贤：《苗族银饰》，贵州民族出版社，2010。

王荣菊、王克松：《苗族银饰源流考》，《黔南民族师范学院学报》2005 年第 5 期。

吴仕忠：《中国苗族服饰图志》，贵州人民出版社，2000。

吴泽霖、陈国钧：《贵州苗夷社会研究》，民族出版社，2004。

向云驹：《论"文化空间"》，《中央民族大学学报》（哲学社会科学版）2008 年第 3 期。

闫玉：《银饰为媒：旅游情境中西江苗族的物化表述》，民族出版社，2018。

杨伯峻：《春秋左传注》，中华书局，1981。

杨鹍国：《符号与象征——中国少数民族服饰文化》，北京出版社，2000。

杨鹍国:《苗族服饰:符号与象征》,贵州人民出版社,1997。

杨鹍国:《苗族舞蹈与巫文化》,贵州民族出版社,1991。

杨堃:《民族学概论》,中国社会科学出版社,1984。

杨任之:《诗经今译今注》,天津古籍出版社,1986,第561~562页。

杨庭硕、罗康隆、潘盛之著,黔东南苗族侗族自治州地方志办公室编《民族、文化与生境》,贵州人民出版社,1992。

杨庭硕、潘盛之编著《百苗图抄本汇编》,贵州人民出版社,2004。

杨万选:《贵州苗族考》,贵州大学出版社,2009。

杨晓辉:《贵州台江、雷山苗族银饰调查》,《贵州大学学报》(艺术版)2005年第2期。

杨鹓:《苗族服饰鱼纹诠释》,《民族艺术》1994年第2期。

杨元龙、张勇:《苗族始祖的传说》,贵州民族出版社,1989。

杨正文:《鼓藏节仪式与苗族社会组织》,《西南民族学院学报》2005年第5期。

杨正文:《苗族服饰文化》,贵州民族出版社,1998。

杨正文:《鸟纹羽衣:苗族服饰及制作技艺考察》,四川人民出版社,2003。

易恩羽:《中国符号》、江苏人民出版社,2005。

尤昱涵、何兆华:《中国贵州省施洞苗族围腰之研究》,《国际视野中的贵州人类学》(第4辑),贵州大学出版社,2018。

余学军:《笙鼓枫蝶·苗族》,贵州民族出版社,2014。

袁珂校注《山海经校注》,上海古籍出版社,1980。

曾丽:《苗绣图源》,贵州人民出版社,2020。

曾宪阳、曾丽:《苗绣》,贵阳人民出版社,2009。

张光直:《考古学专题六讲》,生活·读书·新知三联书店,2010。

张民主编《贵州少数民族》,贵州民族出版社,1991。

张世申、李黔滨:《中国贵州民族民间美术全集 银饰》,贵州人民出版社,2007。

张小游:《苗族服装裁剪与缝制工艺》,中国纺织出版社,2019。

张永发:《中国苗族服饰》,贵州民族出版社,2004。

张紫晨:《中国巫术》,上海三联书店,1990。

赵国华：《生殖崇拜文化论》，中国社会科学出版社，1990。

赵雪燕：《苗族蜡染纹样研究》，金城出版社，2020。

赵毅衡：《符号学原理与推演》，南京大学出版社，2011。

郑泓灏：《苗族银饰文化产业调查研究》，社会科学文献出版社，2018。

《中国古代铜鼓研究会编古代铜鼓学术讨论会论文集》，文物出版社，1982。

中国科学院民族研究所贵州少数民族社会历史调查组、中国科学院贵州分院民族研究所编印《贵州省台江县苗族的服饰》（贵州少数民族社会历史调查资料之二十三），1964。

中国少数民族社会历史调查资料丛刊修订编辑委员会编《苗族社会历史调查》（一），民族出版社，2009。

中国作家协会贵阳分会筹委会编《民间文学资料》（第4集、第48集），1980。

周瑾瑜、祖岱年主编《黔南民族节日通览》，黔南布依族苗族自治州文化局研究，1986。

周梦：《黔东南苗族侗族女性服饰含垢传承现状研究》，民族出版社，2016。

周锡保：《中国古代服饰史》，中央编译出版社，2011。

周乙陶：《文化变迁中的苗绣》，湖北人民出版社，2011。

朱维铮主编《中国经学史基本丛书》，上海书店出版社，2012。

# 后　记

　　和施洞的缘分始于我对苗族银饰的好奇之心。为了撩起苗族银饰文化的神秘面纱，我选择了苗族传统文化浓厚的黔东南苗族侗族自治州作为调研地。2012 年夏天，我走过了黔东南苗族侗族自治州多个苗族聚居的村落：在凯里参观博物馆、调研银饰文化一条街，在舟溪镇拜访芦笙技艺传承人，在西江苗寨探访苗族银饰锻制技艺国家级传承人杨光宾和银饰店铺，在施洞镇过龙舟节、拜访银匠吴智师傅和刘永贵师傅、跟刘秀发等几个阿姨学习破线绣，在朗德上寨感受苗族建筑艺术，在兴华摆贝村欣赏百鸟衣，在从江县岜沙收稻谷，在控拜参加"吊头坳"吃新节，在麻料欣赏苗歌舞蹈，在安顺关岭参加苗族婚礼……一个夏天两个月的调研历程，我着迷的不仅仅是苗族银饰，还有养育苗族银饰的苗族传统文化。

　　施洞这座位于清水江中游的具有深厚苗族文化的重镇，积淀了发达的且具有代表性的银饰文化，沿袭着以姊妹节和龙舟节为代表的浓厚的节日文化，传承着精湛的银饰制作技艺和苗族刺绣工艺，节日服饰美不胜收。这儿的一切深深地吸引着我，施洞是值得我一生研究的文化宝藏之地。本书对苗族文化浅尝辄止，我意犹未尽。至今我一直持续着对苗族服饰、语言、口头传统和节日文化的关注和研究。

　　本书见证了我研究苗族银饰的每一个脚步，也记录了帮我迈出步伐的每一位老师、同学和亲朋好友。因此，我一直不敢写后记，拖延至今日，我木讷的口无法表达我充满谢意的心。

　　感谢我的博导林继富教授。本书得到了老师细致且耐心的指导。我非常庆幸能够成为老师的学生，也非常感谢老师的谆谆教导和高屋建瓴的学术引导。老师严谨踏实的治学风范使我终身受益。

感谢我的博士后合作导师李云兵研究员。李老师在苗学研究上的高深造诣指导了迷津中的我，使我受益良多。

感谢我的硕导周怡副教授像妈妈一样支持我、鼓励我，做我坚强的后盾，您一直是我心灵最温暖的港湾。

感谢在调研路上给予我帮助的老师和朋友们。感谢贵州河湾苗学研究院的安红老师，感谢您不辞辛苦地安排我的住宿，开车带我做田野调查，给我介绍访谈对象。感谢杨胜坤先生、吴智师傅及其家人、刘永贵师傅及其家人、刘秀发阿姨、张东英妹妹及其家人，尤其感谢尽心帮助我调研并给我讲银饰故事的刘祝英姐姐。感谢巴拉河的"干妈"、"干爹"、张大哥和大嫂。感谢雷山县控拜村的杨光宾先生给我讲解银饰锻制技艺、银匠协会会长龙太阳带我参加"吃新节"，感谢西江千户苗寨的杨仕兰老师安排我住宿。感谢黔东南州每一位帮助过我的热心人。

感谢中国社会科学院民族学与人类学研究所给予我的培育，感谢中国社会科学院科研局能够资助这本书的出版，感谢社会科学文献出版社的领导和编辑出版这本书。

最后，感谢所有在苗学研究上给过我帮助的师友！

陈国玲

2021 年 4 月 10 日

北京·六号办公楼

图书在版编目（CIP）数据

穿在身上的符号：施洞苗族银饰文化研究／陈国玲
著. -- 北京：社会科学文献出版社，2022.1
ISBN 978 - 7 - 5201 - 8836 - 4

Ⅰ.①穿…　Ⅱ.①陈…　Ⅲ.①苗族 - 金银饰品 - 服饰
文化 - 研究 - 台江县　Ⅳ.①TS941.742.816

中国版本图书馆 CIP 数据核字（2021）第 162994 号

## 穿在身上的符号
### ——施洞苗族银饰文化研究

著　　者／陈国玲

出 版 人／王利民
组稿编辑／宋月华
责任编辑／周志静
责任印制／王京美

出　　版／社会科学文献出版社·人文分社（010）59367215
　　　　　地址：北京市北三环中路甲 29 号院华龙大厦　邮编：100029
　　　　　网址：www. ssap. com. cn
发　　行／市场营销中心（010）59367081　59367083
印　　装／三河市龙林印务有限公司

规　　格／开　本：787mm × 1092mm　1/16
　　　　　印　张：22　字　数：350 千字
版　　次／2022 年 1 月第 1 版　2022 年 1 月第 1 次印刷
书　　号／ISBN 978 - 7 - 5201 - 8836 - 4
定　　价／138.00 元